MANUEL QUIRÓS HERNÁNDEZ

Tecnologías de la Información Geográfica (TIG)
Cartografía, fotointerpretación, teledetección y SIG

VOL. II

EDICIONES UNIVERSIDAD DE SALAMANCA

MANUALES UNIVERSITARIOS, 86

2.ª edición: septiembre, 2017
ISBN: 978-84-9012-798-8 (Obra completa en POD)
ISBN: 978-84-9012-799-5 (Vol.I en POD)
ISBN: 978-84-9012-800-8 (Vol.II en POD)

Ediciones Universidad de Salamanca
Plaza San Benito, s/n
E-37002 Salamanca (España) - http://www.eusal.es
Correo electrónico: eus@usal.es

Realizado en España - Made in Spain

Composición: Cícero S.L.
Teléfono: 923 60 21 64
Salamanca (España)

♠

QUIRÓS HERNÁNDEZ, Manuel

Tecnologías de la Información Geográfica (TIG) : cartografía, fotointerpretación, teledetección y SIG / Manuel Quirós Hernández.—
1a. ed.—Salamanca : Ediciones Universidad de Salamanca, 2011
.—(Manuales universitarios ; 86)

1. Geografía-Tecnología de la información.

007.5:91

ÍNDICE

VOL. I

VOL. II

CAPÍTULO IV
SISTEMAS DE INFORMACIÓN GEOGRÁFICA

OBJETIVOS

- Facilitar una herramienta que permita el análisis y el manejo de la cuantiosa información procedente de los componentes y de los fenómenos del espacio geográfico.
- Objetivar las conclusiones de los análisis sintéticos, mediante procesos complejos guiados por programas informáticos de alta capacidad de cálculo y computación.
- Conocer las bases teóricas analíticas de los programas informáticos de SIG.
- Manejar métodos de análisis espacial que complementen los visuales con técnicas avanzadas de cálculo estadístico, basadas en la información que suministran los sensores aerotransportados, interrelacionándolos con mapas y otras fuentes de información espacial.
- La creación y el manejo de geodatabases.
- Dominar técnicas de realización de modelizaciones y simulaciones del y en el espacio, basadas en principios de multicriterio y multiobjetivo.

INTRODUCCIÓN. DEFINICIÓN DE SIG

El término SIG es el acrónimo de Sistemas de Información Geográfica y es traducción del término en inglés GIS que fue en la primera lengua en que apareció, y en la que también es acrónimo de *Geographic Information System*. Es tal el conjunto de aspectos que encierra el concepto y la cantidad de fines que pretende, que es ambiguo y demasiado genérico cualquier intento de definición del término. En general, este término acoge el conjunto de técnicas y tecnologías de manejo de la información procedente del espacio; tanto del concreto espacio geográfico y de la deducida del mismo, como de cualquier tipo de fenómeno, por muy abstracto o convencional que sea, que tenga una distribución espacial, y sea cual sea la disciplina científica dedicada a su estudio o explotación.

El término es plural (sistemas) por dos motivos. Por una parte, porque sirve a múltiples disciplinas y objetivos; y, por otra, porque acoge *herramientas materiales*, como son los ordenadores o computadoras, las impresoras y «ploters», etc. («hardware»); y *herramientas epistemológicas*, constituidas por los programas lógicos informáticos que están diseñados según distintos criterios guiados por los principios científicos de cada disciplina o campo profesional que los utiliza («software»). Lo que une a todos ellos en su gran variedad es que permiten manejar datos espaciales o geográficos («geographic dataset»);

datos que informan sobre algún atributo y/o su cantidad, así como de su distribución geográfica.

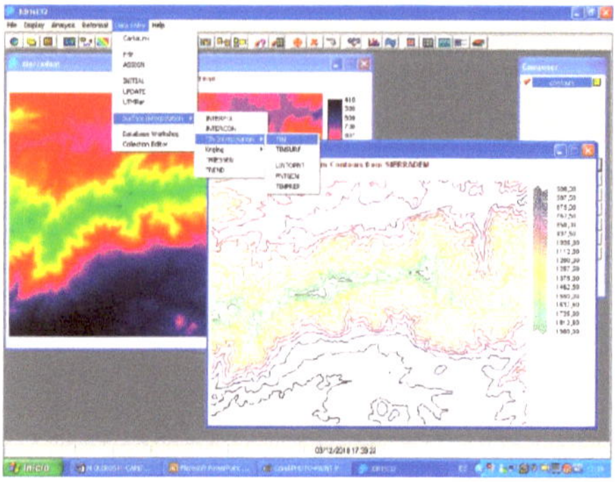

FIG. IV.1. *Muestra en la pantalla de un ordenador de un SIG.*

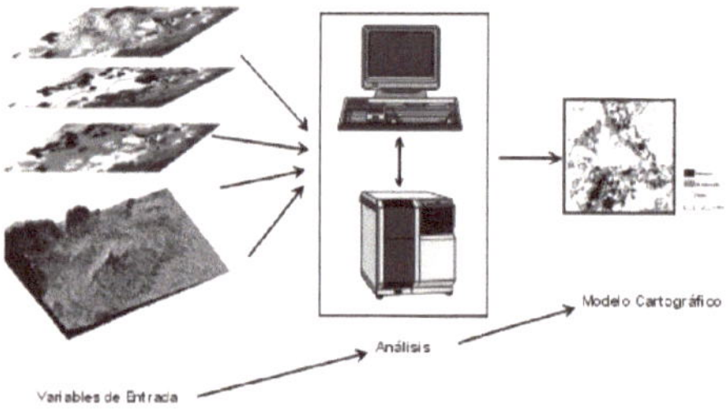

FIG. IV.2. *Un SIG es un «hardware», más un «software», más un análisis y da como uno de sus resultados una nueva cartografía.*

Estos datos se agrupan en lo que se conocen como Geodatabases («geodatabasa»): *bases de datos* en las que cada información de atributo aporta la información de su situación y localización sobre la superficie terrestre.

A mediados de los años sesenta del siglo XX se realizaron en Canadá los primeros diseños de bases de datos y de programas informáticos asimilables y precedentes de los SIG, como el CGIS (Canada Geographic Information System). Después, la Universidad de Harvard fue desarrollando distintos sistemas para aplicaciones específicas: en 1966 el SYMAP y posteriormente hasta los años ochenta el GRID y el MAP, sistemas denominados de «analisis package». En los años setenta se diseñó el DIME (Dual Independent Map Encoding), programa que estrictamente aún no podía ser considerado un SIG, y cuyo objetivo fue registrar y tratar los censos de población estadounidenses. Mientras, en el Reino Unido avanzaron los diseños de programas informáticos para la Cartografía Automática. Pero hasta que, en los años setenta, la UGI (Unión Geográfica Internacional) no propició la fundación de ESRI (Enviromental Systems Research Institut) no se crearon programas SIG como herramientas informáticas multipropósito. Tales fueron, en primer lugar, el sistema ARC/INFO para el manejo de geodatas compilados en archivos vectoriales y, más tarde, el Arc View para la visualización y la composición gráfica de la cartografía obtenible de dichos archivos. En seguida, durante los años ochenta, la iniciativa privada de empresas de diseño de «software», como Intergraph o Estrategic Mapping, crearon sistemas (MGE y Atlas Gis, respectivamente); y algunos organismos académicos, como la Universidad de Clark en Worcester, al considerar que el 80% de la información de cualquier proyecto de base de datos es geográfica,

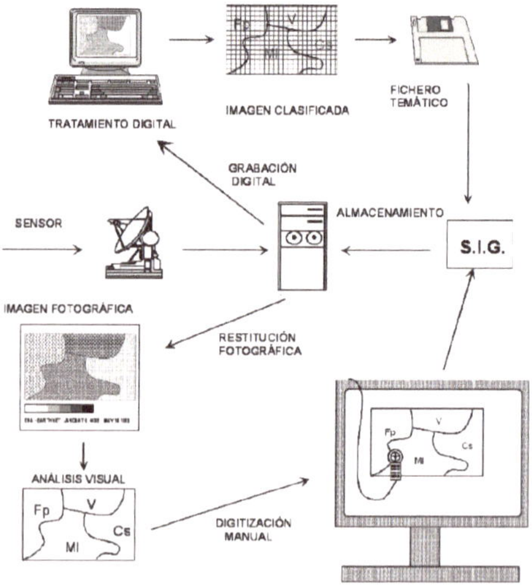

FIG. IV.3. *Integración de datos e información en un SIG.*

también diseñaron programas globales (el programa Idrisi). Sus objetivos eran, en este orden, la integración y el tratamiento de grandes volúmenes de información de base espacial; el diseño de las bases de datos y de metadatos relacionales; la interacción directa entre el usuario y el SIG; la creación de lenguajes espaciales y de hipermedia; el diseño de dispositivos de entrada/salida de datos que facilitasen el uso de mapas; la integración de la teledetección y los sistemas de información geográfica; la modelización; y algunos propósitos más. La profusión de programas informáticos dedicados a estas tareas propició la creación en 1988 por la NSF estadounidense (National Sciencie Foundation) de un gran centro coordinador: el NCGIA (National Center for Geographic Information and Analysis).

El carácter multipropósito y multidisciplinar que desde su nacimiento tuvieron los SIG ha permitido que sus *aplicaciones* fuesen muy variadas:

a) Medio ambiente y recursos naturales
   - *Aplicaciones Forestales*. Desde un comienzo, cuando comenzaron a diseñarse en Canadá, ésta es una de las aplicaciones más importantes y que más desarrollo han tenido, sobre todo para los análisis de riesgos de incendios según múltiples variables, como las iluminaciones solares directas, las proximidades a carreteras, los distintos grados de humedad, las distintas especies de árboles, etc.
   - *Cambios en usos de suelo*. Programas internacionales, como por ejemplo, el europeo «Corine Land Cover», generan cartografías de las dinámicas de degradación y recuperación de los territorios que, a escala 1:100.000, cubren ámbitos regionales.
   - *Estudios de impactos ambientales*. Basándose en evaluaciones multicriterio se determinan los conflictos entre los distintos usos de suelo. Un ejemplo puede ser la propuesta de localización de un vertedero de residuos sólidos urbanos que deba cumplir una serie de condicionantes, del estilo de que el lugar supere una determinada altitud, se encuentre a unas distancias mínimas de humedales, de otros vertederos, de áreas residenciales y de concentraciones de población y a distancias máximas de alguna carretera, por ejemplo.

FIG. IV.4. *3D medioambiental: Teledetección + MDE en un SIG (Sierra de Gredos).*

b) Catastro. Comprende información, tanto espacial (localización, límites y superficies), como temática (usos, valores y propietarios), acerca de parcelas y bienes inmuebles rústicos y urbanos. Este tipo de SIG suelen ser de diseño exclusivo para esta finalidad, de los que son ejemplos el LIS (Land Information System), el español SIGCA creado en 1988 por el Centro de Gestión Catastral y de Cooperación Tributaria, o los más recientes SigPac y Sig Oleolícola del Ministerio de Agricultura.

c) Transporte. Este campo temático genera muchas aplicaciones basadas en el carácter lineal de sus infraestructuras (carreteras, ferrocarriles, tendidos eléctricos, cables de telecomunicación, etc.) y permiten el análisis y los diseños de:
   - Pendientes, geometrías de las redes, señalizaciones en las vías, control de la conservación y el mantenimiento, de las intensidades de tráfico, de los puntos de accidentes frecuentes, etc.
   - Impactos territoriales de autopistas, trenes de alta velocidad, aeropuertos, etc.
   - Sistemas de navegación para vehículos basados en GPS y en mapas digitales de circulación.

– Planes directores de infraestructuras, etc.

d) Redes de infraestructuras básicas. Registradas en bases de datos georreferenciadas en codificación alfanumérica para su control y manejo (averías, direccionamiento, etc.) mediante programas SIG, como el de uso extendido AM/FM (Automated Mapping and Facilities Management).

e) Protección Civil: riesgos y catástrofes. Permiten la localización de focos y zonas de riesgo, así como de sus afectaciones, previsiones y simulaciones (centrales nucleares, de gas, transportes peligrosos, inundaciones y avalanchas, terremotos, etc.).

f) Análisis de mercados. Adaptados a técnicas de Geomarketing y Geodemografía, permiten la localización óptima de posibles centros comerciales polarizados, el diseño de las redes de distribución comercial, etc.

g) Panificación urbana y urbanística. Facilitan la proyección y el diseño de los Planes Generales de Ordenación Urbana y demás normas subsidiarias o figuras y herramientas legales urbanísticas, cartografiando los impactos de los crecimientos urbanos y asignando los criterios de edificabilidad como información básica. Existen para estos objetivos innumerables SIG municipales.

Así pues, existen tantas aplicaciones de los SIG como disciplinas científicas o de explotación

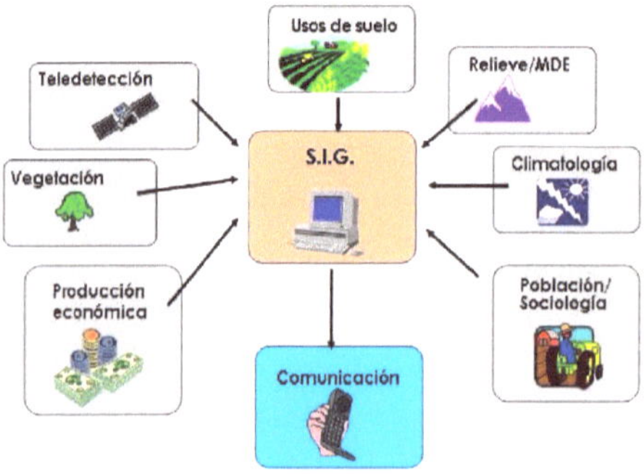

FIG. IV.5. *Integración y gestión de la información en un SIG.*

que tengan como finalidad objetos, fenómenos y actividades que se desarrollen de un modo espacial sobre la superficie terrestre. Incluso para aplicaciones de gestión integral del espacio geográfico.

IV.1. FUNCIONES, ELEMENTOS Y COMPONENTES DE UN SIG

Las funciones de un SIG se concretan en tres grandes apartados.

1. En primer término, el *agrupamiento de datos en conjuntos coherentes*, bien por su origen, o bien por el fin de la investigación que se pretende. Estos conjuntos o archivos deben constituirse de acuerdo a formatos que los programas informáticos sean capaces de manejar y que permitan ser consultados como bases de datos; es decir, que faciliten su lectura alfanumérica. Fundamentalmente se presentan en distintos formatos genéricos para cualquier SIG:
   a) Como un conjunto de puntos, líneas y/o polígonos de un modo secuencial *(formato vectorial)*.
   b) Como un conjunto de celdas informativas en matrices *(formato raster)*.
   c) Como *redes topológicas*.
   d) Como *tablas* organizadas en *filas (localizaciones geográficas)* y *columnas* (atributos o propiedades de cada localización).
   Estas tablas o bases de datos de carácter tradicional, suelen estar relacionadas con otras, mediante el uso de campos (columnas) comunes que las interconectan.

2. Una segunda función general que debe tener un SIG es la de *traducir el lenguaje alfanumérico de las bases de datos a un lenguaje gráfico* que sitúe sus localizaciones en un espacio de representación de la realidad. Es decir, la creación de mapas y demás herramientas cartográficas; bien sean de tipo *interactivo*, del tipo de lo que se conoce como *3D* (vistas tridimensionales), o de cualquier otro tipo. Asimismo, esta segunda función permite realizar labores de topología o de relación espacial entre los lugares donde se localizan

los atributos bajo estudio; de manera que faciliten la captación y el manejo de los límites comunes entre los distintos puntos del espacio para realizar agrupaciones y diferenciaciones entre ellos. También permiten consultar datos de cada lugar, seleccionándolo desde los mapas; así como establecer redes que son muy importantes para diseñar infraestructuras de conexión de todo tipo entre puntos y espacios geográficos.

3. Es necesario facilitar el que tanto tablas como mapas puedan ser tratados como *capas* («layers»), susceptibles de ser superpuestas entre sí con objeto de *deducir nuevos datos*. Esta posibilidad de combinación es la que se consigue con la tercera función general que debe poseer un SIG: el *geoprocesado de los datos originarios*. Esta tercera función se consigue con la aportación por el SIG de herramientas de procesamiento de los datos que permiten transformar su información bruta en nueva información geográfica, mediante la aplicación de métodos analíticos y sintéticos, con el fin de realizar modelizaciones y simulaciones del desarrollo de fenómenos en el espacio geográfico. Tales herramientas u operadores informáticos, que generalmente son de carácter lógico y matemático (fundamentalmente estadístico), facilitan la deducción mediante simulaciones y modelos espaciales muy complejos de futuros desarrollos de fenómenos y procesos naturales; así como la elección de áreas ideales del espacio geográfico que cumplan una serie de propiedades (multicriterio) o una serie de potenciales ventajas (multiobjetivo), respecto a otras áreas o lugares, para ayudar a las tomas de decisión. Además, deben permitir el manejo automático y repetitivo de grandes tareas de manejo del medio geográfico natural y artificial.

Estos tres apartados se organizan en distintos *módulos de programación informática* del SIG que son los que realmente desarrollan las *funciones* de:

- Formateo, estructuración e interrelación de bases de datos.
- Visualización.
- Realce.
- Búsqueda selectiva.
- Operadores matemáticos y estadísticos.
- Analizadores de distancia.
- Operadores de contexto.
- Correcciones.
- Signaturas espectrales y temporales.
- Clasificadores rígidos y probabilísticos.
- Toma de decisiones.
- Verificación de los resultados.

◆ - Formateo, estructuracion e interrelación de Bases de Datos.
◆ - Visualización.
◆ - Realce.
◆ - Búsqueda selectiva.
◆ - operadores Matemáticos y Estadísticos.
◆ - analizadores de Distancia.
◆ - operadores de Contexto.
◆ - Correcciones.
◆ - Signaturas espectrales y temporales.
◆ - Clasificadores rígidos y probabilísticos.
◆ - toma de Decisiones.
◆ - Verificación de los resultados.

TABLA IV.1. *Funciones básicas de un SIG.*

Todas estas funciones o fines se sostienen en cuatro elementos genéricos de los que se compone un SIG:

- «Hardware»
- «Software»
- Geodatos
- Analistas y usuarios de distintas disciplinas

A lo largo del tiempo se ha ido produciendo una evolución en la importancia de cada uno de estos elementos constituyentes de un proyecto SIG. A medida que el abaratamiento y la potencia de los ordenadores y de los programas informáticos ha ido en aumento, los datos geográficos y su obtención consumen cada vez más tiempo e inversiones económicas en el proyecto. Hoy, los datos-fuente del territorio han llegado a constituirse en el condicionante principal de cualquier proyecto. Hace diez años era la capacidad y velocidad de computación de los ordenadores para afrontar los procesos de cálculo necesarios para el análisis territorial con los SIG's. Además, la información de los geodatos ha llegado a ser en la actualidad el elemento diferenciador entre los distintos Sistemas de Información Geográfica.

Los SIG manejan dos aspectos de los geodatos: la información de su localización espacial, por un lado, y su información temática y/o cuantitativa como atributo territorial, por otro. Un SIG requiere pues la delimitación espacial de los objetos geográficos. Por ejemplo, un suelo urbanizable tiene una delimitación de una determinada calificación urbanística, pero además posee una serie de atributos territoriales, como pueden ser sus valores catastrales, su configuración geomorfológica, sus usos actuales, etc. Así pues, un SIG ha de trabajar simultáneamente con una gran cantidad de datos de distinto formato (valores cuantitativos, cualitativos, ordinales, temáticos, etc.), ordenados en distintas bases de datos que para ser relacionadas han de tener campos de contacto entre sí (generalmente identificadores de localización) y mapas, imágenes y otras capas gráficas donde situarlos. Una de las principales cualidades de un SIG y su fundamental diferencia con otros Sistemas de Información es su capacidad de asociación de bases de datos temáticas entre sí, con imágenes y con mapas, para la descripción espacial precisa de los objetos geográficos; así como el establecimiento de las relaciones topológicas entre tales objetos, una vez que prácticamente las haya convertido en una única base de datos geográfica.

Así pues, la primera fase de un proyecto SIG es la que consiste en la elaboración y creación de las bases de datos geográficas (geodatabases).

IV.2. FORMACIÓN DE LAS GEODATABASES

Crear una base de datos geográficos supone realizar previamente operaciones de abstracción, clasificación, reducción y simplificación para pasar de la complejidad de la realidad a una representación esquemática de la misma, tal como se vio al tratar el apartado cartográfico o representación gráfica de los datos geográficos. También supone dar una forma simbólica a la información mediante su codificación para que pueda ser tratada por los ordenadores-computadoras.

El proceso de abstracción está estructurado en distintos niveles, con objeto de que se formen capas gráficas temáticas que se corresponden con cada base de geodatos interrelacionada. Desde el *punto de vista de los datos* territoriales, la abstracción proviene de la definición de puntos muestrales en el espacio desde los que se obtiene la información; y desde el *punto de vista gráfico* proviene de la reducción de las formas de la realidad a elementos gráficos básicos (puntos, líneas y polígonos) con los que, mediante las correspondientes escalas y sistemas de proyección cartográfica, se formarán sus representaciones. Ambas vertientes de los datos tienen que ser convertidas desde sus lenguajes alfanuméricos y gráficos originarios a lenguajes digitales binarios para su tratamiento informático.

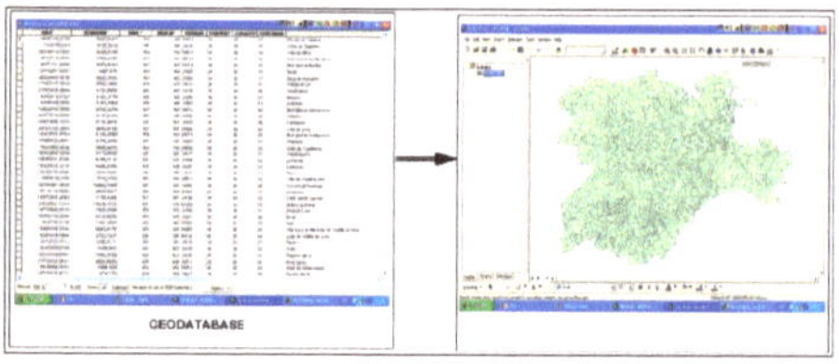

FIG. IV.6. *Geodatabase y su traducción gráfica.*

Por otro lado, la situación de los puntos muestrales y de los datos extraídos en ellos permite su tratamiento topológico con los métodos lógico-matemáticos oportunos para deducir sus relaciones en el espacio. Tales relaciones topológicas resultan muy difíciles de establecer directamente en el territorio y es uno de los mayores logros de los SIG. El SIG trata a los objetos geográficos como conjuntos de puntos, líneas, polígonos o celdas de un enrejado que están georreferenciados y por eso resulta fácil realizar su topología.

Las formas de estructuración de los datos como archivos, tanto desde el punto de vista informático como gráfico, suponen la diferenciación en los modos de trabajo entre los distintos SIG.

Fundamentalmente, existen tres tipos de SIG en cuanto al *formato de los archivos de datos* que tratan:

- SIG orientados a archivos de formato *vectorial*.
- SIG orientados a archivos de formato *raster*.

– SIG orientados a archivos de formato *objeto.*

Ninguno es superior a otro en términos absolutos, sino que están diseñados para el tratamiento de distintos aspectos de la realidad del espacio geográfico y, por tanto, tienen una utilidad específica.

Hasta hace relativamente poco tiempo cada SIG trabajaba exclusivamente con un tipo de formato de archivo distinto, pero actualmente, y cada vez con más frecuencia, los SIG son de diseño más flexible y tratan archivos de los tres tipos de un modo incluso combinado entre sí.

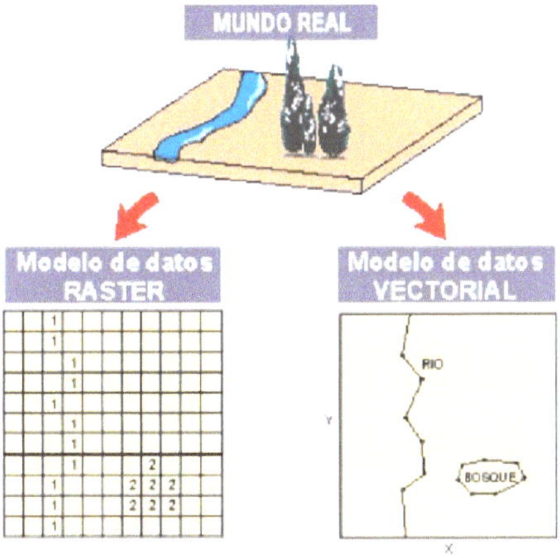

Fig. IV.7. *Formatos habituales para archivos digitales.*

IV.2.1. Tipos de formatos de las geodatabases

IV.2.1.1. *El formato vectorial*

Para la descripción de los objetos geográficos este formato utiliza vectores, definidos por pares ordenados de coordenadas referidas a algún sistema de proyección cartográfica. Por ejemplo, un vértice geodésico se gestiona en este formato con el valor vectorial de su situación; es decir, de su longitud geográfica, de su latitud geográfica en grados (en el caso de estar trabajando con un sistema de coordenadas geográfico o esférico) y del valor escalar de su atributo, en este ejemplo su altitud en metros (en el caso, por ejemplo, de referirlo en el sistema UTM vendría definido por sus coordenadas ***x***, ***y***, ***z*** en metros). En este tipo de formato, y en la Teoría de Grafos de la que procede, a cada punto aislado se le denomina *nodo*. Con dos puntos situados geográficamente se forma una línea y con una línea o varias conectadas por nodos se forma un *arco* que, por tanto, puede ser *monolínea* o *polilínea*.

Un conjunto de arcos, conectados entre sí, configuran los *polígonos* cerrados. La relación espacial entre estos tres elementos básicos del formato de los archivos vectoriales (nodo, arco y polígono) se realiza mediante lo que se conoce como *topología arco-nodo.*

Fig. IV.8. *Registro en tablas de líneas y polígonos en la topología arco-nodo.*

Este tipo de topología basa la estructuración de toda la información geográfica en pares de coordenadas que son su entidad básica. Con pares de coordenadas de puntos se configuran los vértices o nodos y con grupos de puntos se configuran las líneas o arcos; con los que, a su vez, se forman los polígonos. Cada conjunto de puntos, líneas y polígonos se conoce como *rasgo* («shape»). Todo este complejo de elementos básicos, en un número que puede llegar a ser muy elevado, requiere su tratamiento informático y también requiere la conexión de las

Fig. IV.9. *Campo (columna) de identificadores de cada rasgo en una geodatabase.*

bases de datos entre sí, mediante claves comunes de interconexión que se denominan *identificadores*. Cada nodo, arco y polígono posee un identificador propio que permite relacionarlo con otros. Por ejemplo, un mismo nodo puede pertenecer a varios arcos de otras bases de datos y un arco puede pertenecer a varios polígonos; el modo de conectarlos es a través de sus identificadores.

En general, el modelo de datos en formato vectorial es muy adecuado para tratar objetos geográficos con sus límites bien definidos como fincas, carreteras, vértices geodésicos, etc. Por esto, fundamentalmente se utilizan los Sistemas de Información Geográfica Vectoriales para trabajos de topografía, ya que los errores de situación en el espacio son menores con este tipo de archivo. Es el formato que posee una mayor precisión en la situación de los objetos en el espacio. El almacenamiento o archivado de los datos vectoriales se realiza mediante su ordenación en forma de tablas que contienen *columnas* de los distintos campos de atributos, tales como la longitud, la latitud, la altitud, la extensión, la propiedad, etc. Uno de estos campos o columnas corresponde a los *identificadores*. Estos archivos en forma de tablas también contienen *filas* que permiten identificar cada punto, línea o superficie del espacio, generalmente por su toponimia.

El fundamento de los *digitalizadores* es extraer la situación, punto a punto, de muestras desde un mapa o desde una imagen continua[157].

En el formato vectorial existen varias *formas o modos de estructurar los datos* topológicos:

a) Estructura de datos *spaghetti*
Cada objeto espacial está definido por un identificador, seguido por la lista de coordenadas de los nodos o puntos-vértices. Este tipo de estructura de los datos tiene el inconveniente de que no registra o almacena la topología sino sólo la geometría y en cada ocasión hay que calcular las relaciones espaciales entre los nodos, generando por lo tanto mucha información redundante, con el consiguiente consumo de memoria de los ordenadores.

b) Estructura de *diccionario de vértices*
Se realiza mediante dos ficheros: en el primero se registran las coordenadas de cada vértice y en el segundo los objetos y los vértices en los que participan. Este modo también es pobre, aunque mejor que el anterior, desde el punto de vista topológico.

c) Estructura *arco-nodo*
Un *arco* es la sucesión de líneas o segmentos de línea que comienzan en un nodo y terminan en otro. Un *nodo* es la intersección o el final de una línea. Éste es el tipo de fichero más completo en el formato vectorial porque registra la topología de los polígonos, de los arcos y de los nodos, así como las coordenadas de todos ellos; es decir, del nodo origen, del nodo final y de los nodos intermedios. Sin embargo, aunque se registra bien la topología, no se registra la geometría de los objetos (salvo que se registren también las coordenadas de los arcos).

d) Estructura *TIN* (Triangulated Irregular Network)
Está basada en una estructura arco-nodo. Fue diseñada para recoger también la tercera dimensión, es decir, la altitud, aunque se puede utilizar para registrar cualquier otro tipo de atributo, como temperaturas, poblaciones, etc. Consiste en el registro de las coordenadas y el valor *z* de atributo de los tres nodos de distintos triángulos. Se crea así una tabla de nodos de los triángulos (por ejemplo, triángulo A con los nodos 1, 3 y 6); otra tabla de aristas (por ejemplo, triángulo A con los triángulos continuos B y H); otra de coordenadas *x-y* de cada nodo (por ejemplo, nodo 3 con las coordenadas X_3 e Y_3); y una última tabla de las coordenadas del atributo *z* (por ejemplo, nodo 4 con la coordenada Z_4).

Además de los datos básicos, los archivos vectoriales para SIG suelen también tener otra serie de elementos auxiliares, como los denominados

[157] Hasta hace muy poco tiempo el recurso a las *tabletas digitalizadoras* (tableros electromagnéticos sobre los que se colocaban los mapas tradicionales en papel para, mediante un «ratón» de precisión, ir extrayendo las localizaciones precisas de una serie de puntos o líneas seleccionados como puntos o línea de control) era lo habitual para crear archivos digitales o las columnas de localización de los geodatabases. Hoy se utiliza más la teledetección.

TICS o puntos de registro y control para la referenciación espacial. Otro elemento auxiliar son los puntos-etiquetas o de anotación («Labs») que son capas de texto que se incorporan a los mapas como rótulos toponímicos escritos.

Las recomendaciones generales para realizar una base de datos espacial vectorial son que:

1. Los datos sean contemporáneos entre sí.
2. Su posicionamiento sea lo más exacto posible.
3. Sean coherentes los pertenecientes a una misma base, compatibles entre sí y con otros de otras bases.
4. Sean accesibles con la mayoría de los programas SIG de ordenador.
5. Sean actualizables de un modo periódico en el tiempo.

La forma de cargar los datos en cada base de datos puede realizarse mediante distintos tipos de entrada, como, por ejemplo, manualmente con el teclado de un ordenador-computadora; o mediante tableta digitalizadora con sistemas punto a punto («point mode») o siguiendo líneas («stream mode»); con escáner («raster»); con GPS (Global Position System); con fotografía aérea, o con imagen de satélite; etc.

Para el manejo de los datos de una geodatabase es necesario disponer de un Sistema de Gestión de Bases de Datos (SGDB), tales como dBase, Oracle, Ingres o cualquier otro. Las consultas de los datos puede realizarse por atributos («¿qué?») o espacialmente («¿dónde?»).

Mediante los módulos de programación informática de los SIG pueden realizarse muchas operaciones sobre los archivos vectoriales. Tales operaciones pueden tener como finalidad las *medidas de distancias* entre objetos, bien entre los puntos o bien entre centroides de polígonos[158]; también los *análisis de proximidad*, mediante el uso de «buffers» desde unas distancias mínimas para definir corredores; las *triangulaciones de Delaunay*; la generación de *polígonos Thiessen*; la *superposición de mapas*, etc.

[158] Generalmente mediante el Teorema de Pitágoras.

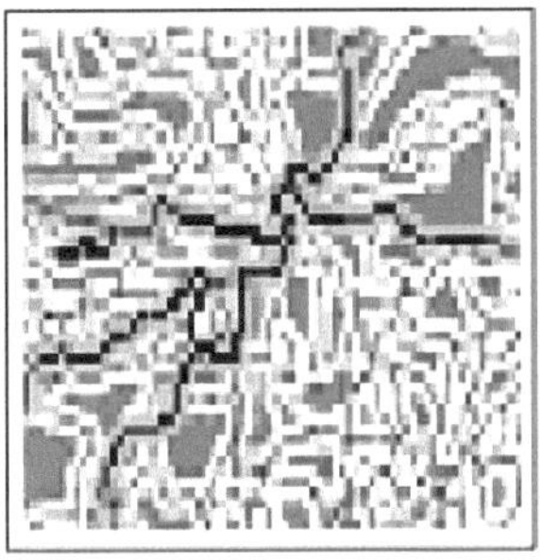

FIG. IV.10. *Ejemplo de formación de corredores (buffers) en torno a carreteras.*

FIG. IV.11. *Ejemplo de formación de polígonos Thiessen desde una geodatabase.*

La *superposición de capas* en formato vectorial es mucho más compleja y difícil que utilizando formato raster, como se verá, y consiste en tres operaciones fundamentales:

a) Superposición de *puntos sobre polígonos*. Es decir, una relación de superposición de una capa de puntos sobre otra de polígonos; como, por ejemplo, de colegios en áreas de riesgo.
b) Superposición de *líneas* y *polígonos*. Con lo que se genera una nueva capa de líneas en la que cada una tiene como atributo el polígono al que pertenece; como, por ejemplo, carreteras (líneas) sobre términos municipales (polígonos).
c) Superposición de *polígonos sobre polígonos*. Se genera una nueva capa de polígonos resultantes que adquieren los atributos de las capas originarias.

El mayor problema que se produce en la superposición de capas vectoriales es la generación de *polígonos ficticios* o *falsos*: los denominados «slivers» son pequeños polígonos muy estrechos que no representan ninguna información real. Ponen de manifiesto faltas de consistencia o errores de situación en distintas capas de un mismo objeto geográfico. Por ejemplo, al digitalizar una misma carretera que aparece repetida en distintas capas, pero con errores en algunas de ellas. Hay que evitarlo creando una única capa para cada tipo de elementos (una para los ríos, otra para las carreteras, etc.).

Los formatos vectoriales facilitan mucho los *análisis de redes*, como, por ejemplo, para los cálculos de caminos mínimos («routing»), de áreas de influencia de centros de servicios («allocate») o las operaciones sobre superficies para la detección de impactos visuales, etc. En un SIG vectorial una *red* es un *conjunto de arcos interconectados por los que se pueden mover recursos con ciertas restricciones* (redes de transporte, hidrográficas, telefónicas, eléctricas, etc.).

En el análisis del *camino mínimo* u *óptimo* entre dos puntos geográficos, el concepto fundamental es el de *impedancia*, que no es equivalente siempre al de máxima distancia geométrica entre ellos, sino generalmente al de máximo tiempo empleado en ir desde un punto al otro. La impedancia total entre los dos puntos es la suma de las impedancias de los arcos y las de los nodos que existan entre ellos. La *impedancia de arco* es la existente de un extremo a otro y puede ser direccional; es decir, según el sentido de la circulación, porque un camino puede tener dos impedancias distintas según el sentido que se considere: desde A hasta B, o viceversa. Las *impedancias de nodo* son las que se producen, o son introducidas por el analista, en los nodos intermedios: como, por ejemplo, 0,2 a los giros a derecha y 0,4 a la izquierda, o las detenciones de un tren en las distintas estaciones intermedias. Generalmente en el análisis de redes se utilizan más los modelos gravitacionales newtonianos que hacen referencia a las impedancias y tiempos que los geométricos euclidianos que hacen referencia a las distancias.

En el análisis de las *áreas de influencia* de centros de servicio, éstas pueden calcularse sobre distancias euclidianas o sobre impedancias mediante, por ejemplo, la construcción de polígonos Thiessen. En todo caso las áreas están siempre distorsionadas por la *impedancia* de arcos y nodos y por la *competencia* de otras áreas de servicio.

Las *superficies* geográficas están definidas por variables continuas (altitud, temperaturas, precipitaciones, etc.). Los SIG vectoriales permiten su representación desde una serie de puntos muestrales que definirían así una variable aparentemente discontinua.

Uno de los modelos de representación de superficies más utilizados desde archivos en formato vectorial es el TIN (Trianguled Irregular Net –red de triángulos irregulares–) porque permite calcular los valores y orientaciones de las pendientes de un terreno y, desde éstas, obtener áreas de intervisibilidad (las denominadas cuencas visuales), cuencas de drenaje y mapas de isolíneas.

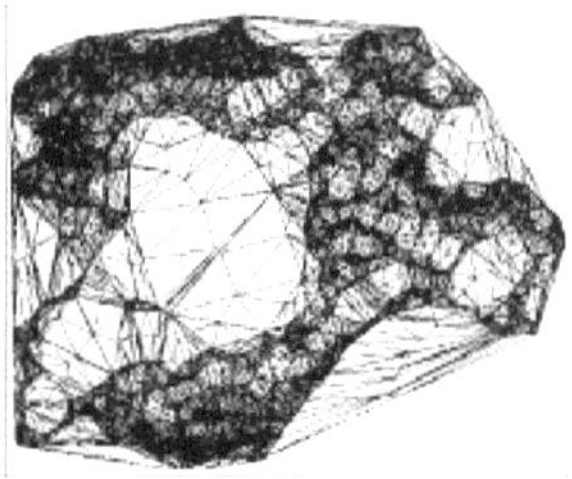

FIG. IV.12. *Triangulación TIN de las cotas de Castilla y León.*

Desde los triángulos TIN se suelen realizar los siguientes cálculos con los SIG:

- *Cálculo de pendientes*: Sobre un modelo TIN, cada triángulo es una porción del plano cuya inclinación viene dada por las altitudes de sus tres vértices. La línea de máxima pendiente en dicho plano es la que determina el valor de la pendiente y su orientación. El grado o valor de la pendiente y su orientación se utilizan para la generación de mapas sombreados de relieve y de mapas de drenaje.
- *Redes de drenaje*: También basadas en modelo TIN. En primer lugar consideran cada triángulo como un elemento discreto, de modo que la línea de máxima pendiente de cada uno de ellos determinará hacia cuál de sus triángulos vecinos vierte el agua. Luego los tratan como un mosaico

de planos, en el que las aristas de los triángulos son considerados como colectores de los planos triangulares vecinos contiguos y de otras aristas.

- *Generación de isolíneas*: Los valores *z* se localizan en los vértices de los triángulos. Se buscan las aristas que unen valores por encima y por debajo de la isolínea que se trata de definir, calculándose la distancia a la que corta la misma.

IV.2.1.2. *El formato raster*

Los Sistemas de Información Geográfica que trabajan con archivos en formato raster basan su funcionamiento considerando, más que las relaciones puramente topológicas entre puntos y líneas del espacio como hacen los vectoriales, las relaciones de vecindad entre los distintos objetos geográficos. El fundamento es la superposición de una *malla* o *retícula* de cuadrados contiguos sobre el espacio geográfico que se intenta convertir en una base de datos codificada. Cada *celda-cuadrado* de la malla abarcará una determinada superficie homogénea de un modo regular. El conjunto se estructura así en un número determinado de filas y columnas.

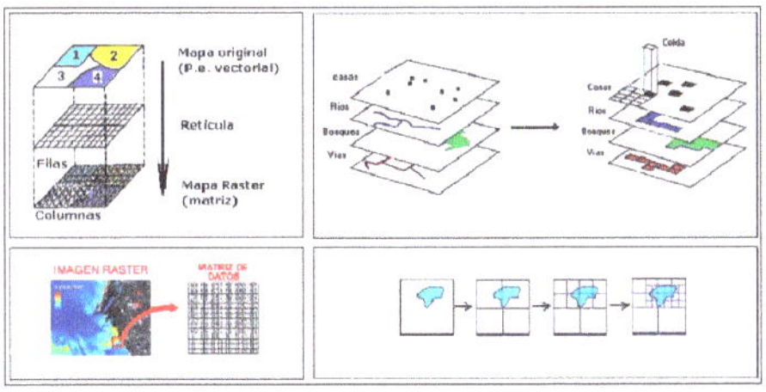

FIG. IV.13. *Formación de los archivos-capas raster.*

Cada celda está determinada por su situación en la malla general que está definida por el *cruce entre la fila y la columna* en las que se encuentra, y por un valor numérico que representa la cantidad de atributo espacial o temático que existe en esa parte del territorio.

En principio, todas las celdas en un archivo tipo raster tienen el mismo tamaño y cubren la misma superficie del terreno real. Con esta estructura, en la que cada valor muestral representa

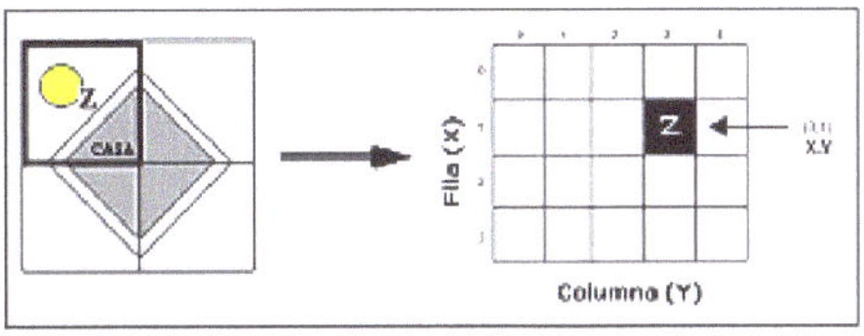

FIG. IV.14. *El cruce entre la fila y la columna determina los datos de localización (X, Y) del atributo (Z) en la retícula.*

una celda que tiene el mismo tamaño que todas las demás, basta georreferenciar (dar coordenadas en el sistema de proyección cartográfico en el que se pretenda trabajar) a las cuatro celdas de los extremos del rectángulo mallado para poder situar cualquier otra de ellas en el sistema de coordenadas. El tamaño de la celda determina la escala espacial de todo el conjunto cuando se convierte en su representación gráfica, es decir, en un mapa. En ese caso, el tamaño del píxel gráfico de la imagen resultante es equivalente, según su escala, al tamaño de la superficie terrestre que cubre cada celda. Cuanto mayor sea el número de filas y columnas de las que conste un archivo raster mayor resolución espacial tendrán sus mapas, pero también mayor número de muestras del atributo espacial obtenidas del territorio serán necesarias con el consiguiente incremento de coste económico para el proyecto SIG de que se trate.

Es muy importante tener clara la distinción entre los conceptos de *celda* del formato raster, el *píxel* de una imagen y el *ifov* de una banda de satélite que son habitualmente confundidos:

- La *celda* es la mínima unidad de registro de un archivo raster.
- El *píxel* («picture element») es la mínima unidad de información gráfica de una imagen.
- El *ifov* («instantaneous field of view») es la mínima sección angular observada desde el sensor de un satélite, medida en radianes.

De manera que una imagen tiene una *única resolución espacial* aunque puede ser representada a *distintas escalas* (distinto tamaño de las celdas raster).

Cada celda raster contiene la información que caracteriza de un modo medio o lógico a los atributos del espacio real que cubre (Z) y la de su localización (X,Y).

En algunos casos las celdas no son del mismo tamaño entre sí para poder ahorrar memoria de ocupación de los archivos: habrá algunas celdas de mayor tamaño que cubran áreas homogéneas que tengan los mismos datos en grandes espacios, y celdas más pequeñas cuando tengan que cubrir áreas geográficas de muy alta variabilidad espacial en los datos. En dichos casos, suelen emplearse estructuras raster que se conocen como *árboles cuaternarios* o *números matriciales de Morton*.

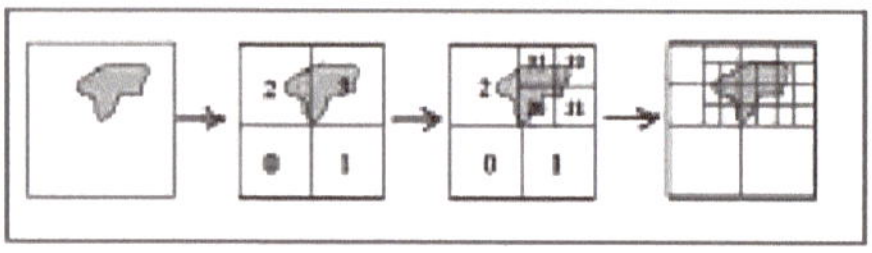

FIG. IV.15. *Estructura celular raster en árbol cuaternario o como número matricial de Morton.*

En todo caso, la delimitación de los objetos geográficos es más imprecisa en este tipo de formato raster, pues sus límites son celdas cuadradas unidas por sus vértices o por sus aristas, frente a la delimitación en los archivos vectoriales cuyos límites son líneas y puntos (arcos y nodos). Con carácter general, es muy apropiado el uso del modelo raster para cartografiar temas u objetos geográficos con límites difusos (temperaturas, vegetación, contaminantes, etc.); y el modelo vectorial para cartografiar superficies con límites muy definidos y precisos (parcelarios agrícolas, catastros, límites administrativos, etc.).

En teledetección, los objetos del mismo tamaño e incluso mayores que el píxel no son detectados si hay cerca de ellos otros objetos que radien más intensamente, y por ello no aparecerán en la celda.

El muestreo o *asignación de datos a cada celda* puede realizarse de tres modos:

- Muestreo *modal*: La celda adquiere el valor o dato dominante en el espacio geográfico que cubre la misma.
- Muestreo del *punto medio*: La celda adquiere el valor del dato que existe en el centro del cuadrado o del rectángulo del espacio geográfico que cubre la misma.
- Muestreo *lógico*: La celda adquiere el dato que interese al analista, siempre que exista una muestra dentro del espacio que cubre la misma, aunque no sea dominante.

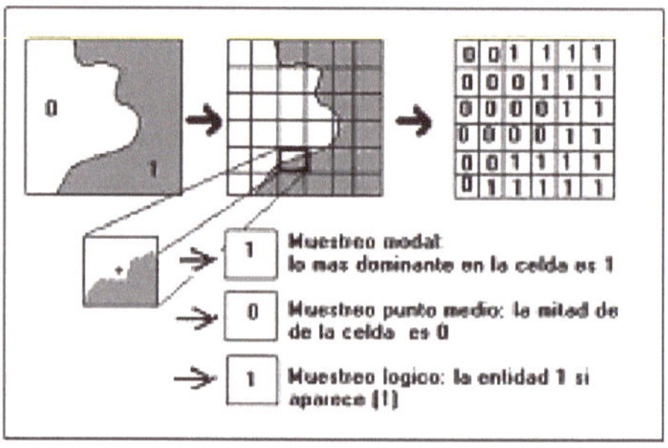

FIG. IV.16. *Formas de muestreo o asignación de datos a las celdas raster.*

El archivo, así construido, es una base de datos en forma de *matriz matemática* que permite su tratamiento como tal en cálculos con otras bases de datos matriciales o capas. Ésta es la gran ventaja del formato tipo raster, que permite realizar lo que se conoce como *álgebra de mapas* o de *capas*, que son cálculos más rápidos y fáciles que los que permiten los archivos no matriciales (vectoriales o de tipo objeto).

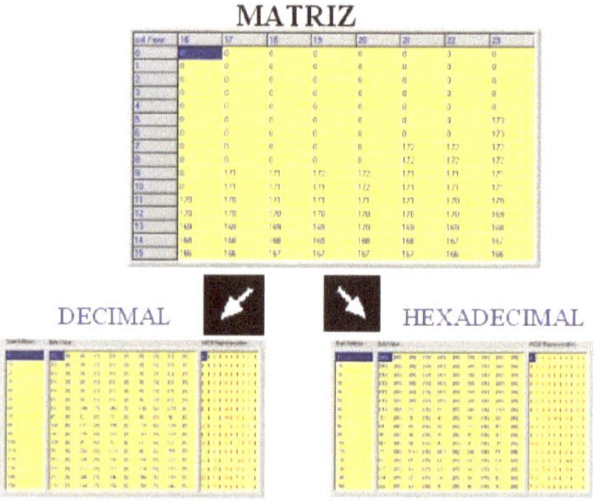

FIG. IV.17. *Un archivo raster es una matriz numérica matemática codificada de distintos modos que sirven para el cálculo y el álgebra matricial.*

Esta facultad del formato raster es muy apropiada cuando se pretende obtener nuevas variables desde varias capas; es decir, para realizar tareas de *modelización* cartográfica y para la *simulación* de procesos y fenómenos en el territorio. Para todo esto, siempre es necesario proceder a la *homogeneización* de los elementos comunes referenciales de todas las bases de datos que se pretendan combinar y que habrán sido creadas desde muestras de distintos atributos o temas de un mismo espacio geográfico.

Las homogeneizaciones espaciales de las capas temáticas o geodatabases se realizan mediante la ayuda que proporciona el tratamiento de los *metadatos* de cada archivo. Los metadatos son un *conjunto de datos* o *base de datos auxiliar* de la *base de datos principal y matricial* que *informan de las características generales o aspectos que afectan por igual a todos los datos de la base matricial*, como:

- Título.
- Resumen temático: atributo espacial de la base de datos.
- Área de aplicación o cubrimiento geográfico.
- Tipos de datos: número entero, número real, byte, etc.
- Tipo de codificación de los datos: ASCII, binario, etc.
- Número de columnas y de filas.
- Coordenadas extremas: Mínima X, máxima X, mínima Y, máxima Y.
- Resolución: tamaño de la celda en metros.
- Listado de capas.
- Punto cartográfico de referencia: datum.
- Sistema de proyección cartográfico y de coordenadas.
- Exactitud de la georreferenciación.
- Tamaño del archivo en Mb sin comprimir.
- Fuente de datos: mapa, archivo vectorial, fotografía aérea, imagen de satélite, etc.
- Fecha inicial de desarrollo.
- Fecha de la última actualización
- Responsable, propietario, distribuidor, contactos.
- Licencia.

Los *datos* describen el mundo real y son un modelo de la realidad; los *metadatos* describen los datos y se utilizan para tomar decisiones acerca de los mismos. Los *metadatos* constituyen la información en forma de documentación que permite que los datos sean bien entendidos, compartidos y explotados de manera eficaz por todo tipo de usuarios a lo largo del tiempo. Se utilizan para poder identificar, acceder y usar los datos. Y contestan a las preguntas: de «qué», «cuándo», «dónde», «quién», y «cómo» se han generado los datos:

- Qué: título y descripción del conjunto de datos.
- Cuándo: fecha de creación de los datos, periodos de actualización, etc.
- Quién: creador del conjunto de datos.
- Dónde: extensión geográfica de los datos.
- Cómo: modo de obtención de la información, formato, etc.

De un modo general se ha llegado a considerar a los *metadatos* como *datos acerca de recursos*; entendiendo como recurso unos datos, un servicio, un libro, un autor, una fuente, un mapa, un atlas, un programa, un servidor..., tal y como se contempla en *Dublín Core Metadata*. Se va generalizando la creación de organismos nacionales e internacionales cuyo cometido es establecer las normas para la elaboración y codificación de los metadatos y datos en general, así como para el registro y almacenamiento de los mismos. Un ejemplo notable es la IDEE (Infraestructura de Datos Espaciales de España), dependiente del IGN (Instituto Geográfico Nacional), cuyo cometido es integrar a través de Internet los datos, metadatos, servicios e información de tipo geográfico que se producen en España, facilitando a todos los usuarios potenciales la localización, identificación, selección y acceso a tales recursos, a través del Geoportal de la IDEE (http://www.idee.es), que integra los nodos y geoportales de recursos IDE de productores de información geográfica a nivel nacional, autonómico y local, y con todo tipo de datos y servicios de información geográfica disponibles en España[159].

[159] Este proyecto español se inscribe en el proyecto europeo INSPIRE, dependiente de la Agencia Europea de Medio Ambiente y Eurostat, para la creación de una infraestructura europea de datos espaciales. La Comisión Permanente del Consejo Superior Geográfico aprobó en su reunión del 10 abril de 2002, a propuesta de la Comisión de Geomática, la creación de un grupo de trabajo abierto para el estudio y coordinación de la puesta en marcha de una Infraestructura Nacional de Datos Espaciales como

Por ejemplo los programas SIG de ClarkLab (creadores de los programas SIG Idrisi) organizan los metadatos tal como aparecen en la siguiente tabla:

EJEMPLO de IDRISI

file title	bierzo
data type	real
file type	binary
columns	595
rows	434
ref. system	utm-30n
ref. units	m
unit dist.	10000000.0000000
min. X	3066881900544.0000000
max. X	3955828981760.0000000
min. Y	45747609272320.0000000
max. Y	46395390164992.0000000
pos'n error	unknown
resolution	1494028800.0000000
min. value	-1.0000000
max. value	359.3710022
value units	azimuths (in degrees)
value error	unknown
flag value	-1.0000000
flag def'n (slope=0)	aspect not evaluated
legend cats	0

En la que:

- - **Título** (el título de la capa que se despliega en la ventana de mapa)
- - El **tipo de datos** se refiere al tipo y al rango de valores posibles de la imagen. Cuando se dice que el tipo de datos de una capa raster es ***entero*** quiere decir, que los valores de cada pixel serán numeros enteros entre –32.768 y 32.768, existe un tipo especial de entero llamado ***byte***, que permite almacenar valores enteros entre 0 y 255. Otro tipo de datos es el ***real***, que puede almacenar valores entre 1×10E^{37} y 1×10E^{-37} con hasta siete dígitos decimales.
- - **Tipo de archivo**: se refiere a la forma interna de almacenamiento del archivo. Existen dos opciones: ***binario*** y ***ASCII***. En tipo binario, los valores de la capa raster se almacenan con su valor binario real, mientras que en tipo ASCII, cada número es almacenado como un carácter individual. Este hecho hace que los archivos ASCII ocupen un mayor espacio de almacenamiento y que su procesamiento sea mas lento.
- - Las **filas** y **columnas** indican la estructura básica raster.
- - El **sistema de referencia** indica la ubicación de la imagen en el espacio (los parámetros de los sistemas de referencia se almacenan en archivos REF). Las **unidades de referencia** pueden ser metros, pies, kilómetros grados o radianes (m, ft, km, mi, deg, rad). El multiplicador de la unidad de distancia se utiliza para acomodar otros tipos de unidades (p. e. minutos). Por lo tanto, si las unidades son alguna de las 6 reconocidas, el campo Unit distance siempre sera 1.
- - Los campos de **error posicional** y **resolución** son solamente campos informativos.
- - Los campos **valor mínimo** y **valor máximo** expresan el menor y mayor valor de todos los pixels de la capa raster. - El campo unidades de valor indica la unidad de medida de lo que representan los valores de la imagen.
- El campo de **valor de error** indica si es RMS para datos cuantitativos o un error proporcional para datos cualitativos. Se pueden dejar en blanco o como Unknown (desconocido).
- - Un dato **flag** (bandera) es cualquier valor especial. P. e. background (fondo), que quiere decir ausencia de datos. Otro flag reconocido es missing data, para indicar datos perdidos.

TABLA IV.2. *Ejemplo de organización de los metadatos en un SIG.*

resultado de la integración, en primer lugar, de todas las Infraestructuras de Datos Espaciales establecidas por los productores oficiales de datos a nivel tanto nacional como regional y local y, en segundo lugar, de todo tipo de infraestructuras sectoriales y privadas. El fruto de esta iniciativa es el proyecto IDEE.

Las fuentes de los archivos son muy variadas: *escaneo* de mapas y de fotografías aéreas, *imágenes* y *archivos* procedentes de satélites, *bases de datos* y *geodatabases* y *conversión de archivos vectoriales*.

Las operaciones y manejos de los archivos raster también son muy variados, permitiendo manipulaciones tales como cambios de niveles de resolución de las celdas; cambios de orientación y de los sistemas de proyección; uniones de distintos archivos en uno solo; extracciones de archivos de otros mayores, etc. También permite este tipo de formato operaciones de combinación de varios archivos o de grupos de celdas buscando características comunes entre ellas, como, por ejemplo, *reclasificaciones*, tanto cualitativas (con remodificación de las clases una a una o agregando clases), como cuantitativas (mediante la agrupación de valores o celdas según umbrales o intervalos de valor); o como operaciones matemáticas matriciales. También permite la eliminación de decimales por truncamiento o redondeo, etc.

Otro tipo de posibles operaciones son las superposiciones de capas raster, bien con criterios de tipo lógico que definan áreas donde se cumplen tales criterios (and, or, etc.), o de tipo aritmético (suma, resta, multiplicación, división, etc.).

- OPERADORES LOCALES:
  - Reclasificaciones cualitativas (agregaciones y recodificaciones de clases)
  - Reescalamientos
  - Contracciones y Expansiones
  - Fundidos y Listas de imágenes
  - Superposiciones lógicas (and, or, xor, not etc..) y aritméticas
- OPERADORES DE VECINDAD:
  - Vecindad inmediata (nuevos valores de una celda en función de las de sus vecinas)
  - Filtrados (suavizaciones, realces, etc..)
  - Pendientes y orientaciones en MED (entre una celda y sus 8 vecinas) y Cuencas de drenaje
- OPERADORES DE VECINDAD EXTENDIDA:
  - Buffers y corredores.
  - Cuencas visuales.
  - Cuencas hidrológicas y subcuencas de máxima pendiente.
  - Superficies de fricción y Costos
- OPERADORES DE ÁREA:
  - Estadísticas
  - Identificaciones de zonas (único ID a los pixeles contiguos de una zona de un mismo valor temático)
  - Mediciones espaciales: superficies, perímetros, forma (relación entre el perímetro y la raíz cuadrada de la superficie)

TABLA IV.3. *Operaciones más habituales sobre los archivos tipo raster con un SIG.*

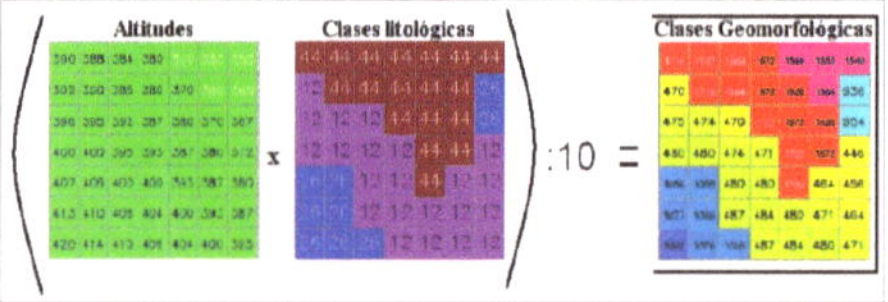

FIG. IV.18. *Ejemplo de operación local matricial con dos archivos raster para la obtención de uno nuevo.*

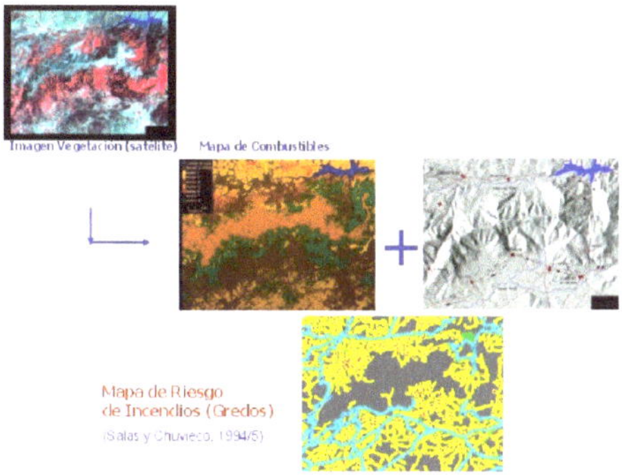

FIG. IV.19. *Ejemplo de operación local con un NDVI y un MDE (archivos raster) para la obtención de mapa de riesgos de incendio.*

Un ejemplo interesante de operación que se realiza con SIG es la de corrección de las deformaciones geométricas y la georreferenciación de las imágenes aéreas para la formación de mapas.

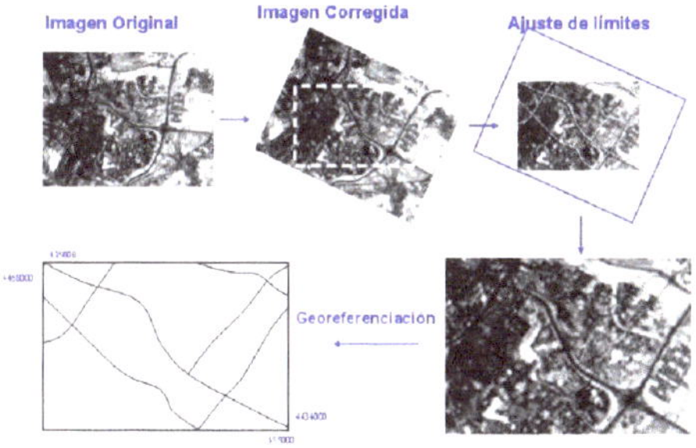

FIG. IV.20. *Ejemplo de corrección geométrica y georreferenciación de una imagen aérea para la consecución de un mapa.*

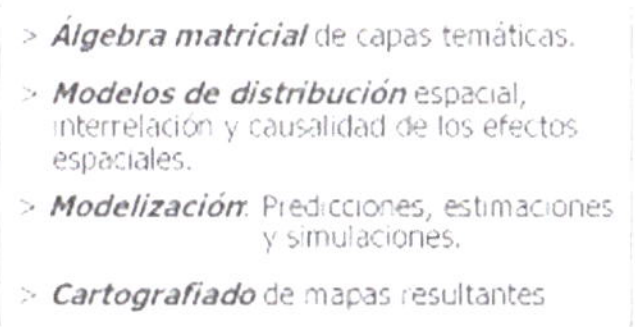

TABLA IV.4. *Funciones más generales que se pueden aplicar sobre los archivos tipo raster con un SIG.*

Las operaciones más habituales son las que introducen modificaciones en las base de datos o realizan cálculos sobre ella que tienen en cuenta criterios de *vecindad* entre las celdas. Estos criterios pueden ser de tres tipos, según que las celdas sean contiguas entre sí o no lo sean.

1. En el primer caso *(celdas contiguas)* se trata de *operaciones de vecindad inmediata* por las que el valor de cada celda se modifica en función de los valores de sus vecinas contiguas, dando así lugar a un nuevo mapa. En este grupo se encuentran los distintos tipos de *filtros* que buscan producir suavizados de las imágenes y de los mapas, o producir realces que destaquen las zonas o *bordes* de mayor variabilidad de los valores[160].
   Las operaciones de vecindad extendida también permiten el cálculo de *pendientes* entre cada celda y sus 8 vecinas. Las pendientes se miden poniendo en relación el valor de cada celda y la distancia entre ellas según su resolución espacial: un valor promedio de cada 9 celdas da el valor de pendiente a cada una de las que están situadas en el centro del grupo. Con estas técnicas de cálculo y mediante paletas de colores o de grises aplicadas a los resultados de las operaciones se pueden realizar sombreados de relieve o la detección de cuencas de drenaje en los MDE (modelos digitales de elevaciones).
2. En el segundo caso, es decir, si las operaciones se realizan sobre grupos de *celdas no contiguas*, son denominadas en SIG *operaciones de vecindad extendida*. Dentro de este tipo de operaciones se encuentran aquellas que permiten el cálculo de las distancias euclidianas entre celdas que suele realizarse mediante el teorema de Pitágoras:

$$d = \sqrt{d_f^2 + d_c^2}$$

[160] Se entienden por «bordes» en SIG las líneas o fronteras entre grupos de celdas con las mayores diferencias de sus valores entre sí.

En la que:

- d_f es la distancia entre las filas, según el tamaño de terreno, en dirección Este-Oeste que cubre cada celda.
- d_c es la distancia entre columnas.

Otras operaciones permiten hacer cálculos de *proximidad*, también llamados *corredores* («buffer»), que determinan qué celdas se encuentran por debajo de un umbral de distancia respecto a una celda o un grupo de celdas de referencia, asignándoles valor 1 a las que superan el umbral y 0 a las que no, o viceversa.

Otro tipo de operaciones dentro de este grupo son las que permiten generar *polígonos de Thiessen* que se basan en teselaciones como, por ejemplo, las de Voronoi que parten de determinadas celdas de las que se ha recogido el valor muestral de un punto contenido en ellas y le dan su valor a toda la celda; el resto de las celdas son asignadas al valor del punto muestral-celda más próximo, de manera que se obtienen así tantos polígonos como puntos muestrales.

Otras operaciones de vecindad de los SIG sobre los archivos raster están encaminadas a detectar lo que se conoce como *superficies de fricción*: en la realidad no existe ningún atributo espacial que sea completamente isotrópico, es decir, que se desarrolle del mismo modo en todas las direcciones, por eso no deben aplicarse operaciones de vecindad extendida puras de un modo general. El concepto de *fricción* en SIG es el de la *resistencia al desplazamiento libre por el espacio geográfico* y se mide en términos de *costes de transporte* que se suelen asociar a los valores de cada celda como un factor de ponderación o corrección. Mediante este método es posible detectar las barreras reales que constituyen elementos físicos, como relieves, cursos y masa de agua, etc. Con esta técnica se elaboran los *mapas de coste de transporte* y los *análisis de proximidad*. Hay que tener en cuenta que los cálculos de las distancias entre dos puntos-celdas de una capa raster varían si el paso por las celdas cuadradas intermedias se realiza por los lados de las celdas, con lo que habrá que multiplicar la resolución espacial de la celda por el número de lados de celda por los que se pasan formando escalones y la distancia resultante resultará sobredimensionada. Si, por el contrario, se atraviesan las celdas por sus diagonales, la distancia entre dos puntos resultará de multiplicar el número de celdas que se atraviesan en diagonal por 1,4 (relación entre la diagonal de un cuadrado y su base o lado) y por la resolución espacial de celda (n.º de celdas x 1,4 x resolución); en este caso la distancia calculada se aproximará más a la real en el terreno.

Gracias a la técnica de superficies de fricción también se realizan los cálculos de *camino mínimo* entre dos celdas, como por ejemplo en el proyectado de una carretera; para lo que se suelen tener en cuenta los elementos de fricción, tales como usos de suelo, pendientes, tipos de materiales geológicos (en cuanto a su dureza o facilidad para la excavación), etc.

También dentro de las operaciones de vecindad extendida se encuentran los *análisis de intervisibilidad* o determinación de *cuencas visuales*: a partir de un archivo raster de elevaciones del terreno (MDE) se determinan las celdas que son visibles desde una o varias celdas concretas y cuáles no son visibles desde ellas. Generalmente se consiguen estos mapas asignándoles un valor 1 (uno) a las primeras y un valor 0 (cero) a las segundas. Este tipo de aplicaciones son muy útiles para estudios de impactos ambientales (por ejemplo, para el diseño del trazado de una carretera o de localización de aerogeneradores en un parque natural) y también para situar miradores, torres de vigilantes forestales, torres de radio o de telefonía móvil, etc.

3. Un tercer grupo de operaciones que tienen que ver con el concepto de vecindad es el de las que se conocen como *operaciones zonales* que es un método mixto entre las de vecindad inmediata y las de vecindad extendida. En SIG una *zona* es un *grupo de celdas contiguas que presentan un mismo valor temático*. Estas operaciones se diseñan para la *identificación de zonas* asignándoles un valor único a cada grupo de celdas de una misma zona. Esto permite realizar mediciones espaciales de los objetos geográficos o cubiertas espaciales de todo tipo, fundamentalmente de
   a) *áreas*
   b) *perímetros*
   c) *formas*

En el primer caso (a) las *áreas* simplemente se obtienen multiplicando el número de celdas de la zona por el cuadrado de su resolución espacial.
Los (b) *perímetros* se obtienen multiplicando el número de celdas exteriores de la zona por la resolución espacial.
La (c) *forma* es la relación existente entre el perímetro y el área de la zona, y se obtiene dividiendo el perímetro por la raíz cuadrada del área que ocupa:

$$\frac{\text{Perimetro}}{\sqrt{\text{area}}}$$

Cuanto más alto sea el valor de esta relación, más alargada será la forma. Si esta relación es igual a 3,54 la forma será circular.

Así pues, los archivos tipo raster, trabajados con un SIG, permiten una gran cantidad de operaciones de análisis y de síntesis. La mayor potencia operativa se obtiene definiendo una capa o archivo raster distinto para cada criterio de selección y superponiéndolos entre sí de un modo combinatorio con objeto de obtener nueva información, es decir, una nueva capa. Es fácil de entender con el siguiente ejemplo:

> Supóngase que se pretende localizar una zona que sea apta para un determinado uso y que debe cumplir cuatro criterios a la vez: que sea un espacio que no supere el 10% de pendiente; que esté alejado de cualquier carretera más de un kilómetro; que esté situado sobre suelos que sólo sostengan en la actualidad matorrales; y respecto a la propiedad, que las parcelas superen las 10 hectáreas. Se creará una primera capa de pendientes, asignando valor 0 (cero) a las celdas que superen el 10% y valor 1 (uno) a las que estén por debajo de ese nivel de pendiente. Se creará una segunda capa, asignado valor 1 a las celdas que estén más alejadas de un kilómetro de cualquier carretera, y valor 0 a las que estén más cerca. Una tercera capa será la de las cubiertas vegetales, de modo que se asignará un uno (1) a las celdas cubiertas de matorral y un cero (0) a las que estén cubiertas con cualquier otro uso vegetal. Y, por último, se creará una cuarta capa de extensión de parcelas, asignando un 1 a las celdas que pertenezcan a parcelas que superen las 10 ha y un 0 a aquellas celdas pertenecientes a parcelas que sean inferiores a dicha superficie. Sumando los elementos de las matrices o capas de un modo lógico (1 + 0 = 0; 0 + 0 = 0; 0 + 1 = 0; 1 + 1 = 1), de todas las celdas que coincidan en su localización de la malla raster en los cuatro archivos, resultarán aptas las que tengan un valor 1 y no aptas las que tengan un valor 0.

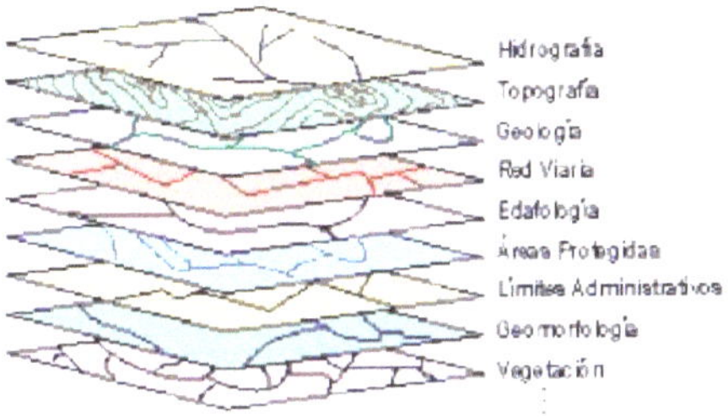

FIG. IV.21. *Superposición de capas (layers) para la consecución de un mapa.*

Los archivos raster se forman con los datos que se han obtenido sobre el terreno o con cálculos realizados sobre ellos; cada uno de los cuales da valor a una celda de una red de cuadrados, que pueden situarse en el *centro de cada celda*, en cuyo caso a esta red que se superpone al terreno se le denomina en la jerga SIG «grid» (traducible por reja, emparrillado o parrilla, retículo); o pueden situarse en los *vértices de cada celda* cuadrada y entonces se denomina «lattice» (traducible por los términos similares en castellano de enrejado, celosía, retícula, malla o red cristalográfica); por lo que ambos términos en inglés son también utilizables en castellano.

Los «lattices» utilizan líneas para representar gráficamente la configuración topográfica de una superficie. Y así, las curvas de nivel en 2 dimensiones identifican puntos de ruptura entre intervalos iguales de elevaciones. En las representaciones gráficas en tres dimensiones (3D) son las intersecciones de las líneas las que son «levantadas» a su correspondiente altitud relativa, según el valor almacenado en la tabla de atributos para cada localización. Elevan cada nodo de intersección de la malla a su correspondiente altitud. De esta manera, cuatro líneas conectadas entre sí son estiradas proporcionalmente, dando lugar a una especie de modelo «alámbrico» suavizado que se expande o contrae a medida que se suceden colinas y valles, dando una sensación de más realidad que con el sistema de «grids».

Sin embargo, los «grids» utilizan directamente las celdas para representar la configuración de la superficie tridimensional. Su representación bidimensional consiste en un simple relleno de cada celda con el color correspondiente a su intervalo de atributo, por ejemplo, su altitud; y siguiendo con el mismo ejemplo de la altitud, su representación 3D resulta de elevar cada celda a su valor. Las celdas enteras son elevadas a su correspondiente altitud. Dichas celdas conservan su forma original proyectada, dando lugar a *columnas* que dan un aspecto fracturado a la superficie tridimensional y por tanto poco asimilable a la realidad. En consecuencia, para la representación gráfica en 3D es más aconsejable utilizar el sistema «lattice»; para las representaciones bidimensionales es indiferente, aunque el sistema «grids» es menos complejo; y para los cálculos matriciales o álgebra de mapas es recomendable el sistema «grid» porque simplifica mucho la computación.

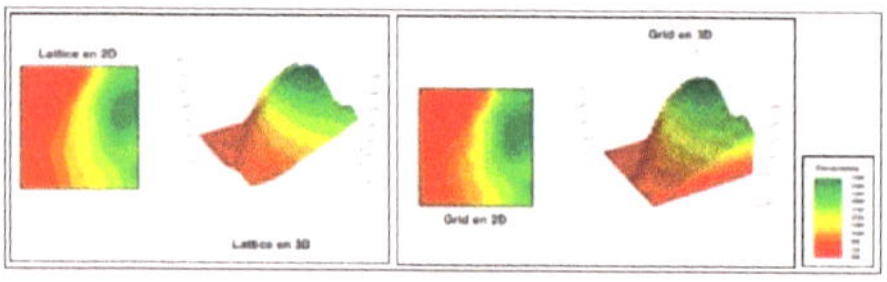

FIG. IV.22. *Diferencias gráficas entre lattice (asignación de los datos a los vértices de cada celda) y grid (asignación al centro de cada celda).*

La superposición de capas es el objeto básico de los SIG; por eso las capas de un mismo proyecto SIG deben estar georreferenciadas al mismo espacio geográfico y realizadas con el mismo formato.

Surgió en la teledetección la necesidad de entrelazar en un único archivo todas las distintas bandas de captación de los sensores de cada satélite para ahorrar costes, aligerar memoria y hacer más rápida y continua la transmisión de los datos a las estaciones terrenas. Se buscaba un equilibrio entre la rapidez de transmisión y la seguridad de que la estación terrena recibiese la mayor cantidad de información de cada banda. El sistema más rápido y económico de archivado conjunto o entrelazado de bandas es el de enviar *secuencialmente* cada banda completa una tras otra; pero una interrupción en un tiempo determinado de la transmisión entre el satélite y la estación terrena por fallo o interferencias hace que se pierda mucha información de la banda (muchas líneas de la misma banda) que en ese momento esté siendo enviada. Por eso se ideó enviar intercaladas líneas completas de cada banda; de manera que sólo se viesen afectadas unas pocas líneas de cada banda. Para evitar estas pérdidas de líneas completas de cada banda se diseñó el sistema de archivado y transmisión que intercalaba un píxel de cada banda; con lo que se conseguía que en el mismo tiempo de interrupción o interferencia se perdiesen solamente algunos píxeles de cada banda y no líneas completas. Este último sistema hace la transmisión más lenta, y es el más complejo y caro en cuanto a su funcionamiento, pero el más eficaz. Por lo tanto, el conjunto de capas o archivos raster puede archivarse conjuntamente mediante esos tres tipos principales de formato:

– BSQ: (Bandas secuenciales) Modo secuencial de almacenamiento de las matrices completas, una tras otra.
– BIL: (Bandas intercaladas por líneas) Modo de intercalación de líneas completas de cada matriz.

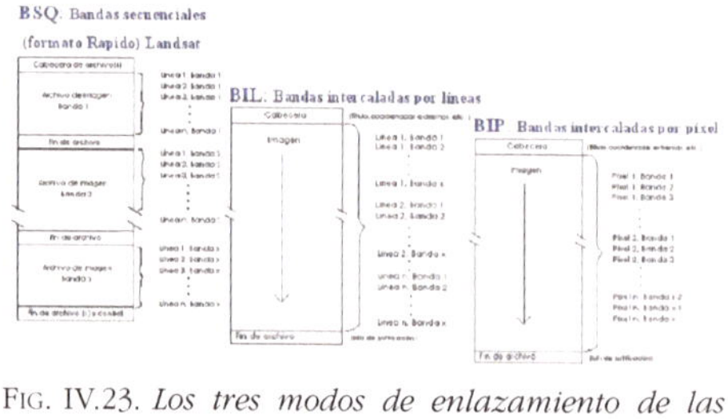

FIG. IV.23. *Los tres modos de enlazamiento de las capas de un archivo raster (p. e. bandas de un satélite): secuencial; por líneas intercaladas; e intercaladas por celdas.*

– BIP: (Bandas intercaladas por píxel) Modo de intercalación por píxel o celda de cada matriz.

IV.2.1.3. *Comparación entre el formato vectorial y el raster*

La comparación entre ambos permitirá concluir que son perfectamente complementarios:

– Archivos vectoriales: *Sistema de puntos definidos por sus coordenadas X,Y y sus atributos.*

- *Ventajas:*
  * Definición muy nítida de la variación espacial, sea cual sea su grado. Mayor resolución gráfica en las impresiones.
  * Mantiene la alta definición en las escalas grandes. Representaciones precisas de las estructuras lineales.
  * Fáciles conversiones de escala.
  * Alta potencia topológica. Facilita la captación de las relaciones espaciales.
  * Cálculos fáciles y precisos de distancias, superficies y volúmenes.
  * Archivos de datos ocupan poco espacio de memoria.
  * Poca limitación del tamaño de las imágenes (puntos, arcos, polígonos).
- *Desventajas:*
  * Compleja captura de datos (digitalizaciones).
  * Estructura compleja de datos y archivos (x, y, z).
  * Alta dificultad en superposiciones de capas de imágenes (polígonos ficticios –«slivers»–).
  * Difíciles y malas comparaciones de series temporales.
  * Poco eficiencia para tratar áreas de poco contraste espacial (redundancias).
  * Muy poco eficiente para aplicaciones de operadores matemáticos a sus datos digitales. Difícil procesado de los datos (SIG).

– Archivos raster: *Sistema de celdas cuadriculadas definidas por las variaciones de un atributo archivado en forma de matriz.*

- *Ventajas:*
  * Fácil captura de datos (sensores y escáneres).
  * Estructura de datos simple (píxel) en matrices.
  * Fácil superposición de capas de imágenes y bandas espectrales.
  * Fáciles comparaciones de series temporales.
  * Eficiente para definir áreas de gran contraste espacial.
  * Fáciles tratamientos operacionales (álgebra matricial de imágenes) de los datos digitales. Operaciones directas sobre los archivos (SIG).

- *Desventajas:*
  * Difuminación de contrastes. Vale para imágenes de gran variedad espacial. Impresión poco definida.
  * Excesiva generalización en escalas grandes. Representaciones imprecisas de estructuras lineales.
  * Cambios de escala limitados por la resolución espacial.
  * Difíciles y poco precisos análisis topológicos.
  * Cálculos poco precisos de distancias, superficies y volúmenes.
  * Archivos de datos ocupan mucho espacio de memoria.
  * Limitación en el tamaño de las imágenes (filas y columnas).

Como es fácil apreciar lo que supone ventajas en un caso son las desventajas en el otro, y viceversa.

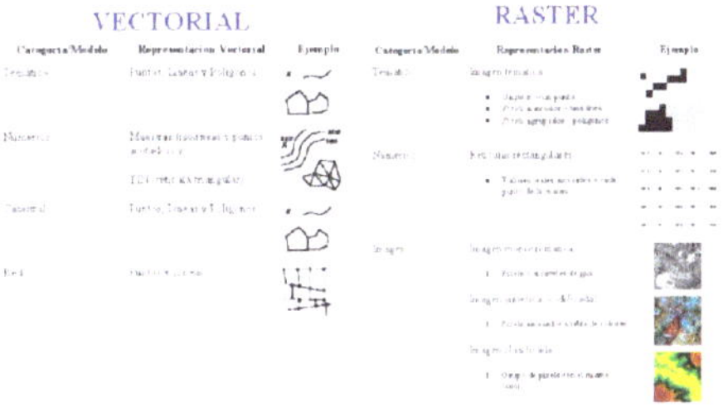

FIG. IV.24. *Comparación de las características básicas de los formatos vectorial y raster.*

IV.2.1.4. *El formato objeto*

Mientras que los modelos de datos vectoriales y raster estructuran su información geográfica mediante capas de formas geométricas en el primer caso y de capas de mallas de celdas en el segundo, los *formatos orientados a objetos* organizan la información geográfica a partir de los *propios objetos geográficos* y de sus *relaciones* con otros. Los procesos que afectan a cada uno son considerados agrupados en clases de objetos, y se dan casos de *procedencia de unos respecto a otros (herencias)*; es decir, desde el carácter estático que se da en los modelos vectorial y raster se pasa a un carácter dinámico en los modelos orientados a objetos. Son muy aptos para el estudio de *evoluciones* y *cambios*, tanto espaciales como temporales. Un ejemplo clásico es el de la organización de los archivos de un bosque: cada árbol está sometido a un proceso de crecimiento que es «heredado» por todo el bosque, lo que da como resultado que la altura del bosque sea cambiante en el tiempo. Es decir, los atributos temáticos de cada objeto geográfico son resultado de aplicar determinadas funciones de cambio que los hacen variar continuamente según sus relaciones con el resto. Por lo tanto, este modelo de archivo es el más aconsejable para trabajar en SIG con los datos geográficos por su dinamismo y la posibilidad que ofrecen de realizar simulaciones dinámicas de los objetos geográficos, a fin de prever, de un modo continuo, situaciones potenciales futuras de la realidad. Pero todavía resulta muy difícil trabajar bien con ellos porque no se adaptan bien a los actuales Sistemas de Gestión de Bases de Datos (SGBD).

FIG. IV.25. *Esquema de ejemplo de funcionamiento del formato objeto.*

IV.2.2. ERRORES DE LOS ARCHIVOS DIGITALES

Un gran problema del tratamiento de la información geográfica con SIG es el de la producción de errores que afectan a la precisión topográfica y temática de sus productos cartográficos, al margen de los errores puramente estadísticos. El mayor riesgo que provocan los errores radica en que la limpieza y definición aparente de la traducción gráfica que da un archivo tratado con un SIG puede engañar acerca de su precisión. Muchos archivos proceden de la simple digitalización manual sobre tableta de mapas y planos, sumando así los errores propios de los mismos a los que se produzcan durante el proceso de digitalización.

Los errores básicos son de:

– *Omisión*: Datos que faltan en el archivo.
– *Comisión*: Datos que sobran en el archivo.

Existen dos tipos fundamentales de errores: posicionales y atributivos.

a) Posicionales. Producidos por *deficiencias en la localización geográfica*. Afectan a los modelos de contornos y redes de triangulación de los formatos *vectoriales*, pero sobre todo a los *raster*, pues cada dato se localiza en una celda que cubre un espacio en la realidad mucho mayor que un punto. Provienen de dos fuentes de error:
   - Por el proceso de digitalización:
     * *Externas*: Según el estado de conservación del mapa.
     * *Operacionales*: Según la habilidad de la persona que digitaliza.
     * *De generalización*: Debido a que las curvas se digitalizan como una unión de segmentos rectos.
   - Por las deformaciones del documento fuente.

b) Atributivos. Afectan por igual a los archivos *vectoriales*, por ejemplo, en cuanto a la localización de las cotas, desembocaduras, cruces de caminos etc.; que a los archivos *raster*, sobre todo de los puramente estadísticos, a causa de la atribución de características medias a cada píxel, etc.

Existen muchas maneras de *atenuar los errores*:

- Mediante un mayor cuidado y precisión en las medidas y en la digitalización[161].
- Empleando una mayor cantidad de componentes-muestras de datos del archivo.
- Utilizando mayor cantidad de memoria en el archivado de los datos para aumentar la precisión[162].
- Calibrando y verificando con puntos de control destacados, fáciles de localizar en los mapas y en las imágenes, y muy conocidos como, por ejemplo, los cabos en los litorales.
- Utilizando puntos de control GPS para teledetección y SIG. Bien tomando puntos de «verdad-terreno», mediante el control con tres satélites o con cuatro para alta precisión; o también registrando con el GPS la posición del avión (en el caso que sea ésta la plataforma del sensor que capte la imagen) en el momento de la toma y de su ángulo respecto a la horizontal para la reconstrucción correcta de la imagen.
- Parametrización: selección de las variables, del proceso y de sus representaciones.

Para la validación de los datos de un archivo se utiliza la verificación o control de campo con unos datos o muestras adicionales para evaluar la precisión estadística. Generalmente se realiza dicha evaluación con el cálculo de los *errores cuadráticos medios* (RMS) y mediante el uso de *matrices de confusión* en las que

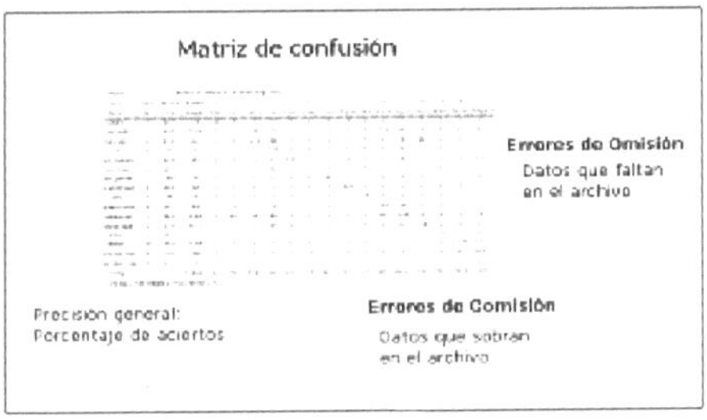

Fig. IV.26. *Ejemplo de una matriz de confusión.*

[161] Conviene considerar que, por ejemplo, un error de un milímetro en la digitalización de un mapa a escala 1/50.000 supone un error de 50 metros en el terreno.

[162] Para obtener un archivo de «simple precisión» hay que utilizar palabras (bytes) de 4 bits; para uno de «doble precisión», palabras de 8 bits.

se compara la frecuencia de las coincidencias entre los datos aportados y los de los puntos de control de campo o de otras fuentes ajenas al propio archivo.

IV.3. OPERACIONES DE LOS SIG

Algunos de los programas informáticos SIG son diseñados para aplicaciones específicas o monoobjetivo, como, por ejemplo, el SIG topográfico del Servicio Cartográfico del Ejercito Español, el SigPac para el estudio de parcelas agrícolas o el Sig Oleícola del Ministerio de Agricultura de España. La mayoría de los SIG disponibles en páginas webs de Internet son de este tipo determinado y están estrechamente asociados a bases de datos concretas y específicas, generalmente sólo accesibles a través de la página web. Sin embargo, los programas informáticos (software) de utilización universal o generales son más flexibles y utilizables para múltiples objetivos. Éstos están estructurados en módulos dentro de cada función general. Prácticamente la inmensa mayoría se organiza mediante paquetes de menús que son parecidos, en lo esencial, de uno a otro SIG, aunque los lenguajes de programación, la estructuración y presentación de las distintas pantallas y, sobre todo, las jergas y la denominación de sus distintos elementos y funciones son propias; lo que llega a crear cierta confusión en analistas que dominan un SIG concreto y pretendan trabajar con otros. Existen unos SIG que están orientados exclusivamente a trabajar con archivos en formato vectorial, como los dedicados a trabajos topográficos o los topológicos; otros sólo se orientan al trabajo con archivos tipo raster, como, por ejemplo, algunos dedicados casi exclusivamente a trabajar con imágenes aéreas o de satélite; otros a los de tipo objeto, como, por ejemplo, los que están más orientados a tareas de planificación territorial y control. En la actualidad, cada vez más programas son flexibles o disponen de extensiones que permiten trabajar simultáneamente con cualquiera de los formatos generales de archivo existentes.

En general los programas SIG genéricos o multipropósito tienen muchos de los siguientes menús básicos para distintas funciones:

IV.3.1. MENÚS PARA CREACIÓN Y MANEJO DE ARCHIVOS Y BASES DE DATOS

Suelen tener módulos que facilitan el *listado*; la descripción y la documentación de los *metadatos*; su copiado y eliminación; la *edición*; vistas o visualización de los valores de la *matriz*; vistas de los códigos; y, sobre todo, módulos para el *manejo, consulta y creación de bases de datos* («database workshop») y de sus conexiones con las imágenes y mapas. Suelen disponer de distintos tipos de entradas de la información (tabletas digitalizadoras, GPS, estaciones de fotogrametría, escáner, teclado, ratón, etc.). Así como de editores para la creación, el mantenimiento y la actualización de las bases de geodatos individuales y de colecciones; editores para la creación de archivos con parámetros de georreferencia (sistemas de proyección cartográfica, de coordenadas y de «datum»), etc. También en este apartado suelen incorporar módulos de creación de *macros* o subprogramas rutinarios que permiten automatizar las operaciones en mayor medida y asociar varios módulos como si realizasen una única función; así como módulos que facilitan la definición por parte de cada usuario de las preferencias del modo de trabajo, por defecto, de los distintos operadores.

Asimismo suelen incorporar módulos de *transformación* o *de importación* y *exportación* de los archivos con los muchos formatos que existen[163], a aquellos formatos exclusivamente diseñados por cada uno de ellos para sus programas. En este apartado pueden añadirse las facilidades de salida para *imprimir* archivos e imágenes.

IV.3.2. MENÚS PARA VISUALIZACIÓN DE IMÁGENES Y MAPAS

Incorporan en este apartado módulos para la *composición de mapas finales* que aporten flechas de orientación, escalas gráficas, leyendas y todos los elementos cartográficos básicos. En muchos casos aportan módulos para componer y visualizar *animaciones con capas sucesivas* en el tiempo; y en algunos casos módulos para realizar levantamientos de bloque-esquemas o *mapas pseudo-3D* (tres dimensiones)[164].

En este apartado aparecen los módulos de *paletas de colores* y de *grises* que facilitan la discriminación visual de las distintas partes de cada imagen; normalmente se asigna paletas diferentes a tres bandas distintas de un satélite y se realizan *composiciones* o combinaciones con las tres para producir una imagen cuarta en *color natural* (si se han asignado de acuerdo a las longitudes de onda de cada banda), o en *falso color* (si se han asignado de modo distinto con objeto de destacar algún rasgo o cobertera, como, por ejemplo, la vegetación).

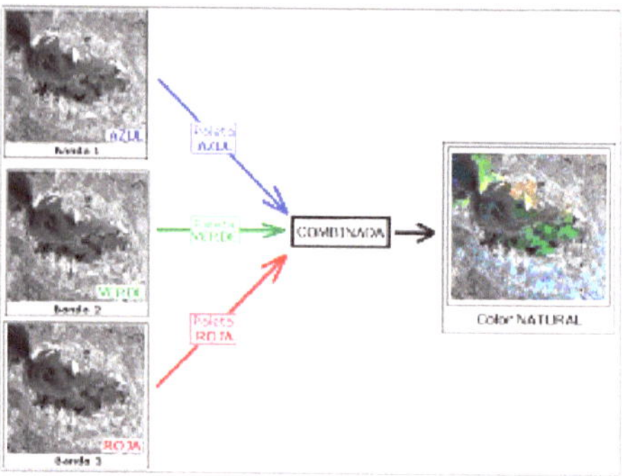

FIG. IV.27. *Formación de una imagen combinada en color natural.*

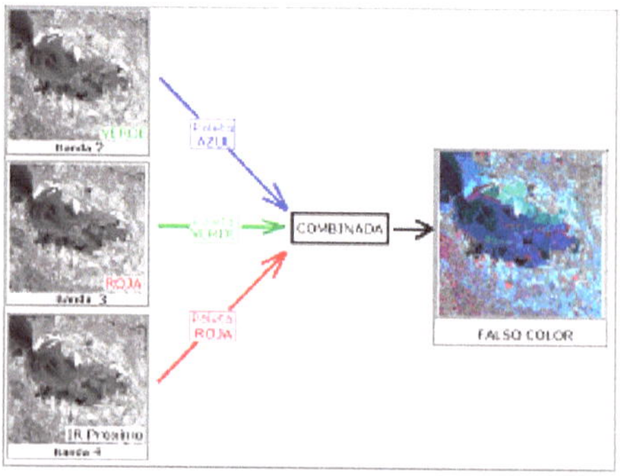

FIG. IV.28. *Formación de una imagen combinada en falso color.*

[163] Existen casi tantos formatos de archivo como fabricantes de software SIG y de otros programas gráficos.

[164] Les denomino «pseudo-3D» porque en realidad los soportes en los que existen (papel, pantalla o monitor de ordenador, etc.) son bidimensionales.

También suelen aportar módulos que permiten realizar algunas manipulaciones en las características propias de las imágenes para conseguir un mejoramiento en el contraste visual: *realces* radiométricos, espaciales y espectrales; así como *ampliaciones y aumentos de contraste* para facilitar los análisis visuales. Los realces radiométricos suelen consistir en la reorganización de los valores estadísticos en la matriz para conseguir *estiramientos de su histograma* (strech) –lineales o ecualizados–; inversiones de brillo, etc.

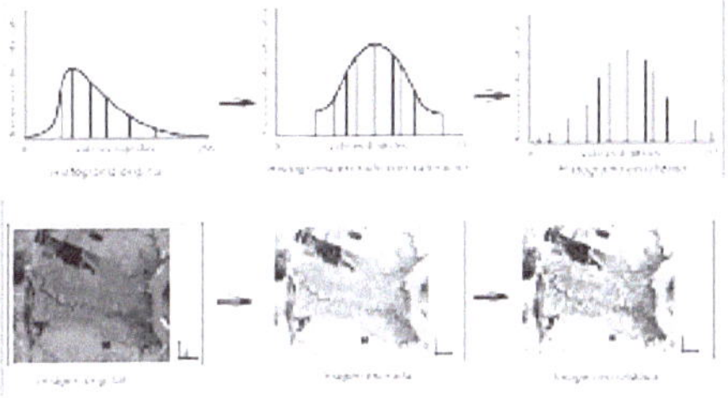

FIG. IV.29. *Operaciones de estiramiento del contraste mediante manipulación de los histogramas de una imagen.*

Existen *modos de consulta directa* con el cursor del ordenador pulsando en localizaciones concretas sobre una o varias capas o imágenes de datos de la base asociada.

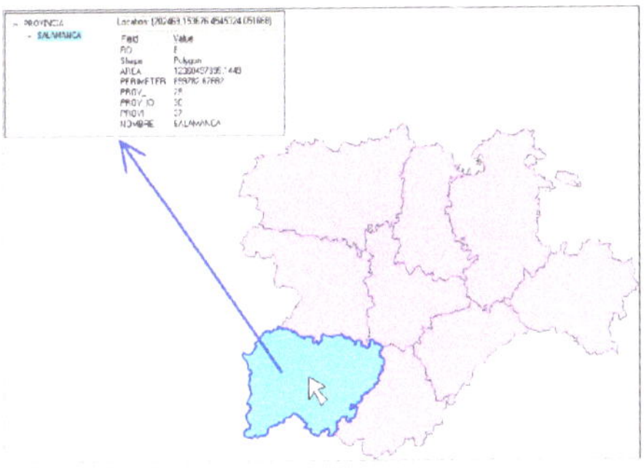

FIG. IV.30. *Modo de consulta directa con el cursor del ordenador.*

También *paletas de símbolos* y *de color* para aplicarlas a las imágenes y mapas, con la posibilidad de modificarlas y crearlas por el usuario del SIG.

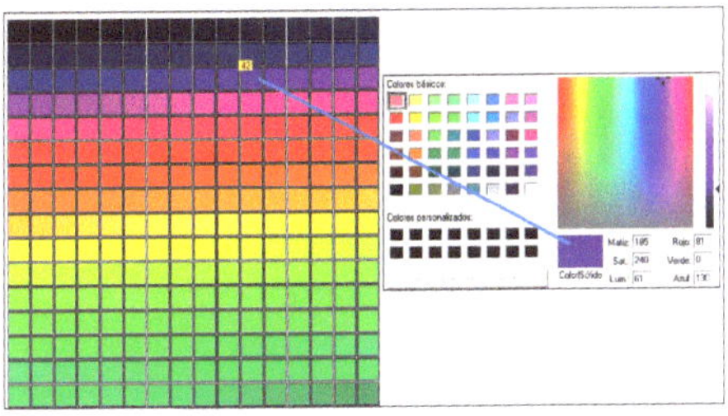

FIG. IV.31. *Paleta de color.*

IV.3.3. MENÚS PARA ANALIZAR ARCHIVOS

Permiten consultar la distribución estadística de sus valores mediante sus *histogramas* y sus estadígrafos; así como realizar *búsquedas selectivas* para extraer valores de localizaciones concretas en archivos individuales o colecciones de archivos («query», «extract», etc.), para hacer *reclasificaciones* o *reasignación de valores* («reclass»), para comparar y combinar tablas («crosstab») o para realizar cálculos matriciales y de todo tipo con diversos archivos raster mediante módulos de *calculadoras* diseñadas específicamente para ello («image calculator»). En este sentido existen muchos *operadores matemáticos* que permiten transformaciones de los valores con funciones trigonométricas (seno, coseno, tangente, etc.) o ponderándolos con otros valores constantes. También suelen incorporar módulos *estadísticos* que permiten cálculos de regresiones lineales y múltiples, así como probabilidades de frecuencias o predicciones lógicas con variables dependientes discretas. Otros módulos se diseñan para detectar *superficies de tendencias*, tanto lineales, como cuadráticas o cúbicas, y autocorrelaciones espaciales. Estos cálculos llevan a informar sobre relaciones de circularidad, compacidad, o muestreos más o menos aleatorios, por ejemplo, tipo Montecarlo, para realizar *simulaciones*.

También permiten estandarizar o convertir los valores de las matrices raster en *índices normalizados* para facilitar las comparaciones entre imágenes, mapas, etc. de distintos ámbitos o de distintas fechas. Un apartado cada vez más

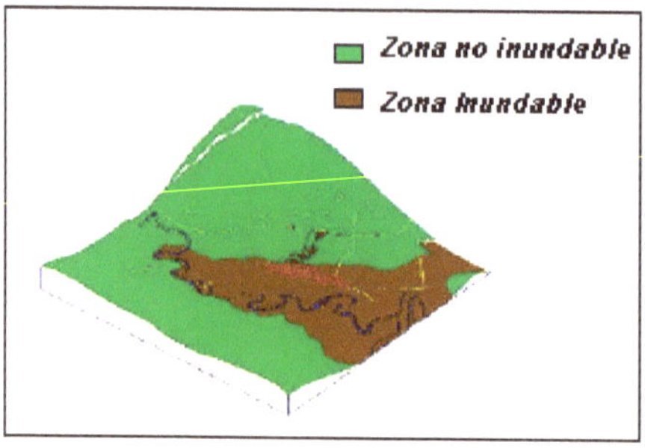

FIG. IV.32. *Simulación de inundación.*

importante dentro de los módulos estadísticos lo constituye el de los *análisis geoestadísticos* que consideran técnicas avanzadas como las que utilizan los variogramas prácticos y teóricos («krigeo», modelizaciones, «splining», etc.) que trataremos con más detalle en un apartado siguiente. Otros módulos encuadrables en este grupo son los de *análisis de distancia* con el fin de calcular caminos más cortos o menores costes, y mediante los que se pueden medir distancias rectilíneas entre puntos o círculos de influencias desde un punto; para lo que se pueden emplear barreras de dificultad (costes + fricciones), corredores en el espacio («buffers»), fenómenos de dispersión, detección y descomposición en magnitudes escalares y direccionales de *vectores-fuerza*, redes, polígonos con puntos de control («Thiessen»), etc.

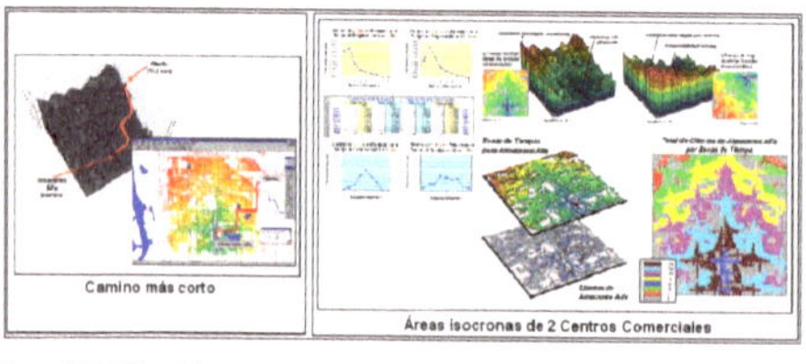

FIG. IV.33. *Obtención con un SIG del camino óptimo y de isócronas.*

Dentro de los menús de análisis, otro gran grupo lo constituyen los *operadores de contexto* que se diseñan para trabajar con modelos digitales del terreno (MDT) y de elevaciones (MDE) con el objeto de calcular pendientes, orientaciones de las mismas, iluminaciones o insolaciones del relieve, y para deducir de un modo cuantitativo aspectos ecológicos del paisaje, como efectos del sombreado que produce el relieve (solanas y umbrías), riquezas relativas, diversidades o dominancias; también para definir cuencas visuales o de drenaje hidrológico y regiones de influencia («hinterland»). Este apartado será detallado más adelante cuando se traten los MDT.

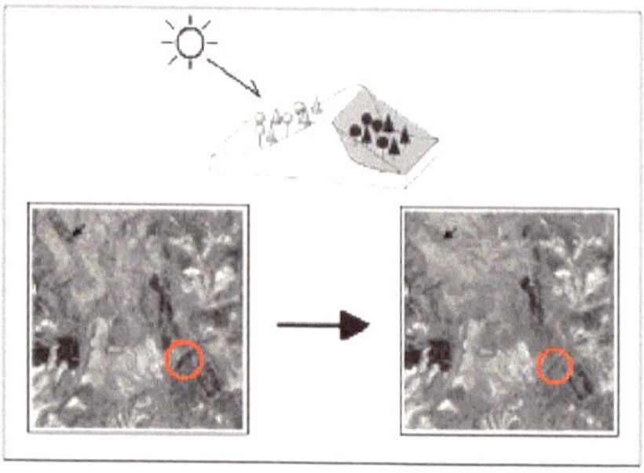

FIG. IV.34. *Eliminación del efecto de sombreado del relieve sobre la reflectancia.*

IV.3.4. MENÚS PARA TRATAMIENTO DE IMÁGENES

Estos módulos de programación tienen como objeto realizar sobre las imágenes *correcciones* mediante remuestreos de las deformaciones debidas a los distintos ángulos de obtención de las imágenes (deformaciones geométricas) y de las distorsiones que introduce la atmósfera en las radiaciones. Los remuestreos pueden basarse en los datos de las celdas más próximas, en interpolaciones lineales o bilineales –cuadráticas– o en convoluciones cúbicas.

En este sentido las operaciones principales son:

- *Georreferenciación*: Aplicación de coordenadas a puntos geográficos conocidos.
- *Rectificación*: Modificación de las formas geométricas que hayan sido deformadas por las perspectivas desde las que se han obtenido las imágenes.
- *Remuestreo*: Variación del número de filas y columnas originarias de las imágenes y cambios de escalas.
- *Dotación* y *cambio de sistema de proyección*: Para poder superponer las imágenes a mapas de la zona.

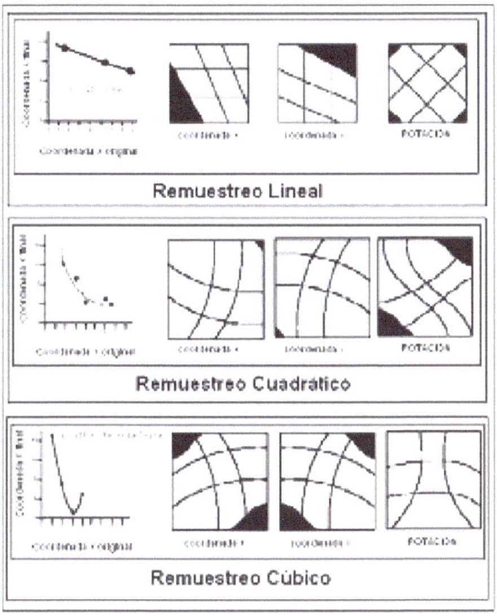

Fig. IV.35. *Distintos tipos de remuestreo-rectificación.*

– *Conversión de valores digitales a parámetros físicos*: Por ejemplo, de valores digitales en infrarrojo térmico a temperaturas en grados kelvin.

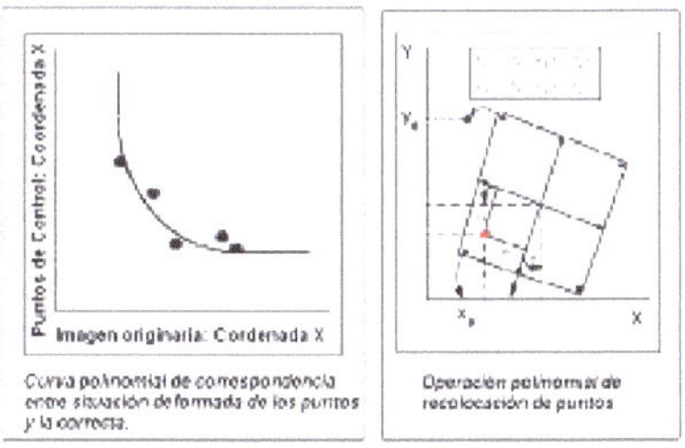

Fig. IV.36. *Curva de correspondencia entre puntos de control y de la imagen corregible. Operación de georrectificación.*

También permiten crear *compensaciones* de las pérdidas de información que se manifiestan en líneas o bandeados.

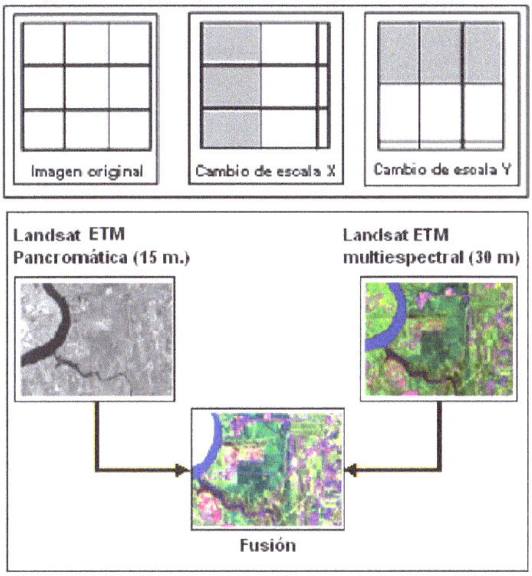

Fig. IV.37. *Remuestreo para cambio de escala y cambio del número de filas y columnas para unir imágenes con distinta resolución espacial.*

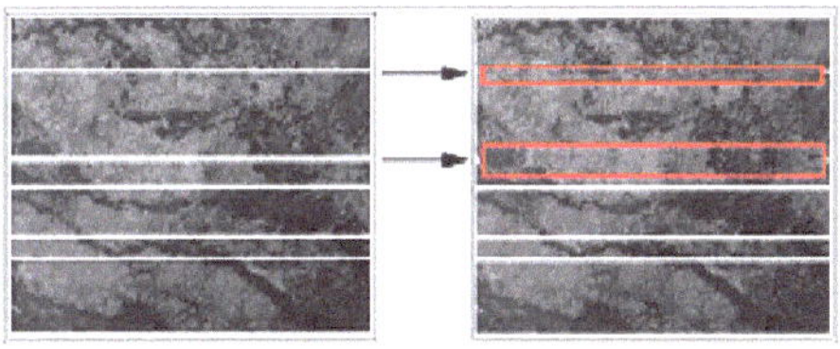

Fig. IV.38. *Compensación visual de pérdidas de información lineal mediante repetición de línea anterior.*

Realizar *conversiones* de niveles digitales en radiaciones calibradas a parámetros físicos.

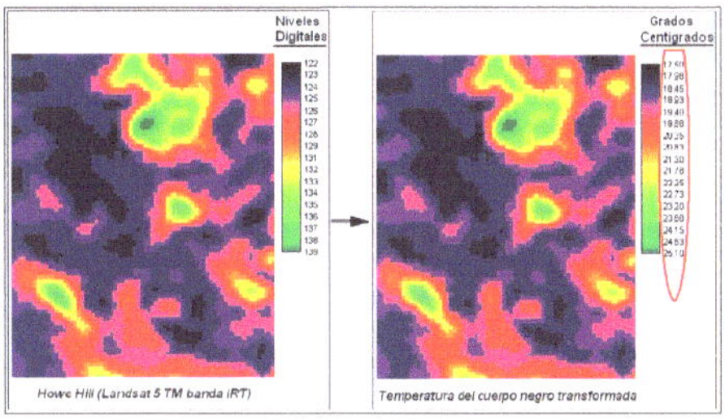

Fig. IV.39. *Conversión de niveles digitales de infrarrojo térmico a grados centígrados.*

Obtener *filtrados* para suavizar los contrastes o, por el contrario, destacar bordes. Los filtrados se realizan mediante la aplicación de una plantilla-matriz o «kernel» de pocos elementos numéricos simples (+1, –1, media, desviación estándar, etc.), cuya aplicación operativa (por ejemplo, multiplicar) se hace pasar por todo el archivo raster, transformando así sus valores originales. Se basa en el concepto de *variabilidad espacial* o *frecuencia de variación espacial* desde una determinada celda del archivo raster según líneas cardinales (por ejemplo, norte-sur) de los valores; acentuando o atenuando dicha variabilidad con el fin de detectar *bordes*[165].

FIG. IV.40. *Conceptos de variabilidad espacial y de borde.*

1	1	1	-1	-1	-1	-1	-1	-1
1	1	1	-1	16	-1	1	-2	1
1	1	1	-1	-1	-1	1	1	1

FIG. IV.41. *Ejemplos de plantilla o kernel.*

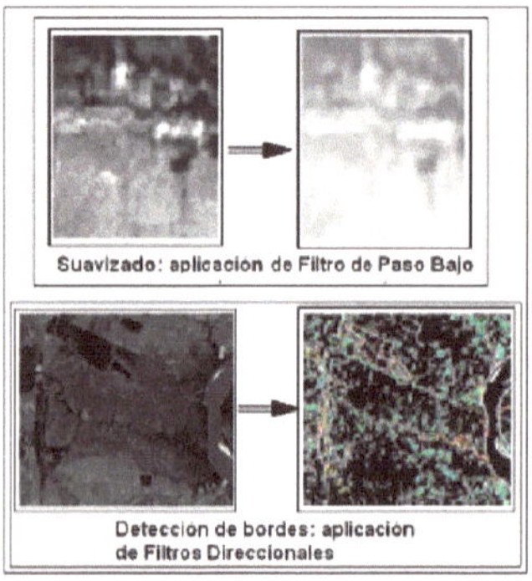

FIG. IV.42. *Aplicación de filtros de medias aritméticas para suavizar y de «kernels» direccionales para detectar bordes.*

[165] Líneas en las que, a un lado y otro de las mismas, existen cambios bruscos de los valores.

Como se verá, se pueden conseguir *transformaciones* de varias imágenes o bandas de una escena en componentes principales, o en imágenes HSI (tono, intensidad y saturación), Tasseled Cap, imágenes de texturas según la variabilidad espacial o en índices de vegetación.

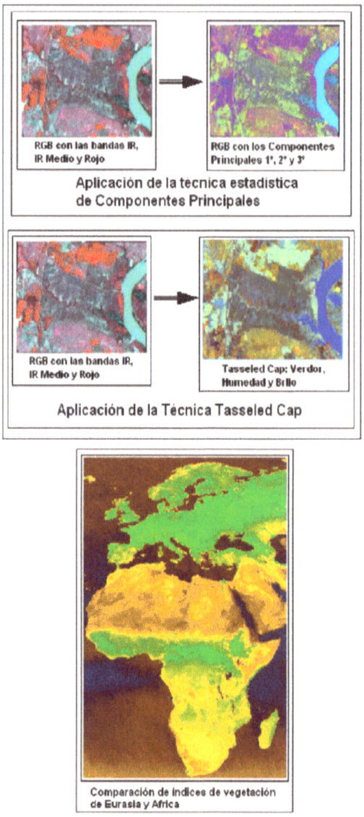

FIG. IV.43. *Aplicación de técnicas estadísticas de componentes principales, de Tasseled Cap y de índices de vegetación.*

Otros módulos de un SIG permiten crear imágenes tratadas mediante análisis de Fourier; análisis de *firmas o signaturas espectrales* e hiperespectrales desde varias bandas de satélite, mediante operadores rígidos con campos de entrenamiento de los programas dentro de cada una de las distintas áreas de las imágenes, o blandos con métodos de lógica borrosa («fuzzy» o grados de pertenencia borrosa), redes neuronales, etc., y comparaciones entre las distintas firmas o entre la dispersión de los valores digitales de parejas de bandas y sus aproximaciones y separaciones.

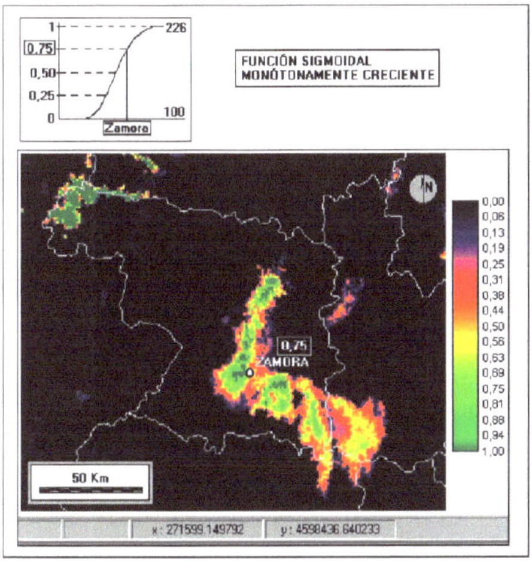

FIG. IV.44. *Aplicación de técnicas estadísticas de lógica borrosa para determinar el grado de pertenencia de nubes tipo estrato a la clase nieblas.*

IV.3.5. MENÚS PARA CLASIFICACIONES

También en los menús de tratamiento de imágenes suelen encontrarse módulos de *clasificación* o, lo que es lo mismo, distribución y agrupamiento de zonas, más o menos homogéneas en las imágenes, definidas en función de características físicas (cubiertas) o funcionales (usos de suelo). Existen *clasificaciones no supervisadas* o automáticas en las que se utilizan criterios como el de distancias mínimas a las medias, modas, desviaciones estándar o máxima probabilidad desde los archivos de las signaturas espectrales, y otros sistemas de agrupamiento de píxeles; es decir, métodos estadísticos equilibrados puramente probabilísticos, en los que los resultados pueden llegar a ser erróneos.

Por el contrario, en las *clasificaciones supervisadas* se emplean zonas o campos de entrenamiento espectral dentro de cada imagen elegidos por el analista y algoritmos de jerarquización de clases.

Los *clasificadores* también pueden ser *rígidos* y *no rígidos*. Estos últimos utilizan técnicas de cálculo de probabilidades de tipo bayesiano, o basados en grados de creencia o plausibilidad, y también en la lógica borrosa, cuyos resultados son transformados en distintas clases temáticas. El fundamento clasificatorio suele basarse, por un lado, en las *categorías* de *información* o tipos de ocupaciones y usos de suelo establecidos por el usuario, que presuponen un conocimiento previo del terreno por el analista; y, por otro lado, las *categorías espectrales* o valores homogéneos que se hayan deducido estadísticamente de las distintas bandas de una imagen obtenidas por teledetección, que no requieren tal conocimiento previo porque se basan en la búsqueda automática de grupos «clusters» de valores homogéneos dentro de cada imagen.

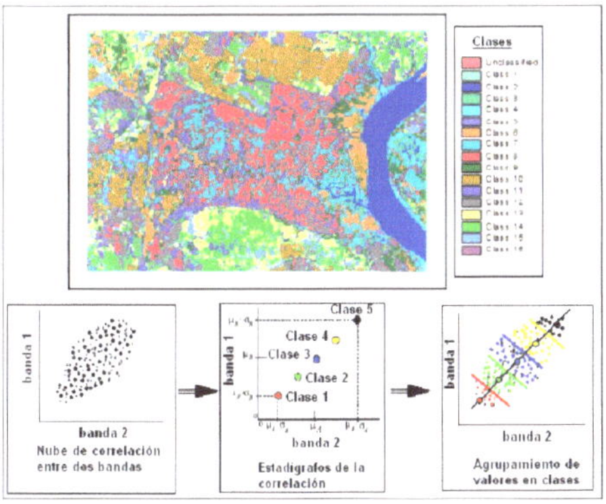

FIG. IV.45. *Clasificación no supervisada.*

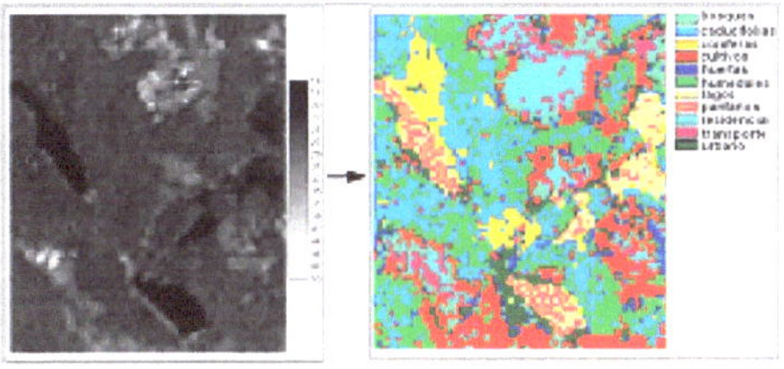

FIG. IV.46. *Clasificación supervisada de cubiertas y de usos de suelo realizada sobre el análisis de signaturas espectrales de áreas de entrenamiento de las 7 bandas del satélite LANDSAT ETM y técnicas estadísticas de agrupadores rígidos (máxima probabilidad).*

IV.3.6. MENÚS PARA LA AYUDA EN LA TOMA DE DECISIONES

Se usan en los casos en los que existan conflictos entre distintos objetivos territoriales y realizan la ordenación de celdas según distintos grados de calidad. Siguen técnicas muy asentadas y experimentadas que se basan en pautas ponderadas de decisión multicriterio, como, por ejemplo, las del *MCE* (módulo de evaluación multicriterio) o el *MOLA* (módulo de localización de multiobjetivos), etc. Pueden utilizar también métodos puramente booleanos, que desarrollan distintas etapas de normalización de valores para poder realizar comparaciones. Suelen basarse en múltiples métodos de análisis como el del *punto ideal*, el de *capacidad de acogida* del territorio o el de las *jerarquías analíticas de ponderación* de factores, etc.

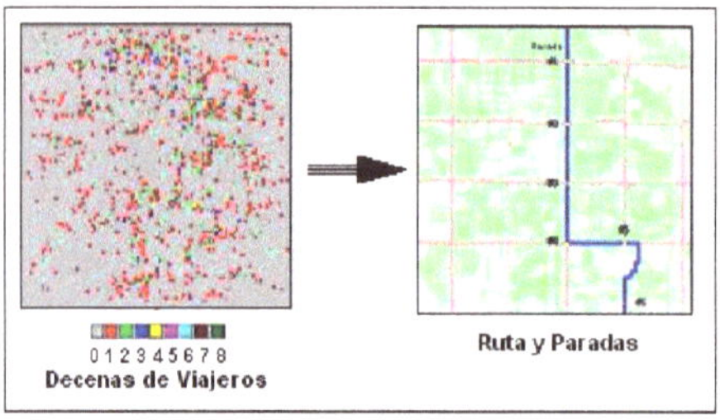

FIG. IV.47-1. *Decisión del trazado de una ruta de autobuses urbanos y de las paradas, tomada mediante módulos SIG, en función de los censos de población por distritos urbanos y de encuestas.*

IV.3.7. MENÚS PARA ANÁLISIS TEMPORALES Y DE EVOLUCIONES

Sirven para poder apreciar cambios en los atributos espaciales a lo largo del tiempo, mediante técnicas de comparación de los archivos y de las matrices de datos que tienen una influencia en el desarrollo de los procesos temporales. Suelen basarse en técnicas probabilísticas, por ejemplo del tipo de las cadenas de Markov, y explican los cambios ecológicos, climatológicos, de usos de suelo y otros. Son clásicos los módulos diseñados para comparar muchas imágenes de índices de vegetación de la diferencia normalizada (NDVI)[166]; o los que analizan las tendencias.

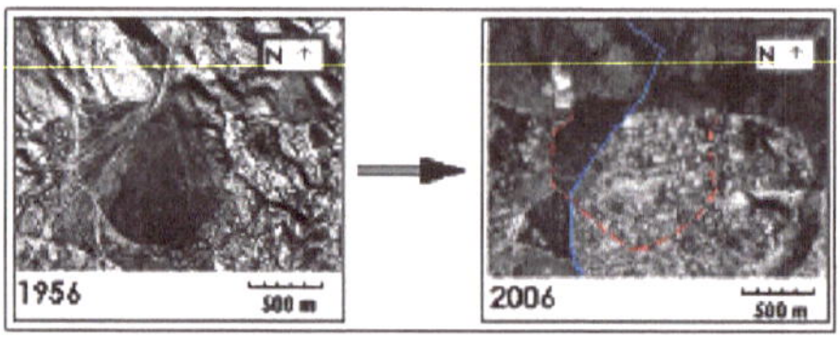

FIG. IV.47-2. *Evolución temporal (50 años: fotografía aérea e imagen de satélite homogeneizadas) del uso de suelo del cono de deyección de Nagüeles (Marbella) y de su ocupación por las urbanizaciones residenciales.*

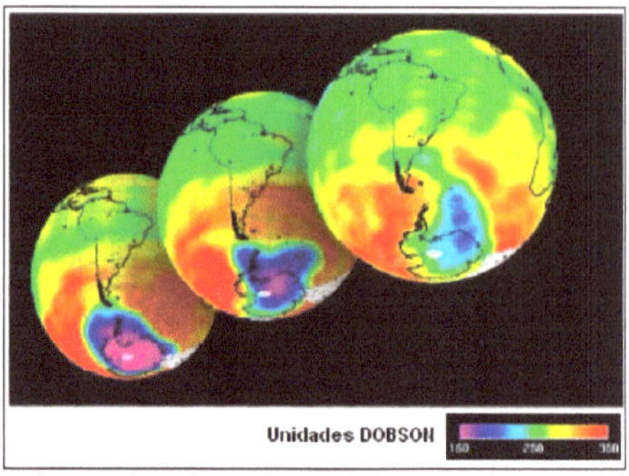

FIG. IV.48. *Evolución del agujero de ozono antártico durante el otoño de 1998.*

IV.3.8. MENÚS DE ANÁLISIS DE SUPERFICIES

Ayudan a determinar las relaciones espaciales entre los fenómenos, realizando *simulaciones* y *modelizaciones* mediante módulos de interpolación clásica (TIN, Thiessen, etc.) o de los que utilizan técnicas geoestadísticas avanzadas, tales como modeladores de dependencia espacial, ajustadores de modelos teóricos, o de los que se apoyan en técnicas de «krigeo». En este grupo de menús pueden incluirse los denominados módulos topográficos que analizan y cartografían pendientes, sus orientaciones, modelos de insolación que se basan en teorías topológicas

[166] Por ejemplo, Idrisi puede comparar hasta 256 capas raster para analizar la evolución temporal de un territorio o de un fenómeno espacial.

y de fractales, y los módulos de delineación de cuencas de drenaje en general e hidrográficas en particular.

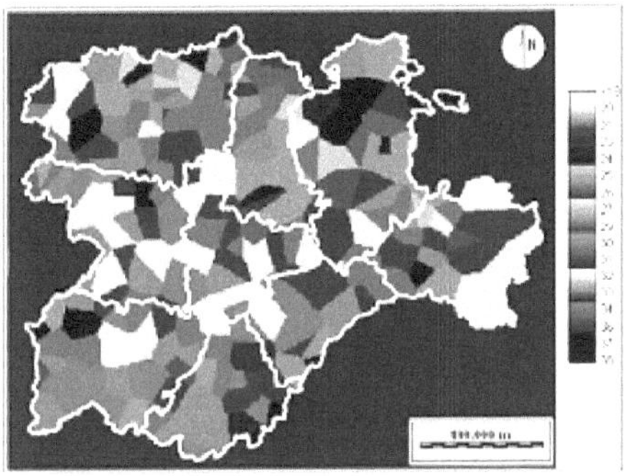

FIG. IV.49. *Análisis de superficies de temperaturas en una fecha determinada en Castilla y León realizada con la técnica de polígonos de Thiessen.*

IV.3.9. MENÚS PARA LA TRANSFORMACIÓN DE ARCHIVOS, ENTRADAS DE DATOS Y OTROS

Permiten todo tipo de otras operaciones sobre las imágenes, como su *fusión* por los bordes laterales; *remuestreo* de píxeles para su georreferenciación o *cambios de proyección cartográfica*; aumentos o disminuciones de las resoluciones espaciales; *rotaciones*, etc., tal como ya se vio. Entre estos módulos destacan por su importancia los que permiten transformar archivos raster de matrices en vectoriales de nodos, arcos y polígonos, y viceversa.

IV.4. TÉCNICAS ESTADÍSTICAS AVANZADAS APLICABLES CON SIG

Como se ha visto hasta aquí, para los estudios de los atributos de los ámbitos naturales y humanos en los distintos espacios geográficos de la Tierra suelen utilizarse varios tipos de herramientas básicas: las epistemológicas; las computacionales; y las que ya hemos tratado, tecnológicas y cartográficas.

En cuanto a las primeras, tradicionalmente ha existido una vinculación estrecha de los análisis geográficos con la Estadística General o Descriptiva. Ésta ha desarrollado un corpus teórico bastante independiente de las distintas ciencias que la utilizan; de modo que los objetos y fenómenos de la superficie terrestre no aportan más que el aspecto cuantitativo de sus atributos, para que el método estadístico correspondiente ofrezca la inteligencia y la ley que cumplen en sus relaciones puramente cuantitativas internas. El peso de la estructura del fenómeno estudiado reside en los propios datos, al margen de su distribución y localización espacial.

Un riesgo claro que se corre en el manejo estadístico de los datos es caer en el viejo principio medieval de la «autoridad científica» y realizar un uso dogmático y acrítico de métodos estadísticos creados para unas aplicaciones y utilizados en otras, una vez olvidados sus fundamentos[167].

Por otra parte, la escasez de muestras y datos en el espacio geográfico en general es el problema fundamental de las Ciencias de la Tierra y de sus aplicaciones: las redes de captación de datos de los hechos y fenómenos espaciales suelen tener una baja densidad, debida a problemas técnicos y, sobre todo, económicos.

Por otra parte, en un pasado reciente, la lenta computación para los cálculos estadísticos sobre los datos forzaba a un «muestreo de muestras», sólo compensado por parte del investigador-analista mediante su experiencia y conocimiento del terreno. Las aplicaciones de modelos estadísticos universales a los espacios geográficos regionales impiden las comparaciones completamente objetivas entre ellos y un desarrollo estable de las disciplinas que los estudian.

Del conjunto de las técnicas avanzadas que facilitan los SIG más desarrollados trataremos tres de ellas: Las que se basan en el método probabilístico de la lógica borrosa; en el método estadístico de los componentes principales; y en la Geoestadística. Los tres de alta complejidad conceptual y computacional pero cuya utilización

[167] Ejemplo clásico es el método de mínimos cuadrados que fue ideado por Gauss a comienzos del siglo XIX para aplicarlo al muy concreto estudio astronómico del asteroide Ceres, y hoy es utilizado en una gran cantidad de estudios, incluidos los de las Ciencias Sociales.

ha sido muy facilitada por los Sistemas de Información Geográfica.

IV.4.1. TÉCNICAS DE LÓGICA BORROSA (LOGIC FUZZY)

Cuando el fenómeno que se quiere analizar o los datos de su universo estadístico tienen un carácter poco claro, está solapado con otros fenómenos o son borrosos sus límites lógicos, se requiere una aproximación e investigación basada en herramientas lógicas y matemáticas que recojan su carácter lábil y difuso. Si se dispone de datos difusos, habrá que aplicarles *lógicas* y *álgebras borrosas* para su análisis.

IV.4.1.1. *Base metodológica de la lógica borrosa*

La idea central de la lógica borrosa se basa en que todo es cuestión de grado. En cuanto se abandona el mundo de la matemática clásica reina la incertidumbre y el difuminado de los procesos. En el mundo de la realidad objetiva no existe la contradicción absoluta; realmente, ésta es un hecho completamente humano y se da sólo en nuestro mundo verbal-conceptual, en el lenguaje con el que pensamos y nos comunicamos. No existen separaciones nítidas entre las diferentes partes y estados de un sistema ni entre las fases o etapas de los procesos naturales. Esto introduce incertidumbres en el conocimiento de la realidad que han sido siempre asumidas por nuestros modos verbales (mucho, poco, a veces, etc.), pero han tenido siempre difícil acogida en los modos cuantitativos matemáticos numéricos. El acuerdo entre ambos mundos es el que busca la lógica borrosa; herramienta conceptual en la que se va estableciendo una cadena de sinergias metodológicas y epistemológicas que se desarrolla entre las distintas disciplinas del conocimiento y sus aplicaciones (ingenierías de procesos y controles, química, física, biología, medicina, informática, etc.) que se potencian entre sí, provocando un avance paradójico en la exactitud de las mediciones y de los resultados aplicados. Tímidamente, estos avances van permitiendo la sustitución progresiva del experto humano en tareas de control (de una forma impensable no hace demasiado tiempo), mediante los modelos heurísticos de procesos dinámicos y cualitativos discretos a partir de las relaciones analíticas del tipo «causa-efecto», de las teorías de estimadores con entradas al sistema desconocidas, y de las máquinas de inferencia; todas ellas, basadas en las teorías de los sistemas borrosos, de las redes neuronales y de la inteligencia artificial. Sus aplicaciones son cada vez más variadas: diagnósticos médicos; reconocimiento de imágenes de rostros, de iris y de huellas dactilares; toma de decisiones; control de líneas de proceso industrial y de funcionamiento de electrodomésticos; robótica; motores y automóviles, etc.

Mediante la lógica borrosa o difusa se abordan los métodos de razonamiento de los sistemas expertos sometidos a incertidumbre, como una extensión de la lógica clásica, utilizando codificaciones y descripciones lingüísticas de los valores numéricos. La Teoría de los Conjuntos Borrosos es la base que resulta útil para tratar la incertidumbre, junto a la información precisa que la acompaña, en los análisis de procesos y de algunos fenómenos. Pues los conceptos imprecisos suelen apoyarse en alguna medida precisa.

IV.4.1.2. *Teoría de los conjuntos borrosos*

Esta teoría parte de la Teoría Clásica de Conjuntos en la que se asigna el valor 0 ó 1 a cada uno de los elementos analizados para denotar su no pertenencia o pertenencia a un conjunto claramente definido, pero introduciendo una *función de pertenencia gradual*, que da valores de números reales entre el 0 y el 1 (umbrales que delimitan el *universo de discurso*). La función o grado de pertenencia define al conjunto borroso con referencia a un universo local: **A** será un subconjunto borroso de **B**, cuando la función $\mu A(x) \leq \mu B(x)$, - $\forall x \in X$. La función de pertenencia $\mu A(x)$ definida por cada uno de los valores lingüísticos **A** indica el grado de probabilidad de que una variable **x** esté incluida en el concepto representado por tal valor lingüístico **A**. Convencionalmente, y de un modo gradual, suelen expresarse los valores lingüísticos como: Positivo Grande (**PG**), Positivo Pequeño (**PP**), cero (**ZE**), Negativo Pequeño (**NP**), Negativo Grande (**NG**), Error (**E**) y Variación de

Error (**ΔE**).

La función de pertenencia nos indica en qué grado encaja un valor concreto **x** en el conjunto borroso **A**, pero no debe ser confundida con una distribución de probabilidad basada en la repetición de las observaciones, sino en la opinión de un experto en el campo de estudio. Y esto mediante reglas de razonamiento aproximado, en las que cada variable interviene como hipótesis y tiene asociado un dominio. Dicho dominio estará dividido en tantos conjuntos borrosos como el experto considere oportuno y a los que se asocian etiquetas lingüísticas o cuantificadores borrosos (muchos, pocos, casi todos, etc.), valores borrosos de verdad (casi verdadero, bastante cierto, etc.), o modificadores lingüísticos (muy, más o menos, algo, regular, etc.). Visto así, la lógica clásica binaria puede ser tratada como un caso especial de la lógica borrosa en el que los conjuntos tienen dos elementos, los grados de pertenencia se reducen a dos (0 y 1) y la función de pertenencia es discontinua; lo que permite extender las operaciones algebraicas que se realizan con los conjuntos clásicos a los borrosos.

IV.4.1.3. *Operaciones y álgebra borrosa*

Los operadores con los conjuntos borrosos establecen las reglas para saber cuándo un elemento pertenece a una unión, intersección o complemento de otros conjuntos. En realidad se trata de aplicar las tres operaciones básicas sobre las funciones de pertenencia para generar una nueva *función-de-pertenencia-resultado*:

- *Complemento* (C) del conjunto borroso **A**. La función de pertenencia asociada al conjunto complementario de **A** («**no A**») es **c** (**μA**) y cumple las propiedades de *contorno* [en los extremos se comporta igual que la negación nítida: **c** (**0**) = **1** y **c** (**1**) = **0**]; de *monotonía* [el complemento es monótono no creciente]; y de *involución* [**c**(**c**(**a**)) = **a**].
- *Unión* (Y) del conjunto borroso **A** y del **B** («**A o B**»), (**μA**, **μB**) que es el máximo de la función y que cuando cumplen las 4 propiedades de la Unión se conocen como «conormas» o «t-conormas»: de *contorno* [en los extremos se comporta igual que la unión nítida: **(0,0) = 0**; **(0,1) = 1**; **(1,0) = 1**; **(1,1) = 1**)]; *conmutativa* [**(x,y) = (y,x)**]; de *monotonía creciente* [**a** ≤ **a'**, **b** ≤ **b'** ⇒ Y **(a, b)** ≤ **(a', b')**]; y *asociativa* Y(Y(**a, b**), **c**) = Y (**a,** Y (**b, c**)).
- *Intersección* (I) del conjunto borroso **A** y del **B** («**A y B**»), mínimo de la función **μA Y B(x) = MIN (μA(x), μB(x))** que cuando cumplen las 4 propiedades de la Intersección son denominadas «normas triangulares» o «t-normas»: de *contorno* (en los extremos se comporta igual que la intersección nítida: [**(0,0) = 0**; **(0,1) =0** ; **(1,0) = 0**; **(1,1) = 1**]; *conmutativa* [**(x,y) = (y,x)**]; de *monotonía creciente* (**a** ≤ **a'**, **b** ≤ **b'** ⇒ I **(a, b)** ≤ I **(a', b')**); y *asociativa* I [I **(a, b), c)** = **(a,** I **(b, c)**].

Estas tres operaciones básicas se corresponden con las operaciones lógicas **NOR** (NO), **AND** (Y), y **OR** (O).

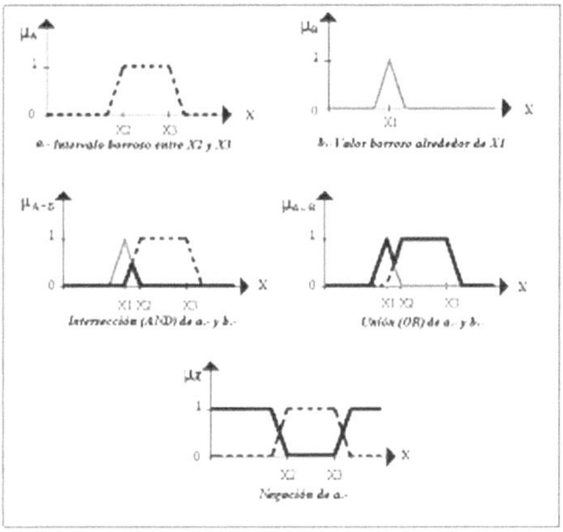

FIG. IV.50. *Ejemplos de operaciones borrosas.*

IV.4.1.4. *La función de pertenencia*

Al ser los conjuntos borrosos clases que no tienen fronteras o límites claros y bruscos, la transición entre pertenencia y no pertenencia de un elemento a una clase es gradual. Este grado de pertenencia borrosa o de *posibilidad* oscila entre el valor 0 y el 1 (0,0-1,0); indicando un aumento continuo desde la no pertenencia a la pertenencia completa, según una función definida por varios puntos de control. Se utilizan muchos tipos de funciones que son denominadas según las curvas que delinean: *trapezoidal; campana; triangular, gaussiana; en forma de «J»; en forma de «Z»; en forma de «PI» (π); en forma de «S» (Sigmoidal);* etc.

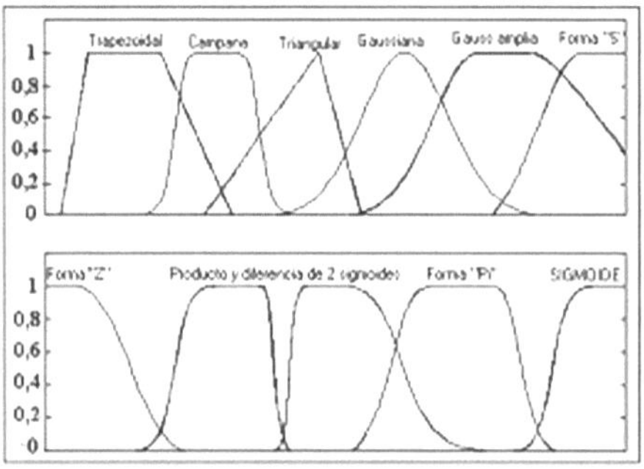

FIG. IV.51. *Algunos ejemplos de curvas de funciones de pertenencia.*

Las funciones de uso más frecuente son:

– *Función Sigmoidal* (en forma de «S»)
  Es la más utilizada en los análisis de asignación borrosa. Se trata de una función coseno (**μ = cos² α**); en la que en el caso de ser monótonamente creciente,

$$\alpha = \frac{(x-a)}{(b-a)} \cdot \frac{\pi}{2}$$

cuando **x>Punto b ⇒ μ=1**.

los puntos de control (**a**, **b, c** y **d**) fijan los puntos de inflexión y determinan la forma de las curvas. Esto puede apreciarse en la sigmoidal simétrica de la figura IV.52; en la que en el punto **a** la pertenencia supera el valor 0; en el **b** es máxima y alcanza 1; en el **c** cae desde 1; y en el **d** vuelve a ser nula.

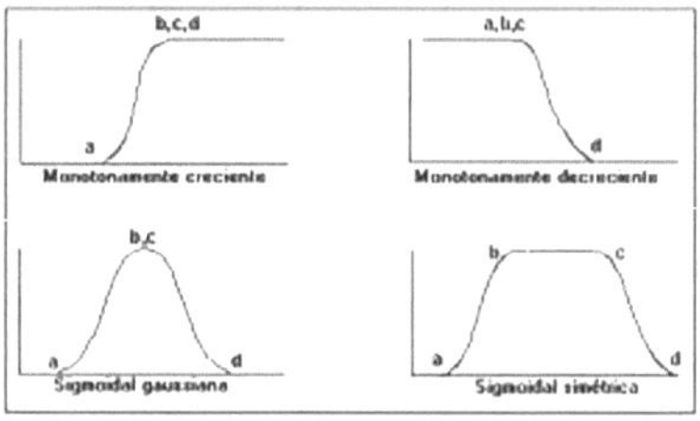

FIG. IV.52. *Funciones sigmoidales de pertenencia.*

– *Función en forma de «J»* («J-shaped»)
  Muy similar a la anterior, pero el valor **0** es asintótico a la curva que define la función y los puntos **a** y **d** indican los puntos en que la función alcanza un valor de 0,5.

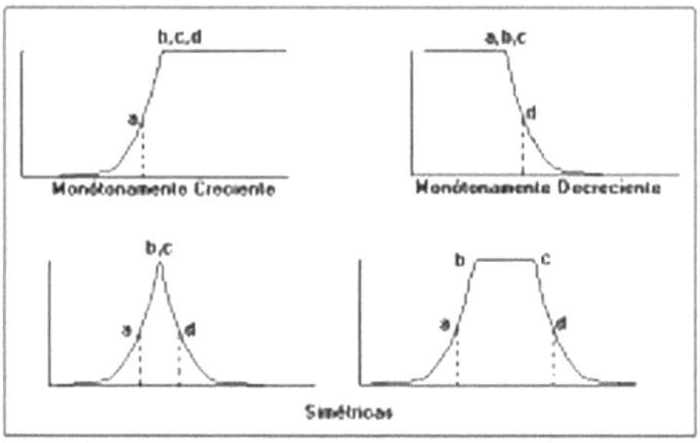

FIG. IV.53. *Funciones de pertenencia en forma de «J».*

– *Función lineal*
  Es de las más usadas en los dispositivos de control y en los sensores electrónicos.

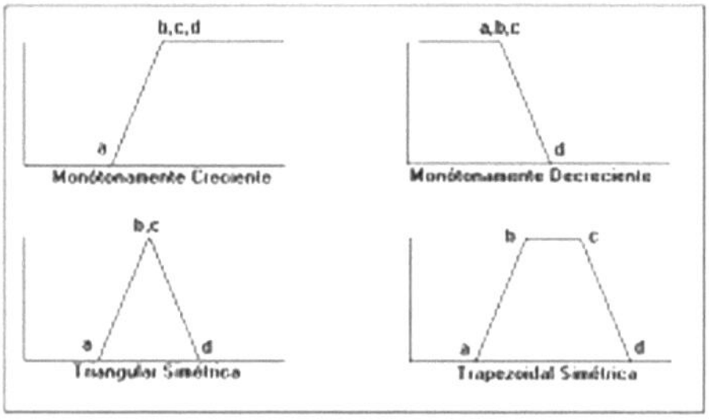

FIG. IV.54. *Funciones lineales de pertenencia.*

– *Función no formal o definida por experto*
  La relación entre el valor y la pertenencia borrosa adquiere una forma delineada por tantos puntos de control como sean necesarios

para definir la curva de la función de dependencia. La pertenencia entre dos puntos suele ser interpolada de un modo lineal.

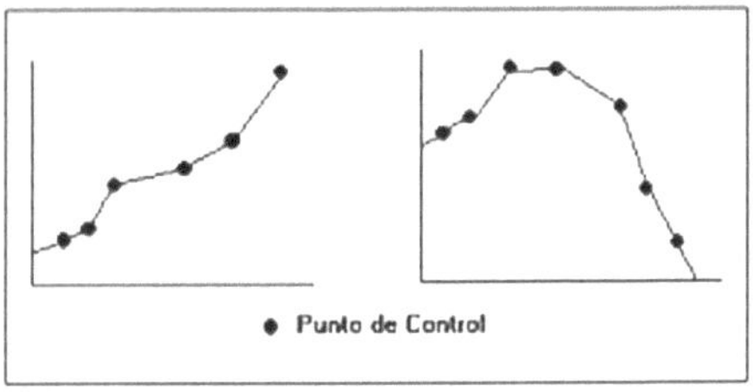

Fig. IV.55. *Funciones de pertenencia definidas por experto.*

IV.4.1.5. *La lógica borrosa en los Sistemas de Información Geográfica*

La mayoría de los programas informáticos de los SIG utilizan la pertenencia borrosa para la estandarización de criterios en los análisis de Evaluaciones Multicriterio (EMC), mediante un tipo de función que depende del conocimiento de la relación entre el criterio del conjunto decisorio y la información para deducir la pertenencia borrosa. Actualmente, como se vio, casi todos los programas, además de módulos con clasificadores rígidos o cualitativos (supervisados o no supervisados) que trabajan sobre sistemas de análisis booleanos de asignación por clases o conjuntos definidos, incorporan clasificadores «blandos» (flexibles o de probabilidad) para el estudio de mezclas de clases que usan principios de la Teoría Probabilística de Bayes y clasificadores borrosos, tanto para la toma de decisiones, como para el análisis de signaturas espectrales en teledetección.

En las EMC, que se basan en la realización de estandarizaciones no booleanas, se utilizan escalas no continuas desde el punto de localización menos idóneo al más idóneo; dando a cada valor representativo de cada localización un grado de idoneidad. También utilizan la combinación lineal ponderada, que es una técnica porcentual que promedia entre las operaciones AND (mínimo) y OR (máximo).

Una de las principales suposiciones de los análisis bayesanos para la clasificación de imágenes de satélites es que los *lugares de entrenamiento* que delimita el analista y en los que el programa busca la información para posteriormente tomar decisiones agrupadoras definen *muestras puras* de las clases o conjuntos que contienen, pero es muy raro que sea así en la realidad: las *mezclas* de las clases en los píxeles hacen elevar tanto las varianzas e irregularidades en las distribuciones multivariadas de reflectancias y radiaciones que degradan mucho el poder discriminador de las signaturas espectrales. Por esto hay que considerar en cada píxel la mezcla de clases y, consecuentemente, la potencialidad de poseer algún grado de pertenencia a más de una clase de asignación. Junto a esto, es necesario realizar la estandarización y homogeneización (tan necesaria para transformar las distintas unidades de medida de las imágenes en valores que permitan la comparación entre ellas) con una selección de parámetros que dependerá mucho del conocimiento del usuario experto («wizard») y se hará también mediante aplicaciones borrosas.

Estas operaciones se realizan en los SIG con módulos denominados de distinta manera por cada fabricante. Por ejemplo, en IDRISI-32 (aplicación utilizada en el ejemplo que se verá posteriormente) se denominan FUZZY, FUZSIG, FUZCLASS, LANDFUZ, etc. Fuzclass produce un conjunto de imágenes (una por cada clase) que expresa el grado de pertenencia borrosa de cada píxel a cada clase. Su funcionamiento se basa en la distancia estándar del valor de cada píxel a la radiancia o reflectancia media de cada banda para una signatura que ha sido definida mediante entrenamiento por el experto y en el que la pertenencia borrosa decrece a cero (0) o llega a (1). El módulo también proporciona una imagen con el grado de incertidumbre de las operaciones que realiza.

IV.4.1.6. *Ejemplo de aplicación de lógica borrosa con un Sistema de Información Geográfica*: Determinación de los píxeles que son niebla entre los captados por los sensores de satélites meteorológicos

El comportamiento radiativo de las masas nubosas es diferencial, de acuerdo con los segmentos del espectro radiométrico que sean considerados *(signatura espectral)*. Esta diferenciación radiométrica permite la deducción de sus características térmicas, higroscópicas, de sus formas, densidades y, sobre todo, de las altitudes en las que se localizan, mediante el análisis de las imágenes que facilitan los distintos sensores de los satélites artificiales meteorológicos. Pero esta deducción de las características físicas sólo es posible realizarla de un modo tentativo y aproximado. La determinación precisa de la altitud no es demasiado importante en la mayoría de los tipos de nubes y para su clasificación pueden utilizarse umbrales bastante laxos. Actualmente, los gabinetes de análisis de los servicios meteorológicos engloban las masas nubosas en tres amplias categorías (de altura, intermedias y bajas), sin una mayor precisión ni con un mayor detalle tipológico que en las clasificaciones clásicas (cirros, estratos, cúmulos, nimbos, etc.). Pero en el caso de las masas nubosas superficiales tipo estrato, la precisa determinación de su altitud es fundamental, pues diferencias menores de 25-100 m suponen la existencia o no existencia de nieblas. Las aproximaciones tentativas no sirven para la niebla.

Por otra parte, la conjunción de los parámetros físicos atmosféricos que propician, causan o acompañan la formación de las nieblas también se da de un modo variado, no siendo absolutamente determinante ninguno de ellos en forma aislada. La combinación de sus valores para la formación de las nieblas tampoco es fija sino proporcional y en un amplio rango para cada parámetro. Además, la niebla se aprecia como una graduación de la disminución del parámetro meteorológico *visibilidad*, definido como la distancia máxima a la que un objeto negro de unas dimensiones apropiadas o un foco luminoso, situados cerca del horizonte, pueden ser vistos; y es relativo a la cantidad de extinción de la luz entre el objeto y el observador, relacionada con un rango de medidas (MOR: meteorological optical range). Registro en el que, además de los factores físicos cuya existencia se deduce de este parámetro (corpúsculos de humedad, polvo en suspensión, partículas contaminantes, y sus densidades, etc.), intervienen otros factores espurios que lo distorsionan, como son la disponibilidad de un mayor o menor número de marcadores, el contraste entre el objeto y el fondo, la intensidad luminosa de la lámpara y, sobre todo, la sensibilidad del ojo del observador; aspecto, este último, que hace de la *visibilidad* uno de los parámetros más delicados de analizar y, sobre todo, comparar. Por eso, se han establecido códigos de medidas más apropiados a la subjetividad que impone la sensibilidad visual, basados en escalas logarítmicas del estilo del «código VV». Siempre se producen redondeos y una variedad excesiva en las agudezas visuales de los observadores. Para evitarlo, recientemente se han comenzado a instalar en algunos aeropuertos sistemas instrumentales automatizados, en un proceso bastante rezagado en el tiempo respecto a la automatización y objetivación de las medidas y registros de los demás parámetros meteorológicos (temperatura, humedad, precipitación, insolación, dirección y velocidad del viento, etc.). La automatización de las medidas de visibilidad se realiza mediante los «transmissometers» (TMM) que miden la reducción de la intensidad de un rayo de luz sobre una distancia conocida e incorporan una unidad correctora de la luminancia de fondo. También y de modo más generalizado, aunque sean menos precisos que los «transmissometers», se utilizan los «scatterometers» *(dispersiómetros)* que basan su medida en el principio de que la cantidad de radiación esparcida o dispersada por volumen de aire es proporcional a la cantidad de extinción de la luz por el mismo volumen de aire. Estudios comparativos entre mediciones realizadas por observación visual de técnicos meteorológicos (OBS) y por sensores automáticos (PWS) dan matrices de contingencia de la niebla no absolutamente ajustados ni lineales.

En todo caso, en la situación tecnológica y económica actual, se trata de una implantación instrumental escasa y lenta, pues requiere de inversiones económicas cuantiosas para su generalización. En la mayoría de los casos habrá que seguir trabajando con los datos facilitados por observación visual con su alto componente subjetivo, apreciativo e impreciso.

Así pues, el carácter ambiguo de la medida del parámetro visibilidad por un lado; el carácter proporcional de valores cambiantes en la combinación del resto de parámetros físicos atmosféricos que propician, causan o acompañan la formación de la niebla y su variada intensidad, por otro; y, por último, el carácter también difuso y poco preciso de la asignación a la clase o conjunto niebla de la combinación de las signaturas en los distintos segmentos del espectro radiométrico de las radiaciones que emiten las concentraciones de vapor de agua y corpúsculos del sector de la atmósfera más próximo a la superficie terrestre y que son captadas por los sensores aerotransportados de los satélites meteorológicos hacen de la niebla un meteoro que requiere una aproximación e investigación basada en herramientas lógicas y matemáticas que recojan su carácter lábil y difuso.

Durante los inviernos en Castilla y León la niebla es un meteoro frecuente y se caracteriza por una gran densidad y, sobre todo, por una gran persistencia. Se seleccionó el momento de una fecha en que la extensión de la misma era considerable. Pero, a la vez, una numerosa y extensa cantidad de bandas de estratos se situaban por encima de la misma. De manera que desde las imágenes de satélite era muy difícil discriminar si la nubosidad de cada lugar era niebla o se trataba de estratos a mayor altura, a causa de su idéntica composición corpuscular higrométrica. Se seleccionaron cinco estaciones de la red de observatorios meteorológicos regional (Valladolid, Zamora, Salamanca, León y Palencia); de los que, en horas próximas a las del paso del satélite NOAA-14, se obtuvieron datos de algunos de sus parámetros físicos: temperatura en termómetro seco y húmedo, humedad relativa, tensión de vapor, punto de rocío, temperatura mínima a 15 cm del suelo, nubosidad y visibilidad mínima, con los que se confeccionó la correspondiente base de datos digital.

Como la estación de Zamora resultó ser la que registró la mayor persistencia y densidad de la niebla en ese día, sirvió de punto de control para las imágenes NOAA-14 a las que sometimos al análisis borroso. Los dos parámetros que principalmente sirvieron para decidir la existencia o inexistencia de niebla fueron la visibilidad mínima y, sobre todo por su mayor carácter objetivo, la diferencia entre el valor de la temperatura en termómetro seco y la del punto de rocío.

Tratamiento SIG de las imágenes METEOSAT-7 y NOAA-14 de la fecha y horas seleccionadas:

Tal y como puede apreciarse en la imagen del canal visible de las 16:00 horas del satélite Meteosat-7 (figura IV-57), a mediodía de la fecha elegida se apreciaban masas nubosas en amplios sectores de la Cuenca del Duero y, en menor medida, a lo largo del cauce del Ebro. Su disipación se aceleró desde entonces. En la hora próxima al paso del satélite NOAA-14 en esa fecha (a las 16:09 horas TMG) seguían las advecciones de aire húmedo en forma de estratos desde el NW (solo bien visibles en el infrarrojo de la figura IV-58b), pero sólo quedaban nieblas en un amplio espacio en torno a la desembocadura del río Esla en el Duero (figura IV-58a), afectando a la ciudad de Zamora, cuyo observatorio meteorológico registraba baja visibilidad y una muy baja diferencia entre la temperatura en termómetro seco y el punto de rocío.

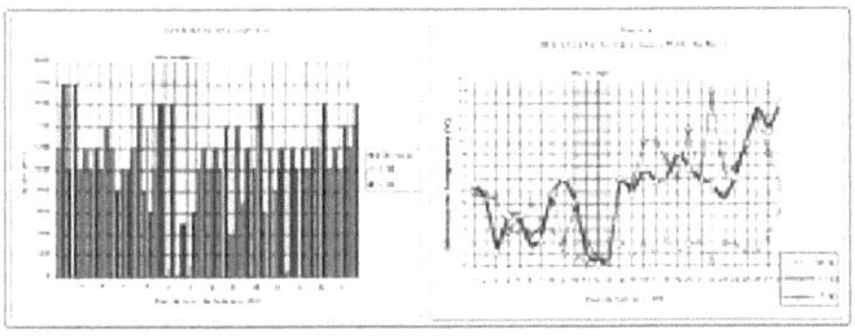

FIG. IV.56. *Visibilidad y diferencia entre temperatura en termómetro seco y punto de rocío en el observatorio meteorológico de Zamora a las 6:00, 12:00 y 17:00 horas durante el mes de febrero de 2001.*

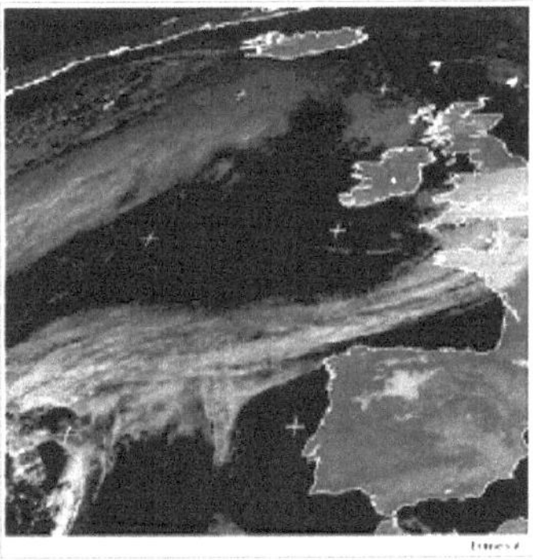

FIG. IV.57. *Imagen no corregida del canal VIS (METEOSAT-7).*

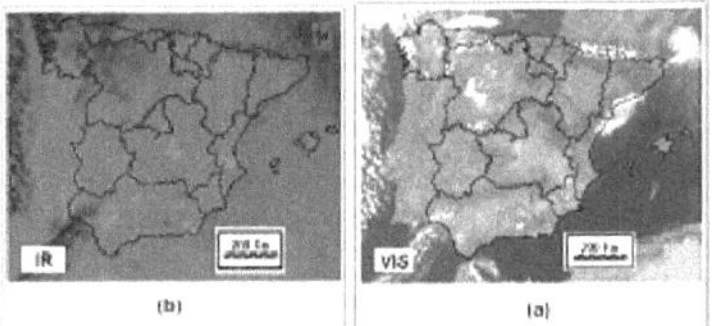

FIG. IV.58. *(b) Imagen IR corregida. (a) Imagen VIS corregida (Meteosat-7).*

Por otra parte, se eligieron las imágenes NOAA-14 por su mayor resolución espacial (1,8 km) respecto a las del Meteosat-7 (5 km) y se localizaron en ellas los píxeles en los que se ubicaban el observatorio de Zamora, afectado por la niebla todo el día, y el de León, que se vio libre de ella. Se extrajeron los valores de radiancia y reflectancia de dichos píxeles en las 3 bandas sobre las que se realizó la investigación y se pusieron en relación con sus valores de visibilidad, respecto de los mínimos niveles digitales y los máximos de la signatura espectral de la niebla, para aplicar la lógica borrosa a las imágenes. Todo ello según el proceso metodológico que a continuación se detalla.

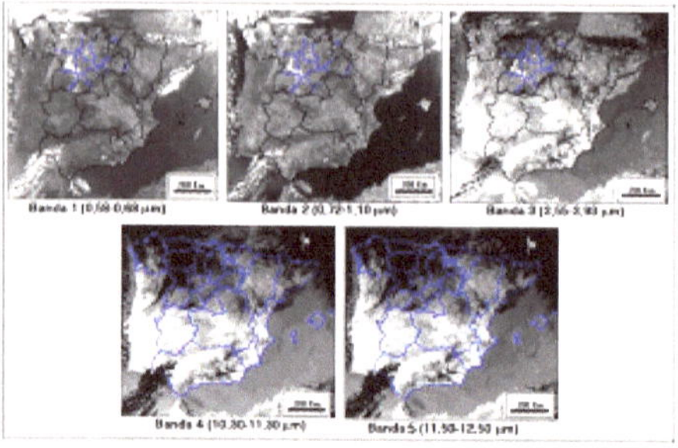

FIG. IV.59. *Imágenes corregidas en los 5 canales del NOAA-14.*

Proceso metodológico

1.º En los trabajos sobre teledetección de nieblas desde las imágenes NOAA ha sido generalizado el uso de la asignación de colores básicos a los canales 1 y 2 (en el espectro visible) y 4 (infrarrojo térmico), conocida como RGB-124 (rojo al canal 1, verde al 2 y azul al canal 4). Pero esta técnica puede producir problemas de discriminación entre la niebla propiamente dicha y otros estratos bajos que se le superpongan o rodeen; por lo que hemos utilizado el algoritmo (Quirós, 2002):

$$\left(\frac{\mathrm{ND\ C1} + \mathrm{ND\ C2}}{2}\right) - \mathrm{ND\ C4}$$

que, utilizando los mismos canales, discrimina mejor la altitud de este tipo de nubes y sus diferencialmente matizadas temperaturas, mediante una mayor separación del canal térmico.

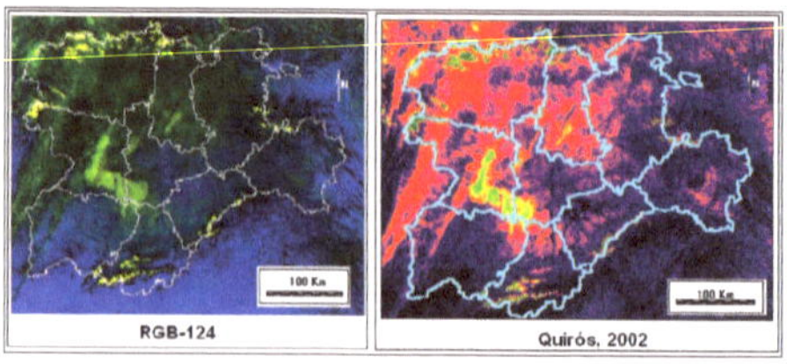

FIG. IV.60. *Imágenes corregidas del NOAA-14 en RGB 1-2-4 y Quirós, 2002.*

2.º Normalización o estandarización de la imagen para posibles comparaciones con otras, aplicando el reescalado de los píxeles a valores entre 0 y 255 ND con el módulo «stretch» de Idrisi.

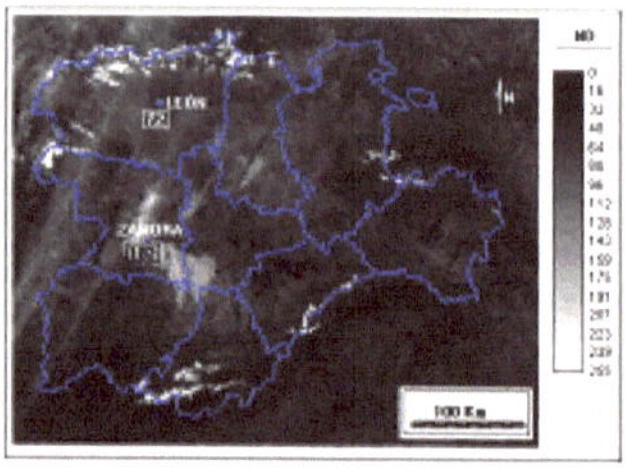

FIG. IV.61. *Imagen «Quirós, 2002» normalizada con el módulo «stretch» de Idrisi.*

3.º Interpolación a las 16:00 (hora más próxima al paso del NOAA-14) desde los registros de visibilidad a las 12:00 y a las 17:00 TMG en los observatorios de León (máxima visibilidad y demás parámetros indicadores de niebla denotando su ausencia) y Zamora (mínima visibilidad y demás parámetros indicadores de niebla denotando su presencia). Estos valores se pusieron en relación lineal (**y = mx+n**) con los de radiancia de sus píxeles correspondientes en la imagen «Quirós, 2002». Resolviendo el sistema de ecuaciones con los parámetros de ambas estaciones meteorológicas se consiguió una escala de equivalencias aproximadas entre las radiancias y la visibilidad para el momento del paso del satélite.

$$3.400(Dm) = 72(ND)m + n$$
$$404(Dm) = 182(ND)m + n$$

m = -27,274
n = 5.363,748

Para una visibilidad de 20 Dm; **x** (radiancia) = 195,928 ND (≈ **196 ND**).

Para una visibilidad de 5.000 Dm; **x** =13,336 ND (≈ **13 ND**).

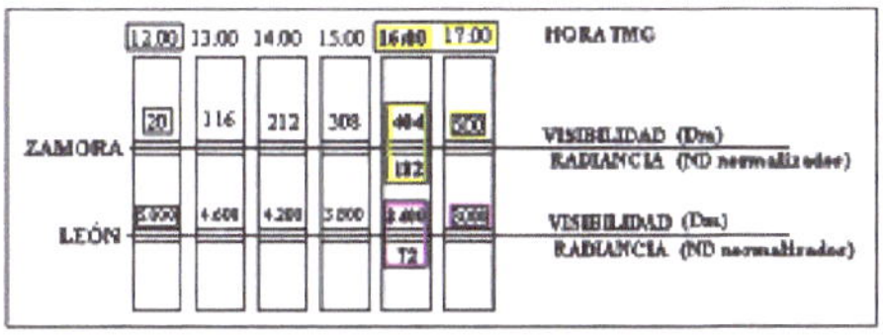

Tabla IV.5. *Equivalencias por interpolación lineal entre la visibilidad y los niveles digitales normalizados de las radiancias de la imagen «Quirós, 2002».*

La escala de radiancias (ND) de la figura IV.61 puede convertirse a visibilidades aproximadas en Dm:

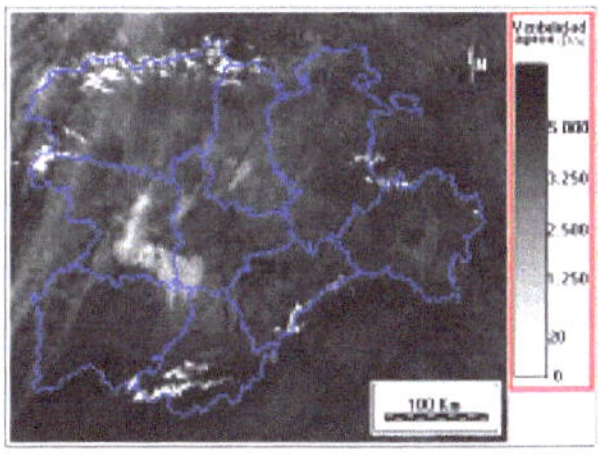

Fig. IV.62. *Cambio de la escala de la imagen «Quirós, 2002» a otra escala de visibilidades aproximadas.*

4.° Realización de un perfil experto de signaturas espectrales que pasa por el píxel que contiene al observatorio meteorológico de Zamora. En este perfil, respecto a la niebla, **a** y **b** son los valores extremos: **a** y **a'** expresan el umbral más alto de radiancia de los píxeles libres de niebla y **b** el píxel con la mayor densidad de niebla detectada en la línea experta (deducida de sus mayores niveles de reflectancia y menores de radiancia).

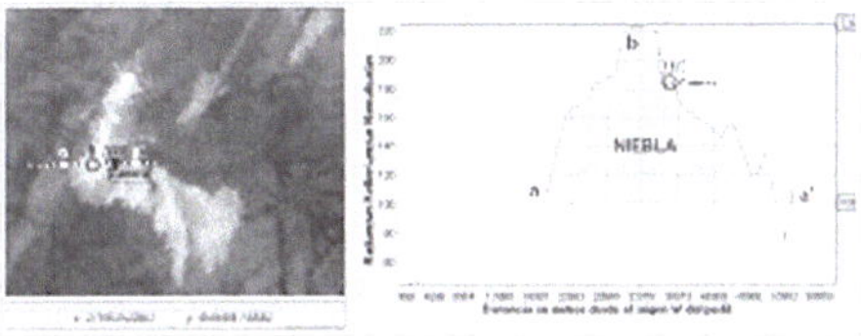

Fig. IV.63. *Levantamiento del perfil de la signatura de la niebla en línea con Zamora.*

5.° Aplicación de la lógica borrosa con el módulo «fuzzy» del programa SIG Idrisi a la imagen «Quirós, 2002», mediante una función de pertenencia sigmoidal, monótonamente creciente. Los valores «Z-score» de los 2 puntos de control extremos son a = 100 (0) y b = 226 (1), según el perfil de signaturas de la figura IV-63.

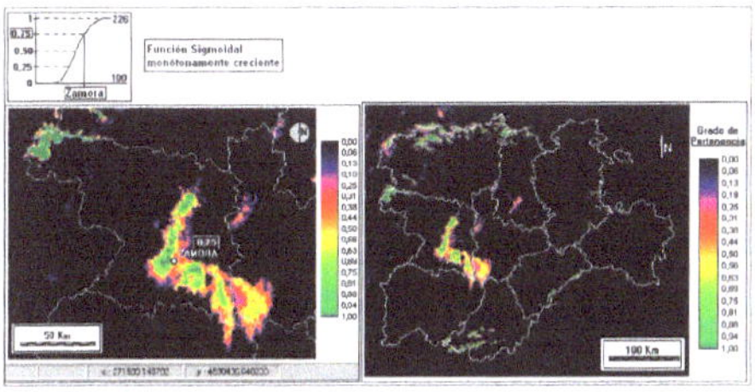

Fig. IV.64. *Grado de pertenencia (fuzzy) de los píxeles a la clase niebla.*

IV.4.2. Técnicas de componentes principales

Como se vio, el objeto más importante de la teledetección es la obtención de variables físicas a partir de las radiaciones espectrales. Porque, por una parte, la respuesta espectral de las radiaciones emitidas desde un espacio del terreno se debe al tipo de cubierta mayoritario que contiene y, por otra, la relación entre los objetos-cubiertas terrestres y sus respuestas espectrales solo se comprende mediante cierto conocimiento previo del espacio captado por las imágenes, y/o la realización de ciertas operaciones sobre las imágenes.

Estas operaciones y transformaciones sobre las imágenes se basan en el álgebra de mapas sobre formatos raster.

Las operaciones más habituales según el punto de partida son:

a) Las que podemos definir como *no orientadas* por el analista, porque no se sabe muy bien lo que se busca en la imagen o no se conoce el lugar de la superficie terrestre al que pertenece. De este tipo es el Análisis de Componentes Principales (ACP).
b) Las *orientadas* por el analista, cuando se sabe bien lo que se busca detectar en la imagen o se conoce bien el espacio que recoge. De este tipo son las aplicaciones de Filtros, Índices de Vegetación, Tasseled Cap, etc.

Se va a tratar a continuación la primera de ellas.

IV.4.2.1. *Los análisis de componentes principales (ACP)*

Ésta es una técnica estadística de síntesis de la información mediante agrupamientos significativos de los datos. Se realiza con una reducción del número originario de variables, pero con una pérdida mínima y no significativa de información.

Los nuevos componentes principales (CP), también llamados factores principales (FP) son una combinación lineal de las variables originarias. Por eso inicialmente hay tantos componentes principales como variables originarias.

Esta técnica estadística mantiene la varianza de los datos originales pero destruye la relación entre las radiaciones reales de las coberturas y los valores digitales recogidos en las distintas bandas de la imagen o capas de los archivos raster.

No obstante, la aplicación de esta técnica estadística viene facilitada por un buen conocimiento general previo de los objetos de análisis o, al menos, de la materia general en que se basa la investigación.

Un problema general y habitual en las clasificaciones es que cuando existen altas correlaciones entre las variables suelen complicar y hacer más lentos los cálculos estadísticos. Esto se produce a causa de la gran redundancia que supone la repetición de información en los datos originales de los distintos archivos de un mismo lugar. Ante este problema la técnica estadística ACP permite transformar las variables redundantes en otras no correlacionadas entre sí. Los primeros componentes explican más variación del conjunto de las bandas originales, mientras que los demás componentes describirán variaciones progresivamente menores.

En teledetección se producen con bastante frecuencia altas correlaciones entre las bandas multiespectrales porque las cubiertas tienden a responder de un modo similar en los intervalos próximos del espectro. En dichas correlaciones puede observarse que si la reflectancia o la emitancia es alta en unos píxeles concretos de una banda, también tenderá a ser alta en los mismos píxeles de otra banda. Esto puede llegar a indicar que algunas bandas facilitan información redundante respecto a otras. Para conocer esto, y evitar un procesado de datos inútiles porque no añadan información al estudio o alarguen inútilmente el análisis, se emplea esta técnica estadística de análisis de componentes principales (ACP). Esta técnica se utiliza para transformar un conjunto de bandas de imágenes en otras nuevas (componentes principales) que tienen la propiedad de no estar correlacionadas entre sí y que se ordenan según la cantidad de variación de la imagen que explican.

Las nuevas variables obtenidas con esta técnica estadística son ordenadas de mayor a menor valor, en relación al porcentaje de la varianza total que explican. Así pues, se ordenan y agrupan en función del grado de significación o participación de cada variable originaria en la conformación de cada nuevo factor, ya que unos archivos raster o unas bandas recogen más información diferenciada que otras.

Esto permite eliminar las nuevas variables que participen menos en la definición de la transformación y, por tanto, no expliquen mucho el fenómeno estudiado. Por el contrario, podemos quedarnos con las que más lo explican (éstos serán los componentes principales). Un ejemplo típico es la reducción de las 7 bandas LANDSAT TM a 3 bandas para aplicarles la técnica de coloreado RGB.

La técnica estadística de componentes principales se desarrolla en cinco fases o pasos:

1.er Paso. *El análisis de la matriz de correlaciones de las variables originarias*

Conviene tener claro que sólo se justifica el uso del ACP si existen altas correlaciones entre las variables originarias o, lo que es lo mismo, cuando pocos factores expliquen gran parte de la variabilidad total. Esto implica que la información que aportan entre todas es muy redundante.

2.º Paso. *La selección de los componentes en forma decreciente*
La primera de las nuevas variables recogerá la mayor proporción posible de varianza original. La segunda la máxima cantidad no recogida por la primera. Y así sucesivamente. Se elegirán los primeros componentes que sumen un porcentaje, esto es, que posean un grado de confianza que sea considerado suficiente (como, por ejemplo, por encima del 70%): Éstos serán los componentes principales.

3.er Paso. *El análisis de la matriz de correlaciones de los factores o componentes*
Esta matriz es denominada *Matriz de los Coeficientes Factoriales*. Mediante ella se analizan las correlaciones entre las *variables originarias* y los *componentes principales*. Por lo tanto es una matriz que tendrá tantas filas como componentes principales y tantas columnas como variables originarias.

4.º Paso. *Interpretación de los factores*
Dicha interpretación se hace mediante la comprobación de las propiedades de los factores que consisten en que:
- Deben tener valores próximos a la unidad.
- Cada variable originaria debe tener coeficientes de correlación elevados con uno solo de los factores.
- Y, por último, no deben existir factores con coeficientes de correlación similares entre sí.

5.º Paso. *La quinta fase de un APC consta de dos cálculos*:

5a. Por una parte el *cálculo de los valores factoriales*
Consiste en que, a partir de la matriz de varianza entre las variables originarias, se extraen los *eigenvectores* (o vectores propios) para cada uno de los componentes, los cuales, como se dijo, van teniendo valores decrecientes. Cada *eigenvector* indica la ponderación o peso que se aplicará a cada variable originaria para obtener cada nuevo componente. Los valores factoriales equivalen a los coeficientes de regresión en una transformación lineal estándar; en cuyo caso, los componentes principales serían las variables dependientes y, por ejemplo, las bandas de un satélite las variables independientes:

$$CP_{i.j.h} = \sum_{k=1}^{n} a_{p.k} * ND_{i.j.h}$$

CP = Valor del Componente Principal para las coordenadas i.j.h
n = Nº de variables originarias (*Bandas del satélite*)
a = eigenvector del Componente en cada variable originaria (*Banda del satélite*)
ND = Valor en Niveles Digitales de cada variable originaria (*Banda del satélite*) para las mismas coordenadas i.j.h

5b. Por otra parte, el *cálculo de la proporción de la varianza explicada por cada uno* de ellos
La varianza original explicada por cada componente principal se calcula como la proporción de su *eigenvector*, respecto a la suma de todos los demás *eigenvectores*:

$$V_p = \frac{a_p * 100}{\sum_{p=1}^{m} a_p}$$

m = nº total de Componentes

Finalmente, cuando se trabaja con un SIG con operaciones de componentes principales suele hacerse para establecer comparaciones posteriores con otros archivos o imágenes, o para visualizar éstas, y es necesario reescalar (por ejemplo, a valores entre 0 y 255) los valores de los CP. Este reescalado de los valores de los CP es denominado *rango dinámico* de sus valores.

Para aclarar el uso de los eigenvectores *que se ha tratado se hace a continuación una descripción del resultado gráfico del Análisis de Componentes Principales.*

IV.4.2.1.1. Análisis de componentes principales desde el punto de vista gráfico

Las transformaciones que se producen con esta técnica matricial y estadística buscan llegar a establecer una matriz cuadrada diagonal cuyas soluciones son los eigenvectores, los cuales determinan las direcciones de los ejes de coordenadas rotados en la representación gráfica de la correlación entre las distintas variables.

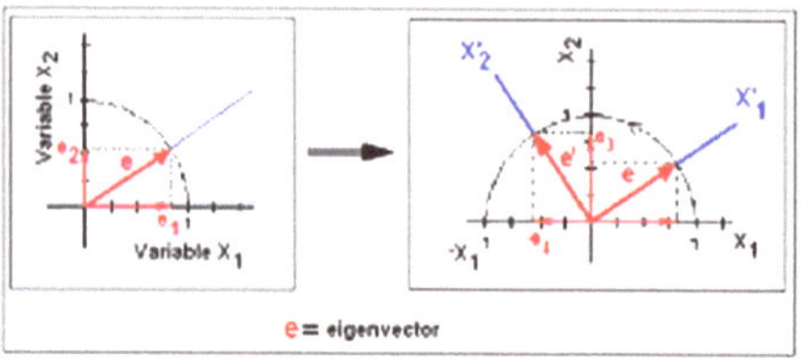

FIG. IV.65. *Giro de ejes de coordenadas mediante el eigenvector.*

En realidad se trata de girar la gráfica en el espacio, manteniendo fijo su origen, hasta encontrar un nuevo conjunto de ejes ortogonales, de modo que la línea de máxima correlación acabe siendo lo más paralela posible a uno de los ejes. Así se atenúa la correlación o redundancia y no se pierde apenas información. Con cada nuevo giro se pierde información de valores redundantes e incluso alguno no redundante en la nube de correlación en el plano original de la gráfica, pero también se pueden cubrir variables que antes no eran recogidas.

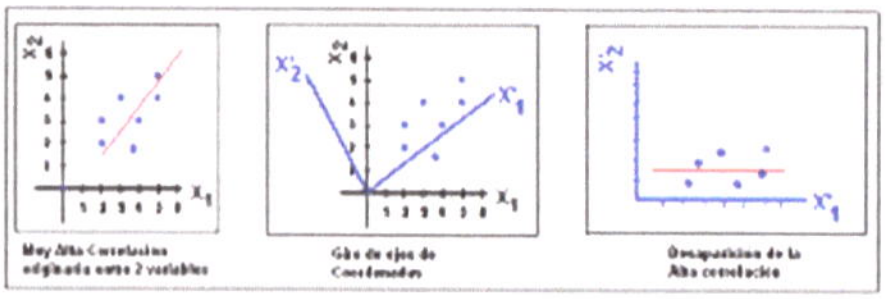

FIG. IV.66. *Proceso gráfico de la eliminación de las altas correlaciones entre parejas de variables.*

Si las variables configuran un espacio multidimensional, este método permite representar las variables originarias en espacios de dimensión inferior a la original o, lo que es lo mismo, con un número menor de ejes; pero, como ya se ha dicho, limitando la pérdida de información.

Así pues, se puede definir un *Teorema Fundamental del Análisis de Componentes Principales*:

Dado un conjunto de variables (por ejemplo, de bandas espectrales) con una matriz de covarianza determinada, se pueden derivar a partir de ellas otro conjunto de nuevas variables, no correlacionadas entre sí, mediante transformaciones lineales formadas por columnas que son los eigenvectores y que se corresponden a rotaciones rígidas del sistema de ejes de la gráfica de sus correlaciones. La matriz de covarianza del nuevo conjunto de variables es diagonal y contiene toda la varianza del primer conjunto.

Resumiendo, se puede concluir que:

- El ACP es una técnica matemática que transforma unas variables correlacionadas en otras que no lo están. Éstas son combinaciones lineales de las primeras que se denominan *componentes* o *factores principales*.
- Los componentes principales aparecen ordenados: los primeros componentes Principales suelen recoger la mayor proporción de la variabilidad total o mayor proporción de la información de las variables originales. En general suelen ser suficientes los dos o tres primeros componentes principales para realizar un buen análisis, pues recogen entre ellos la mayor parte de la información diferenciada que casi siempre está por encima del 90%.
- Aunque intervienen todas las variables originales en la composición de cada componente principal, las más importantes tienen mayor peso polinomial.

Como ayuda para la comprensión de estas técnicas se ilustrará con un ejemplo de análisis de componentes principales general y otro de tipo tasseled cap con coeficientes estándares.

IV.4.2.1.2. Ejemplo de aplicación del ACP con un SIG

Para realizar un mapa clasificatorio de un territorio al que denominamos «Sierra», se trató de reducir la ingente información del mismo que aportaron seis bandas del satélite Landsat TM-7. Para eso se utilizó un módulo de Análisis de Componentes Principales del SIG Idrisi 3.2, denominado en el programa «PCA» (Principals Components Analysis).

Se seleccionó la opción que permitía calcular la covarianza directamente desde las bandas del satélite, y se indicó que se introducirían 6 archivos raster de las seis bandas; así como que se querían extraer 6 componentes principales. Se eligió el prefijo «sierra» para las imágenes de salida (CP). También se seleccionó la opción de «usar variables no estandarizadas»; es decir, una matriz varianza-covarianza y se introdujeron los nombres de las seis bandas («sierra1» a «sierra7», sin utilizar «sierra6» por su distinta resolución espacial). Los componentes principales fueron calculados y el programa les asignó el nombre del prefijo «sierra», más el sufijo CMP1 a 6. El resultado apareció en la pantalla del ordenador como una tabla resumen:

VAR/COVAR	sierra1	sierra2	sierra3	sierra4	sierra5	sierra7
sierra1	65.45	43.62	71.58	12.07	173.33	104.86
sierra2	43.62	32.17	51.06	16.47	119.20	71.99
sierra3	71.58	51.06	86.87	20.23	207.07	125.02
sierra4	12.07	16.47	20.23	230.73	121.50	27.49
sierra5	173.33	119.20	207.07	121.50	649.99	356.57
sierra7	104.86	71.99	125.02	27.49	356.57	212.88

COR MATRX	sierra1	sierra2	sierra3	sierra4	sierra5	sierra7
sierra1	1.000000	0.950666	0.949381	0.098198	0.840370	0.886256
sierra2	0.950666	1.000000	0.965989	0.191140	0.824394	0.867892
sierra3	0.949381	0.965989	1.000000	0.142914	0.871430	0.917213
sierra4	0.098198	0.191140	0.142914	1.000000	0.313728	0.123731
sierra5	0.840370	0.824394	0.871430	0.313728	1.000000	0.956343
sierra7	0.886256	0.867892	0.917213	0.123731	0.956343	1.000000

COMPONENT	C 1	C 2	C 3	C 4	C 5	C 6
% var.	79.28	17.28	2.59	0.47	0.29	0.09
eigenval.	1014.11	221.08	33.07	6.08	3.66	1.12
eigvec.1	0.224431	-0.116100	0.510055	-0.163747	-0.774315	-0.220866
eigvec.2	0.155827	-0.048271	0.425604	-0.080130	0.107141	0.875064
eigvec.3	0.267274	-0.109620	0.565669	-0.162602	0.623135	-0.426418
eigvec.4	0.152800	0.965750	0.151620	0.139323	-0.020310	-0.034167
eigvec.5	0.795242	0.004677	-0.454106	-0.390603	0.000005	0.040082
eigvec.6	0.444968	-0.198642	0.009626	0.872944	-0.015722	-0.013325

LOADING	C 1	C 2	C 3	C 4	C 5	C 6
sierra1	0.883432	-0.213543	0.363155	-0.049718	-0.183191	-0.028872
sierra2	0.874950	-0.126550	0.441700	-0.034704	0.036157	0.163160
sierra3	0.913221	-0.174881	0.349047	-0.042854	0.127967	-0.048284
sierra4	0.320389	0.945332	0.057405	0.022530	-0.002569	-0.002879
sierra5	0.993444	0.002728	-0.102435	-0.038404	0.000060	0.001954
sierra7	0.968923	-0.201961	0.003705	0.146621	-0.002059	-0.000949

FIG. IV.67. *Tabla de las correlaciones de las bandas, de las varianzas y de los componentes principales del ejemplo.*

Mediante esta tabla pudo analizarse la cantidad de información originaria distinta y la varianza que incorporaba cada una de las nuevas imágenes de los componentes principales. Los eigen-valores expresaban la cantidad de varianza explicada por cada componente y los eigenvectores eran los coeficientes de las ecuaciones de transformación. Se comprobó que los dos primeros componentes principales englobaban el 96,56% de la información originaria, y con la tercera sumaban el 99,15%; es decir, prácticamente la totalidad; y esto con la gran ventaja de que cada una de las tres aportaba información excluyente respecto a las otras dos. Por ello, con las tres imágenes de los tres primeros componentes se pudo realizar una combinación no redundante en color.

Componente	C 1	C 2	C 3	C 4	C 5	C 6
% de Varianza	79.28	17.28	2.59	0.47	0.29	0.09
C 1 + C 2 : 96.56 %						
C 1 + C 2 + C 3 : 99.15 %						

FIG. IV.68. *Tabla del porcentaje de varianza que contenía cada componente principal.*

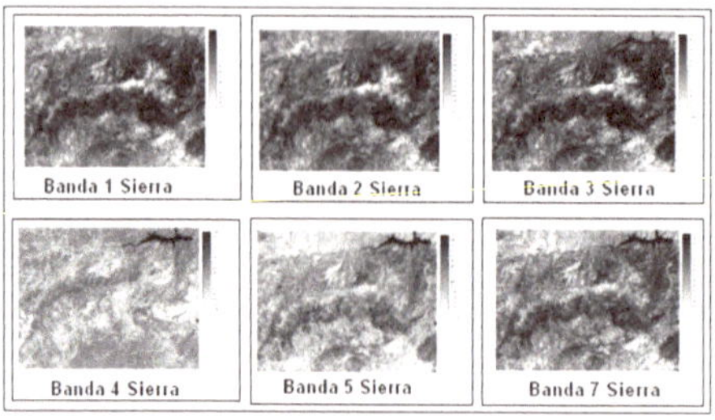

FIG. IV.69. *Imágenes de 6 bandas del LANDSAT TM-7 de «Sierra».*

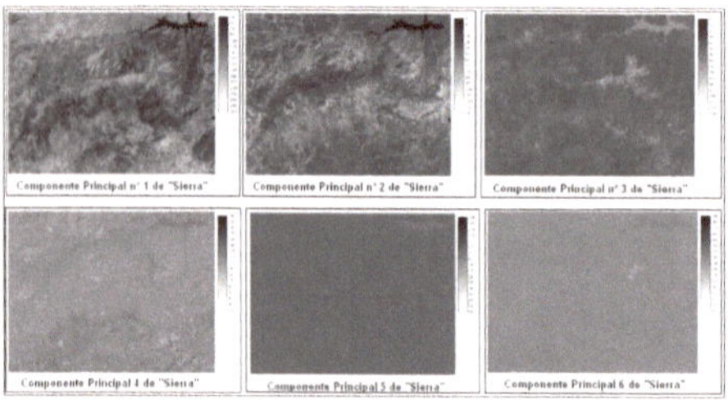

FIG. IV.70. *Imágenes de los 6 componentes principales de «Sierra».*

FIG. IV.71. *Imagen en color compuesta con la combinación de los 3 primeros componentes principales de las seis bandas de «Sierra».*

IV.4.2.2. *Un caso de ACP: la técnica «tasseled cap»*

El extraño nombre de esta transformación viene dado por la forma característica que adquiere la gráfica de dispersión o correlación de los valores digitales de la radiación de la longitud de onda del color rojo y del infrarrojo que captan de la vegetación los sensores de los satélites, antes de su transformación: es parecida a un sombrero con borla como el de los «gnomos».

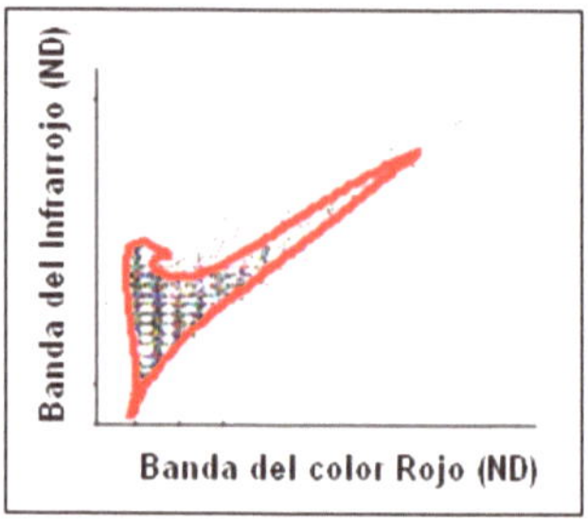

FIG. IV.72. *Gráfica de dispersión de la correlación entre el infrarrojo y el rojo.*

Es una transformación que fue diseñada por la NASA estadounidense para la predicción de cosechas agrícolas y para realizar la valoración del estado fenológico de la vegetación en general, mediante la separación de las radiancias del suelo y de la vegetación en las imágenes Landsat MSS.

Con esta técnica se pueden obtener nuevas bandas o, lo que es lo mismo, tres componentes principales con significado físico preciso, como son la *humedad*, el *verdor de la vegetación*, y la *sequedad* o *brillo* resultado del albedo. Se obtienen por combinación lineal de las bandas de los satélites como, por ejemplo, las 7 bandas del LANDSAT TM, o las 4 del LANDSAT MSS.

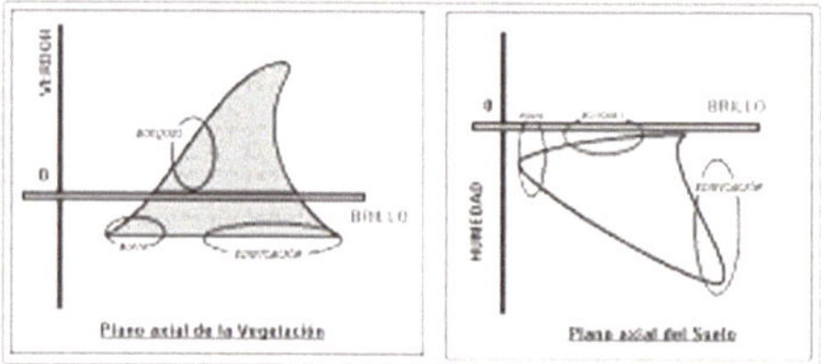

FIG. IV.73. *Gráfica de dispersión de la correlación entre el verdor y el brillo, y entre la humedad y el brillo.*

El vector de la imagen transformada es igual al vector de la de entrada por el vector de los coeficientes de transformación, más una constante que se añade para evitar la existencia de valores negativos, que suele tener un valor aproximado de 32.

Seleccionando entre cada pareja de componentes principales los pares de ejes principales X e Y, pueden observarse las estructuras de datos que representan los diferentes contenidos de información de la vegetación y de otras coberteras.

Las bandas en una imagen multiespectral se correlacionan y pueden estudiarse como planos en un espacio multidimensional con los valores de los píxeles en cada banda situados en los planos respectivos. Los ejes o coordenadas de esta gráfica tridimensional son el *verdor*, la *humedad* y el *brillo*.

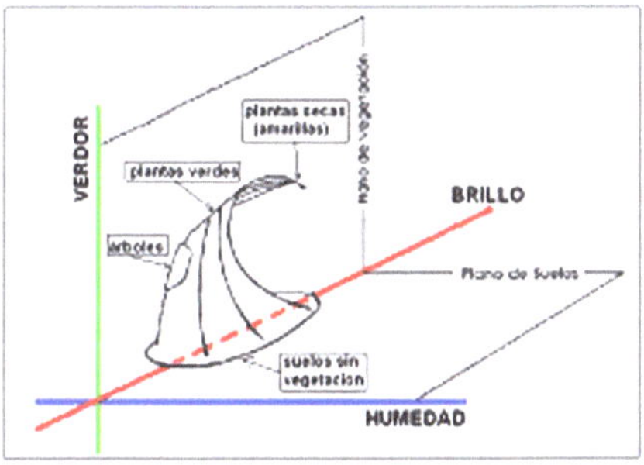

FIG. IV.74. *Gráfica de dispersión de la correlación tridimensional entre el verdor, el brillo y la humedad.*

Los coeficientes de transformación pueden ser calculados en cada ámbito local para cada satélite, pero también pueden utilizarse los estandarizados que se facilitan en las páginas webs de las agencias espaciales operadoras de los distintos satélites, o en las de las administraciones de las empresas productoras de «software» GIS, como, por ejemplo, en la de la administración de ESRI:

http://www2.erdas.com/SupportSite/Transmite/modelos/model_descriptions/descriptions.html

Por último, hay que señalar que el resultado gráfico final de un par de componentes principales suele recoger mucha más información que el del producido directamente con las bandas.

Landsat TM-7

WEIGHTS FOR TASSELED CAP TRANSFORMATION OF THEMATIC MAPPER DATA

Component	Channel 1	Channel 2	Channel 3	Channel 4	Channel 5	Channel 7
Brightness	0.3037	0.2793	0.4343	0.5585	0.5082	0.1863
Greenness	-0.2848	-0.2435	-0.5436	0.7243	0.0840	-0.1800
Wetness	0.1509	0.1793	0.3299	0.3406	-0.7112	-0.4572

Landsat MSS

WEIGHTS FOR TASSELED CAP TRANSFORMATION OF LANDSAT MSS DATA

Component	Channel 1	Channel 2	Channel 3	Channel 4
Brightness	0.433	0.632	0.586	0.264
Greenness	-0.290	-0.562	0.600	0.491
Yellowness	-0.829	0.522	-0.039	0.194
"Non-such"	0.223	0.012	-0.543	0.810

FIG. IV.75. *Ejemplos de coeficientes de transformación para tasseled cap de la información de los sensores TM y MSS de satélites Landsat.*

IV.4.2.2.1. Ejemplo de aplicación de la técnica de tasseled cap con los módulos de un SIG

Se trataba de determinar el estado fenológico de un área de Mauritania en un momento determinado, para lo que se empleó el módulo TASSCAP del menú de transformaciones de imágenes de los satélites Landsat MSS del programa Idrisi 3.2.

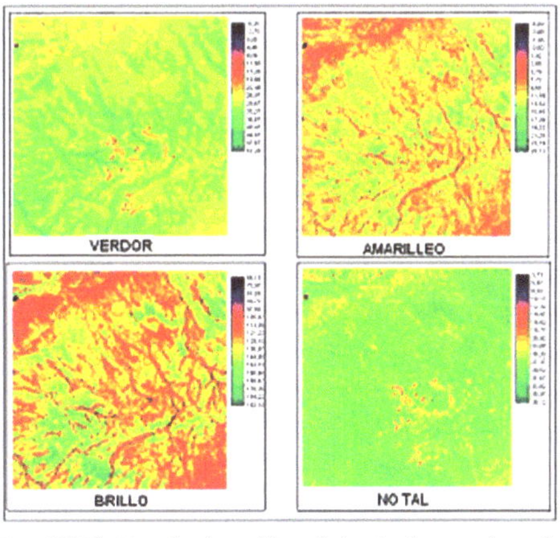

FIG. IV.76. *Resultado gráfico de las imágenes de cada eje de coordenadas (VERDOR, AMARILLO y BRILLO o suelo) tras aplicar el módulo tasseled cap a las cuatro bandas MSS de una zona de Mauritania.*

Dentro de dicho módulo se seleccionó la opción de utilización de bandas del sensor MSS y se incluyeron sus cuatro bandas. El módulo las transformó en cuatro componentes principales que separaban la información en nuevas imágenes: (1) de la Vegetación Verde *(verdor)*; (2) de la Vegetación Amarillenta *(amarilleo)*; (3) de los Suelos Desnudos *(brillo)*; y (4) de píxeles que no pertenecían a ninguna de las tres anteriores *(no tal)* de la zona. Se reescalaron para normalizar sus rangos de valores y poder compararlas entre ellas.

IV.4.3. Técnicas geoestadísticas

Es antigua la idea de que los métodos matemáticos con su abstracción fuerzan la naturaleza de los hechos y fenómenos para poder medirlos y compararlos entre sí. Matheron, el primero y mayor contribuyente al nacimiento de la *Geoestadística* en los años sesenta del pasado siglo por parte de los ingenieros de minas, puso en cuestión esta «violencia sobre la naturaleza» que produce la aplicación de las técnicas estadísticas descriptivas puras[168]. Su teoría de las *variables regionalizadas* se basaba en que los datos no sólo presentan una *distribución* en el espacio geográfico, sino una relación entre ellos en función de su proximidad o lejanía; es decir, una *correlación espacial*.

Para la representación en todos los puntos de un área de estudio hay que partir de una serie de observaciones puntuales o *muestras*, estimando desde éstas los valores en los puntos del espacio no muestreados mediante una serie de técnicas estadísticas generales de interpolación y extrapolación.

Lo que Matheron denominó *variable regionalizada* no es otra cosa que una función matemática que adopta cierto valor interrelacionado en cada una de las *coordenadas x-y-z* del espacio geográfico. Su base es la conjunción de dos propiedades generales espaciales de los datos, aparentemente contradictorias entre sí: por una parte, su carácter general *estructurado* que puede ser caracterizado por una función matemática determinística; y, por otra, su apariencia *errática*, *aleatoria* y *local* que representa una variación casi impredecible de un lugar a otro y lleva una imprecisión e indeterminación de los resultados, produciendo errores en las estimaciones.

El presupuesto básico de la Geoestadística consiste, pues, en considerar que el valor observado en un punto del espacio es resultado de un proceso aleatorio con una distribución regular y concreta. Su objetivo básico es deducir un modelo operativo desde una *información muestral espacialmente discontinua*, para delinear la *imagen continua* interpolada y extrapolada más probable del fenómeno analizado.

Las muestras deben cumplir ciertos criterios de *homogeneidad* y *representatividad espacial* del fenómeno estudiado. El mayor peso del mundo empírico sobre el teórico en los espacios geográficos hace que la inteligencia o comprensión del fenómeno se traslade desde el método estadístico puro hacia la experiencia real, pero de un modo objetivo; y, por tanto, debe diseñarse la obtención o extracción de las muestras desde la superficie terrestre de un modo completamente empírico, basado en la realidad.

Una vez obtenidos los datos muestrales se trata de obtener, desde la estructura de variabilidad espacial real del fenómeno, con operaciones de inferencia un *modelo* operativo que debe conducir el análisis y la interpretación de la variable cuantitativa, con el fin de que las *estimaciones* en los puntos no muestrales sean *óptimas* o *insesgadas*.

Partiendo de formas de modelización tan tentativas, casi basadas en el principio de ensayo-error, la calidad de los modelos solo puede venir sancionada a posteriori por la práctica y por las medidas de su incertidumbre. La naturaleza topoprobabilística de los modelos permite que sea el investigador, desde sus conocimientos previos, quien controle todo el proceso cuantificador de las zonas de influencia, líneas de tendencia de los desarrollos espaciales (anisotropías) y del comportamiento a distintas escalas de los fenómenos, así como de sus particularidades y periodicidades; también será el investigador quien pueda realizar la elección de los métodos de interpolación de una forma no arbitraria.

[168] *Georges François Paul Marie Matheron* (1930-2000) fue un geólogo y matemático francés creador de la Geoestadística y pionero en la Morfología Matemática, que fundó en 1968 el Centro de Geoestadística y Morfología Matemática en la Escuela de Minas de París.

Existen varios tipos o clases de métodos de interpolación geoestadística que pueden ser agrupados en:

- *Globales o inexactos*: Que calculan regresiones polinomiales con una información auxiliar a la de la variable dependiente bajo estudio en forma de variables independientes, como, por ejemplo, la latitud, la longitud, la altitud, etc., y a las que posteriormente se aplican correctores. Un ejemplo de este tipo es el *método del gradiente* (LRM: Lapse Rate Method).
- *Locales o exactos*: Que sólo utilizan la información de la variable bajo estudio en el entorno geográfico del punto a estimar. Ejemplos son la construcción de polígonos con los métodos de Voronoi (de entropía o de rango intercuartil) o el de Thiessen. Otros ejemplos típicos de este tipo de interpolación son el método del Inverso Ponderado de la Distancia; el método de superficies bajo tensión; o el de cuñas («splines») que es el más similar al de isolíneas.
- *Estimadores óptimos*: En los que se unen los métodos geoestadísticos en general y los de simulaciones condicionadas. Ejemplo de éstos son todos los que crean los modelos digitales de elevaciones.

II.4.3.1. *El análisis geoestadístico*

Todo análisis geoestadístico debe constar de cuatro fases básicas:

1.ª El análisis exploratorio previo de la distribución *estadística* de los datos.

2.ª El análisis de la distribución y de la estructura *espacial* de los datos.

3.ª La generalización mediante *modelizaciones* de estimación o simulación.

4.ª La comprobación de la *calidad* o *precisión* de la estimación o la simulación.

IV.4.3.1.1. Fase 1: Análisis estadístico previo de los datos

En esta fase previa no se tienen en cuenta los lugares geográficos desde los que se han obtenido los datos ni su distribución territorial sino solamente su estructura cuantitativa global e intrínseca. Se realiza mediante el manejo estadístico poblacional clásico que permite detectar los sesgos y valores anómalos extremos, mediante el cálculo de las medias, medianas, modas, desviaciones típicas, sesgos, curtosis, etc. Además hay que comprobar la consistencia de los universos de datos, realizando los necesarios *procesos de homogeneización* temporal de las series de forma directa, absoluta o relativa, o mediante la aplicación de pruebas del tipo de la «Standard normal homogeneity test» de Alexanderson y Moberg, o de la prueba de R. Sneyers, etc. En esta primera fase también se producen los análisis clasificatorios de sus componentes y la eliminación de los valores anómalos («outliers»).

IV.4.3.1.2. Fase 2: Análisis de la estructura espacial en la distribución de los datos

En esta fase se trata de encontrar el grado de variabilidad o de continuidad espacial de la variable. La metodología topológica que se utilice en el análisis puede ser de *malla regular*, de *secciones*, de *cadenas* («strings»), *radiales*, etc. Y en cuanto al tipo de algoritmo matemático de interpolación, pueden agruparse en algoritmos *gravitacionales*, *estadísticos*, *polinómicos*, de *cuñas suavizadas* («splines»), etc.

La técnica estadística más utilizada para medir el grado de dependencia espacial de las muestras es la del *variograma experimental* -γ (**h**): promedio de la suma del cuadrado de las diferencias (la *varianza*) de los valores entre parejas de muestras que estén separadas en el espacio una distancia **h**. Aún más se utiliza su variedad el *semivariograma experimental*: mitad de dicho promedio.

$$\gamma(h) = \frac{1}{2N(h)} \sum_{i=1}^{N(h)} \{Z(x_i) - Z(x_i + h)\}^2$$

$Z(x_i)$ =valores muestrales en los puntos x_i.
$Z(x_i+h)$ =valores muestrales en los puntos x_i+h.
$N(h)$ =n° de pares de datos separados por una distancia h.

Variograma experimental.

En la práctica se definen un número determinado de distancias ($\mathbf{h}_j$) y se utilizan para el cálculo del variograma todos los pares de valores contenidos en cada intervalo de distancia con una tolerancia longitudinal $(\mathbf{h}_j\text{-}\mathbf{Dh}_j; \mathbf{h}_j\text{+}\mathbf{Dh}_j)$ y también con una tolerancia angular en cada dirección.

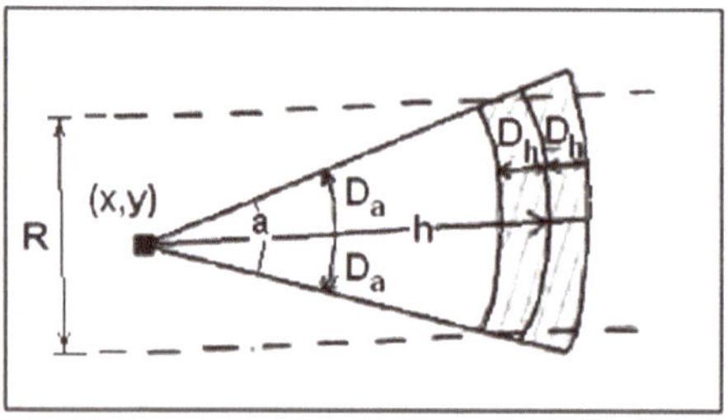

FIG. IV.77. *Tolerancia longitudinal de **h** y angular de **a** para el cálculo del variograma experimental.*

Así pues, el valor del variograma experimental refleja la tasa media de cambio de una propiedad o de un parámetro físico en función de la distancia y la dirección considerada. La dependencia espacial disminuye a medida que se incrementa **h** y llega a finalizar a partir de determinada distancia, más allá de la cual la tasa media de cambio en los valores es independiente de la separación entre las muestras. Se representa mediante un gráfico, en el que sobre el eje de ordenadas se marcan los valores de la variación de las muestras mediante su *varianza*; y en el de las abcisas el de los intervalos de *distancia* («lags») en los que se produce cada cambio de varianza o variación.

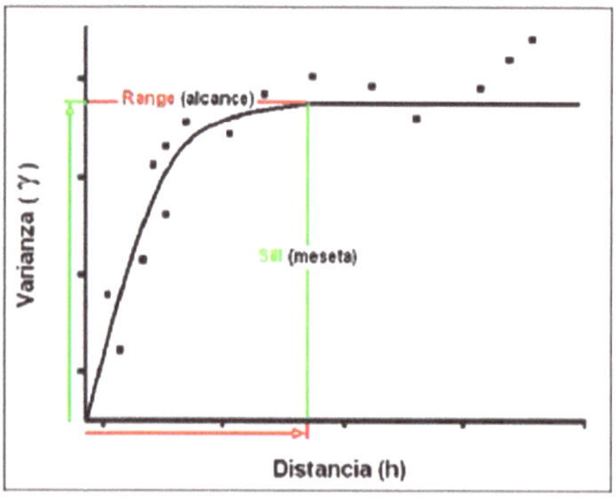

FIG. IV.78. *Gráfico del variograma experimental.*

El variograma experimental es una función monótonamente creciente, hasta que alcanza un valor límite y constante, denominado *umbral* o *meseta* («sill»), que es equivalente a la varianza muestral. El umbral o meseta se alcanza para una distancia determinada del punto muestral que haya sido considerado el origen del análisis y desde la que desaparece la influencia espacial sobre los valores de la variable territorial; a esta distancia se denomina *alcance* («range»). Como punto origen del análisis suele elegirse el centro geométrico del área bajo estudio.

Para obtener una primera información general de la variabilidad espacial de un fenómeno puede realizarse previamente y de un modo global un análisis del variograma desde el centro-origen hacia todas las direcciones, lo que se conoce como *variograma omnidireccional*. Después se deben ir realizando los *variogramas direccionales* para detectar los principales ejes de anisotropía existentes, tanto geométricos como zonales[169]. Así podrá determinarse el *factor* o *relación de anisotropía*: cociente de los rangos de los variogramas para las direcciones de máxima y mínima continuidad espacial de la variable. Si el variograma no aclarase la estructura espacial del fenómeno espacial pueden utilizarse otras técnicas geoestadísticas; como la basada en el cálculo de la función de *covarianza*, que relaciona las *covarianzas* de los distintos gráficos de dispersión y la distancia **h**; el *correlograma*, que muestra la relación entre los distintos *índices de correlación* en cada gráfico de dispersión y la distancia h; o las *regresiones polinómicas* o *múltiples* con distintas variables independientes influyentes sobre la variación de la variable dependiente bajo estudio.

Mediante su gráfica, el variograma experimental permite deducir:

- Si la variable regionalizada está *autocorrelacionada espacialmente*.
- Hasta qué *distancia* lo está desde el punto elegido como origen del análisis.

[169] Anisotropía: variación de la dependencia espacial de los datos según distintas direcciones.

- Si la variable es *estacionaria* o, por el contrario, presenta *tendencias* o *derivas espaciales*.
- Si es *isótropa* o *anisótropa* y por tanto dependiente de determinados ángulos de dirección desde el origen.
- Si presenta y en qué grado *efecto «pepita»* («nugget» effect), que es el comportamiento discontinuo en el origen o grado de *salto en el valor* del variograma desde el origen; y que suele ocurrir por efecto de errores en las medidas o por existir variaciones importantes de los valores de la variable en distancias muy pequeñas.

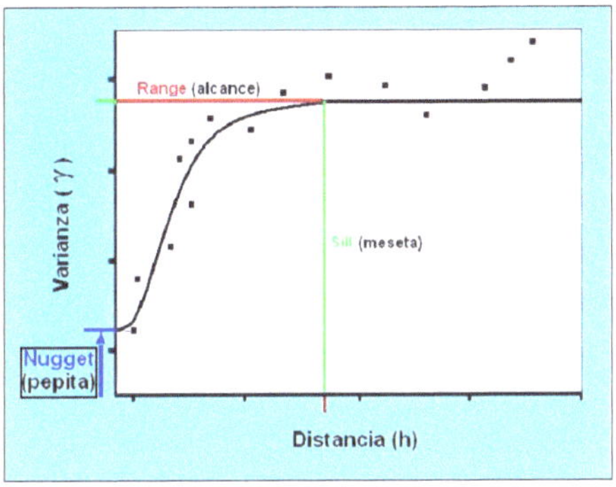

FIG. IV.79. *Efecto «pepita»*.

Si se realiza una gráfica, en la que el eje de ordenadas describe la distancia en coordenadas latitudinales (**hy**) y el de abcisas la distancia en

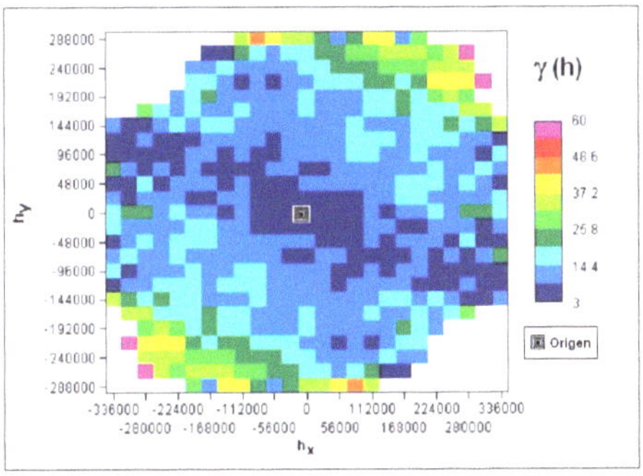

FIG. IV.80. *Gráfica del variograma en el espacio de análisis*.

coordenadas longitudinales (**hx**) desde el punto central-origen del análisis, se recogerá un valor diferente de variograma en cada punto del espacio y serán visibles las tendencias y anisotropías.

IV.4.3.1.3. Fase 3: Generalización mediante modelización para realizar estimaciones y simulaciones

El variograma experimental resulta siempre una función compleja de muy difícil solución matemática y bastante inaplicable para realizar estimaciones de los valores en los puntos no muestrales. Por eso se ensaya su modelización buscando su *ajuste* máximo a alguna función teórica clásica de fácil manejo matemático. Todas las funciones matemáticas teóricas pueden ser combinadas linealmente para facilitar el ajuste o *calibrado* del variograma experimental, con el fin de obtener el *variograma teórico* que será el que sirva realmente en el paso siguiente para construir el *modelo predictivo* y su cartografiado. Existen tres clases fundamentales de métodos de ajuste del variograma experimental al teórico:

- *Estimación de la máxima probabilidad* (ML).
- *Estimación restringida de máxima probabilidad* (REML).
- *Mínimos cuadrados ponderados* (WLS).

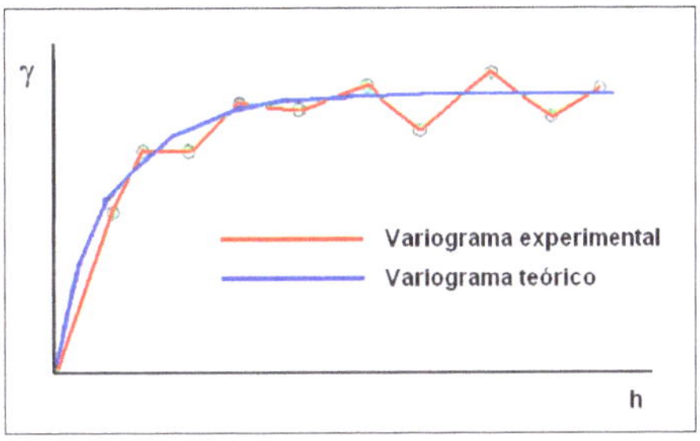

FIG. IV.81. *Gráfica del variograma experimental y del variograma teórico*.

1. Tipos de modelos teóricos

Los tipos más comunes de *modelos teóricos* para el ajuste de los variogramas experimentales son seis (4 estacionarios con meseta y 2 sin meseta):

– Con meseta:
  - *Efecto pepita puro.* Se utiliza si no hay ninguna dependencia espacial entre los datos.

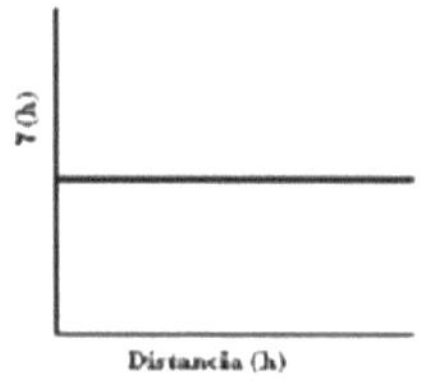

  - *Esférico.* Es el modelo teórico de ajuste más utilizado. Muestra un crecimiento casi lineal hasta una cierta distancia en la que se estabiliza. La tangente a la curva en el origen alcanza la *meseta* («sill») a una distancia que es 2/3 del *alcance* («range»).

$$\gamma(h)=\frac{3(h)}{2a}-\frac{1}{2}\left(\frac{h}{a}\right)^3$$
$$0\le h\le a$$

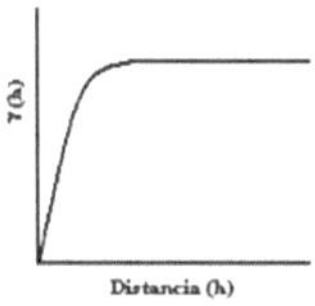

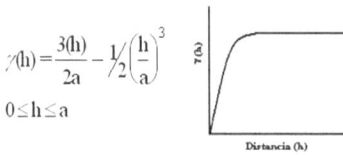

  - *Exponencial.* Alcanza la meseta asintóticamente. Se considera que el *alcance* es la distancia para la cual el valor del variograma es de 95% del de la *meseta*.

$$\gamma(h)=1-e^{\frac{-h}{a}}$$
$$h\ge 0$$

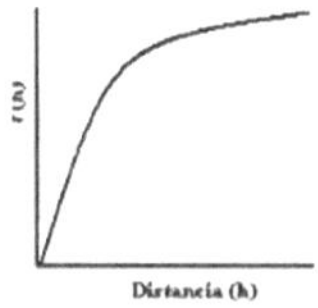

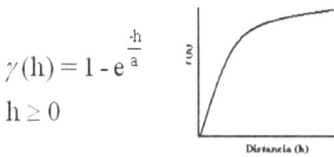

  - *Gaussiano.* Se emplea para modelizar fenómenos muy continuos y también alcanza la *meseta* asintóticamente. Muestra un comportamiento parabólico cerca del origen y constituye el único modelo estacionario con un punto de inflexión.

$$\gamma(x)=1-e^{\frac{-3h^2}{a^2}}$$

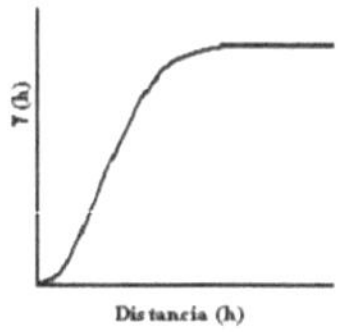

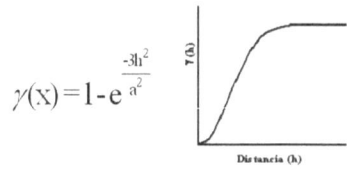

– Sin meseta:
  - *Potencial.* Se aproxima a un comportamiento parabólico a medida que el exponente **w** tiende a ser igual a 2.

$$\gamma(h)=h^w$$
$$0<w<2$$

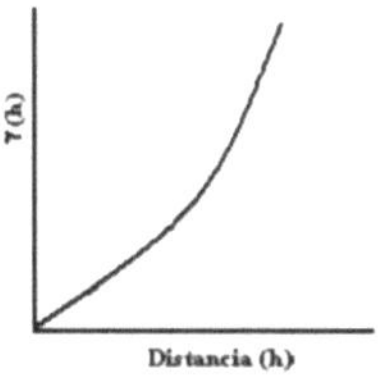

  - *Lineal.* Es un caso particular del exponencial: Cuando **w** = 1.

$$\gamma(h)=h^w$$
$$w=1$$

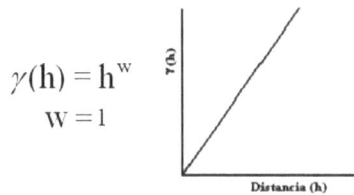

Para realizar los mejores ajustes teóricos de los variogramas experimentales pueden combinarse varias funciones teóricas de un modo lineal. En el ejemplo de la figura siguiente se han unido un modelo Pepita con salto de 9.000; más uno Gaussiano de alcance 50.883 y meseta 48.700; y un modelo Potencial de alcance 1,4 y meseta 61.004, para conseguir que la gráfica del variograma teórico se ajuste lo más posible a la del experimental.

Estos ajustes de los variogramas experimentales a los teóricos se realizan fácilmente, incluso de un modo puramente gráfico, con programas informáticos diseñados específicamente para trabajos geoestadísticos, como, por ejemplo, Variowin, WinGSlib, etc., o con los módulos de programación geoestadísticos que incorporan los programas SIG.

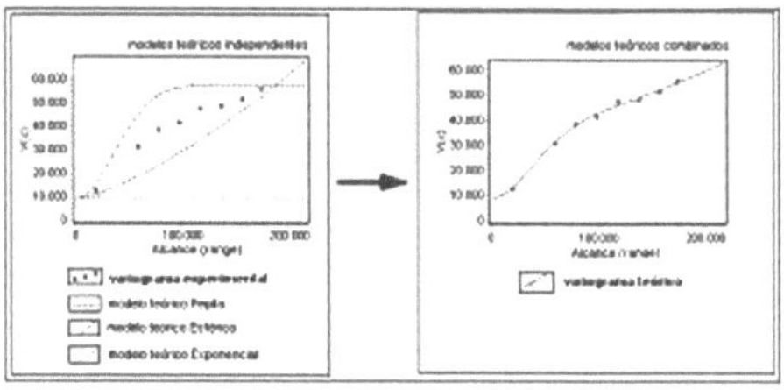

FIG. IV.82. *Combinación de modelos de variogramas teóricos para ajustar variogramas experimentales.*

2. Tipos de métodos de estimación y simulación

Según que la estimación sea local o global, y puntual o por bloques, los métodos que existen pueden ser agrupados en dos grandes grupos: métodos *determinísticos* y métodos *aleatorios o estocásticos*. Los segundos son los más puramente geoestadísticos:

A. Métodos determinísticos:

- *Promedio ponderado del inverso de la distancia* (IDWA: inverse distance weighted average) e *inverso óptimo de la distancia* (ODA: optime distance average). En ellos los valores más próximos tienen más peso que los más alejados del punto del que se quiere estimar su valor. Se trata de interpoladores de los denominados *exactos*, en los que cada punto muestral tiene su valor real.
- *Análisis de la tendencia superficial* (TSA: trend surface análisis). En éstos suelen utilizarse las coordenadas geográficas como variables. No suelen dar resultados muy reales, pero sirven para dar una idea clara de las grandes tendencias generales de la distribución espacial de los datos. Producen muchas distorsiones en los bordes de los espacios analizados.
- *Sistema de cuñas, tiras o sectores suavizados* («splining»). También conocido como *métodos de funciones básicas radiales* (RBF: radial basis functions). Suavizan las variaciones. Asemeja a una superficie elástica que se hace pasar por todos los puntos muestrales, forzando a que cada uno de ellos tenga su valor real, por lo que se trata también de un método *exacto*. Es mucho más flexible que otros exactos como el inverso ponderado de la distancia, aunque requiere utilizar muchos parámetros de decisión y no permite investigar la autocorrelación de los datos. Es el único de los métodos determinísticos que permite realizar extrapolaciones, consiguiendo valores estimados por encima y por debajo de los valores muestrales máximo y mínimo. Puede producir errores e incertidumbres, aunque da buenos resultados cuando se aplica a espacios geográficos que han sido muestreados según una red densa y regular de puntos muestrales, tipo malla.
- *Método del gradiente* (LRM: lapse rate method). Consiste en multiplicar la diferencia de altitudes entre los puntos por el gradiente constante de la variable que se ha obtenido para toda la región a la que pertenece el área bajo estudio. Por ejemplo, el valor de un meteoro en el observatorio meteorológico más próximo a cada punto a estimar y la diferencia de altitud entre ambos puntos.
- *Método de regresión polinomial o de interpolación polinómica global.* Este método es de los denominados *inexactos*, en los que cada punto geográfico muestral no acaba teniendo su valor real en el mapa simulado resultante. Siendo de los métodos determinísticos de cálculo más simples es de los que realiza los ajustes más precisos y las simulaciones más próximas a la realidad. Es el mejor de ellos cuando las correlaciones entre variables superan el 70% y los cambios de los valores en el espacio muestral son graduales y no demasiado bruscos. En todo caso, conviene utilizar muestras lo más representativas posible de la región investigada porque suaviza mucho los resultados y no permite predecir los errores que se producirán en el cartografiado final de la estimación de datos.

- *Método de interpolación polinómica local*. Es similar al anterior pero más flexible, aunque también más lento. Su manejo constituye un proceso de cálculos estadísticos reiterativo y pesado que se ajusta más a la realidad porque reduce mucho las áreas de aplicación. Sus resultados son algo similares al método del krigeo, pero no permite investigar la autocorrelación espacial.

B. Métodos aleatorios o estocásticos: son los geoestadísticos en un sentido estricto.
- *Método del krigeo ordinario* (ordinary kriging)[170]. Es un método de estimación lineal insesgado, es decir, que la diferencia entre el valor real y el estimado en el mismo punto es cero, y utiliza una combinación lineal de pesos o ponderaciones de los puntos muestrales (con valores conocidos). Estos pesos varían de acuerdo a la *distancia* (como los demás métodos), pero también a la *disposición espacial* de las muestras. Permite extrapolaciones. Es el más eficaz si, por una parte, sólo se dispone de la variable en estudio (por ejemplo, temperaturas) y, por tanto, no se dispone de variables auxiliares independientes (por ejemplo, la altitud, la orientación de pendientes, etc.); por otra parte, se cumple la hipótesis estacionaria de los datos o continuidad espacial en todo el área de estudio; y por una tercera parte, además dichos datos tienen una distribución estadística normal o gaussiana (para esto el método facilita una transformación logarítmica de datos para que no se produzcan sesgo). Por eso conviene subdividir en sectores espaciales la aplicación del método.
  El método tiene tres restricciones básicas:
  - La suma de las ponderaciones (pesos para cada dato muestral que forma el sistema de n+1 ecuaciones lineales) tiene que ser igual a la unidad (1).
  - La suma de los errores de la estimación ha de ser compensada; es decir, tiene que ser nula (0).
  - El cuadrado de las desviaciones estándar (varianza de error) ha de ser mínimo.

Una de las grandes ventajas es que el método puede facilitar una cartografía de las medidas de los errores. Su formulación matemática es:

$$Z^{*}(x) - m(x) = \sum_{i=1}^{n} w_i \left[Z(x_i) - m(x_i) \right]$$

w_i = Pesos asignados a los datos $Z(x)$.
$Z^{*}(x)$, $Z(x_i)$ = Variables aleatorias.
$m(x)$, $m(x_i)$ = Valores esperados de las variables.
n = nº de datos existentes en un radio predefinido en torno al punto a estimar

Otros métodos de krigeo:
- *Método de krigeo simple*. Esta variedad utiliza un valor de variable o atributo constante (media aritmética estacionaria) que es determinado por el analista y no por la vecindad local de las muestras.
- *Método de krigeo universal*. Se usa cuando se producen fuertes anisotropías. En cuyo caso se incorporan ecuaciones de regresión de tales superficies de tendencia.
- *Método de krigeo con indicadores*. Mediante el que se transforman los datos muestrales, según umbrales decididos por el analista, en categorías booleanas (0,1).
- *Método de simulación gaussiana*. Esta variedad de krigeo utiliza esperanzas probabilísticas derivadas de simulaciones; tanto *condicionadas*, en las que la estimación de los valores en los puntos muestrales ha de coincidir con sus datos reales; como *incondicionadas*, en las que se utiliza una variable muda en lugar de datos muestrales.
- *Método de cokrigeo* (co-kriging). Es también un estimador lineal insesgado en el que, por tanto, las diferencias entre los valores reales y los estimados en los puntos muestrales han de ser igual a cero. Este

[170] El nombre del método en francés («krigeaje») lo decidió Matheron cuando formalizó su desarrollo matemático, en honor del ingeniero de minas sudafricano *D. G. Krige*, cuyos protocolos empíricos para la búsqueda de recursos mineros le inspiraron.

método emplea una información o variable secundaria (por ejemplo, la variable principal la temperatura y la secundaria la altitud) que mejora la estimación cuando se dispone de pocos datos principales o están poco correlacionados espacialmente. Utiliza una combinación lineal de los datos obtenidos en distintos lugares para las variables primarias y secundarias, mediante la aplicación de sus respectivos variogramas en lo que se conoce como *variogramas cruzados*.

IV.4.3.1.4. Fase 4: Comprobación de la precisión de la estimación o simulación

Como puede que exista más de un modelo que ajuste bien las muestras, para su valoración suele utilizarse el método de *evaluación* o *validación cruzada* por el que se elimina un dato muestral y se utiliza el modelo elegido para estimar el valor en su localización. Luego se compara con el dato real. Su diferencia marcará la bondad del modelo en dicho punto. La repetición de la prueba produce una superficie o *mapa de la varianza de la precisión*. La medida de la calidad más utilizada es la del *error cuadrático medio* (ECM):

$$ECM = \frac{\sum_{i=1}^{N}(Z_{Ri} - Z_{Ei})^2}{N-1}$$

N= nº total de puntos estimados.
Z_{Ri} = Valor real en cada punto.
Z_{Ei} = Valor estimado en cada punto.

Para su cartografiado se emplea el conocido como *indicativo de la bondad del ajuste* (IGF: indicative goodness of fit).

IV.5. LOS MODELOS DIGITALES DEL TERRENO (MDT)

Un *modelo* cartográfico es una *representación simplificada y codificada* de algunas de las propiedades geográficas o *atributos* espaciales que existen en la realidad de la superficie terrestre y de algunos de los objetos que los sustentan. Se distingue de una *imagen* en que ésta es una *representación gráfica*, tanto digital como analógica, *de los objetos reales* que existen sobre la superficie terrestre y son tangibles.

Los modelos pueden ser clasificados según tres apartados:

– *Modelos icónicos*. En los que existen unas correspondencias simplificadas de tipo *morfológico* con la realidad, con la que prácticamente sólo les diferencia la escala. De este tipo son las maquetas y los globos terráqueos.

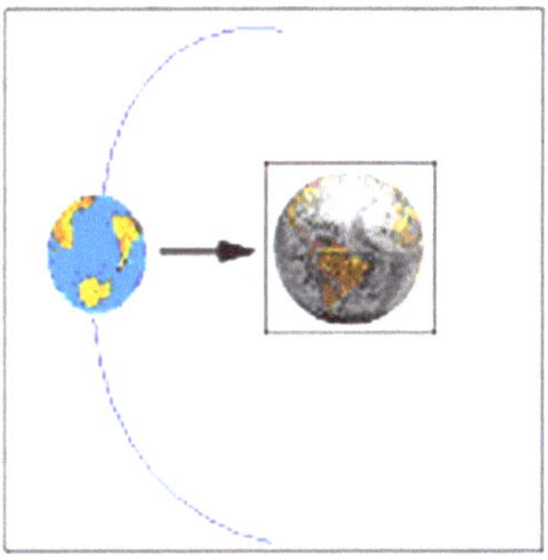

FIG. IV.83. *Modelo icónico (globo terráqueo).*

– *Modelos analógicos*. En los que las correspondencias morfológicas no existen y las propiedades de los objetos y atributos representados se describen mediante signos y símbolos convencionales. La información que aportan es definitiva y no puede actualizarse si no es creando otro modelo similar en el que se varíen el tamaño o los símbolos de los datos. En este grupo se acogen los mapas convencionales, tanto topográficos como temáticos. Un ejemplo es el mapa topográfico nacional (MTN) con sus curvas de nivel o isohipsas.

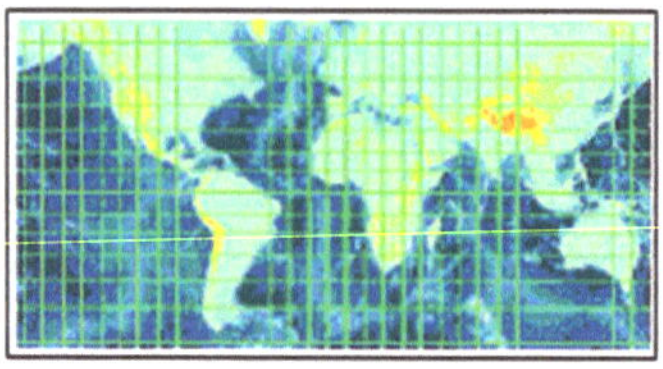

FIG. IV.84. *Modelo analógico (mapamundi).*

– *Modelos digitales.* En los que la representación simplificada de los objetos y de los atributos geográficos se realiza mediante codificación alfanumérica y matemática, generalmente en base binaria. La información suele almacenarse en forma de matrices, polinomios, figuras geométricas, gráficos de correspondencia, etc. Mediante aplicación de paletas de color y de símbolos pueden traducirse a resultados gráficos. A este grupo pertenecen todos los archivos o geodatabases en los que la información cuantitativa continua de un cierto número de categorías o atributos (temperaturas, tipos de suelo, humedad, topografía, etc.) se organizan en estructuras numéricas de datos (digitales) que se denominan genéricamente MDT (Model Digital of Terrain: *Modelos Digitales del Terreno*) y describen su distribución espacial. Sirven para representar la realidad geográfica y para la simulación de procesos asociados a un Sistema de Información Geográfica.
Mediante los SIG se pueden realizar sus traducciones desde el lenguaje alfanumérico digital al lenguaje gráfico analógico; es decir, su cartografiado como mapas, sea cual sea el tema[171].

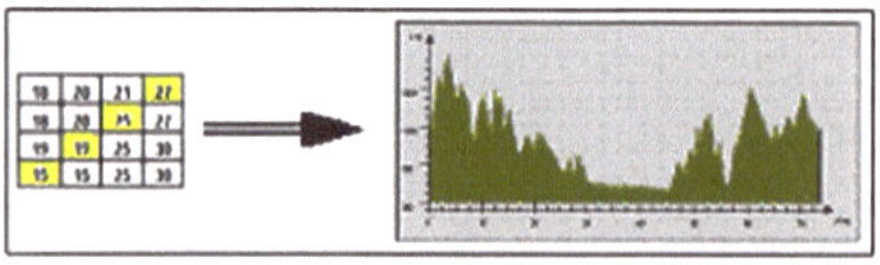

FIG. IV.85. *Modelo digital (perfil topográfico).*

[171] En este proceso se demuestra claramente la máxima de que «todo lo geográfico es cartografiable», aunque no todo lo cartografiable sea geográfico.

En todo caso, las diferencias entre los Modelos Analógicos del Terreno (MAT) y los Modelos Digitales del Terreno (MDT) son notables. En esencia pueden concretarse en que:

- Los MAT son una representación gráfica y continua. Son los mapas tradicionales en general, como, por ejemplo, el mapa topográfico del Ejército y sus curvas de nivel.
- En los MAT se obtienen los datos de forma directa en el mapa. Y por lo tanto no se requieren instrumentos técnicos para extraerlos, como un ordenador.
- En los MAT no se pueden actualizar los datos; salvo en forma muy poco recomendable, como tachando, escribiendo y dibujando sobre los mapas.
- Los MAT no permiten realizar sobre ellos simulaciones de procesos. Cada simulación requiere la confección de un mapa diferente.

Mientras que:

- Los MDT son una representación numérica y discontinua. Son archivos para bases de datos y para SIG, como, por ejemplo, un modelo digital de elevaciones.
- En los MDT no se obtienen los datos de forma directa. Se requieren instrumentos técnicos para extraerlos, como, por ejemplo, los ordenadores-computadoras.
- En los MDT se pueden actualizar los datos permanentemente, sin repetir todo el archivo.
- Los MDT permiten realizar directamente sobre ellos operaciones algebraicas, predicciones y simulaciones de procesos, sin necesidad de realizar previamente su traducción gráfica.

Así pues los avances que suponen los MDT permiten ampliar de un modo muy importante los análisis espaciales.

IV.5.1. EL MODELO DIGITAL DE ELEVACIONES (MDE)

Un caso muy especial de MDT lo constituyen los MDE: modelos digitales de elevaciones, o DEM (Digital Elevation Model) que contiene estrictamente información sobre las *altitudes* del terreno en un área geográfica.

En los MDE la estructura que adquieren los datos de altitud representa las relaciones espaciales y topológicas entre ellos.

Los MDE pueden tener un formato tipo vectorial o tipo raster:

- En el formato *vectorial* están constituidos por puntos, líneas y polígonos que definen:
  - *Contornos*. Constituidos por isohipsas formadas por polilíneas vectoriales con *n* pares de coordenadas, y *puntos* que son las cotas de altitud.

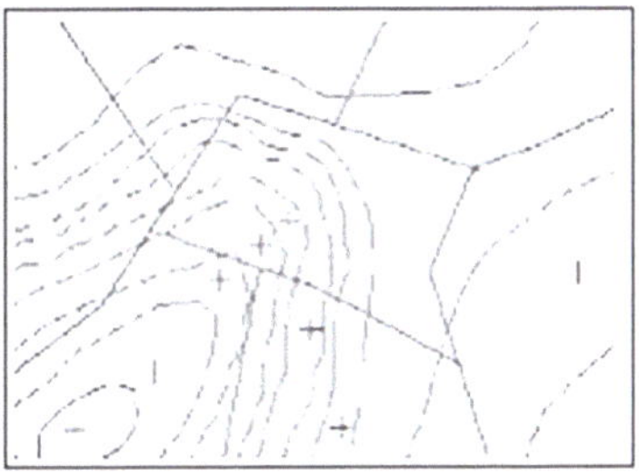

FIG. IV.86. *Contornos lineales y puntuales*.

  - *Polígonos Thiessen* y *TIN*. Constituidos por redes de triángulos irregulares en las que cada vértice posee el valor de una altitud. Desde éstos se genera la creación de distintos tipos de teselaciones de polígonos como, por ejemplo, las de Voronoi o Delaunay.

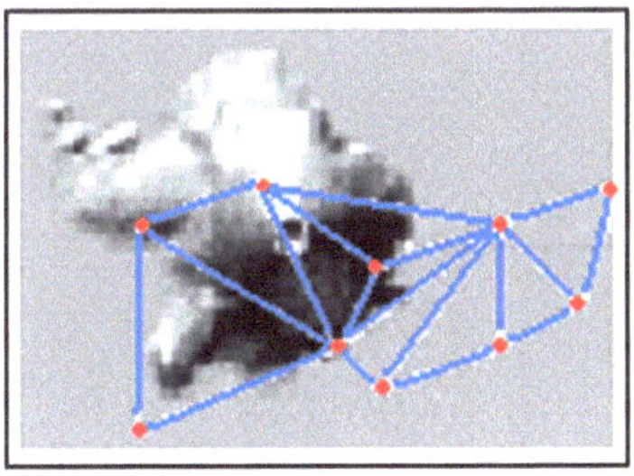

FIG. IV.87. *Red de triángulos irregulares (TIN: trianguled irregular net)*.

- En el formato *raster* el conjunto de celdas definen:
  - *Matrices regulares,* como las URG (uniform regular grids).
  - *Matrices jerárquicas*, como las quadtrees o árboles jerárquicos de matrices elementales con resolución duplicada en cada nivel; lo que permite reducir el tamaño de la memoria ocupada en el almacenamiento.

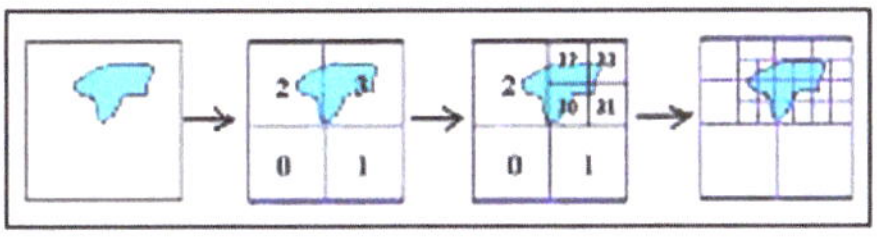

FIG. IV.88. *Árboles jerárquicos (quadtrees)*.

En ambos casos cada elemento matricial adquiere el valor altitudinal del lugar geográfico situado en el punto central de cada celda.

La *captura* de datos para un MDE se hace mejor en formato *vectorial*, bien de forma directa (radar, láser, GPS, levantamientos topográficos, etc.) o indirecta (restituciones de imágenes satelitales, de fotografía aérea, digitalizaciones, etc.). Sin embargo, para el manejo de los datos mediante un SIG que permita realizar operaciones de vecindad conviene transformar los archivos a *raster*. Esta transformación vectorial-raster se puede realizar bien con un método «lineal» (ecuación del plano definido por los tres vértices de cada triángulo) o, por ejemplo, con un método «quíntico» (ecuación polinómica de quinto grado). En todos los casos conviene tener en cuenta el arrastre de errores que suponen estas transformaciones.

La información de los datos MDE se organiza en archivos que tienen tres registros lógicos de distinto tipo:

Tipo A. Contiene la información que define las características generales del MED, incluyendo su nombre; límites geográficos que cubre; unidades de medida; máxima y mínima altitud; parámetros de proyección; y número de registros de tipo B. Cada archivo DEM tiene un único registro de tipo A que contiene entre estos datos aquellos que pueden considerarse básicos, como:

- *ncols*: Número de columnas.
- *nrows*: Número de filas.

- *xllcorner*: Coordenada **x** (UTM) del centro de la celda inferior izquierda del modelo (metros).
- *yllcorner*: Coordenada **y** (UTM) del centro de la celda inferior izquierda del modelo (metros).
- *cellsize*: Tamaño de la celda del MDE en metros.
- *nodata_value*: Valor para representar los puntos del modelo donde no existen datos.

Tipo B. Contiene los datos de los perfiles de elevación y la información de la cabecera asociada a cada uno de ellos. Cada perfil tiene un registro propio de tipo B. Éste es el registro de los datos de altitud en sentido estricto de cada perfil.

Tipo C. Contiene información estadística de la precisión de los datos.

Un aspecto fundamental de los MDE es la información del *sistema de proyección cartográfica* en el que se ha diseñado el modelo, así como las *unidades de las magnitudes* en las que se han medido los datos de *altitud* y *situación* o *localización*. Hay que tener en cuenta una serie de recomendaciones:

- La mayoría de las *unidades de localización* de las elevaciones del terreno (altitudes) en los MDE, sobre todo los diseñados por el USGS (United States Geological Survey) se expresan en unidades de *arco/segundo*, dentro de un sistema angular y sexagesimal de coordenadas (latitud-longitud) geográficas[172].
- La resolución viene definida por el número de segundos que cubre cada píxel. Por ejemplo, los datos de resolución de 3 arco/segundos tienen píxeles de 3 x 3 segundos.
- Se llama «perfil» la franja, línea o *tira de cada columna de datos altitudinales* para un archivo MDE. En los *MDE vectoriales* los perfiles se numeran en columnas desde el Sur hacia el Norte y desde el Oeste hacia el Este. En los *MDE raster* comienzan a numerarse desde la celda superior izquierda. Hay un mismo número de celdas en el primero y el último perfil y en la primera y última fila, aunque representan distintos tamaños reales.

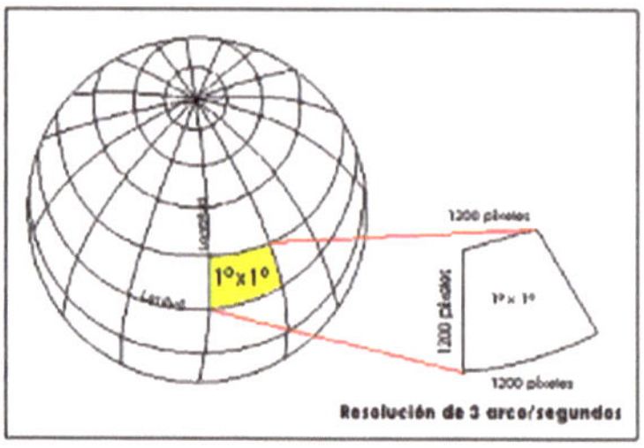

FIG. IV.89. *Unidades arco/segundo y resolución de cada celda o píxel para un MDE.*

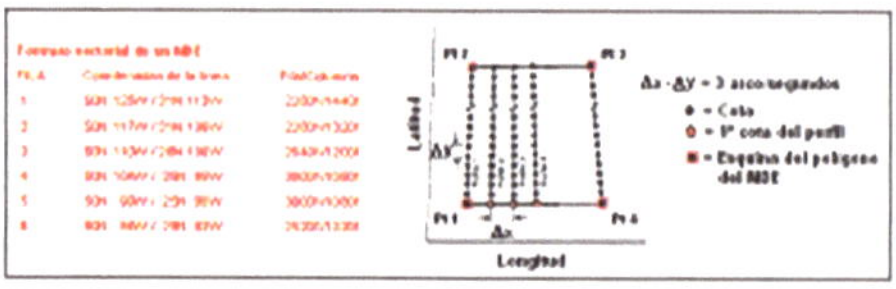

FIG. IV.90. *Estructura de perfiles de un MDE.*

- Para trabajar en ellos conviene realizar las conversiones a UTM.

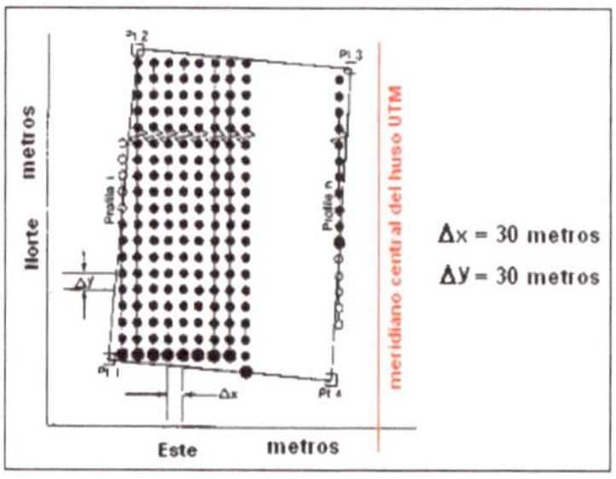

FIG. IV.91. *Estructura de perfiles de un MDE en unidades métricas para un sistema de proyección UTM.*

La *resolución espacial* del MDE viene determinada por la dimensión de la separación espacial de cada dato con los demás, así, por ejemplo:

- 1 grado MDE (espaciado de 3 x 3 arco/segundo).

[172] 1 grado = 60 minutos = 3.600 segundos.

- 30 minutos MDE (espaciado de 2 x 2 arco/segundo).
- 15 minutos MDE (espaciado de 2 x 3 arco/segundo).
- 7,5 minutos MDE (espaciado de 1 x 2 arco/segundo) –1:24.000–.
- 5 minutos de arco MDE (10 km).
- 1 minuto de arco MDE (2 km)
- 30 segundos de arco MDE (1 km)

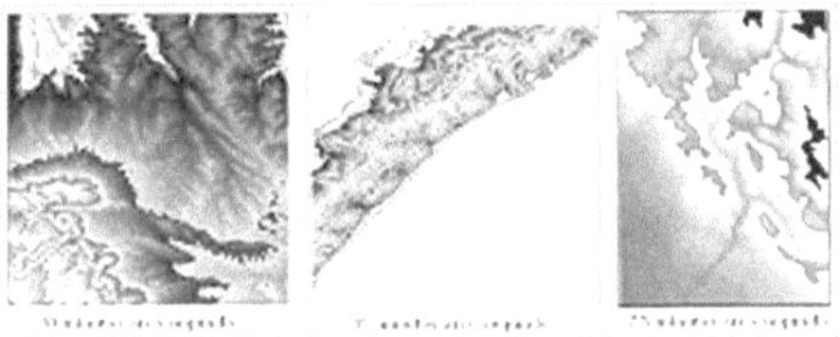

FIG. IV.92. *Ejemplos de MDE de distintas resoluciones.*

La estructura del MDE se basa en una serie de perfiles o líneas de puntos regularmente situados, a modo de los alambres de un ábaco, y orientados en dirección Sur-Norte. Estas líneas están separadas entre sí generalmente en la misma medida que están separados dos puntos de cada línea o perfil. Especialmente se identifican el primer punto de cada línea (el situado más al Sur) y el último (el situado más al Norte en cada línea). Especial identificación requieren estos dos puntos en la *primera línea* (la situada más al Oeste) y la *última línea* (la situada más al Este), porque son los que definen los cuatro vértices del trapezoide cuyos lados constituyen los límites del MDE. En una primera fase, el MDE se construye sobre un trapezoide esférico de coordenadas esféricas o geográficas, por lo que la *unidad de separación* entre los puntos muestrales regulares altitudinales y entre los perfiles suele ser el *arco/segundo*; mientras que la *unidad de altitud* de cada punto es el *metro*. Posteriormente suele cambiarse el MDE esférico a un Sistema de Proyección UTM, para poder ponerlo en relación con otra gran cantidad de archivos referidos a este sistema de proyección. En este caso, la unidad de distancia entre puntos y entre perfiles suele ser el metro, coincidiendo, por tanto, con la unidad de altitud.

Como se dijo, conviene confeccionar el MDE como un archivo vectorial que permite mayor precisión geográfica en la situación de las cotas o puntos de muestreo altitudinal, pero muchas veces es necesario convertir esta capa de altitudes en un archivo raster que permita combinarlo con otros en operaciones de álgebra de mapas o de cálculo matricial. En estos casos siempre hay que tener en cuenta el incremento o añadido de errores que provoca esta operación de conversión de formato de archivo.

Fundamentalmente, se suelen producir dos tipos de deformaciones importantes:

a) Los llamados «falsos aterrazamientos» en las curvas de nivel.

FIG. IV.93. *Falsos aterrazamientos de un MDE.*

b) Las concavidades (PIT) o «falsos pozos o agujeros» que están determinados por la resolución espacial del MDE. Estos últimos suelen ser errores casi siempre; con pocas excepciones, como pueden ser cuando se levantan MDE en las zonas kársticas.

Para controlar la propagación de estos *errores*, debe añadirse su grado y cantidad como información adicional a los metadatos o registros tipo A de los archivos MDE. También suelen aportar sus medidas estadísticas de error que generalmente vienen expresadas en ECM (error cuadrático medio –RMS en inglés–) y son calculados sobre una serie de puntos de control predeterminados. Suele considerarse que un error sobre un punto es grande cuando se supera en tres veces el ECM del conjunto.

Errores cuadráticos medios de las tres coordenadas (longitud, latitud y altitud):

$$ECM_x = \sqrt{\frac{1}{n} \cdot \sum_{i=1}^{n} (\hat{x}_G - x_G)^2}$$

$$ECM_y = \sqrt{\frac{1}{n} \cdot \sum_{i=1}^{n} (\hat{y}_G - y_G)^2}$$

$$ECM_z = \sqrt{\frac{1}{n} \cdot \sum_{i=1}^{n} (\hat{z}_G - z_G)^2}$$

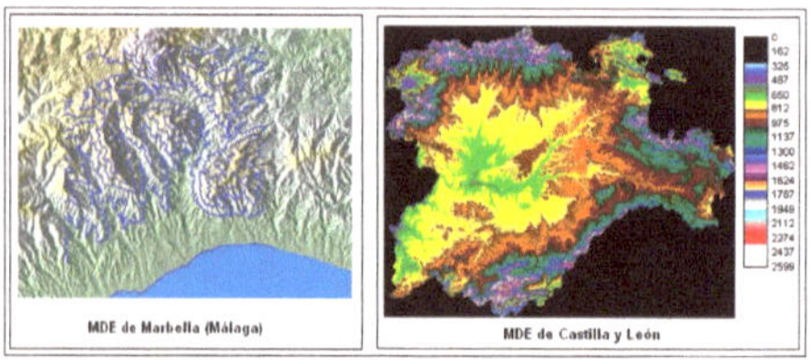

FIG. IV.94. *Ejemplos de MDE.*

IV.5.1.1. *Operaciones SIG sobre MDE*

La mayoría de las operaciones SIG que se realizan sobre los MDE van encaminadas a distintos objetivos, como:

- Conseguir un *control sobre los errores* que contienen los propios modelos. Este control se consigue mediante la realización de calibraciones, comparaciones y verificaciones (verdad-terreno).
- Conseguir *parametrizar las variables altitudinales* para poder realizar su procesado y la consiguiente transformación en representaciones gráficas; es decir, en mapas (tanto bidimensionales como pseudotridimensionales).
- Realizar *simulaciones de procesos gravimétricos* que están guiados por el relieve. Estas simulaciones pueden ser de dos tipos:
  - Simulaciones *estáticas*: Como las representaciones de pendientes, los perfiles topográficos y las cuencas visuales.

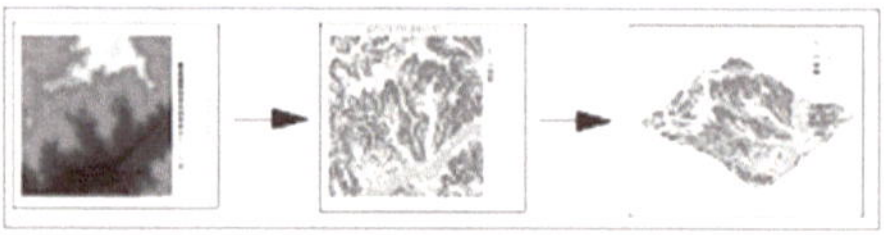

FIG. IV.95. *Simulación estática sobre un MDE.*

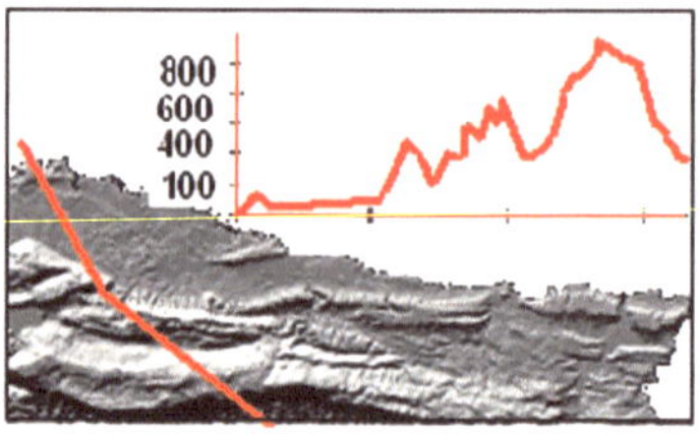

FIG. IV.96. *Simulación estática sobre un MDE: perfil topográfico.*

  - Simulaciones *dinámicas*: Con éstas se pretende predecir la evolución en el espacio y en el tiempo de procesos naturales. La suma de un modelo y de un algoritmo da otro modelo digital derivado con los resultados sobre los lugares de un proceso temporal. Como, por ejemplo, los modelos de insolaciones, inundaciones, flujos de lava, incendios, etc.

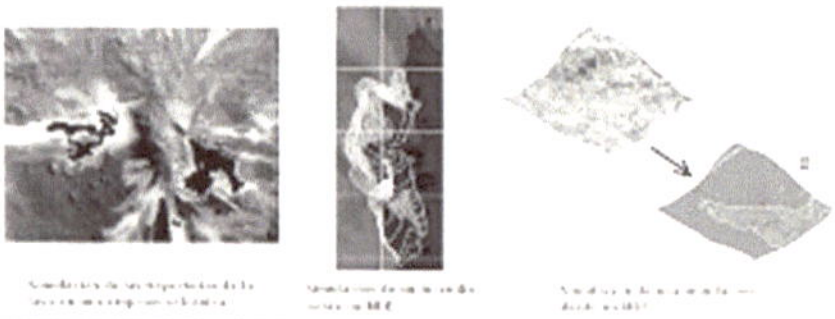

FIG. IV.97. *Simulaciones dinámicas sobre MDE: trayectos de lavas de un volcán; incendio forestal; inundación.*

Todas estas operaciones y simulaciones sobre los MDE suelen basarse en variables parametrizadas que obedecen a conceptos muy precisos y que en los trabajos con SIG deben tenerse en cuenta, como:

- *Altitud*: Distancia vertical desde un punto del relieve hasta la superficie horizontal de referencia (por ejemplo, el n.m.m.A: nivel medio del mar en Alicante).
- *Pendiente*: Ángulo entre el vector normal a la superficie en un punto y la vertical en dicho punto.
- *Orientación*: Ángulo entre el vector que señala el Norte en un punto y la proyección sobre el plano horizontal del vector normal a la superficie en dicho punto.

– *Curvatura*: Tasa o grado de cambio en la pendiente en el entorno de un punto que está cuantificada con la derivada de segundo grado de la altitud. Interesa para calcular escorrentías, aludes, erosiones y flujos en general.

Estos conceptos se relacionan entre sí formando otros más complejos que permiten crear:

1. *Modelos de Red de Drenaje y de Cuenca Hidrográfica* y cuyos conceptos básicos son:
   - *Línea de flujo*: Trayecto que desde un punto sigue la escorrentía del agua u otro fluido en las líneas de máxima pendiente.
   - *Área subsidiaria de una celda*: Conjunto de celdas cuyas líneas de flujo convergen en ella. Una *cuenca hidrológica* está formada por el área subsidiaria de unas celdas singulares que actúan como sumideros. En terminología SIG éstas son conocidas como *pit* (cañada, hondonada, talweg y demás accidentes del terreno donde se acumula o corre el agua).
   - *Caudal máximo potencial (CMP)*: Depende de variables como la magnitud del área subsidiaria; de las precipitaciones producidas sobre ella; de la permeabilidad del terreno; y de la pendiente. En conjunto dan un flujo de mayor o menor caudal y mayor o menor velocidad.

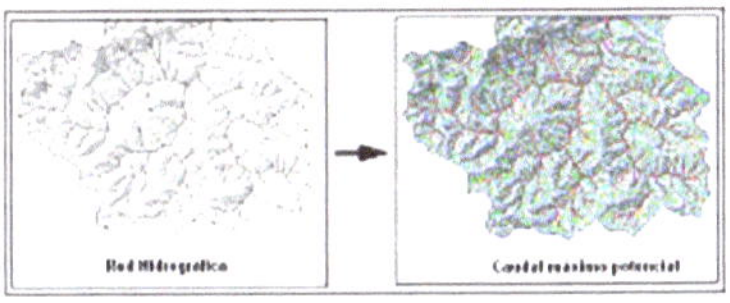

Fig. IV.98. *Cartografiado de los caudales máximos potenciales desde un MDE.*

2. *Modelos de Visibilidad*: Conceptos de cuencas visuales, impactos visuales, coberturas, etc.
   - *Cuenca visual de un punto*: conjunto de puntos (celdas) de un MDE con los que están conectados visualmente uno o varios puntos concretos.
   - *Estructuras e infraestructuras agresivas con el paisaje*: carreteras, torres de telefonía móvil, tendidos eléctricos y telefónicos aéreos, torres de vigilancia de fuegos, etc., visibles desde lugares estratégicos, como, por ejemplo, una senda en un parque natural.
   - *Puntos mutuamente visibles*: perfiles topográficos.
   - *Coberturas teóricas de telefonía móvil desde un punto*: basadas en la cuenca visual y un radio de alcance de las ondas desde la ubicación de la estación.
   - *Etc.*

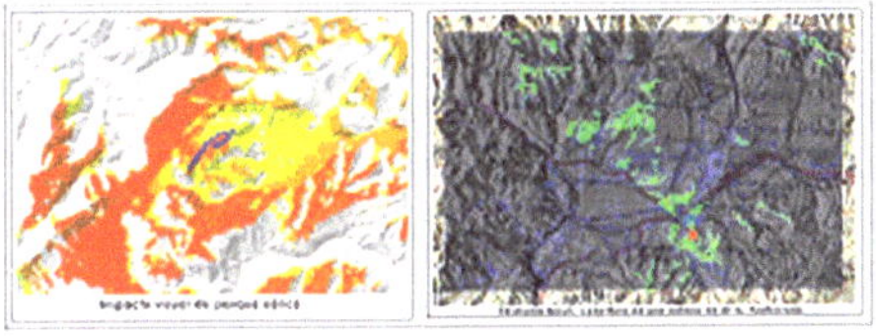

Fig. IV.99. *Modelos de visibilidad desde un MDE: impacto visual de un campo de aerogeneradores y cobertura teórica de la antena de una estación de móviles.*

3. *Modelos climáticos –climas locales–*

Estos modelos ponen de manifiesto los contrastes locales inducidos por las variaciones de altitud, pendiente y orientación que generan los mesoclimas y microclimas, que se fundamentan en:

- *Insolación potencial en un punto*: Tiempo máximo que puede estar sometido a la radiación solar directa en ausencia de nubosidad. Con ellos se delinean las solanas y las umbrías. No se tienen en cuenta las inclinaciones de los rayos de sol, sino sólo la exposición de ladera.
- *Irradiancia. Índices de exposición*: Se obtienen mediante la comparación con una superficie horizontal de referencia sin sombras. Se tienen en cuenta las pendientes y la orientación, la latitud y la declinación solar.
- *La asociación de las nieblas y de las inversiones térmicas con la altitud y las formas de relieve.*

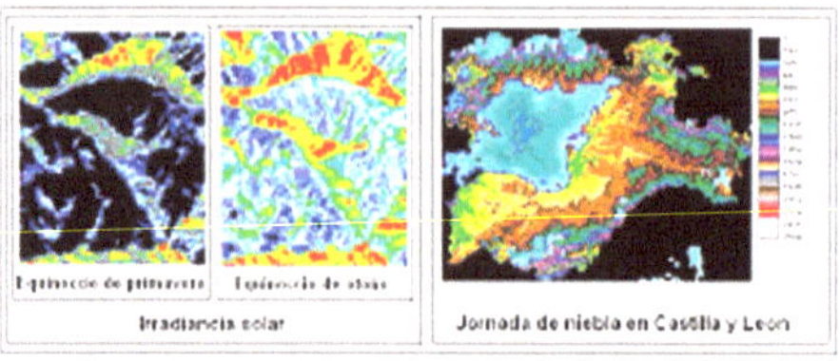

FIG. IV.100. *Mapas de irradiación equinoccial realizadas sobre MDE. Mapa de la relación entre la persistencia de la niebla y las formas del relieve realizados sobre MDE.*

4. *Modelos de probabilidad-riesgo*
   - *Probabilidad* estadística de ocurrencia de un suceso dañino.
   - *Vulnerabilidad*: Daño potencial que causaría en un lugar en términos económicos y humanos.
   - *Riesgo*: Combinación de Probabilidad y Vulnerabilidad.

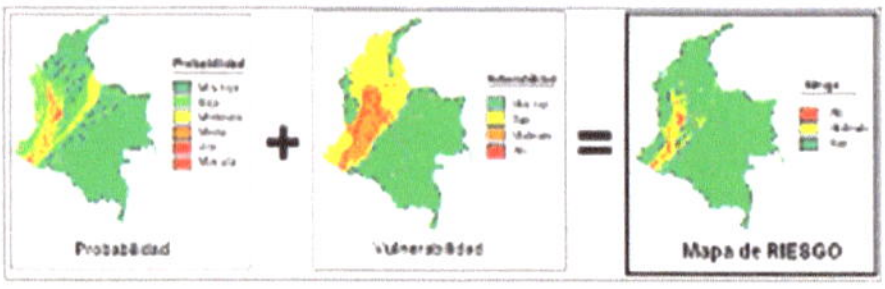

FIG. IV.101. *El Mapa de Riesgos como la suma del Mapa de Probabilidad de un suceso sobre un lugar y de su Mapa de Vulnerabilidad, realizados sobre MDE.*

5. *Modelos de Idoneidad*

Se realizan con los módulos SIG de Evaluaciones Multicriterio y Multiobjetivo con base en el relieve (MDE).

Con ellos se busca la adecuación de una combinación de factores ambientales, cada uno de ellos recogido en un archivo raster, para implantar una nueva actividad o uso en un espacio geográfico; como por ejemplo la introducción de una especie vegetal nueva en un territorio. El grado de la idoneidad de acogida de los distintos lugares se calcula con métodos de construcción de modelos lógicos (booleanos), bayesanos, de regresiones, perfiles corregidos («weights of evidence»), lógica borrosa («fuzzy»), etc.

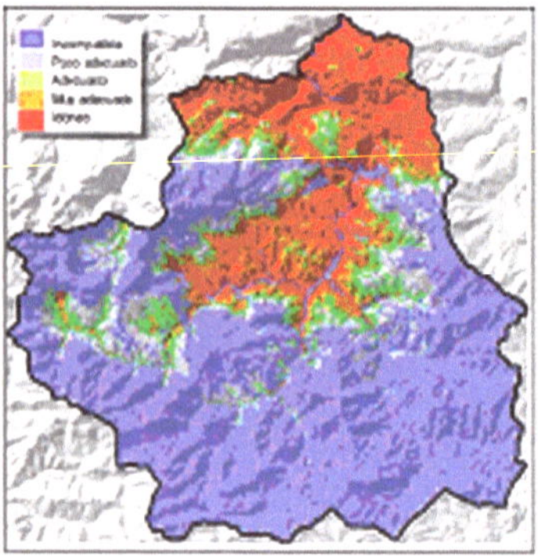

FIG. IV.102. *Mapa de Acogida de una especie de árbol nueva en un territorio realizado con un SIG.*

IV.5.1.2. *Ejemplos de distintos modelos realizados sobre el Mapa Digital del Ejército Español (DTED-1)*

Descripción del DTED-1 (Digital Terrain Elevation Data) de nivel 1:

- Tiene puntos de altitud cada 3 segundos de arco en coordenadas geográficas[173].
- Incorpora su propio SIG.
- Consta de tres capas:
  - Serie 8C = Escala 1:800.000.
  - Serie 5L = Escala 1:250.000.
  - MDE con resolución de 100 m de altitud.

1. Mapa topográfico de El Bierzo (León-España):

[173] Existe una nueva versión con un punto de altitud cada segundo de arco.

2. Sombreado de El Bierzo desde el Oeste MDEE:

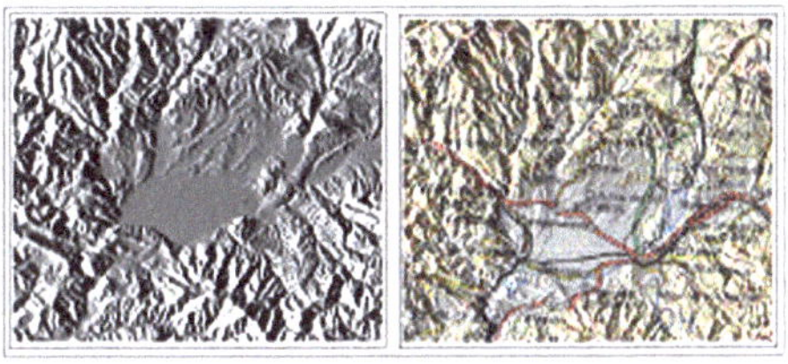

3. Trazado de curvas de nivel de El Bierzo MDEE:

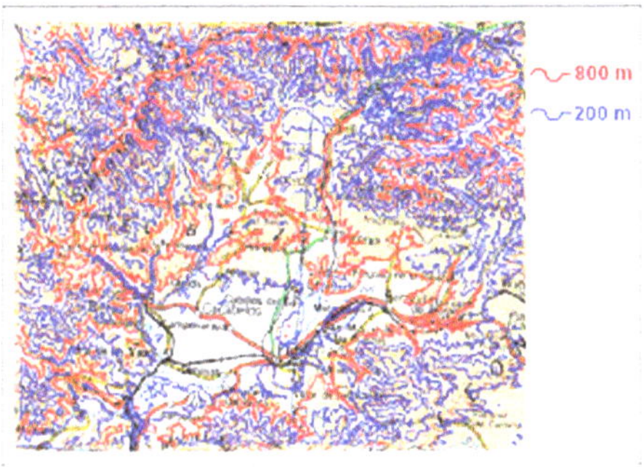

4. Iluminación de El Bierzo desde el Oeste MDEE:

5. Pendientes de El Bierzo MDEE:

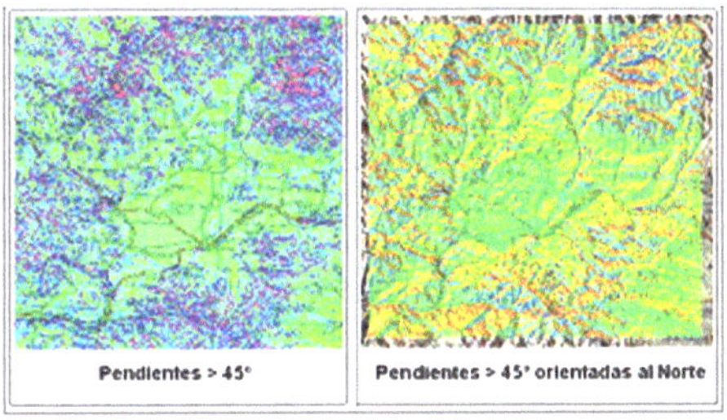

6. Perfiles topográficos de El Bierzo MDEE:

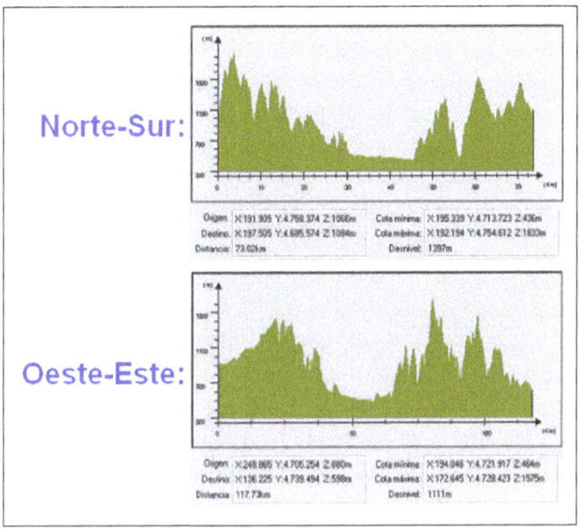

7. Pseudo 3D El Bierzo MDEE:

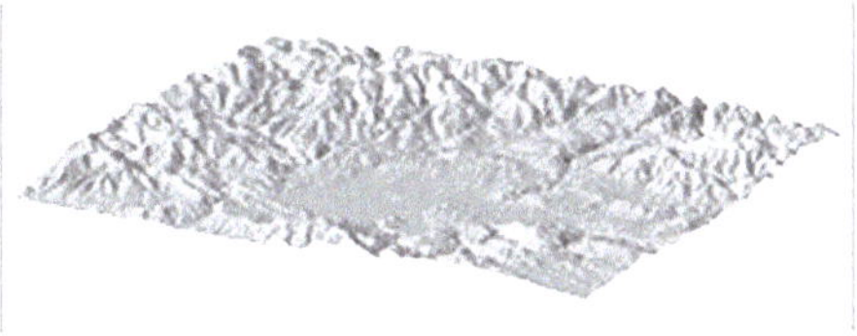

Para tener una idea gráfica de los diferentes resultados obtenidos con los distintos métodos estadísticos y geoestadísticos tratados con SIG se mostrará a continuación un ejemplo global que supone un uso conjunto de los modelos digitales del terreno, los métodos geoestadísticos, la teledetección y un sistema de información geográfica para el estudio de un parámetro físico en una gran región.

IV.6. USO CONJUNTO DE LAS TIG. *Un ejemplo de Climatología Geoestadística:* Interpolación y cartografiado de corotermas de las temperaturas máximas en Castilla y León

Castilla y León tiene una superficie de 94.147 km², que cubre unos 400 km de Este a Oeste y unos 200 km de Norte a Sur. Es un ámbito geográfico lo suficientemente extenso y homogéneo como para recibir importantes influencias diferenciales de algunos de los grandes centros atmosféricos de acción climática.

La mayor parte de su superficie está formada por grandes campiñas y páramos llanos escalonados a distintas altitudes que están surcados por una gran cantidad de ríos bastante caudalosos. Estas llanuras están casi completamente rodeadas por un perímetro montañoso de génesis y características muy diversas, que constituye un factor que produce cierto aislamiento y le confiere una mayor continentalidad de la que le correspondería tener por su cercanía al mar. Esto da más peso relativo a los elementos físicos locales influyentes sobre las temperaturas, como la altitud, el relieve, la orientación de las pendientes, los cursos de agua, las masas vegetales o los tipos de suelo y sus litofacies, que en otras regiones más abiertas al mar.

Castilla y León está situada en la frontera móvil existente entre las masas de aire polares y las tropicales que singularizan las características mediterráneas y frías de su clima. La gran sequedad del aire en las situaciones atmosféricas anticiclónicas estables aumenta la influencia de la insolación teórica sobre las temperaturas de suelo y su radiación infrarroja térmica. Esta mayor importancia de la radiación térmica del suelo sobre la temperatura del aire, junto a la altitud media de la región por encima de los 800 metros, hace que se produzcan distorsiones atmosféricas más pequeñas que en otras zonas en las medidas de los sensores radiométricos de los satélites; por esto ha sido elegida en varias ocasiones por la OMM (Organización Meteorológica Mundial) para realizar diversas investigaciones.

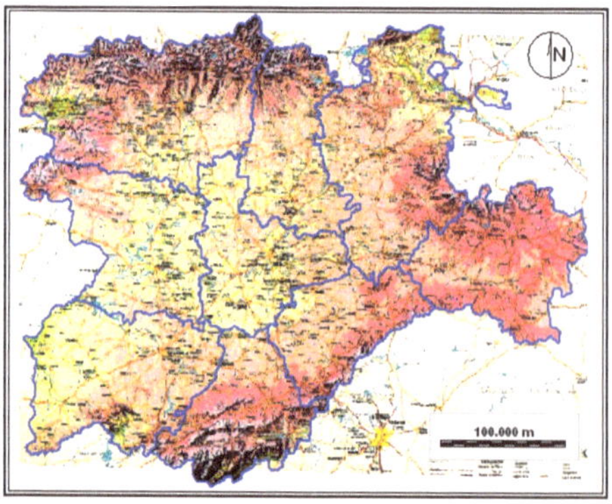

FIG. IV.103. *Castilla y León.*

En nuestro caso se trataba de realizar (con un SIG y apoyos en un modelo digital de elevaciones –MDE–, en la geoestadística de los datos térmicos de la red de observatorios meteorológicos de la región y en la teledetección) la simulación y estimación de las corotermas de las temperaturas máximas del aire a 1,5 metros del suelo en Castilla y León en una fecha estival concreta. Y, por tanto, obtener en la misma

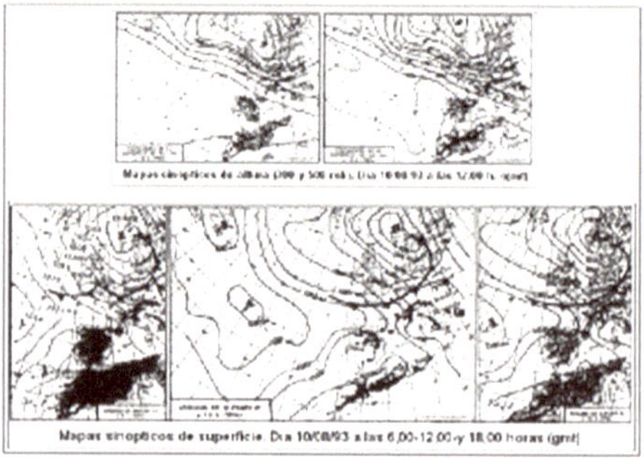

FIG. IV.104. *Mapas sinópticos de presión en altura (300 y 500 mb) y en superficie en la fecha finalmente elegida.*

fecha la temperatura máxima del aire de cualquier punto en el que no existiera dato de observatorio.

Para la investigación se contó, por un lado, con los mapas sinópticos meteorológicos de las alturas geopotenciales de 300 y 500 mb y de la presión en superficie, y de los térmicos diarios a distintas horas para elegir la fecha más idónea.

Por otro, se dispuso de la información y los datos obtenidos procedentes de 225 observatorios meteorológicos de la Red Zonal del Duero; lo que supuso contar con un dato de al menos temperaturas máximas y mínimas y precipitaciones diarias por cada 418,43 km^2 (un rectángulo de 20,45 x 20,45 km)[174]. También se trabajó con la base de datos de la localización y altitud de cada observatorio. Su distribución era bastante densa y regular en las llanuras; aunque en montaña sólo dispusimos de los datos de 91 estaciones, pero de una forma regular y repartida en todo el perímetro montañoso.

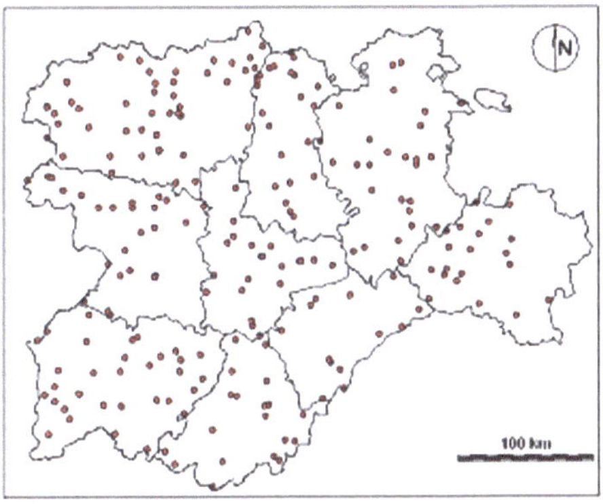

Fig. IV.105. *Distribución de los observatorios meteorológicos que suministraron datos para la investigación.*

Así mismo, se contó con un Modelo Digital de Elevaciones de la región con una resolución de 3 x 3 arco/segundos, en una proyección UTM Huso 30N; ED-50; máxima X Este: 165.100 metros y máxima Y Norte: 4.789.300 metros; que estaba codificado en un formato BIL raster de 6.998 filas y 8.738 columnas; y fue creado con el sig ERMapper.

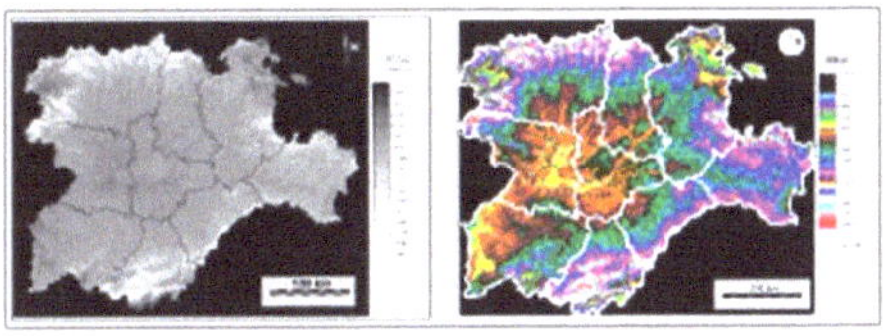

Fig. IV.106. *Modelo Digital de Elevaciones de Castilla y León.*

Se eligieron las imágenes diurnas de los distintos canales de los satélites Meteosat-7 y NOAA-11. Se prefirió la de este último en la fecha seleccionada porque su paso por la latitud correspondiente a la Península Ibérica la realizó a las 15:30 horas GMT que era bastante aproximada al momento en que se produjeron las temperaturas máximas estivales de la mayoría de los observatorios.

En la fecha elegida la longitud de la órbita del NOAA-11 estaba situada hacia el Este, lo que produjo una deformación en la proyección de la Península Ibérica sobre las imágenes de los cinco sensores AVHRR del satélite[175]. Esta deformación fue corregida con el programa informático «Registro» que tiene en cuenta los parámetros geométricos de la elipse orbital del satélite (ángulo de inclinación, semieje mayor y excentricidad de la elipse), el Huso y las coordenadas UTM de los vértices del rectángulo que se pretende corregir; así como una serie de puntos de control de la Península Ibérica, fáciles

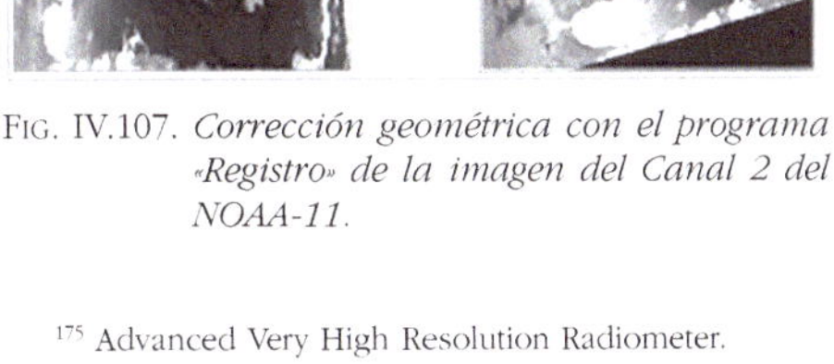

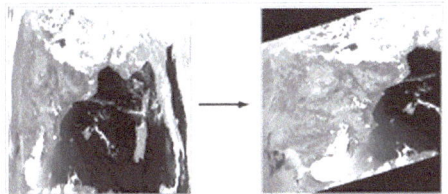

Fig. IV.107. *Corrección geométrica con el programa «Registro» de la imagen del Canal 2 del NOAA-11.*

[174] Esta densidad supera la recomendada por la OMM para las áreas llanas de las Zonas Templadas que es de un observatorio por cada 600-900 km^2.

[175] Advanced Very High Resolution Radiometer.

de identificar visualmente en la imagen deformada y de los que se conoce su situación geográfica (latitud y longitud). Aunque se podía haber empleado el módulo de remuestreo correspondiente de cualquier SIG se utilizó este programa creado en el LATUV porque era mucho más preciso[176].

Para determinar el grado de influencia sobre las temperaturas de aire se utilizaron los parámetros (obtenibles por teledetección) de la vegetación y la temperatura de suelo: con los algoritmos de los módulos correspondientes del SIG de Idrisi se obtuvieron, por un lado, los archivos raster correspondientes de *Índices de Vegetación de la Diferencia Normalizada*:

$$NDVI = \frac{\text{ND Canal 2} - \text{ND Canal 1}}{\text{ND Canal 2} + \text{ND Canal 1}}$$

Y, por otra parte, también se obtuvieron los valores térmicos de suelo o brillo, sin considerar la desviación que introduce la emisividad. Estos valores se dedujeron aplicando a las matrices o archivos raster de los canales 4 y 5, correspondientes al infrarrojo térmico del NOAA-11, el algoritmo empírico «split window»:

$$T_{brillo} = T_4 + A(T_4 - T_5) + B$$

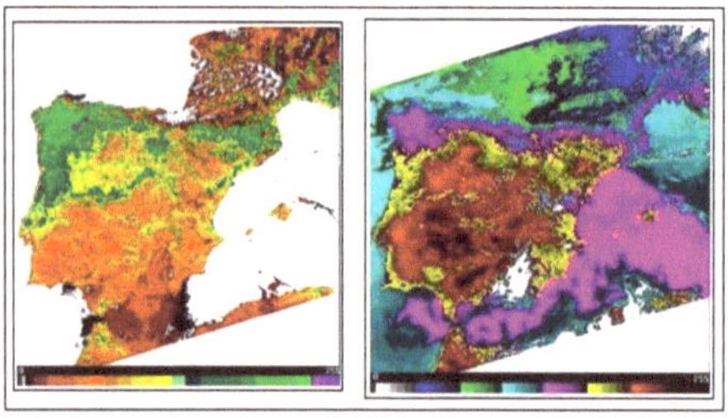

FIG. IV.108. *Imágenes de los NDVI y de las temperaturas de brillo.*

Después, con el módulo «Windows» de Idrisi se procedió a extraer de las imágenes anteriores la escena o ventana de píxeles de 354 columnas y 284 filas, correspondiente a Castilla y León[177].

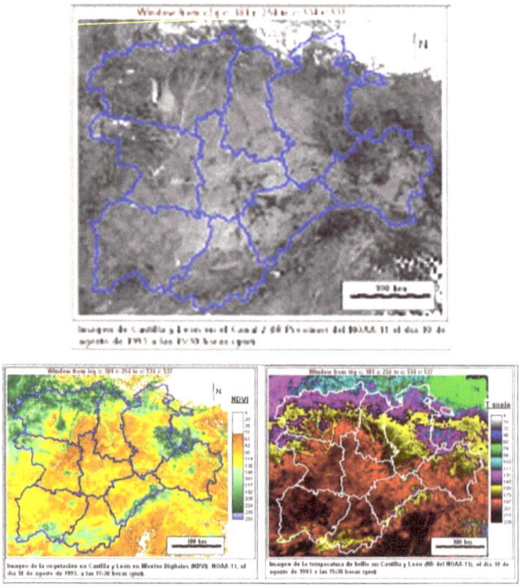

FIG. IV.109. *Extracción de la imagen de Castilla y León del Canal 2. Extracción de la de NDVI y de la temperatura de brillo.*

a) *Creación y formateo de las bases de datos*

Primero se realizó la conversión de las coordenadas geográficas de los observatorios meteorológicos a coordenadas UTM.

Con el módulo «Resample» se hizo luego la georreferenciación al rectángulo antes mencionado y la reconversión del número de filas y columnas del mapa de la Junta de Castilla y León, elegido como base cartográfica para la investigación.

Sobre dicho mapa ya georreferenciado se digitalizaron los puntos de localización de los observatorios con un número de identificación (ID) para cada uno. Se formó así un archivo vectorial de tres campos: uno identificador (ID); otro de la latitud UTM; y el tercero de la longitud UTM. A este archivo se asociarían después las demás bases de datos con sus respectivos

[176] El LATUV es el Laboratorio de Teledetección de la Universidad de Valladolid.

[177] Se hizo mediante el rectángulo de coordenadas UTM del Huso 30 con X mínima: 155.300 m; X máxima: 615.500 m; Y mínima: 4.431.800 m; e Y máxima: 5.131.200 m.

atributos (temperatura máxima del aire, altitud, y temperatura de suelo e índice de vegetación del píxel correspondiente a cada observatorio).

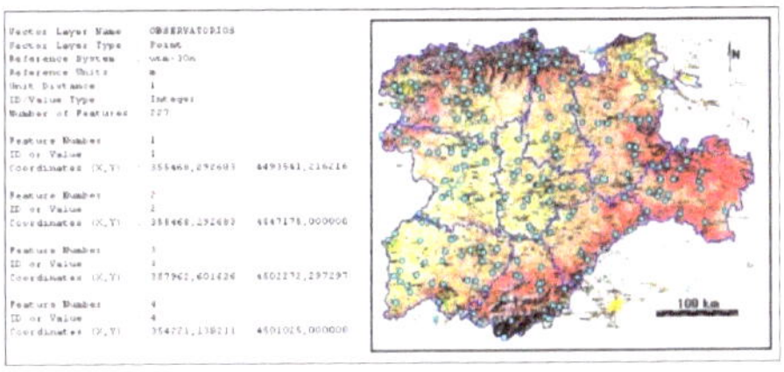

FIG. IV.110. *Archivo vectorial de los observatorios y mapa con su situación.*

Con el programa informático de bases de datos «dBASE IV» se crearon las demás bases de datos con dos campos: en el primero de ellos se incluyó el ID de cada observatorio y en el segundo el valor del atributo correspondiente a cada uno de ellos:

- Temperatura máxima del aire en grados centígrados.
- Altitud en metros.
- Índice de vegetación en niveles digitales (ND)
- Temperatura de Suelo en ND.

Los dos últimos datos se extrajeron de los píxeles de cada archivo raster correspondiente.

Fueron convertidas estas bases de datos a bases de cálculo MSEXCEL 2000 para realizar con este programa los cálculos estadísticos de índices de correlación y de Pearson en cada pareja de atributos; también del polinomio de regresión múltiple de la temperatura máxima del aire respecto a todos ellos; así como para obtener los estadígrafos generales (media, mediana, moda, desviación estándar, etc.) de cada uno de ellos.

Por último, se unieron las cuatro bases en una única base de datos en formato MS ACCES 2000 porque es el formato de base de datos que utilizan la mayoría de los SIG comerciales y generalistas (ArcGis, Idrisi-Klimanjaro, MiraMon, etc.).

ID	Nombre	Prov.	utm x (h30)	utm y (h30)	Altitud (m)	T Aire max (°C)	T Brillo (ND)	Ind. Veget (ND)
1	Aldea del Rey Niño	AV	356059	4493201	1160	28,1	163	198
2	Arévalo "Instituto"	AV	356352	4547048	820	30	196	119
3	Ávila "Observatorio"	AV	356481	4502910	1130	29	187	176
4	Ávila "Vivero El Ala"	AV	353732	4500496	1080	31	172	187
5	Candeleda El Rinco	AV	313740	4441992	340	28	190	126
6	Cillan	AV	332868	4508032	1212	24	179	170
7	El Arenal	AV	322441	4469369	891	31	154	176
8	El Tiemblo "Central"	AV	377744	4474462	580	36	182	144
9	La Adrada F El Casta	AV	361975	4463168	720	31	166	166

Ejemplo parcial de la base de datos MSACCES "General.mdb"

FIG. IV.111. *Archivo MS ACCES de los observatorios y cada uno de los atributos.*

Desde dicha base de datos ACCES fueron asignados (con el módulo «Assign» de Idrisi) cada uno de los valores de cada atributo al primer archivo vectorial general de la localización y del identificador de los observatorios. Así se crearon cuatro nuevas imágenes vectoriales:

- Temperatura de aire.
- Altitud.
- Temperatura de brillo o suelo.
- Índices de vegetación.

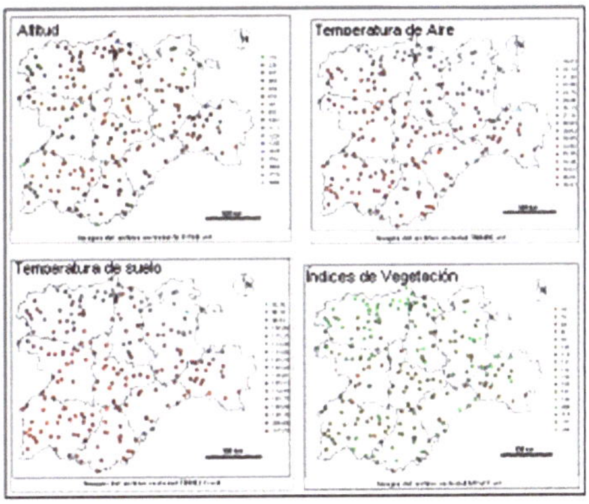

FIG. IV.112. *Imágenes de los archivos vectoriales de cada uno de los 4 atributos en los observatorios meteorológicos.*

Con estos archivos vectoriales se realizaron las distintas modelizaciones, pruebas de interpolación, estimaciones y simulaciones que se verán a continuación.

b) *Cálculos estadísticos generales*

Para conocer la estructura interna del conjunto de datos de cada atributo y las relaciones cuantitativas entre ellos se procedió al cálculo de sus estadígrafos.

	Máx	Mín	Media	Mediana	Moda	Desv. Stand	Sesgo	Curtosis
T. Aire max	38,00	19,00	30,30	31,00	30	3,46090193	-0,58628513	0,35805332
Altitud	1890,00	116,00	887,23	843,00	800	231,403682	0,91017263	3,30295723
T. Brillo	215,00	82,00	169,86	171,00	157	24,9763219	-0,44551903	-0,44725099
Ind. Vegetac.	244,00	44,00	134,60	121,00	101	44,0219332	0,50936584	-0,59993952

Estadígrafos de las 4 bases de datos de los 225 observatorios meteorológicos

FIG. IV.113. *Estadígrafos generales de los 225 observatorios meteorológicos.*

Estos estadígrafos denotaban que se trataba en todos los casos de bases de datos con distribuciones numéricas bastante equilibradas en cuanto a sus medidas de sesgo y curtosis; salvo en la de altitudes que indicaban, como se dijo, una mayor cantidad de datos en las campiñas y llanuras que en el cinturón montañoso.

Tras realizar el análisis de las correlaciones (índices de correlación simple) entre las parejas de atributos se apreciaron unos valores intermedios entre la altitud y las temperaturas de brillo y de aire, y entre la altitud y los índices de vegetación. Se dieron altas correlaciones entre las temperaturas de brillo y las del aire, y entre las temperaturas de brillo y los índices de vegetación. Estas correlaciones se aprecian gráficamente en las nubes de puntos y en las líneas de regresión simple con pendientes intermedias en los primeros casos y muy próximas a pendientes de 45° en los segundos.

Índices de correlación	Temperatura máxima del aire	Altitud	Temperatura de Brillo	Índice de vegetación
Temperatura máxima del aire	X	**-0,45**	**0,73**	**-0,43**
Altitud	-0,45	X	**-0,43**	**0,41**
Temperatura de Brillo	0,73	-0,43	X	**-0,71**
Índice de vegetación	-0,43	0,41	-0,71	X

Índices de correlación simple entre las parejas de bases de datos

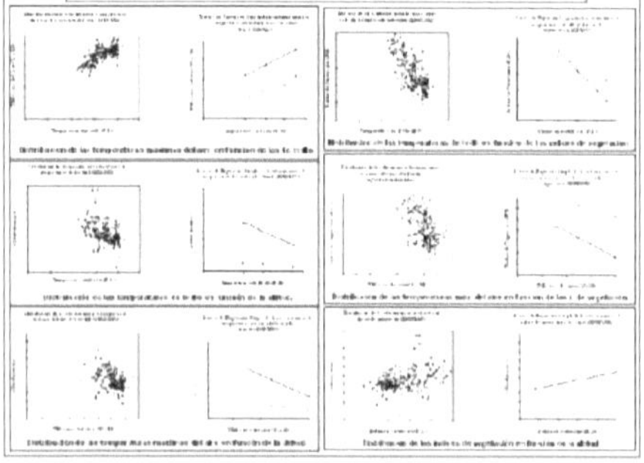

FIG. IV.114. *Índices de correlación simple y gráficas de sus líneas de regresión simple de las parejas de atributos.*

Para calcular los parámetros de la función polinomial de regresión múltiple, en la que se consideró a la temperatura máxima del aire como variable dependiente y a los otros tres atributos como variables independientes, se resolvió su *sistema de ecuaciones* mediante el método matemático de *mínimos cuadrados*:

$$\begin{aligned}
\Sigma y &= aN + b_1\Sigma x_1 + b_2\Sigma x_2 + b_3\Sigma x_3 \\
\Sigma x_1 y &= a\Sigma x_1 + b_1\Sigma x_1^2 + b_2\Sigma x_1 x_2 + b_3\Sigma x_1 x_3 \\
\Sigma x_2 y &= a\Sigma x_2 + b_1\Sigma x_1 x_2 + b_2\Sigma x_2^2 + b_3\Sigma x_2 x_3 \\
\Sigma x_3 y &= a\Sigma x_3 + b_1\Sigma x_1 x_3 + b_2\Sigma x_2 x_3 + b_3\Sigma x_3^2
\end{aligned}$$

Donde:

y = Temperatura máxima del aire en °C.

$\mathbf{x_1}$= Altitud de cada observatorio en metros.

$\mathbf{x_2}$ = Temperatura de brillo de cada píxel donde se ubica cada observatorio en ND.

$\mathbf{x_3}$ = Índice de Vegetación de cada píxel donde se ubica cada observatorio en ND.

N= Número total de observatorios meteorológicos.

Resuelto el sistema de ecuaciones se obtuvieron los siguientes parámetros:

a = 0,0890

b_1 = 0,0010

b_2 = 0,1291

b_3 = 0,0046

Que dieron la función de regresión múltiple:

$$y = 0{,}898 + 0{,}010\ X_1 + 0{,}1291\ X_2 + 0{,}0046\ X_3$$

con la que se pudo realizar un mapa que al final del estudio se pondría en comparación con los métodos e interpolaciones en los que sólo se utilizaron los datos de temperatura de aire de los observatorios.

c) *Pruebas de interpolación y modelización*

Se puso en práctica la comparación de una serie de técnicas de interpolación, estimación, simulación y cartografiado del atributo espacial climatológico de la temperatura máxima del aire en cualquier lugar de Castilla y León a 1,5 metros del suelo.

Dos elementos caracterizaron de un modo global la base de datos de las *temperaturas máximas del aire* medidas en los termómetros de los observatorios existentes en la fecha elegida[178]:

- El *histograma* de su distribución de frecuencias relativamente regular y simétrico (bajo sesgo negativo), y con apuntamiento en torno a la media (bajo curtosis).

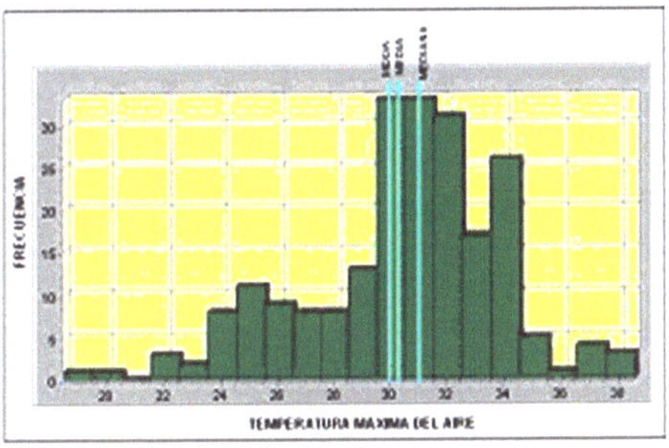

Fig. IV.115. *Histograma de frecuencias de las temperaturas máximas del aire.*

- Una *tendencia general* que delineaba un claro eje térmico de valores ascendentes según una dirección NE-SW. Esta tendencia no es fácil de apreciar casi nunca si se utiliza el clásico método gráfico de isotermas deducidas con interpolación gráfica lineal simple, pero con la ayuda de un SIG y utilizando un análisis de tendencia en superficie (TSA: trend surface analysis) fue fácil detectarla.

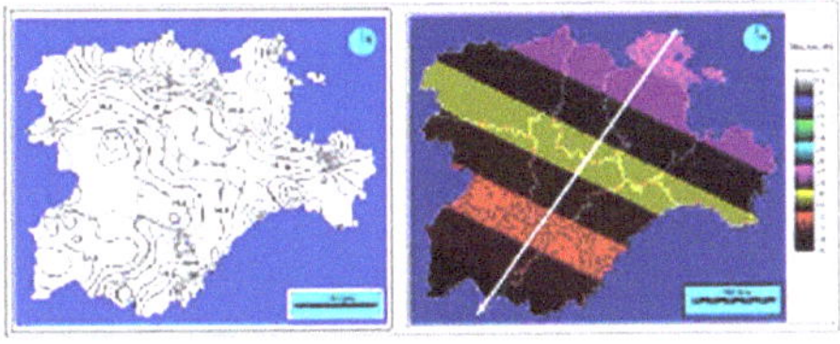

Fig. IV.116. *Isotermas de las temperaturas máximas del aire. Tendencia espacial (TSA) de las temperaturas máximas del aire.*

[178] 10 de agosto de 1993.

– *Distorsiones en las generalizaciones*

Conviene tener en cuenta que la separación espacial entre las muestras produce siempre distorsiones utilizando cualquier tipo de técnica de generalización continua de los datos muestrales a todo el espacio geográfico bajo estudio. Esto se puede apreciar, por ejemplo, si comparamos la generalización de las altitudes de los observatorios a toda la región realizada con el mismo método de interpolación (módulo «Interpol» de Idrisi) que se empleó para cartografiar el MDE de Castilla y León.

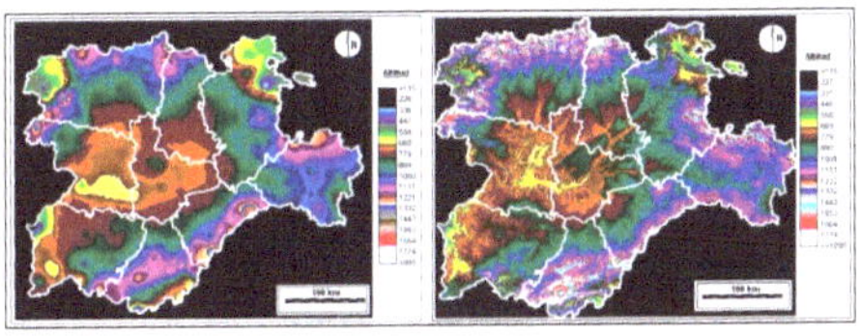

Fig. IV.117. *Comparación entre la generalización a toda la región de las altitudes de los 225 observatorios y el MDE de la misma.*

– *Aplicación de métodos* determinísticos *de generalización espacial*

De este tipo de métodos, se utilizaron en primer lugar los basados en la asignación de valores mediados en los espacios comprendidos entre las líneas de unión de los nodos muestrales (observatorios meteorológicos). Cuando se trabaja con bases de datos vectoriales los más utilizados de estos métodos son los de tipo Voronoi, como el de triangulaciones TIN (trianguled irregular net) y los de formación de polígonos Thiessen. En nuestro caso los resultados resultaron en exceso abstractos, muy forzados y no recogían ni se veían nada influidos por la configuración espacial real.

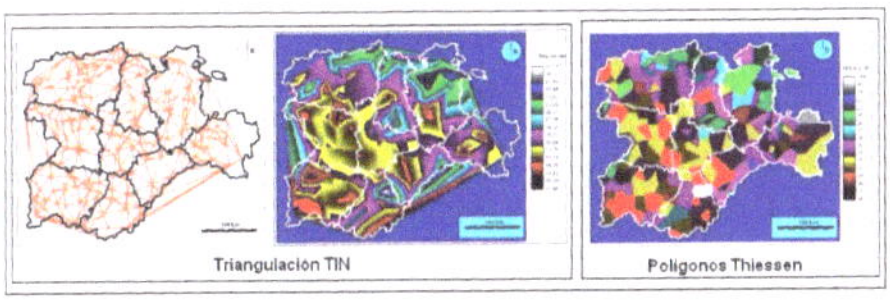

Fig. IV.118. *Triangulación TIN y creación de polígonos Thiessen de las temperaturas máximas de aire de los observatorios.*

Un método más ajustado a la realidad es el que utiliza la estimación lineal mediante medias de sectores, el conocido como LME (Local Median Estimation); aunque divide el espacio más de lo aconsejable.

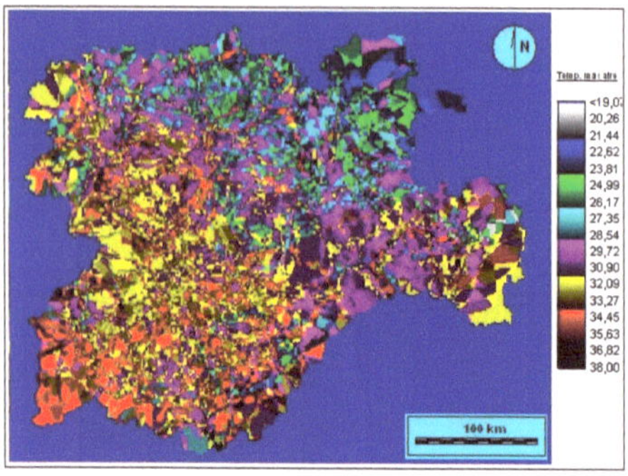

FIG. IV.119. *Resultado cartográfico de la aplicación del Método de Estimación Local.*

Un problema que suele aparecer en las interpolaciones realizadas con la aplicación de otros métodos, como el del promedio ponderado del inverso de la distancia (IDWA: Inverse Distance Weighted Averaging), es la aparición en su cartografiado de los denominados «ojos de pájaro»[179]. Son estructuras circulares de los datos interpolados que se cierran en torno de los puntos muestrales cuando existen excesivas distancias entre ellos. Otro problema habitual es la mala asignación de los valores que producen en los bordes o límites regionales a causa de la ausencia brusca de los datos.

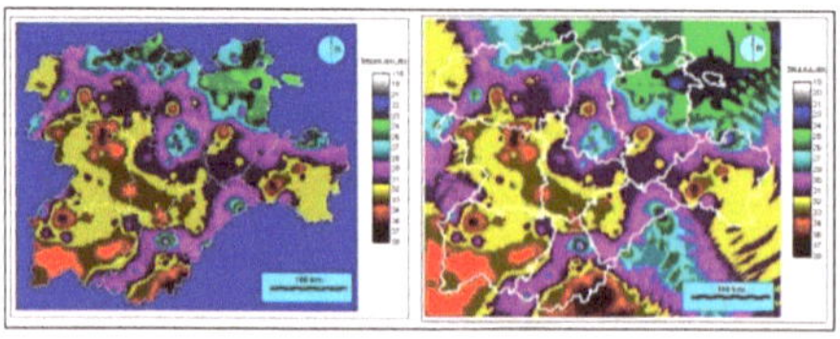

FIG. IV.120. *«Ojos de pájaro» y mala asignación de los bordes producidos por el método IDWA.*

[179] En la bibliografía sobre SIG también aparecen denominados «ojos de buey».

En esta línea, es mejor el resultado que se obtiene con el módulo de Predicción Lineal Local.

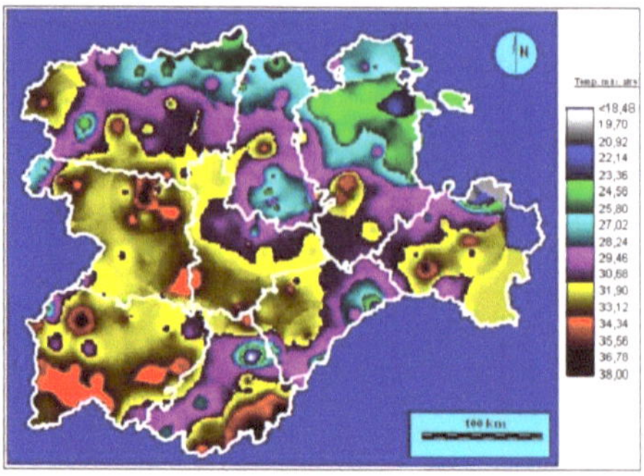

FIG. IV.121. *Resultado con la aplicación del método de Predicción Lineal Local.*

– *Aplicación de métodos estocásticos de generalización espacial*
  • *El krigeo*

A continuación se aplicaron las técnicas de *krigeo* con los módulos SIG de *geoestadística*. Para ello, se definió primero el *semivariograma experimental omnidireccional* de las temperaturas máximas del aire registradas en los observatorios en la fecha seleccionada. Este semivariograma se realizó partiendo del centro geométrico regional. Se pudieron apreciar así los ejes de mayor variabilidad en el espacio geográfico de los valores.

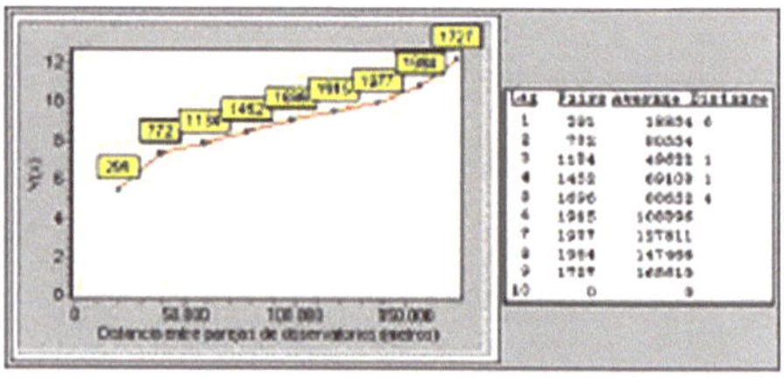

FIG. IV.122. *Gráfica de Semivariograma experimental de las temperaturas máximas en Castilla y León.*

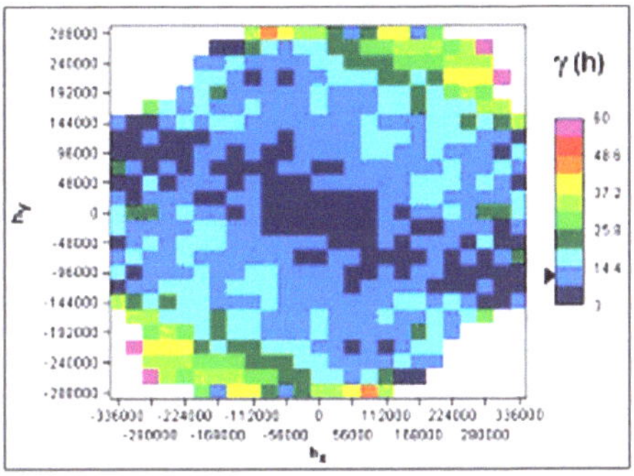

FIG. IV.123. *Mapa de semivariograma experimental omnidireccional de las temperaturas máximas en Castilla y León. En color azul oscuro el eje de menor variabilidad espacial.*

Se intentaron distintos ajustes del variograma experimental de las temperaturas máximas a uno teórico. En primer lugar se probó un ajuste a la unión de una función «pepita» y una lineal, que resultó poco preciso como puede observarse en la figura siguiente.

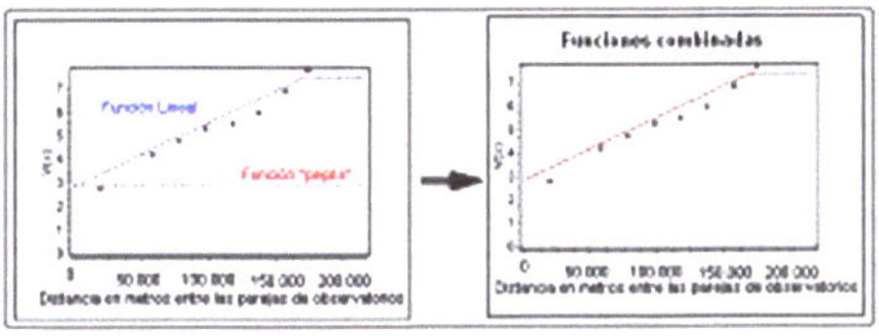

FIG. IV.124. *Primer intento fallido de ajuste a variograma teórico con la combinación de funciones «pepita» + lineal.*

Tras varios otros intentos de combinaciones de funciones, se logró ajustarlo con una combinación de función «pepita» y función potencial.

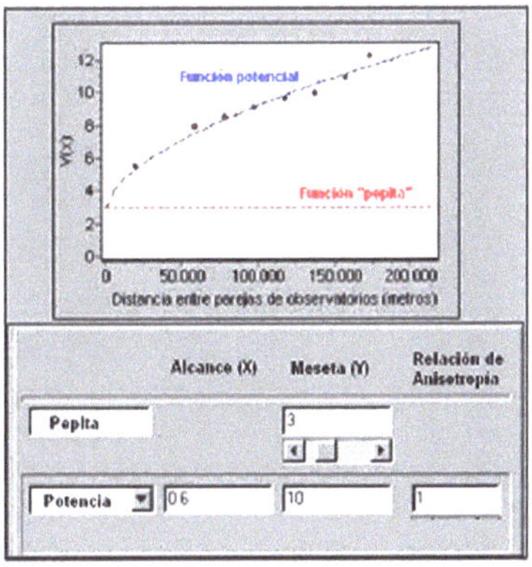

FIG. IV.125. *Ajuste exitoso a variograma teórico con la combinación de funciones «pepita» + potencia.*

Con los parámetros de la función del variograma teórico se utilizó un módulo SIG para aplicar la técnica de krigeo ordinario que considera la estacionalidad de los datos y se forzó el cálculo a «lags» (intervalos de distancias) de un radio de acción de 40 km.

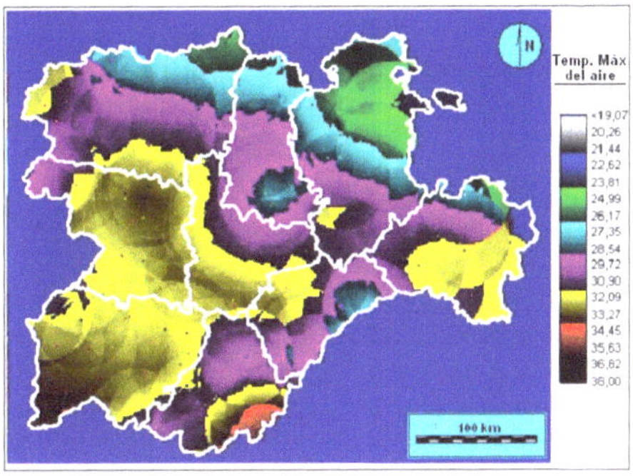

FIG. IV.126. *Mapa con krigeo ordinario de las temperaturas máximas del aire en Castilla y León.*

Como el de *krigeo ordinario* es un método de los considerados *óptimos* (blue: best linear unbiased estimator) los resultados en cuanto a errores fueron buenos pues, como es lógico, utilizando este método que fuerza a que el sesgo en los puntos muestrales (observatorios meteorológicos) sea cero, sólo en los extremos regionales la varianza de error resultaba alta.

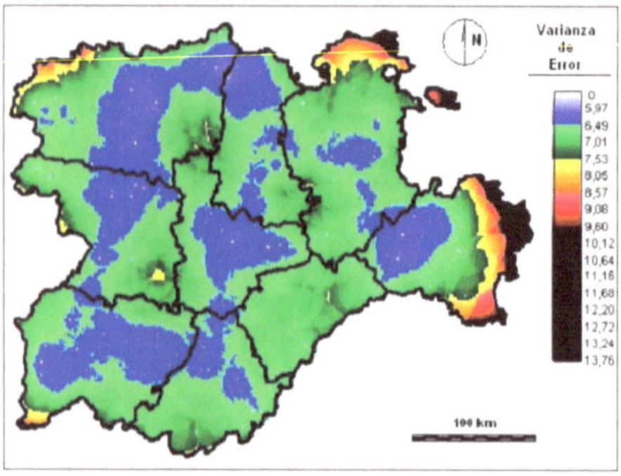

FIG. IV.127. *Mapa de la varianza de errores del krigeo ordinario de las temperaturas máximas del aire en Castilla y León.*

– *Aplicación del método* de simulación *polinomial de la* regresión multivariable

Para poder comparar el resultado del krigeo ordinario en el que, como se ha visto, se utilizó sólo la *variable de temperatura máxima del aire a 1,5 metros sobre el suelo*, a continuación se probó un método determinístico polinomial en el que se consideró como *variable dependiente la temperatura máxima del aire* y las *independientes los principales factores del entorno de cada observatorio meteorológico* que influyen sobre ella:

- *(X_1) Altitud de cada observatorio.* Facilitada por el servicio meteorológico, junto a los datos de temperatura de aire y los de sus coordenadas geográficas.
- *(X_2) Temperatura radiante de suelo o brillo.* Este dato se obtuvo por teledetección mediante el algoritmo «split windovs», tal como se explicó anteriormente; e integra elementos locales, tales como el entorno litológico de cada observatorio, las formas de relieve, y la pendiente y su orientación en las que se localiza.
- *(X_3) Vegetación.* También obtenida por teledetección y cuantificada mediante sus *índices de la diferencia normalizada* (NDVI). Como se sabe, la vegetación tiene mucha influencia térmica en su entorno, a través de los mecanismos de evapotranspiración.

Recuérdese la fórmula obtenida:

$$y = 0{,}898 + 0{,}010\,X_1 + 0{,}1291\,X_2 + 0{,}0046\,X_3$$

Con la calculadora para operaciones de álgebra de archivos raster de un SIG se aplicó esta fórmula, considerando X_1 *el Modelo Digital de Elevaciones* de Castilla y León; X_2 *el archivo raster de las temperaturas de suelo* de toda la región; y X_3 *el archivo raster de los NDVI* también de toda Castilla y León. Así se obtuvo el mapa interpolado para toda la región de las temperaturas máximas del aire en la fecha estival elegida, teniendo en cuenta los factores influyentes.

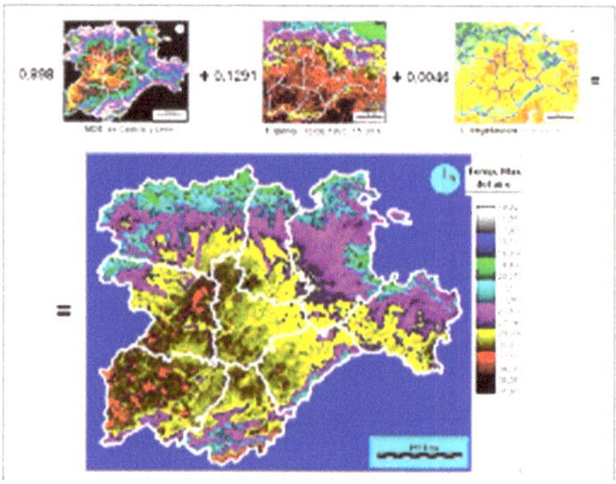

FIG. IV.128. *Obtención algebraica del mapa de regresión múltiple de las temperaturas máximas del aire en Castilla y León.*

Puesto que no se obtuvo con un método óptimo insesgado, para valorar esta simulación se calculó el *error típico medio*[180] sobre una muestra de 25 observatorios (condicionada a utilizar un mínimo de un dato de cada intervalo de altitud y de cada provincia) y dio como valor 1,8 °C.

180 $Etm = \sqrt{\left[\frac{1}{n(n-2)}\right]\left\{n\sum e^2 - \left(\sum e\right)^2 - \frac{\left[n\sum er - \left(\sum r\right)\left(\sum e\right)\right]^2}{n\sum r^2 - \left(\sum r\right)^2}\right\}}$ en el que e = valor estimado; r = valor real; y n = n.º de muestras.

Este mapa se puede comparar con el realizado mediante krigeo que no considera los factores influyentes pero sí la correlación espacial, y puede concluirse que, aunque éste es el mejor de los simples, el de correlación múltiple se ajusta más a la realidad del territorio.

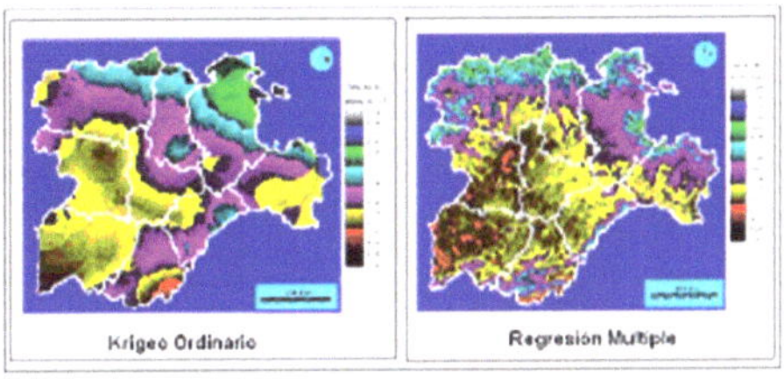

Fig. IV.129. *Comparación de los mapas de las temperaturas máximas del aire en Castilla y León en una fecha estival, realizados con el método estocástico de krigeo ordinario y con el método determinístico de regresión múltiple.*

CONCLUSIÓN

El mapa, como gran objeto semiológico que permite comunicar entre los hombres sus experiencias espaciales, ha sostenido su lenguaje simbólico gráfico en un avance continuo desde el tallado en madera o el cincelado en piedra, pasando por el grabado en la piel tratada de animales, el entintado del papiro, el papel, o la impresión fotónica de películas impregnadas de sustancias químicas sensibles; hasta llegar a utilizar la codificación digital alfanumérica de las combinaciones de dos simples estados electrónicos en materiales minerales apropiados para su registro y permanencia en el tiempo. Esta larga evolución tecnológica en el tiempo de la historia humana ha servido de medio de transmisión intergeneracional de cómo era el entorno físico natural y artificial del hombre en los distintos momentos de su historia. Y se ha basado en un desarrollo paralelo, aunque más lento que el tecnológico, de técnicas epistemológicas para la utilización de lenguajes gráficos con símbolos codificados, de tal manera que han ido aumentando la potencia tecnológica de los medios físicos utilizados.

No debe perderse de vista que la plasmación de la realidad en modelos gráficos debe ser sólo un medio de conocimiento de la misma. Como adelantaron grandes pensadores del siglo XX como MacLuhan o Heidegger, el riesgo al que hoy estamos sometidos proviene de considerar con una visión casi religiosa a la Tecnología; de tal manera que se convierta en una teleología en sí misma. No se debe dejar de considerar a la Tecnología como un medio de ampliación del conocimiento de la realidad de nuestro entorno físico y humano, así como de la transmisión de este conocimiento, a fin de mejorar la vida de todos los hombres sobre la Tierra.

Los sistemas de información geográfica facilitan de un modo impresionante el conocimiento de la realidad y, parafraseando el lema de un taller de SIG organizado por el grupo GAF de Múnich para el Ministerio de Transporte, Vivienda y Comunicaciones de Perú, «el límite de las aplicaciones y de las soluciones SIG está dado por la imaginación»; pero por eso mismo se ha de tener mucho cuidado y honradez intelectual en su utilización. Pues al igual que, por ejemplo, la fibra óptica ha mejorado en una gran medida la calidad de los sonidos o la velocidad de la información gráfica que nos llega desde muy lejos, pero no la calidad de la comunicación o de las ideas que sostienen dichos sonidos y símbolos gráficos, lo mismo ocurre con los grandes avances de la representación gráfica de la realidad de la superficie terrestre. La altísima calidad gráfica visual de los resultados de los análisis de la realidad, facilitados por los sistemas de información geográfica, puede engañar aún más que los realizados con otras técnicas y tecnologías más toscas: los SIG pueden mentir si el analista es un mentiroso.

En el año 2003 el artista plástico Jordi Fulla presentó en Barcelona una exposición de cuadros. En la consideración del crítico de arte Jaume Vidal en el diario *El País* del 22/02/2003 «Lo que intenta Fulla (Igualada, Barcelona, 1967) es tratar de forma pictórica los conceptos del arte moderno como simulación, engaño voluntario y relatividad de la percepción, y lo hace mediante un elemento que ha sido desprestigiado por la contemporaneidad: la técnica. Fulla hace su recorrido pictórico en esta exposición mediante la simulación de un paisaje cartográfico, en el que el punto de visión que ha de adoptar el espectador es el de un satélite en órbita sobre la Tierra. El lema de la exposición nos da la clave del trasfondo cultural de la misma: *nada es lo que parece*».

La isla del océano Pacífico del cuadro de Fulla que aparece en la imagen siguiente no existe ni ha existido jamás, aunque hubiese aportado los elementos auxiliares fundamentales de un mapa: las escalas, la orientación del Norte geográfico y la leyenda.

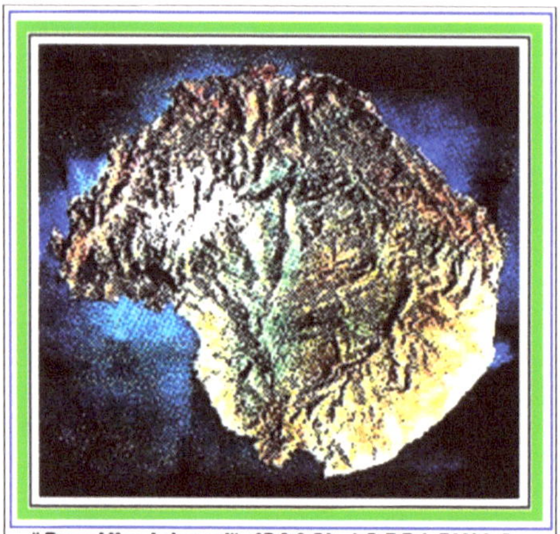

"Pacific island" (2002) JORDI FULLA

BIBLIOGRAFÍA

CARTOGRAFÍA

BARBER, P. (compilador) (2006): *El gran libro de los mapas*. Ed. Paidós Ibérica. Barcelona. 360 pp.
BORDEN, D. (1993): *Cartography thematic map design*. Ed. W.C. Brow. Dubeque –Iowa–. 427 pp.
COLL ALLIAGA, E. (1998): *Bases conceptuales para la elaboración del MTN25*. Ed. Universidad de Valencia. Valencia. 160 pp.
CORBERÓ, M.ª V. *et al.* (1988): *Trabajar Mapas*. Ed. Alambra. Madrid. 149 pp.
CUFF, D. J. *et al.* (1982): *Thematic maps: their design and production*. Ed. Methuen. London. 169 pp.
GARCÍA RODRÍGUEZ, J. E. (1985): *Topografía militar elemental y sus problemas*. Ed. Agulló. Madrid, 271 pp.
JOLY, F. (1988): *La Cartografía*. Ed. Oikos-Tau. Barcelona. 133 pp.
MARTÍN LÓPEZ, J. *et al.* (1989): *Lectura de mapas*. Ed. Instituto Geográfico Nacional. Madrid. 368 pp.
MARTÍNEZ ÁLVAREZ, J. A. (1985): *Mapas geológicos*. Ed. Paraninfo. Madrid. 281 pp.
MONKHOUSE, F. J. *et al.* (1988): *Mapas y diagramas*. Ed. Oikos-Tau. Barcelona. 533 pp.
OTERO, I. *et al.* (1995): *Diccionario de Cartografía*. Ediciones de las Ciencias Sociales. S.A. Madrid.
PANADERA, J. M.ª (1984): *Cómo interpretar el mapa topográfico*. Ed. Anaya. Madrid. 85 pp.
PETERS, A. (1992): *La nueva cartografía*. Ed. Vicens Vives. Barcelona. 132 pp.
RASZ, E. (1978): *Cartografía General*. Ed. Omega. 436 pp.
ROBINSON, A. *et al.* (1987): *Elementos de cartografía*. Ed. Omega. Barcelona. 543 pp.
SERVICIO CARTOGRÁFICO DEL EJÉRCITO (1970): *Apuntes de Cartografía* (fascículos 1 a 3). Ed. Servicio Cartográfico del Ejército. Madrid.

FOTOINTERPRETACIÓN

ALLUM, J. A. E. (1978): *Fotogeología y cartografía por zonas*. Ed. Paraninfo. Madrid. 139 pp.
BERNARDO SÁNCHEZ, J. *et al.* (1993): *Fotografía Aérea*. Ed. Junta de Castilla y León. Valladolid. 11 pp.
CARRE, J. (1974): *Lecturas de fotografías aéreas*. Ed. Paraninfo. Madrid. 247 pp.
CHEVALIER, R. (1971): *La photografie aérienne*. Ed. Librairie A. Colin. Paris. 233 pp.
DOEKO GOOSEN (1968): *Interpretación de fotos aéreas y su importancia en el levantamiento de suelos*. Ed. FAO. Roma. 58 pp.
FERNÁNDEZ GARCÍA, F. (2000): *Introducción a la fotointerpretación*. Ed. Ariel. Serie Geográfica. Barcelona. 253 pp.
LÓPEZ CADENAS, F. *et al.* (1968): *Aplicación de la fotografía aérea a los proyectos de restauración hidrológico-forestal*. Ed. Ministerio de Agricultura. Madrid. 163 pp.
MARTÍN LÓPEZ, J. *et al.* (1988): *Fotointerpretación*. Ed. MOPU. Madrid. 301 pp.

TELEDETECCIÓN

CAMPBELL, J. B. (2002): *Introduction to remote sensing*. Ed. The Guilford Press. New York. 619 pp.
CHUVIECO, E. (1996): *Fundamentos de Teledetección espacial*. Ed. Rialp. Madrid. 568 pp.

CHUVIECO, E. (2002): *Teledetección ambiental: la observación de la Tierra desde el espacio*. Ed. Ariel. Barcelona. 586 pp.
DANSON, F. M. *et al*. (ed.) (1995): *Advances in enviromental remote sensing*. Ed. John Wiey and sons. Chichester. 184 pp.
ELACHI, C. (1988): *Spaceborne radar remote sensing: applications and techniques*. Ed. Institute of Electrical and Electronics Engineers. New York. 25 pp.
GONZÁLEZ ALONSO, F. *et al*. (1982): *Los satélites de recursos naturales y sus aplicaciones en el campo forestal*. Ed. Instituto Nacional de Investigaciones Agrarias. Madrid 46 pp.
KRAMER, H. J. (2002): *Observation of the Earth and its enviroment*. Ed. Springer. Berlin. 1.510 pp.
LILLESAND, T. M. *et al*. (2008): *Remote sensing and image interpretation*. Ed. John Wiley and sons. New York. 763 pp.
PINILLA RUIZ, C. (1995): *Elementos de teledetección*. Ed. Ra-Ma. Madrid. 313 pp.
QUIRÓS HERNÁNDEZ, M. (2001): *Teledetección y clima en Castilla y León: Distribución de las isotermas de las máximas*. Ed. Universidad de Valladolid. Valladolid. 412 pp.
SOBRINO, J. A. *et al*. (2000): *Teledetección*. Ed. Universidad de Valencia. Valencia. 467 pp.
VERBYLA, D. L. (1995): *Satellite remote sensing of natural resources*. Ed. Lewis Publishers. New York.

SISTEMAS de INFORMACIÓN GEOGRÁFICA

ARCILLA GARRIDO, M. (2003): *Sistemas de Información Geográfica y medio ambiente: principios básicos*. Ed. Universidad de Cádiz. Cádiz. 129 pp.
BOSQUE SENDRA, J. (1994): *Sistemas de Información Geográfica: Prácticas con ARC/Info e Idrisi*. Ed. Ra-Ma. Madrid. 478 pp.
BOSQUE SENDRA, J. (1997): *Sistemas de Información Geográfica*. Ed. Rialp. Madrid. 451 pp.
BURROUGH, P. A. *et al*. (1998): Principles of Geographical Information System. Ed. Oxford University Press. Oxford. 333 pp.
CEBRIÁN, J. A. (1992): *Información geográfica y SIG's*. Ed. Universidad de Cantabria. Santander. 85 pp.
COMAS, D. *et al*. (1993): *Fundamentos de los Sistemas de Información Geográfica*. Ed. Ariel. Barcelona. 295 pp.
DE MERS, M. N. (2000): *Fundamentals of Geographic Information Systems*. Ed. John Wiley and Sons. New York. 498 pp.
FELICÍSIMO, A. M. (1994): *Modelos digitales del terreno: Introducción y aplicaciones en las Ciencias Ambientales*. Ed. Pentalfa. Oviedo. 220 pp.
GARSON, G. D. *et al*. (1992): *Analytic mapping and geographic databases*. Ed. Sage Publications. California. 90 pp.
GUTIÉRREZ PUEBLA, J. *et al*. (2000): *Sistemas de Información Geográfica*. Ed. Síntesis. Madrid. 251 pp.
MAUNE, D. R. (2001): *Digital elevation model technologies and applications: The DEM users manual*. Ed. Bethesda. Maryland. 539 pp.
MOLDES FEO, F. J. (1995): *Tecnología de los Sistemas de Información Geográfica*. Ed. Ra-Ma. Madrid.
MORENO JIMÉNEZ, A. *et al*. (2004): *Sistemas de Información Geográfica y localización óptima de instalaciones y equipamientos*. Ed. Ra-Ma. Paracuellos del Jarama.
MORENO JIMÉNEZ, A. *et al*. (2005): *Sistemas y análisis de la información geográfica*. Ed. Ra-Ma. Paracuellos del Jarama.

GEOESTADÍSTICA

BIGG GRANT, R. (1991): «Kriging and intraregional rainfall variability in England», *International Journal of Climatology*, n.º 11, pp. 663-675.
CHICA OLMO, M. *et al*. (2003): «Consideraciones geoestadísticas para la creación de cubiertas temáticas en S.I.G.». En *IX Conferencia Iberoamericana de S.I.G. VII Congreso Nacional de la AESIG. II Reunión del GMCSIGT*. Cáceres. 10 pp.
CHRISTAKOS, G. *et al*. (1992): «Space transformation methods in the representation of geophysical random fields», *IEEE Transformation on Geosciences and Remote Sensing*, n.º 30 (1), pp. 55-70.

COLLINS, F. C. *et al.* (1996): «A comparison of spatial interpolation techniques in temperature estimation». En *NCGIA Third International Conference/Workshop on Integrating GIS and Environmental Modelling*. Santa Fe. New México. USA. 13 pp.

CRESSIE, N. (1993): *Statistics for Spatial Data*. Ed. John Wiley & Sons, Inc. New York. 900 pp.

DENYANOV, V. *et al.* (1998): «Neuronal network residual kriging. Application for climatic data», *Journal of Geographic Information and Decision Analysis*, vol. 2, n.° 2, pp. 215-232.

ECKSTEIN, B. A. (1989): «Evaluation of spline and weighted average interpolation algorithms», *Computers & Geosciences*, 15, n.° 1, pp. 79-94.

GOOVAERTS, P. (1997): *Geostatistics for natural resources evaluation (Applied Geostatistics Series)*. Oxford University Press, N. Y. 496 pp.

GOOVAERTS, P. (1997): «Kriging versus Stochastic Simulation for Risk Analysis in Soil Contamination». En A. SOARES, J. GÓMEZ-HERNANDEZ y R. FROIDEVAUX (eds.), *GeoENVI – Geostatistics for Environmental Applications*. Kluwer Academic Publishers.

HJALTASON, G. *et al.* (1995): «Ranking en Spatial Databases». En M. EGENHOFER y J. R. HERRING (eds.), Advances in Spatial Databases – 4th Symposium, SSD'95, *number 951*, en *Lecture Notes en Computer Science*, pp. 83-95. Springer-Verlag. Berlin.

ISAAKS, E. H. *et al.* (1989): *An introduction to applied geostatistics*. Ed. Oxford University Press. New York. 592 pp.

KANEVSKY, M. *et al.* (1997): «Spatial estimations and simulations of environmental data by using geostatistics and artificial neural networks». En V. PAWLOWSKY GLAN (ed.), *IAMG'97 Proceedings of The Third Annual Conference of the International Association for Mathematical Geology*. CIMNE. Barcelona, España, vol. 2, 527 pp.

MATHERON, G. (1963): «Principles of geostatistics», *Economic Geology*, n.° 58, pp. 1246-1266.

MATHERON, G. (1970): *La téorie des variables régionalisées, et ses applications*. Les Cahiers du Centre de Morphologie Mathématique de Fontainebleau, n.° 5, 112 pp.

MYERS, D. E. (1988): «Multivariable geostatistical analysis for environmental monitoring, geomathematical and geostatistics analysis applied to space and time dependent data», *Science de la Terre*, n.° 27. Nancy, pp. 411-427.

PHILLIPS, D. L. *et al.* (1992): «A comparison of geostatistical procedures for spatial analysis of precipitation in mountainous terrain», *Agricultural and Forest Meterology*, n.° 58, pp. 119-141.

QUIRÓS HERNÁNDEZ, M. (2003): «Aplicación de la lógica borrosa (fuzzy logic) en Climatología: Determinación de píxeles neblinosos captados por los sensores de los satélites meteorológicos». En *IX Conferencia Iberoamericana de S.I.G. VII Congreso Nacional de la AESIG. II Reunión del GMCSIGT*. Cáceres. 16 pp.

RIPLEY, B. (1981): *Spatial statistics*. Ed Wiley and sons. New York. 252 pp.

SAVELIEV, A. A. *et al.* (998): «Modeling of the daily rainfall values using surfaces under tension and kriging», *Journal of Geographic Information and Decision Analysis*, 2, 2, pp. 52-64.

SOLOW, A. R. *et al.* (1994): «Conditional simulation and the value of information». En R. SIMITRAKOPOULOS (ed.), *Geostatistics for the next Century*. Kluwer Academic Publishers, pp. 209-217.

Anexo de prácticas

NOTA PREVIA

Aunque los conceptos tratados en el libro de texto han sido ilustrados con ejemplos generales, y con objeto de facilitar la aplicación concreta de algunos de los tratados teóricamente en cada uno de los cuatro grandes apartados, a continuación se desarrollarán una selección de ejercicios prácticos. La mayor cantidad de ellos se corresponden a los apartados de Teledetección y SIG, porque hoy son las técnicas y tecnologías más avanzadas y utilizadas, pero también se aportan algunos ejercicios realizados con las técnicas clásicas de la Cartografía y de la Fotointerpretación para facilitar la comprensión de algunos de los conceptos teóricos en los que se basan.

Para los ejercicios de Cartografía Clásica se ha elegido una hoja del Mapa Topográfico de España editado en papel por el Servicio Cartográfico del Ejército Español y fácil de adquirir.

Para los de Fotointerpretación que hay que realizar con estereoscopio se ha elegido un par estereoscópico de fotografías verticales del Vuelo B Americano general sobre España que comercializa el Servicio Cartográfico y Fotográfico del Ejército del Aire de España.

En cuanto a los ejercicios que requieren el uso de un sistema de información geográfica se han confeccionado ejercicios basados en los datos e imágenes que aportan los archivos tutoriales que incorporan los propios programas SIG, en algunos casos; y en otros, en archivos digitales e imágenes fáciles de conseguir gratuitamente a través de Internet. Para realizar estos ejercicios se han elegido sistemas de información geográfica de uso muy generalizado y fácil adquisición:

- *Para los basados en archivos vectoriales (Cartografía Digital) se debe utilizar el programa informático (SIG) de ESRI «ArcGis v. 9.3».*
- *Para algunos de los ejercicios sobre archivos raster el «ERMapper VI» –también de ESRI–.*
- *Y para los que hay que realizar conjuntamente sobre archivos vectoriales y raster el de ClarkLab «Idrisi v.3.2 R-2».*

Pero mediante las operaciones de transformación y conversión pertinentes de los archivos utilizados con los módulos que aportan el resto de los programas existentes, se pueden realizar los ejercicios con ellos o con versiones más recientes de los mencionados.

Cada ejercicio está precedido por una introducción con los fundamentos teóricos que se trata de aplicar. En unos casos se trata de un recordatorio esquemático de conceptos tratados en el texto del libro; en otros, se expresan algunos conceptos derivados de aquéllos y que por su especificidad práctica no se mencionaron ni desarrollaron en el mismo.

Al final de todos los ejercicios se añaden las soluciones a las cuestiones que se plantean en cada uno de ellos; así como los resultados gráficos manuales y los obtenidos con la aplicación de los módulos informáticos. En algunos casos las soluciones gráficas han servido como figuras para ilustrar el texto del manual.

MATERIALES FUNDAMENTALES NECESARIOS PARA REALIZAR LOS EJERCICIOS

V.1. CARTOGRAFÍA CLÁSICA:

- Hoja n.º 1065 (Marbella), Escala 1:50.000 del Mapa Topográfico Nacional, editado por el Servicio Cartográfico del Ejército.
- Hoja n.º 1065 (Marbella), Escala 1:50.000 del Mapa Geológico Nacional, editado por el Instituto Tecnológico Geológico y Minero de España.
- Papel milimetrado transparente y opaco A-4.
- Papel transparente y opaco A-4.
- Papel blanco A-3.
- Escuadra y cartabón.
- Regla milimetrada.
- Curvímetro cartográfico.
- Transportador de ángulos de 360 grados.
- Compás de puntas.
- Lápiz negro n.º 2.
- Lápices de colores o rotuladores de colores.

V.2. CARTOGRAFÍA DIGITAL:

- Ordenador (computadora).
- Programa informático de ESRI «ArcGis v. 9.3».
- Programa informático de ClarkLab «Idrisi v. 3.2. R-2».

V.3. FOTOINTERPRETACIÓN:

- Par estereoscópico: fotogramas verticales n.os 33281 y 33282 de Marbella del Vuelo B Americano sobre España, de fecha de 23 de noviembre de 1956.
- Estereoscopio de espejos.
- Estereomicrómetro o Cuña de Paralaje. Esta última suele venir incluida en la caja de algunos estereoscopios de espejos.
- Papel transparente especial para fotointerpretación, tipo «Kodatracet» o similar.
- Rotuladores de colores.

V.4. TELEDETECCIÓN y SIG:

- Ordenador (computadora).
- Programa informático de ESRI «ArcGis v. 9.3».
- Programa informático de Clark Lab «Idrisi v. 3.2».
- Programa informático de ESRI «ER Mapper».
- Medios informáticos de archivado (CD, DVD, PencilDrive, etc.).

V.1. CARTOGRAFÍA MANUAL

V.1.1. INICIACIÓN AL MAPA TOPOGRÁFICO

FUNDAMENTOS TEÓRICOS

Conviene retomar la idea de que la función básica del mapa topográfico sobre papel es la de ser la referencia para cualquier tipo de mapa temático. Esta función viene dada porque sobre él se pueden leer o interpretar las formas de relieve (a través de las cotas, curvas de nivel y otros símbolos); realizar medidas de distancias, ángulos, pendientes y superficies; obtener información de objetos físicos de origen humano, así como de los usos de suelo para las actividades humanas. Y todas estas lecturas están ofrecidas por un sistema de proyección determinado y con una escala que nos permite reconstruir el tamaño real de los fenómenos naturales y humanos territoriales, más o menos permanentes. Tanto usos, objetos, como cualquier otra manifestación que deje su huella sobre el terreno están representados mediante trazos y dibujos gráficos que simbolizan a los reales. La interpretación de estos signos y símbolos convencionales con su significado a través de las variables gráficas (tamaño, forma, color, valor, espaciado, etc.) viene facilitada por la *leyenda* que acompaña forzosamente a cualquier mapa.

A través del tamaño y el grosor de las letras de rotulación de los núcleos de población en un mapa topográfico 1:50.000, puede deducirse el tamaño de cada uno en cuanto al número de habitantes, porque la representación del propio núcleo con puntos o pequeñas superficies que sí permiten situarlos en el espacio, sin embargo, no puede ser proporcional en esta escala.

En la leyenda puede apreciarse también cómo aparecen siempre los signos que representan simbólicamente elementos del terreno que en muchos casos no aparecerían a esta escala con su forma y tamaño proporcional por su pequeño tamaño. Aunque está muy extendido su uso, suele aparecer su significado en las leyendas, que así se asimilan a los glosarios de palabras que aparecen junto a muchos textos escritos, como por ejemplo libros. Existen diversos tipos (geométricos, puntuales, lineales, pictóricos, ideogramas, etc.) que representan, por ejemplo, vértices geodésicos y su orden, iglesias, cementerios, cursos de agua según su jerarquía, etc.

También aparece con detalle la leyenda de las vías de comunicaciones según la jerarquía y funcionalidad, respectivamente, dentro de cada red. Y esto, por ser los componentes espaciales que con sus formas son los que más organizan el espacio y lo explican en una gran medida (adaptación al relieve y a la red hidrológica, en función de las redes urbanas, etc.): carreteras y caminos con indicación de su orden jerárquico, vías de FFCC y fluviales, etc.

El mapa topográfico aporta el «canevás», reticulado o malla cuadriculada de coordenadas; también el título o nombre de la Hoja correspondiente (suele ser el del núcleo de población más importante de los que están incluidos en la hoja) y del número de la Hoja (dentro del plan general de numeración del editor del mapa), así como el de las cuatro hojas adyacentes. También aporta información técnica de las operaciones y métodos utilizados para su levantamiento o realización que hay que considerar siempre para trabajar sobre el mapa: Así aparecen reflejadas las *escalas numérica* y *gráfica*; el *sistema de proyección* y el *elipsoide de referencia* con el que se ha realizado el mapa; el *nivel de referencia de las altitudes*; el valor de *equidistancia* de las curvas de nivel; el *meridiano de referencia* para las longitudes, aunque cada vez es más habitual que no incorpore esta información si, como ocurre casi siempre, es el 0° o de Greenwich y sólo aparece expresado cuando, rara vez, se trata de otro meridiano; el *datum*; el *ángulo de convergencia* para el centro de la hoja que señala el *Norte de Cuadrícula UTM*, respecto al *Norte geográfico* o *verdadero*; la *declinación magnética* en el centro de la hoja en una fecha muy próxima a la de confección del mapa; la *variación anual de la declinación magnética* calculada; la *notación de las coordenadas* en distintos sistemas de proyección; y la *fecha* de confección y edición o impresión gráfica.

En una hoja del MTN 1:50.000 podemos apreciar la malla de coordenadas de la proyección UTM con la cuadrícula kilométrica en trazo fino color azul o negro y la de 10 km con trazo más grueso, así como la nominación del cuadrado de 100 km con las dos letras correspondientes. Las coordenadas UTM, Lambert y Geográficas. Por otra parte, las curvas de nivel maestras y auxiliares en marrón y las cotas de los vértices geodésicos. Los núcleos de población y la red viaria que los conecta con colores según su rango u orden jerárquico, con expresión de las anchuras de las carreteras y los amojonamientos kilométricos. La red fluvial jerarquizada. La vegetación natural y la destacada de cultivos casi permanentes. Aparecen diferenciados los límites administrativos municipales y provinciales.

En una hoja del MTN 1:25.000 se aprecia también el cuadriculado kilométrico UTM en trazo azul o negro, pero ya no se diferencia el de 10 km ni el de 100 km por razones obvias. También aparecen las coordenadas, pero separados los marcos que indican las Geográficas de las que indican las UTM, y ya no se incorporan las Lambert. El caserío de los núcleos de población aparece con más detalle y a escala, así como las construcciones aisladas. Las curvas de nivel maestras se dibujan cada 50 metros y todas tienen una equidistancia de 10 metros de altitud. La vegetación se representa de un modo más detallado. Y se describe el sentido de los cursos de agua en los canales (en los cursos naturales de agua el sentido viene expresado por la mayor anchura del trazo según se aleja de su origen).

DEFINICIÓN DE LOS CUADRANTES DE UN MAPA

Idealmente, cualquier mapa se puede subdividir en cuatro partes iguales si se trazan dos líneas que pasen por el centro, perpendiculares entre sí, desde la mitad del marco superior a la mitad del marco inferior y desde la mitad del marco izquierdo a la mitad del marco derecho del mapa. A propósito de esto, hay que recordar que sólo se pueden emplear los términos derecha, izquierda, encima o debajo al referirse a los cuatro lados del *marco del mapa*, nunca para situar puntos interiores o partes del mismo; en este caso habrá de referirse a su situación respecto al *centro del mapa* utilizando la nomenclatura de la rosa de los vientos o puntos cardinales: Norte, Sur, Este, Oeste, NE, SW, etc.

En Cartografía los *cuadrantes* son las *cuatro partes iguales* en que se puede dividir un mapa y se numeran con números ordinales, comenzando por el NorOeste –NW– *(1.er Cuadrante)* y siguiendo el recorrido horario de las agujas del reloj: NorEste –NE– *(2.° Cuadrante)*; SurEste –SE– *(3.er Cuadrante)*; y SurOeste –SE– *(4.° Cuadrante)*.

V.1.2. LA NOTACIÓN DE LOS PUNTOS GEOGRÁFICOS SOBRE UN MAPA CON PROYECCIÓN UTM. NOTACIÓN UTM DE UN PUNTO GEOGRÁFICO

En la Proyección UTM y su plan general de numeración se divide el planeta en 60 *husos* de Polo a Polo de 6° de *longitud* cada uno. Estos husos comienzan a numerarse desde el n.° 1 que está situado en el antimeridiano de Greenwich (180° Oeste), siguiendo de Oeste hacia el Este hasta el n.° 60 que se cierra en el mismo antimeridiano (180° Este); de manera que el huso 30 comienza en el meridiano Cero (0°) (Greenwich). A su vez, los husos se dividen en fajas o *zonas* que delimitan rectángulos de 8° de *latitud* de lado. A estas zonas se las nombra con letras consecutivas del alfabeto, comenzando por la letra *C* el rectángulo que arranca en los 80° de latitud Sur y hasta la letra *X* el que finaliza en los 80° de latitud Norte (por lo tanto, no se utilizan las letras I, LL, Ñ ni la O). Cada rectángulo mide 1.000.000 de metros (1.000 km) de Sur a Norte *(Zona)* y 1.000.000 de metros (1.000 km) de Este a Oeste *(Huso)*.

Estos rectángulos de primer orden se subdividen a su vez en otros cuadrados de segundo orden más pequeños de 100 km de lado que se numeran con 2 letras, de acuerdo a la notación alfabética que tienen ambos ejes (longitudinal y latitudinal). En función de la escala del mapa estos *cuadrados cienkilométricos* se subdividen también en cuadrículas de tercer orden de 10 km de lado (recuérdese que en la escala 1:50.000 aparecen como líneas intensas de color azul o negro). Los *cuadrados diezkilométricos* se subdividen en cuadrados de cuarto orden de 1 km de lado con color azul o negro de trazo menos grueso.

En realidad estos cuadrados, a causa de la proyección cilíndrica transversal que utilizan, son trapecios convergentes que varían el ángulo de convergencia en función de su situación sobre el globo terráqueo y sobre cada rectángulo originario; por eso el ángulo de convergencia del centro de cada Hoja es un dato importante que debe aportar el propio mapa.

Las coordenadas en longitud se miden en metros desde el origen de cada *huso* –metro cero– (rectángulo de primer orden), que está situado en el Oeste (W) del huso, hacia el Este (E). Y las coordenadas en latitud se miden también en metros desde el Ecuador, origen del eje de ordenadas –metro cero para el hemisferio Norte y metro 10.000.000 para el hemisferio Sur–. Por ejemplo, el vértice extremo inferior izquierdo del marco de la Hoja de Marbella tiene como coordenada UTM-Y (correspondiente a la latitud): 4.042.000 metros (algo más porque no coincide con comienzo de cuadrícula kilométrica) Norte, y como coordenada UTM-X (correspondiente a la longitud): 304.000 metros (algo más también porque tampoco coincide con comienzo de cuadrícula kilométrica) Este. Esto significa que se encuentra situado a 4.042.000 metros del Ecuador y a 304.000 metros del comienzo del huso 30.

A escala 1:50.000 y mayores, la rotulación de las coordenadas del «canevás», o red de cuadrículas kilométricas en la hoja, ahorra espacio suprimiendo los tres ceros de los mil metros. Por lo tanto, a cada cifra en la cuadrícula de cada kilómetro habrá de añadírsele mentalmente mil metros que se reflejan en las unidades de millar con un dígito más o menos.

Para la coordenada de longitud real, en una cifra superíndice de menor tamaño aparecen rotuladas las centenas de millar (recuérdese que el cuadrado es de 100 km = 100.000 m), seguida de dos cifras de mayor tamaño de rotulación que expresan las decenas y las unidades de millar; mientras que para la coordenada de latitud, rotuladas en una cifra superíndice con menor tamaño aparecen las unidades de millón y las centenas de millar, y con mayor tamaño las decenas y unidades de millar.

Así pues con sólo tres cifras para la longitud y otras tres para la latitud se puede situar cualquier punto en la Hoja 1:50.000 del Mapa Topográfico, codificándolo del siguiente modo:

- Primero se designa el número de *Huso* al que pertenece la Hoja (por ejemplo, en la Hoja de Marbella: 30).
- Luego la letra que designa a cada *zona* o franja de 8° de lado de latitud desde los 80° Sur (por ejemplo, en la Hoja de Marbella: S).
- Después, las dos letras que sitúan el cuadrado de 100 kilómetros de lado al que pertenece la Hoja y que viene generalmente indicado en unos casos en un pequeño cuadrado al lado del mapa (como en el caso de la Hoja de Marbella: UF) y en otros rotuladas sobre el propio mapa en grandes caracteres tipográficos cuando contiene alguna línea de separación entre dos cuadrados cienkilométricos consecutivos. Luego se añaden en primer lugar tres cifras que definen la longitud del punto a situar: las dos grandes rotuladas a continuación de la pequeña (en superíndice) del cuadrado kilométrico, y la *tercera cifra* que será la distancia medida en décimas

partes desde el origen Oeste del cuadrado kilométrico hacia el siguiente cuadrado –hacia el Este–; y que, si se trata de una Hoja a escala 1/50.000, como el cuadrado kilométrico medirá 20 x 20 mm, cada 2 mm equivaldrá a 1/10 del kilómetro, es decir, 100 metros sobre el terreno. A estas tres cifras se añaden otras tres que indicarán la latitud constituidas por las dos cifras grandes del rotulado de la cuadrícula kilométrica en la que se encuentre el punto y la distancia en décimas partes desde el origen del cuadrado situado al Sur del punto hacia el siguiente cuadrado hacia el Norte.

En resumen o expresado de otro modo:
- Longitud (coordenada horizontal **x**): Número grande del eje de las **x** (AB), añadiendo el cálculo (en 1/10 partes) de la distancia en la que supere el siguiente kilómetro (c): ABc.
- Latitud (coordenada vertical **y**): Número grande del eje de las **y** (LM), añadiendo el cálculo (en 1/10 partes) de la distancia en la que supere el siguiente kilómetro (n): LMn.

La notación final queda así: **30T UK ABcLMn**

EJERCICIOS

Conviene visualizar distintos mapas topográficos y alguno temático para familiarizarse con distintas escalas y distintos modos de representación del relieve: por ejemplo, hasta escalas de 1/100.000 el relieve aparece representado mediante curvas de nivel, y a partir de 1/200.000 mediante superficies hipsométricas o coropletas coloreadas en una gama de rangos altitudinales. Para hacerse una idea de la cantidad de superficie terrestre o de territorio que puede representarse con las distintas escalas baste saber, por ejemplo, que a una escala 1/400.000 la mitad septentrional de España (desde Santander a Aranjuez) se cubre con dos hojas.

V.1.1. INICIACIÓN AL MAPA TOPOGRÁFICO

Como ejercicio visual y de lectura de mapas obsérvese con apoyo en su leyenda en la *Hoja de Marbella (1.065) escala 1:50.000:*
- Núcleos de población.
- Redes de transporte.
- Red hidrográfica.
- Curvas de nivel y sus tipos.
- Cotas verificadas y sin verificar.
- Vértices geodésicos (como, por ejemplo, las torres de las iglesias de cada núcleo, como Istán en 25-26, 50-51 = 300 m de altitud; o la ciudad de Marbella en 31-32, 41-42 = 19 m). Para esto buscar el rótulo del nombre del núcleo de población: el n.º que lo acompaña generalmente es la altitud de la torre de la iglesia principal).
- La rotulación: núcleos de población con el trazo vertical más o menos grueso. Con letra de tipo cursiva los lugares, parajes y elementos físicos naturales.

V.1.2. NOTACIÓN UTM DE PUNTOS GEOGRÁFICOS SOBRE UN MAPA CON PROYECCIÓN UTM ESCALA 1:50.000

n.º 1. ¿Qué rotulación aparece en el punto 30S UF 204497? :________.

n.º 2. En el cuadrante NE del mapa localizar el vértice geodésico «Plaza de Armas».
¿Qué altitud tiene?:________.
Expresar su localización en notación UTM 1:50.000: ________.

n.º 3. ¿Entre qué cuadrantes del mapa (indicarlo con número ordinal) se encuentra la «Sierra Bermeja»?: ________.

n.º 4. En el cuadrante NW del mapa localizar el punto geodésico «Igualeja» y expresar su localización en notación UTM 1:50.000: ________.

SOLUCIONES

n.º 1: *Caserío de las Máquinas.*

n.º 2: *1.330 m; 30S UF 237542*

n.º 3: *Entre el 1.º y el 4.º cuadrantes (NW-SW)*

n.º 4: *30S UF 104562*

V.1.3. CARTOGRAMETRÍA

FUNDAMENTOS TEÓRICOS

En cuanto a su composición, escala y definición simbólica, el mapa topográfico es el que más se ajusta a la realidad porque para su confección se utiliza la combinación de las operaciones más científicas de todos los mapas. Por eso, es sobre el que se deben realizar todas las operaciones de medida para deducir distancias, superficies, pendientes y orientaciones del terreno real. Su levantamiento se ha basado en operaciones de medida sobre las redes geodésicas modernas, utilizando aparatos topográficos de alta precisión y sobre la fotografía aérea vertical (fotogrametría); lo que permite precisiones de hasta 1 cm sobre el terreno. Este error queda muy absorbido por los trazos gráficos del dibujo a escala 1:1.000, e incluso a menores escalas.

De modo que todas las operaciones de *cartogrametría* o de medidas sobre mapas conviene hacerlas, como se ha dicho, sobre el *mapa topográfico*, pero repitiéndolas muchas veces y en distinto sentido para, calculando la media, absorber, atenuar o diluir los errores que produce el analista que realiza tales medidas.

La precisión de las medidas depende tanto de la escala del mapa (a menor escala, mayores errores) y de los instrumentos de medida que se utilicen, como de la experiencia y habilidad de quienes los manejan. En las medidas de altimetría los errores dependen también de que la diferencia de altitud se intente establecer entre dos cotas, entre una cota y una curva de nivel o entre dos curvas de nivel que, como se sabe, son resultado de la interpolación de las distintas cotas.

Los instrumentos y aparatos de medida utilizados en *cartogrametría* tienen una gran importancia en cuanto a su calidad, es decir, en la precisión que aportan a las medidas: no es lo mismo medir distancias lineales y rectilíneas con una regla milimetrada que con un compás de puntas o un micrómetro. Como tampoco lo es medir líneas sinusoidales con un curvímetro electrónico de alto nivel que con uno de rueda contadora. De igual manera, los ángulos medidos con transportador de ángulos con una precisión de ¼ de grado tienen mayor error que los medidos con cuentahílos. Con las superficies ocurre lo mismo: medirlas por descomposición en formas geométricas simples elementales de fácil cálculo superficial, como triángulos, rectángulos, trapecios, rombos, etc., es un método mucho menos preciso que hacerlo con un coordinógrafo electrónico.

MEDIDAS SOBRE MAPA TOPOGRÁFICO

1. *Cálculo de la Declinación Magnética actual*

Como se recordará, el mapa topográfico aporta dos datos fundamentales que permiten calcular los valores de declinación magnética en el momento presente y corregir la orientación de un punto o un trayecto sobre el mapa medida por medio de la brújula. Para ello hay que basarse en el dato del *ángulo de Convergencia de la Hoja* (ω) que, conviene recordar, se produce o debe al tipo de Proyección Cilíndrica UTM cuyo resultado desarrollado es un trapecio con un ángulo de Convergencia de sus lados laterales que se mide respecto al meridiano geográfico central de la hoja. Otros datos que se tienen que utilizar son el *ángulo de Declinación Magnética* (δ_0) calculado en el momento de la confección del mapa, o al menos de la toma de sus datos en el terreno, y la medida de la *variación anual* (Δδ) del mismo desde ese momento.

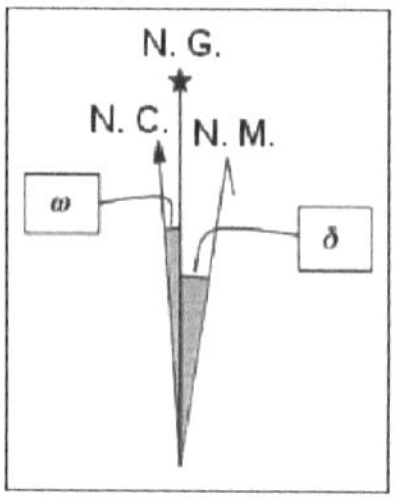

- *El Norte de Cuadrícula (N. C.) de la Hoja del Mapa Topográfico.* Desde el punto en el mapa considerado como origen para la medida, la *línea del cuadriculado kilométrico* que pasa por él o la línea imaginaria paralela a ésta define la dirección del Norte de la Cuadrícula. Respecto a esta línea o Norte de Cuadrícula definiremos el Norte Geográfico y el Norte Magnético de dicho punto.
- *El Norte Geográfico (N. G.) de la Hoja del Mapa Topográfico.* Se establece trasladando el Norte de la Cuadrícula ± el ángulo de convergencia de la Hoja. Suele coincidir con la dirección de los márgenes laterales del marco del mapa.
- *El Norte Magnético (N. M.) de la Hoja del Mapa Topográfico.* Una vez establecido el Norte Geográfico de la Hoja se desplaza ± el ángulo de Declinación Magnética calculado en el momento presente. Para esto se multiplica el número de años transcurridos desde la fecha del mapa por la *variación anual de la declinación* que es un dato que también suele aportar el mapa y su resultado se añade o resta al de la Declinación Magnética del mapa.

Un ejemplo:

- ω = 1°7' Convergencia de la Hoja (Norte de la Cuadrícula).
- δ_0 = 3°50' Declinación Magnética en la fecha de la Hoja (2001).
- Δδ = -7,6'/año.
- Año de medida de la Declinación = 2006.
- Año de cálculo: 2010.

- Variación actualizada de la declinación: -7,6' x 4 años transcurridos = -30,4'; que pasados a base sexagesimal = -30'24''.
- Valor actual de la Declinación Magnética $\delta = \delta_0 + \Delta\delta$; δ = 3°50'' + (- 30'24'') = 3°19'36'' que es el ángulo del Norte Magnético respecto al Norte Geográfico.

2. *Cálculo de la Distancia Real aproximada del perfil entre dos puntos acotados a escala 1:50.000*

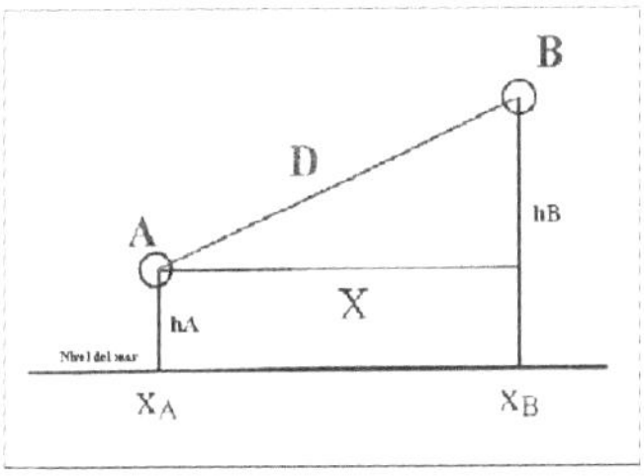

Conocida la diferencia de cotas de dos puntos A y B (h_A-h_B) y la distancia en el mapa entre ambas (X) se puede calcular la distancia D por el teorema de Pitágoras:

$$D = \sqrt{X^2 + (hB - hA)^2}$$

Hay que tener en cuenta las unidades de medida y unificarlas; es decir, como las cotas suelen estar facilitadas en metros y la medida en el mapa en milímetros o centímetros hay que convertirlas todas en m, centímetros, o milímetros.

3. *Cálculo de la Distancia Reducida o Proyectada entre dos puntos, conocidas las coordenadas de ambos (por ejemplo, en proyección UTM) a escala 1:50.000*

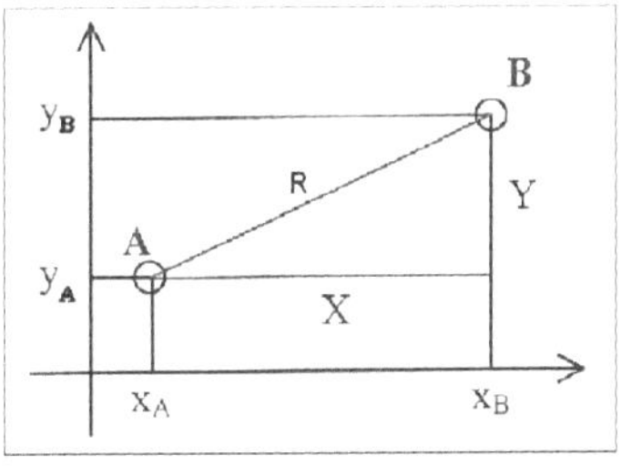

Ejemplo:

Sean las coordenadas en notación UTM del punto **A**: x = 613.0<u>00</u> m (6.130 hm.)
y = 0971.5<u>00</u> m (9.715 hm.)
y del punto **B**: x = 706.5<u>00</u> m (7.065 hm.)
y = 1.001.5<u>00</u> m (10.015 hm.)

$R^2 = (X_B\text{-}X_A)^2 + (Y_B\text{-}Y_A)^2$;

$R^2 = (7.065\text{-}6.130)^2 + (10.015\text{-}9.715)^2 = 935^2 + 300^2 = 874.225 + 90.000 = 964.225\ hm^2$

$\mathbf{R = \sqrt{964.225} = 981{,}95\ hm = 9.819{,}5\ m}$

4. *Cálculo de la orientación entre dos puntos*

La *orientación* es la medida del ángulo que forma el *Norte de la Cuadrícula* con el trayecto rectilíneo entre dos puntos. Se mide, *en el sentido de las agujas del reloj*, directamente el ángulo que

forma la línea del canevás (que marca la dirección del Norte de Cuadrícula), o una paralela a ella que pase por el origen del trayecto, con éste entre los dos puntos.
Un ejemplo, Orientación = 232°.

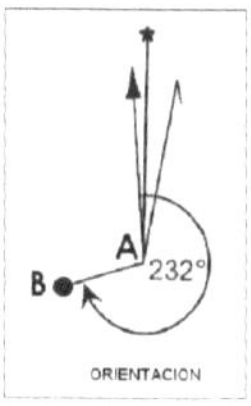

5. *Cálculo del acimut o azimut entre dos puntos*

El *acimut* es la medida del ángulo de un trayecto entre dos puntos o cotas respecto al *Norte Geográfico*. Se mide el ángulo que forma el trayecto entre dos puntos con el Norte de Cuadrícula, y se le resta o suma el ángulo de convergencia de la Hoja (que es el que existe entre la dirección del Norte de la Cuadrícula y el Norte Geográfico).

Siguiendo con el ejemplo anterior: acimut = $\alpha - \omega$ = 91° - 1°7' = 89°53'.

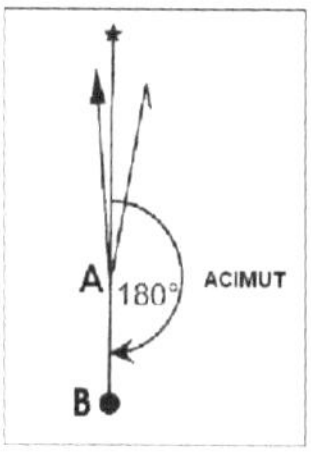

6. *Cálculo del rumbo entre dos puntos*

El *rumbo* es el ángulo o dirección de un trayecto respecto al *Norte Magnético*. Se calcula considerando el Norte de la Cuadrícula (que sería el rumbo teórico 0 –cero–) y la declinación magnética: desde el punto origen se mide el ángulo, *en el sentido de las agujas del reloj*, que forma la línea que une los dos puntos con el Norte de la Cuadrícula (α) y se le suma o resta la suma algebraica del ángulo de Convergencia de la Hoja más la declinación magnética de la Hoja.

$$\text{Rumbo} = \alpha - (\omega + \delta)$$

Por ejemplo, si 180° es el ángulo de la dirección del trayecto respecto al Norte de la Cuadrícula (α) > Rumbo = 180° – (1°7' + 3°19'36") = 180° – 4°26'36" = 175°33'24".

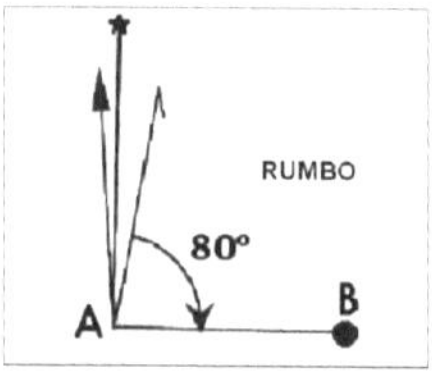

En los mapas, todos los ángulos se miden desde la dirección del Norte correspondiente (de Cuadrícula, Geográfico o Verdadero y Magnético) que pasa por el punto origen del trayecto, hasta la línea recta que forma éste en el sentido horario de las agujas del reloj.

7. *Cálculo de la cota de cualquier punto situado entre dos curvas de nivel; entre una cota y una curva de nivel; o entre dos cotas*

En la medida en que se haga con dos cotas, la precisión del cálculo será mayor que si se hace con curvas de nivel porque conviene recordar que las cotas están determinadas geodésicamente y las curvas por interpolación. Las curvas de nivel pueden ser maestras ambas, o auxiliar y maestra respectivamente.

La altitud del punto problema se calcula en función de las distancias desde el punto problema a las cotas o a las curvas. En el segundo caso hay que seguir una línea perpendicular a ambas curvas.

Ejemplo (1)

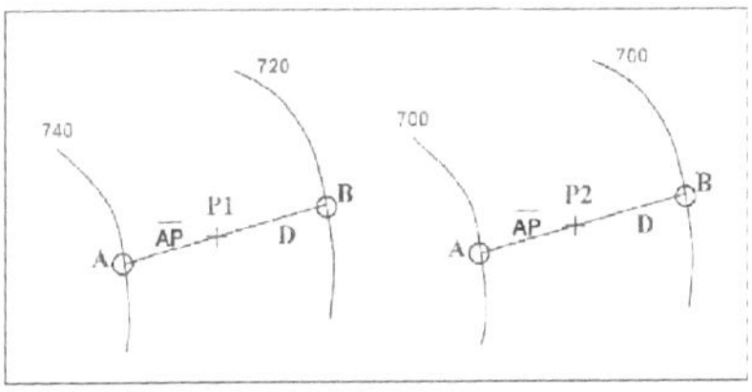

Punto P_1.

Cota en punto A = 740 m

Cota en punto B = 720 m; Cota A – Cota B = 20 m

D = 8 mm; AP = 3,5 mm

Mapa		Terreno
8 mm	>>>	20 m
3,5 mm	>>>	X

X= 3,5 ~~mm~~ 20 m / 8 ~~mm~~ = 8,75 m

Cota de P_1 = 740 – X = 740 – 8,75 = *731,25 m*

Ejemplo (2) Punto P_2 (cálculo banal).

Cota en punto A = 700 m

Cota en punto B = 700 m; Cota A – Cota B = 0 m

D = 15,5 mm; AP = 3 mm

Mapa		Terreno
15,5 mm	>>>	0 m
3 mm	>>>	X

X= 3 ~~mm~~ 0 m / 15,5 ~~mm~~ = 0 m

Cota de P_2 = 700 – X = 700 – 0 = *700 m*

8. *Cálculo de la pendiente entre dos cotas*

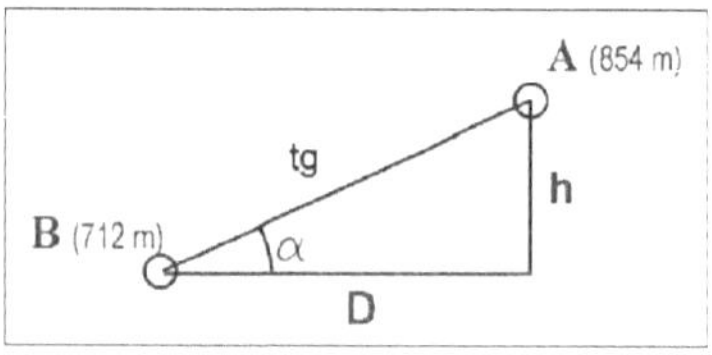

Se realiza mediante varios pasos:

8.1. Se calcula la *distancia reducida* (D) entre los puntos A y B en unidades de cota (metros):

Distancia en el mapa		Distancia en el terreno
1 cm	>>>	50.000 cm
3,45 cm	>>>	D

D = (3,45 x 50.000) cm / 1 cm = 172.500 cm = 1.725 m

8.2. Se calcula la *pendiente en grados*:

Cota punto A: 854 m; Cota punto B: 712 m

h = Cota A – Cota B = 142 m

$\text{tg } \alpha = \text{sen } \alpha / \cos \alpha = h/D; \quad \alpha = \text{ar ctg } h/d$

$\alpha = \text{arctg } 142 \text{ m} / 1.725 \text{ m} = \text{arctg } 0{,}082 = 4{,}7^\circ$

8.3. Se calcula la *pendiente en porcentaje*:

Distancia reducida		Desnivel
1.725 m	>>>	142 m
100 m	>>>	P

P = (142 x 100) / 1.725 = *8,23 %*

9. *Como ejercicio general, se calculará a continuación la pendiente entre un punto que está acotado P_1 (844 m) y un punto P sin acotar situado entre dos curvas de nivel de 713 m y 720.*

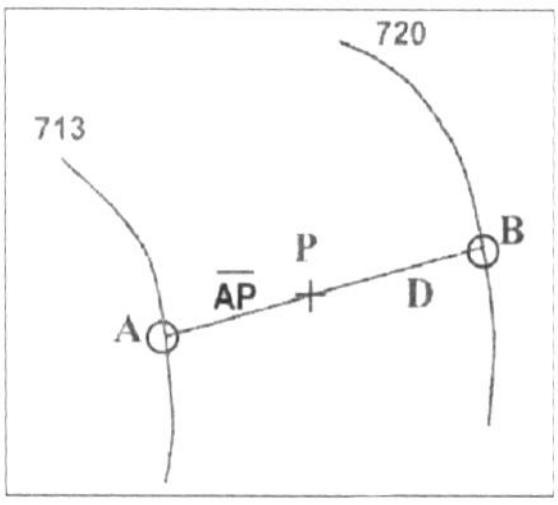

9.1. Se calcula la cota del Punto P, mediante las dos curvas de nivel entre las que se encuentra (713 y 720):

h = 713 – 720 = 7 m; D = 8,5 mm; AP =3,5 mm

Distancia en el mapa		Distancia en el terreno
8,5 mm	>>>	7 m
3,5 mm	>>>	X

X= 3,5 ~~mm~~ 7 m / 8'5 ~~mm~~ = 2,9 m

Cota de P = 713 m + X = 713 m + 2,9 m = *715,9 m*

9.2. Se calcula la distancia reducida entre los puntos P_1 y P en unidades de cota (metros):

Distancia en el mapa		Distancia en el terreno
1 cm	>>>	50.000 cm
2,9 cm	>>>	D

D = 2,9 x 50.000 = 145.000 cm = *1.450 m*

9.3. Se calcula la pendiente en grados:

Cota Punto P_1 = 844 m; Cota P = 715,9 m

h = 844 – 715,9 = *128,1 m*

α = arctg h/D = arctg 128,1 m / 1.450 m = arctg 0,088 = *5,029°*

9.4. Se calcula la pendiente en porcentaje:

Distancia reducida		desnivel
1.450 m	>>>	128,1 m
100 m	>>>	P

P = (128,1 x 100) / 1.450 = *8,83%*

EJERCICIOS

EJERCICIOS CARTOGRAMÉTRICOS sobre la Hoja de Marbella 1:50.000:

1. *Medidas de distancias rectilíneas reducidas o proyectadas utilizando la regla milimetrada*: Se mide directamente la distancia en milímetros y se multiplica por el denominador de la escala numérica del mapa. Luego se convierte a metros o kilómetros.

* *En la Hoja de Marbella medir la distancia reducida o proyectada, primero con regla y después con la escala gráfica, entre los puntos que tienen las notaciones:*

Punto A: 30S UF 219457 (312 m altitud)

Punto B: 30S UF 278470 (1.215 m altitud)

1.1. Solución aproximada con la regla milimetrada:________ *m*

2. *Medidas de distancias rectilíneas reducidas o proyectadas sin utilizar la regla milimetrada*:

2.1. *Con ayuda de la escala gráfica y el compás de puntas o una hoja de papel con las marcas de la distancia tomada sobre el plano*:

- Si la medida es menor que el tamaño de la escala gráfica se lleva la punta del compás o la marca derecha del papel a la unidad entera correspondiente de la escala gráfica, de manera que la marca o la punta del compás izquierda caiga dentro del talón. Se hace la lectura directa.
- Si la medida es mayor que el tamaño de la escala gráfica, se añade a la anterior tantas veces la escala gráfica sin el talón como se contengan en la medida que hemos tomado en el mapa.

Solución aproximada con la escala gráfica:________m

2.2. Sólo con la *notación UTM* a escala 1/50.000 de los dos puntos entre los que se desea saber la distancia reducida o proyectada (sin ayuda de la regla milimetrada, escala gráfica ni el compás de puntas o una hoja de papel; es decir, sin necesidad de realizar ninguna medida sobre el mapa, incluso sin disponer del mapa):

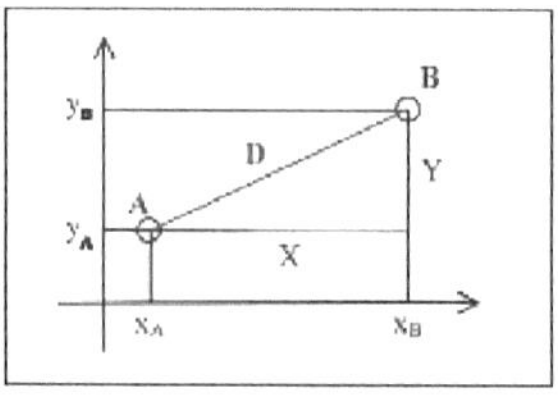

- Calcular la distancia rectilínea *proyectada* o *reducida* entre los dos puntos anteriores de la Hoja de Marbella que tienen dichas notaciones:

Punto A: *30S UF 219457 (312 m altitud)*
Punto B: *30S UF 278470 (1.215 m altitud)*
$X = X_B - X_A$; [X_B = 278 hm; X_A = 219 hm]
$Y = Y_B - Y_A$; [Y_B = 470 hm, Y_A = 457 hm]

X = *hm* = *m*
Y = *hm* = *m*

$$D^2 = (X_A - X_B)^2 + (Y_A - Y_B)^2;$$

D = *hm* = ________*m*

Como puede apreciarse, éste es el método de cálculo de la distancia más preciso y científico de los tres, porque sólo depende de la correcta situación geográfica de cada punto y no de factores aleatorios y subjetivos como pueden ser la agudeza visual y la habilidad del analista al medir.

2.3. *Calcular la distancia* real aproximada o geométrica *entre A y B*:
Una vez calculada la distancia reducida y proyectada o, lo que es lo mismo, la medida sobre el mapa (que siempre es una medida de distancia menor que la de la realidad porque se proyectan ortogonalmente los dos puntos en un mismo plano aunque estén a distinta altitud), se puede aproximar más la medida de la distancia, teniendo en cuenta las diferencias de altitud de ambos puntos, mediante el teorema de Pitágoras:

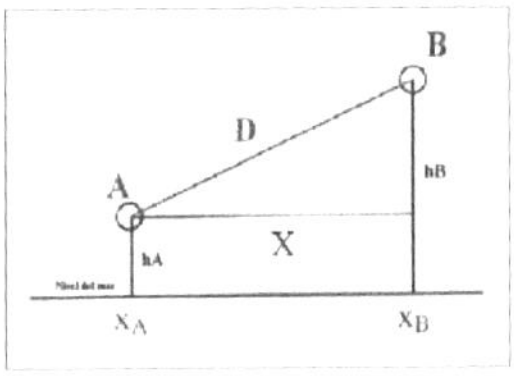

– *Distancia sobre mapa o reducida (X), calculada en el punto 2.2: m*

– *Diferencia de altitudes entre los dos puntos* $h = h_B - h_A = m$

Distancia real aproximada $R = (\sqrt{h^2 + D^2})$=________*m*

2.4. *Medir con un curvímetro la carretera que une el núcleo de población de Istán con la carretera nacional 340.*

Distancia aproximada =________*m*

3. *Cálculo de la Cota del punto (P) 30S UF 293434 : (es una piscina)*

Este punto se encuentra entre las curvas de nivel ______ al Norte, *y* ______ al Sur (20 m de equidistancia):

– *Distancia (a) medida entre las curvas:* ______ *mm*

– *Distancia (b) medida entre la curva* ______ *Norte y el punto P (piscina):* ______ *mm*

Si *(a)* se corresponde con una diferencia de altitud de *20 m* (equidistancia), *(b)* se corresponderá con *X* (regla de tres simple);
X = ______ *m* de diferencia de altitud respecto a la curva Norte; luego la Cota del punto P será = Curva Norte – X = ______ *m de altitud.*
(La cota del punto P será igual a la curva Norte menos la diferencia de altitud respecto a ella).

4. *Calcular la pendiente media para un teleférico que se quiere tender entre el vértice geodésico situado en (A) 30S UF 303485 y el vértice geodésico situado en (B) 30S UF 257505*:

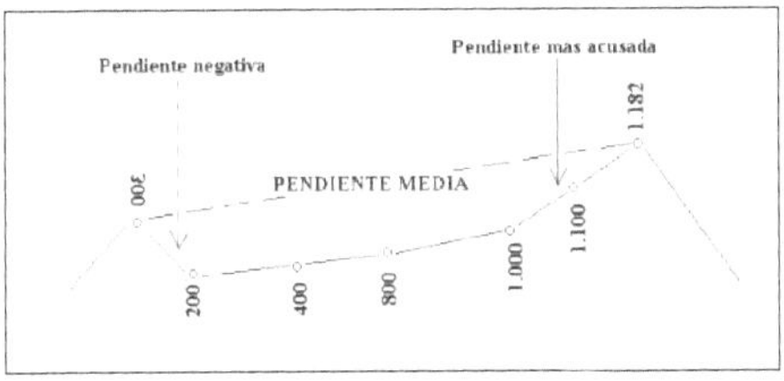

– *Cota de A*: m

– *Cota de B*: m

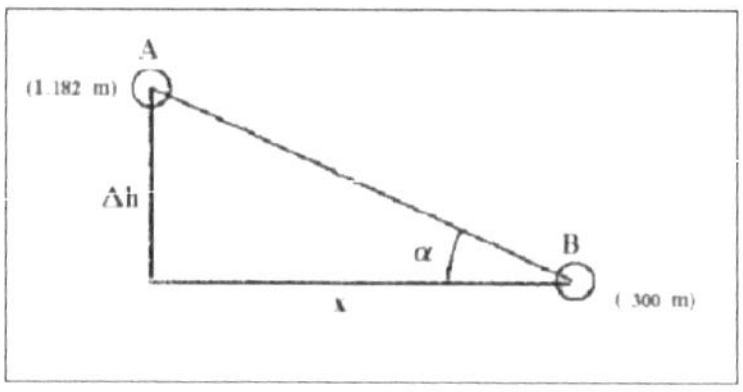

1.º Calcular la distancia proyectada o reducida X como en el punto 2.2:
$X_A - X_B =$ *hm*
$Y_A - Y_B =$ *hm*
X = *hm* = *m*

2º Calcular la pendiente media:
tg α = h/X; = _______

Cálculo con tablas trigonométricas o una calculadora del arctg α (que es la función inversa de la tg –en cualquier calculadora–).

arctg h/X= _______ = α *(pendiente en grados)*

– *Cálculo de la pendiente en porcentaje*:
Si en X m de distancia lineal hay *(h)* _____ m de desnivel, en 100 m habrá Z% (regla de tres simple).
Z = _____ %
(Se obtiene el mismo resultado multiplicando por 100 la tangente de α)

5. *Calcular la orientación, el rumbo y el acimut de la línea del teleférico:*

- La *orientación* es el ángulo formado por la línea que une dos puntos (trayecto) respecto al *Norte de Cuadrícula*. Su medida es directa con el transportador de ángulos. Para medir el ángulo respecto al eje de cuadrícula hay que hacerlo entre la línea que pasa por el punto origen del trayecto y es paralela a uno de los ejes de ordenadas *Y* de la cuadrícula (esta línea paralela se traza desde un lado lateral de cuadrícula con escuadra y cartabón) y la línea del trayecto que parte de dicho punto origen. Sobre papel transparente dibujar ambas líneas del ángulo y luego medir sobre él. *El ángulo medido directamente es de*: ___º
- El *acimut* es el ángulo que forma el trayecto entre dos puntos respecto al *Norte Geográfico* y en nuestro caso habrá que restar el ángulo de convergencia de la Hoja o Norte de Cuadrícula a la Orientación. *Acimut*: ___º
- El *rumbo* es el ángulo que forma el trayecto respecto al *Norte Magnético*. Por lo tanto, para obtenerlo basta sumar (en este caso) al acimut el ángulo que forma con la dirección del Norte Magnético (Declinación Magnética). *Rumbo*: ___º
    - En primer lugar hay que convertir la *variación anual* de la declinación magnética que viene expresada en sistema decimal (–7,3') a sistema sexagesimal: ___
    - Después hay que calcular la desviación magnética que se ha producido hasta la actualidad desde la fecha de medida de la declinación del mapa:
      Declinación magnética 1 de enero de 1997: ___
      Declinación magnética actual (2009) después de transcurrir 12 años *(2009-*

1997): 11 años x _____ que hay que restar a la *declinación magnética* de *1997:* ___ *(declinación magnética en 2009)*

Rumbo en 2009 = ___

6. *Medidas de superficie:* (realizada con plantilla de puntos).

* Calcular la *superficie de la clase de uso de suelo «urbano concentrado»* o *«casco urbano»* de la ciudad de Marbella mediante dos métodos*:*

6.1. Utilizar una plantilla de tramas de puntos sobre un papel transparente según sea la escala del mapa: sobre el papel transparente o papel milimetrado transparente realizar un cuadriculado de tamaño de cuadrícula de 10 mm o de 5 mm, suficientemente extenso como para que cubra una zona superior *a la ciudad de Marbella*; superponerla a ésta; contar el n.º de vértices de cuadrículas de 5 mm o 10 mm de separación que se contienen dentro de la ciudad y luego aplicar la fórmula correspondiente*:*

– *Con plantilla de 10 mm de separación entre puntos:*

$$\left(\frac{n.^{o}\ vertices}{100}\right)\left(\frac{escala}{1.000}\right)^{2} = ha$$

N.º de puntos de plantilla de 10 mm = _____ *ha*

– *Con plantilla de 5 mm de separación entre puntos:*

$$2{,}5.\left(\frac{n.^{o}\ vertices}{1000}\right)\left(\frac{escala}{1.000}\right)^{2} = ha$$

N.º de puntos de plantilla de 5 mm = _____ *ha*

6.2. *Contabilizar el número de cuadraditos milimétricos (1 mm²) del papel milimetrado transparente que contenga el perímetro de la ciudad y calcular la superficie según la escala del mapa. ¿Hay diferencias respecto a la solución obtenida en el punto 6.1? ¿Por qué?*

_____ *ha*

SOLUCIONES

1.1: *12,2 cm = 122 mm; 122 x* 5.10^4 = $6{,}1.10^6$ *mm = 6.110 m*

2.1: *6.100 m*

2.2: *6.041,5 m*

2.3: *6.108,61 m*

2.4: *Aprox. 12 km*

3: *90 metros de altitud*

4: *9,97º; 17,58%*

5: *Orientación: 294º; Acimut: 292º48'; Rumbo (2009): 291º33'.*

6: *46 puntos de plantilla de 5 mm = 287,5 ha*

V.1.4. ANÁLISIS ESPACIAL SOBRE EL MAPA TOPOGRÁFICO. ELABORACIÓN DE UN MAPA TEMÁTICO

FUNDAMENTOS TEÓRICOS

a) *Comentario general del mapa topográfico 1:50.000*

Siempre conviene realizar un análisis ordenado de un mapa topográfico que comprenda todos los componentes territoriales que aparecen; de manera que acabemos por captar todos los elementos y deducir sus formas e interrelaciones.

Orden y pasos del análisis cartográfico de una Hoja 1:50.000

1.º A modo introductorio del comentario hay que mencionar en primer lugar el *Nombre* de la Hoja sobre la que vamos a realizar el comentario (suele ser el del núcleo de población más importante o con más habitantes de la parte del territorio que aparece en la Hoja) y la *Numeración* de la Hoja (dentro del plan cartográfico al que pertenezca). También el contexto cartográfico en el que se encuentra o relación con las *hojas adyacentes*; así como las *coordenadas* que comprende en los distintos sistemas de coordenadas; el tipo de *proyección* que se ha utilizado para su levantamiento; y la *fecha* de confección y edición del mapa.

2.º En segundo lugar, conviene realizar el análisis del *relieve*, diferenciando las distintas unidades detectadas en función de sus formas. Se hará una breve caracterización de cada unidad identificada: situación; altitudes máximas y mínimas absolutas y relativas; desniveles y pendientes; morfología o tipos de formas (crestas, llanuras, rellanos, vaguadas, etc.). Para esto, puede ser útil la ayuda del Mapa Geológico correspondiente a la zona. Las hojas del plan MAGNA (1:50.000) tienen la misma cobertura espacial, denominación y numeración que las del MTN50, con lo cual será fácil la consulta combinada.

3.º En tercer lugar, se realizará el análisis de la *red fluvial*, diferenciando bien las vertientes e interfluvios que agrupan las distintas cuencas y subcuencas hidrográficas. Caracterizando toda la hoja y después cada curso fluvial de un modo individualizado: sus perfiles longitudinales y transversales; sus altitudes, pendientes y rupturas de pendiente (cambios de ángulo); su carácter alóctono o autóctono respecto a la hoja (procedencias), tanto de los ríos principales, como de los afluentes y arroyos; y de los cursos permanentes, como de los irregulares o intermitentes. En este apartado también se analizará la existencia de manantiales, pozos, fuentes, resurgencias, etc. Conviene poner en relación la red hidrográfica general con la organización humana del territorio (núcleos de población, actividad agrícola o industrial, etc.).

4.º Cuando se trate de una Hoja que contenga litoral se deberá realizar un análisis del *tipo de costa*: morfología, relieves litorales, etc. También de la plataforma continental a través de las líneas batimétricas; así como de los puertos, núcleos de población y actividades humanas deducidas de los objetos territoriales que aparezcan.

5.º En quinto lugar debe analizarse la *vegetación* y el *clima*. Computar la superficie que ocupa cada especie o cada asociación y la relación entre las áreas de vegetación natural y las de cultivos agrícolas. El análisis de la vegetación deberá hacerse con apoyo en la propia simbología del mapa y de las toponimias de los lugares. Estas últimas pueden también orientarnos acerca de la evolución vegetal de un lugar. Especial descripción se puede realizar de las áreas forestales, tanto naturales como antrópicas, diferenciando su carácter irregular o el geométrico de las repoblaciones que suelen o solían seguir las curvas de nivel. También se pueden captar desde el mapa las zonas de pastos y su relación con las forestales. Las deducciones climáticas indirectas se apoyarán en el análisis combinado del relieve, la altitud, la red fluvial y la vegetación; junto a la latitud de la zona que cubra el mapa.

6.º Un importante apartado de la hoja será siempre el comentario combinado, global y relacional de los *usos de suelo* o, lo que es lo mismo, de la organización humana del territorio, diferenciando los distintos tipos de uso, tales como:

- Espacio rural cultivado de secano y regadío: sus localizaciones, aprovechamiento de los recursos naturales (fuentes, ríos, etc.).
- Infraestructuras (canales, pozos, pantanos.).
- Usos ganaderos: zonas de pastos, prados, hábitats (tenadas, naves, apriscos, etc.).
- Usos forestales de bosques: tipos de árboles, aserraderos, industrias madereras...
- Pesca: piscifactorías, áreas portuarias, industrias pesqueras.
- Tierras incultivadas.
- Usos industriales, urbanos, recreativos, etc..., y los porcentajes del territorio destinado a cada uno de ellos, etc.

Para realizar este apartado conviene tener en cuenta también las toponimias porque en muchos casos indicarán los usos históricos de cada lugar.

7.º Luego se procederá a comentar tanto los espacios para la *minería* como para la obtención de las *fuentes de energía*: los tipos de explotaciones mineras, tanto subterráneas como a cielo abierto, y los minerales que obtienen, su utilización industrial, y los impactos sobre el medio físico, las condiciones de los hábitats, etc. Las formas de obtención de la energía eléctrica: hidroeléctrica, nuclear, eólica, térmica, combinada; y los tendidos y líneas de cables para su transporte, su utilización, etc.

8.º Otro apartado comprenderá el comentario sobre las *materias primas* y los *tipos de industrias* que aparezcan en la hoja, junto a sus factores de localización (medio, comunicaciones, ciudades, energía y materias primas). Los polígonos industriales. Para este apartado, como para la mayoría también resultarán de una gran ayuda las toponimias.

9.º Un aspecto fundamental será el comentario sobre las *redes nodales de poblamiento* y sus tipos, de sus niveles de jerarquización y polarización en relación a las redes de transporte; y sus estructuras que se basará en el análisis del tamaño de los núcleos, de sus densidades, de los factores de concentración o dispersión y de sus causas. Así como sus localizaciones en el territorio en relación con la red fluvial, las formas de relieve, etc. Especial comentario merecen las *áreas urbanas* y sus áreas de influencia, sus redes de comunicaciones y transportes, y la relación con otros núcleos periféricos, sus estructuras en barrios, centros, etapas y sus límites de crecimiento; así como las distancias entre centros, o sus disposiciones geométricas y topológicas.

10.º En relación con lo anterior hay que estudiar todo lo relativo a las *redes de comunicaciones y transportes*; los tipos de redes de carreteras y de sus categorías jerárquicas, así como redes de ferrocarril, aeropuertos, y puertos marítimos y fluviales. Líneas de telecomunicación. Densidades de las redes. Y sus relaciones con el medio, con las poblaciones, con las industrias y con el mundo rural.

11.º Se analizarán los *límites administrativos* contenidos en la hoja; tanto municipales, como provinciales, regionales y nacionales, así como los de las administraciones multinacionales. El tamaño superficial bajo cada administración (por ejemplo, los tamaños y formas de los términos municipales). La localización del núcleo cabeza del municipio en relación a éste.

12.º Finalmente, se realizará un breve resumen de los apartados anteriores con expresión de las conclusiones generales extraídas del estudio de la hoja correspondiente.

b) *Confección de mapas temáticos y de interpretación general*

Se parte siempre confeccionando un *mapa referencial básico* de la zona de estudio contenida dentro de una Hoja del mapa topográfico. La idea básica de la confección de este mapa referencial (sobre el que montaremos después el cartografiado temático que queramos dar a conocer –tipos de suelos, masas forestales, unidades geomorfológicas o afloramientos geológicos, etc.–) es poder situarlo correctamente en el espacio. Conviene considerar los atributos espaciales referenciales como si estuviesen formados por capas independientes, cada una con un color. Para ello, en un papel transparente de tamaño apropiado se calcarán algunos de los elementos cartográficos básicos de la zona bajo estudio que sirvan para su orientación:

- La parte de la *red hidrográfica* que lo afecte: calco de los trazados de los cursos fluviales (por ejemplo en color azul) diferenciando claramente su jerarquía mediante el trazo de distinto grosor (por ejemplo, los cursos más importantes en cuanto a cantidad y regularidad del caudal en trazos más gruesos y los arroyos intermitentes en trazos finos e interrumpidos).
- Se calcarán también las *curvas de nivel maestras* en color marrón, o al menos una *selección significativa* de ellas con sus valores de altitud. Siempre aparecerán las que más afecten a la incorporación temática que se vaya a realizar posteriormente.
- También los *núcleos de población*, calcando sus límites (en color rojo, por ejemplo); lo que dará después idea de la importancia relativa de cada uno de ellos, en función de la superficie que ocupen en nuestro mapa.
- Asimismo se calcarán las *redes de transporte* que afecten a la zona bajo estudio, diferenciando bien su jerarquía (por ejemplo, con color rojo las carreteras nacionales de distinto grosor si son autovías o de doble sentido, en trazos amarillos las de la redes secundarias, en negro las vías de ferrocarril, etc.).
- Se calcará también el *rectángulo seleccionado* georreferenciándolo; es decir, indicando claramente las coordenadas geográficas o UTM de sus cuatro vértices (o esquinas) y las marcas del cuadriculado kilométrico en los cuatro lados del rectángulo (no conviene calcar todo el cuadriculado kilométrico porque complicará la lectura de nuestro mapa).
- Se orientará el mapa calcado, indicando mediante una *flecha* la *dirección del Norte Geográfico (no será necesario indicar las direcciones de los Norte de Cuadrícula ni Magnético)*. Para ello con escuadra y cartabón se trasladará la flecha que lo indica en el mapa topográfico.
- Se calcará la *escala gráfica* del MT y anotará la *escala numérica*, así como el *sistema de proyección* y *elipsoide* de referencia.
- Se añadirá un *cuadro de leyenda* con indicación de los símbolos puntuales, lineales y superficiales, pictóricos y cromáticos que hayamos utilizado en nuestro mapa y la categorización de la rotulación.
- Se rotularán los *nombres* de los elementos más importantes de nuestro mapa (montañas, montes, ríos, núcleos de población, etc.)
- Por último, se incorporarán los *límites de nuestras aportaciones temáticas*, los signos nuevos de los atributos que aporta nuestro estudio y los colores y tramas que definen las superficies que cubren cada uno de ellos (por ejemplo, un estudio sobre la propiedad de un parcelario agrario). Los símbolos, signos y colores o tramas de estas aportaciones temáticas deberán aparecer también en la *leyenda*.

EJERCICIOS

Realizar sobre la Hoja de MARBELLA:

1. COMENTARIO o DESCRIPCIÓN GENERAL DE LA HOJA
 * *Paso 1.º. Introducción:*
 – Denominación de la Hoja: *Marbella.*
 – Número de la Hoja: *1.065*
 – Editor: *Servicio Cartográfico del Ejército. Cartografía Militar de España.*
 – Fecha de edición e impresión: *1997 (impresión y depósito legal: 2001).*
 – Fecha de datos: *Formada para uso militar en 1996.*
 – Fecha de confección o de últimos datos: *1997 (deducida de la toma de la declinación magnética).*
 – Declinación magnética: *1 de enero de 1997 (deducida del Mapa Geomagnético de 1995) = 3º 43'*
 – Variación anual del ángulo de declinación magnética: -7',3/año (en sexagesimal: -7' *20''/año).*
 – Ángulo de convergencia del centro de la Hoja (respecto al Norte geográfico): *1º 12'*
 – Escala: *1:50.000* (Serie «L»).
 – Sistema de Proyección: *UTM.*
 – Elipsoide: *Hayford.*
 – Datum horizontal: *Europeo* (ED-50, Potsdam).
 – Datum vertical: *Alicante* (nivel medio del mar –n.m.m.–).
 – Equidistancia de las curvas de nivel: *20* metros.
 – Meridiano cero: *Greenwich.*

 * *Paso 2.º. Relieve:* Prosígase el comentario general de la Hoja de Marbella del Mapa Topográfico 1:50.000, según los pasos y las pautas explicadas anteriormente hasta el paso 12.

2. EJERCICIOS de INTERPRETACIÓN CARTOGRÁFICA
 Responder a las siguientes preguntas:
 2.1. *Análisis de la relación entre la red fluvial y la de transportes*
 Se trata de buscar las relaciones entre ambas redes, sus jerarquizaciones y sus formas. Para esto, el mejor método sería calcular las pendientes de ambos tipos de trazados y las distancias entre ellos, midiéndolas, o de un modo intuitivo (a ojo). *En nuestro caso lo realizaremos* a ojo.
 – Pregunta: *¿En qué zona de la Hoja de Marbella la relación es más intensa?*

 2.2. *Análisis de la relación entre la orientación de las laderas y los tipos de vegetación*
 Para esto se fijará sobre nuestro mapa la localización de las superficies con dominancia de las distintas especies vegetales, tanto si son de extensión y origen natural, como antrópico. Lo más apropiado es dar un color, un tramado o una combinación de ambos a cada especie, con indicación clara en nuestra leyenda.
 – Pregunta: *Prioritariamente ¿entre qué altitudes y con qué orientación aparece el bosque de coníferas en la Hoja de Marbella?* (la conífera viene indicada por el símbolo de un cono verde).

2.3. *Análisis de las formas del relieve*:

Es decir, la distribución espacial general de las zonas más abruptas y las más llanas, y su relación con los demás elementos humanos de la Hoja.

- Pregunta: *¿Qué relación tiene el relieve con la red de transporte y con la localización de los núcleos de población en la Hoja de Marbella?*
- Pregunta: *¿Qué estructura de poblamiento y que forma tiene la red nodal de poblamiento de la Hoja de Marbella?*

2.4. *Análisis toponímico*:

Para este ejercicio es necesario acudir a la ayuda de consultas bibliográficas. El elemento de consulta fundamental en España es el *Diccionario de la Lengua Española*, aunque existen otros muchos, entre los que cabe destacar el *Diccionario de voces españolas geográficas de la Real Academia de la Historia* de 1796 que resulta muy útil para desentrañar la etimología de los topónimos. Nosotros utilizaremos el primero. Los *topónimos* son los nombres de los lugares que, en muchos casos, nos explican los orígenes, evolución o características básicas de cada lugar.

- Pregunta: *¿Qué tipo de vegetación existe o ha existido en el rectángulo kilométrico comprendido entre (x) 48-49 e (y) 27-28?*
- Pregunta: *¿A qué uso humano y desde que época se ha dedicado el espacio del cuadrado kilométrico comprendido entre (x) 48-49 e (y) 16-17?*
- Pregunta: *¿Qué tipo de roca existe en el cuadrado kilométrico comprendido entre (x) 56-57 e (y) 14-15?*
- Pregunta: *¿Qué tipo de árboles existen o han existido en el cuadrado kilométrico comprendido entre (x) 59-60 e (y) 11-12?*

3. EJERCICIOS de CONFECCIÓN de MAPAS TEMÁTICOS

3.1. *Realización del fondo cartográfico referencial*

Siguiendo las pautas explicadas en los fundamentos teóricos, realizar el calcado en un papel transparente A-4 de los rasgos principales del mapa en el entorno de Marbella que cubre el rectángulo comprendido desde el vértice inferior derecho del marco de la Hoja hasta el comienzo del cuadrado kilométrico 53 por el Norte y el comienzo del cuadrado kilométrico 23 por el Oeste. Una vez realizado el calcado de los rasgos, pegar la hoja transparente encima del centro de una hoja en blanco A-3 (o calcarla en dicha hoja A-3), en cuyos márgenes se colocará:

- En la parte superior del marco: el título de nuestro mapa temático: por ejemplo «Propuesta de ubicación de un Campo de Golf en las cercanías de Marbella (Málaga)».
- En la parte inferior: la escala gráfica (en nuestro caso se puede copiar directamente puesto que no realizamos ningún cambio de escala) y la escala numérica.
- A la parte izquierda del marco: la flecha de indicación del Norte Geográfico o Verdadero (no es necesario indicar el Norte de Cuadrícula ni el Magnético).
- Debajo de las escalas: el tipo de sistema de proyección y elipsoide de referencia (serán los de la Hoja topográfica de la que hemos calcado: en este caso UTM y Hayford).
- Las coordenadas de los cuatro vértices de nuestro mapa, mediante notación UTM de escala 1:50.000.
- A la parte derecha del marco: la leyenda con la correspondencia entre los símbolos y signos de todo tipo que hayamos utilizado en nuestro mapa (puntuales, lineales y superficiales) y su significado.

3.2. *Realización del Mapa Temático*

Para construir un campo de golf, se ha recibido el encargo de localizar y cartografiar una zona en la Hoja de Marbella que cumpla los siguientes requisitos:

- Que no esté alejada *en línea recta* de la ciudad de Marbella (del vértice geodésico en su iglesia principal) más de 11 km.
- Que esté comprendida entre 500 y 700 m de altitud.
- Que las pendientes existentes en la zona no superen el 20%.
- Que esté más soleada por las mañanas que por las tardes.
- Que esté regada por algún curso fluvial que permita construir un embalse para riego del campo de golf.
- Que sea accesible por carretera asfaltada de más de 3 m de anchura (tipo X).
- Que su uso actual no sea de bosque, ni monte bajo, sino de algún tipo de cultivo agrícola *(porque será menos dificultosa su recalificación).*
- Que supere las 40 ha. de superficie.

Representar el espacio que cumple todos los criterios anteriores sobre el mapa de referencia que se realizó en el ejercicio 3.1; incluyendo en la leyenda explicación de la representación simbólica (color o trama) que se haya utilizado en nuestro mapa para indicar la zona que proponemos para la construcción del campo de golf.

SOLUCIONES

2.1: *La relación intensa entre ambas redes viene dada por el paralelismo entre ambas y algunos cruces entre ellas. Causa: menos pendiente en los valles fluviales; localización de los núcleos en los valles, cerca de los ríos. Mayor relación entre ambas en la carretera que conecta el pueblo de Benahavís con el litoral y la de Istán. Hay mucha más relación de la red de caminos (o carreteras tipo «Z» según la leyenda del mapa) sin asfaltar con los trazados de ríos y sobre todo de los arroyos.*

2.2: *En las vertientes de las Sierras entre las curvas de nivel de 500 y 1.000.*

2.3: *El que se corresponde con un relieve abrupto de grandes diferencias de altitud. En la mitad Sur de la Hoja y preferentemente en el tercer cuadrante se localizan los núcleos en las zonas de menor altitud y menores pendientes. En la mitad Norte, se ubican también en las zonas más bajas pero éstas superan siempre los 500 m de altitud y se encuentran sólo en el primer cuadrante de la hoja. Los caminos y carreteras siguen siempre claramente las curvas de nivel. Un ejemplo claro es la carretera A-473 que une San Pedro de Alcántara y Ronda. Los núcleos extienden sus áreas de influencia sobre zonas más o menos llanas y sobre todo en terrazas de cultivo. Es dual, con centro polarizante los núcleos del NW en la ciudad de Ronda y los del SE en la ciudad de Marbella.*

2.4: *Topónimo: «Cerro del Lastonar» = «LASTÓN»: Planta perenne de la familia de las Gramíneas, cuya caña es de unos seis decímetros de altura, estriada, lampiña y de pocos nudos, y las hojas muy largas, lo mismo que la panoja, cuyos ramos llevan multitud de florecitas con cabillo y con arista. Parecido al esparto.*

– Topónimo: «Almageles» = No aparece con «g» pero sí con «j»: «ALMAJE»: (Dula en árabe) 1. f. Porción de tierra que, siguiendo un turno, recibe riego de una acequia. 2. f. Cada una de las porciones del terreno comunal o en rastrojera donde por turno pacen los ganados de los vecinos de un pueblo.3. f. Sitio donde se echan a pastar los ganados de los vecinos de un pueblo.4. f. Conjunto de las cabezas de ganado de los vecinos de un pueblo, que se envían a pastar juntas a un terreno comunal. Se usa especialmente hablando del ganado caballar.

Se supone que el nombre (hoy se emplea la palabra en Álava) apareció después de la Reconquista (1490). Seguramente es o fue un sitio de pasto para ganado caballar que se trasladase desde la costa hasta Ronda.

– *Topónimo: «Las Cascajeras»: «CASCAJAL»: Lugar de mucho cascajo. Cascajo: 1. m. Guijo, fragmentos de piedra y de otras cosas que se quiebran. Tipo de roca quebradiza, suelta, blanda y fácil de fragmentar en trozos pequeños. Lo confirma la cantera de arena próxima.*

– *Topónimo: «Algarrobillos»: Diminutivo de algarrobo «ALGARROBO»: 1. m. Árbol siempre verde, de la familia de las Papilionáceas, de ocho a diez metros de altura, con copa de ramas irregulares y tortuosas, hojas lustrosas y coriáceas, flores purpúreas, y cuyo fruto es la algarroba. Originario de Oriente, se cría en las regiones marítimas templadas y florece en otoño y en invierno.*

3.1 y 3.2:

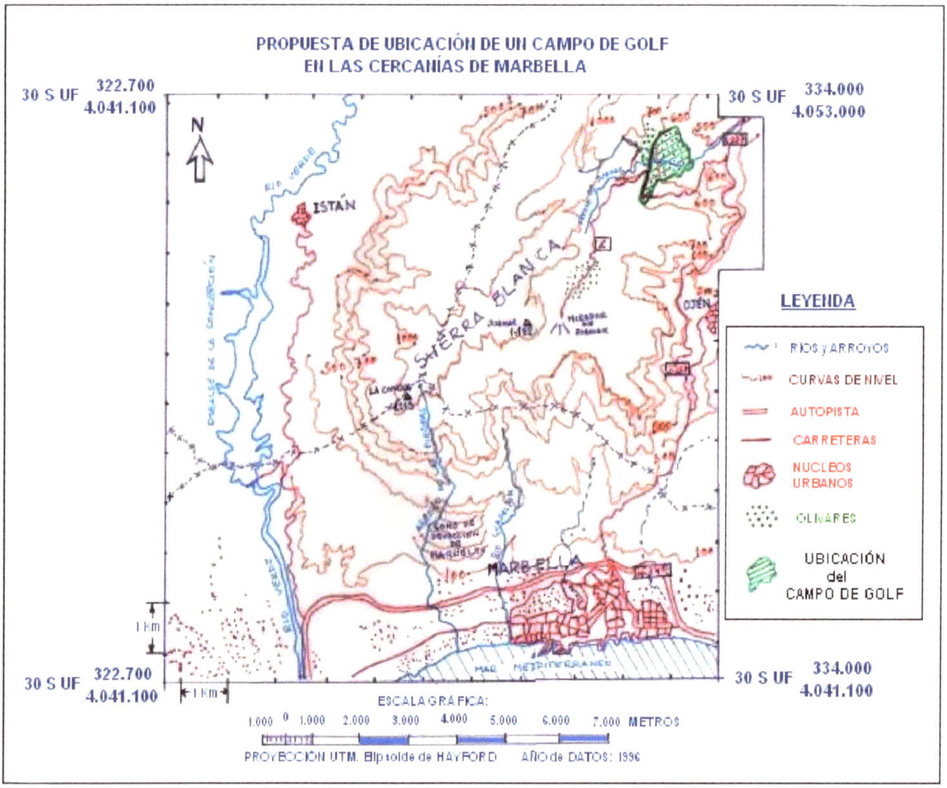

V.2. CARTOGRAFÍA DIGITAL

Para realizar mapas con archivos digitales vectoriales o capas superpuestas de distintos rasgos o atributos espaciales es necesario utilizar los módulos de composición apropiados de los distintos sistemas de información geográfica. A continuación se realizarán dos mapas con dos programas (sistemas de información geográfica) diferentes para comprobar que el formato de los archivos que requieren, la jerga que emplean y la forma de componer las capas son distintos. Previamente al pautado para la realización de cada mapa se describirán ambos programas y los de su tipo.

V.2.1. INTRODUCCIÓN AL PROGRAMA SIG ArcGis 9.3. ELABORACIÓN DE UN MAPA

1. Objetivos

Familiarización con el Programa SIG de ESRI ArcGis 9.3 y con sus características principales:

- Llevar a cabo tareas relacionadas con la visualización de capas de datos y composiciones de mapas, con la utilización de distintas paletas de colores y de símbolos, y con la creación de capas de textos y de estructuras de datos.
- Aprender el manejo de algunos módulos de composición de capas vectoriales sobre ortoimágenes de fondo referencial.
- Aprender el manejo de algunos módulos informáticos de georreferenciación del programa.
- Realizar composiciones finales y ediciones de mapas.

2. Fundamentos

Desde hace más de cuarenta años los mapas y demás productos cartográficos pueden elaborarse, consultarse, desarrollarse y servir de base de análisis geográficos mediante módulos de programación informática existentes en los Sistemas de Información Geográfica. Los SIG forman parte de los Sistemas de Información que tienen sus fundamentos básicos en la Geografía. Proporcionan técnicas y métodos que facilitan la integración de los datos obtenidos de la realidad espacial de muy distintas fuentes. Además permiten análisis espaciales y la generación de nuevos datos del territorio. Los SIG también proporcionan un marco científico para organizar los trabajos que integran todos los factores de la realidad que hay que considerar para la toma de decisiones sobre las acciones que se pueden realizar sobre el territorio, así como para su gestión. Facilitan así la mejor decisión, ahorrando tiempo, dinero y recursos. Y permiten la previa visión directa de los resultados de las acciones, antes de su ejecución sobre la realidad, mediante modelizaciones y simulaciones.

Los SIG pueden utilizarse de modo individualizado con el programa informático instalado en un único ordenador («desktop»). También, de un modo conjunto y simultáneo, desde varios ordenadores que acceden a un servidor a través de redes fijas corporativas y cerradas (dentro de un organismo o una empresa), en lo que se conoce como Sistemas Multiusuario. Y, por último, mediante redes abiertas, como por ejemplo Internet, que permiten operaciones «mashups» –páginas web que utilizan y combinan otras muchas webs para sus desarrollos y funcionamientos–.

Dentro de los programas de ESRI (Enviromental Systems Research Institut) de la Unión Geográfica Internacional se encuentra el conjunto ArcGis que consta de varios niveles (ArcGis-ArcView, ArcGis-Editor y ArcGis-ArcInfo) y comprende las tres formas de trabajo: ArcGis Desktop, ArcGis Server y ArcGis Online. La práctica se realizará con la versión ArcGis 9.3 Desktop –View y Editor–. Toda la información técnica de este programa SIG se puede consultar en http://www.esri.com/suscribe.

2.1. *Procedimientos*

2.1.1. El entorno de ArcGis

En esta práctica vamos a introducirnos en el manejo del programa ArGis que es muy potente para trabajar con archivos en *formato vectorial*; aunque, mediante la incorporación-instalación de distintas extensiones de programación (parches), puede ir permitiendo trabajar también con archivos en *formato raster* y realizar algunos análisis espaciales.

Productos que componen ArcGis:

- *ArcMap*, para la entrada de datos, composición de mapas y búsquedas de información.
- *ArcCatalog*, para organizar y documentar los metadatos.
- *ArcToolbox*, para geoprocesar, georreferenciar, dar parámetros cartográficos (datums, sistemas de proyección y de coordenadas, etc.). Y muchas más herramientas.

Antes de abrir el programa SIG, con el explorador de Windows o con el que utilice de manera habitual:

✓ Crear una carpeta nueva nombrada «SITCyL». Dentro de ella, crear otra carpeta y nómbrela «ARCGIS». Y dentro de esta última crear otra y darle el nombre del proyecto Sig (por ejemplo, «Campo de Golf en Sierra de Francia»). *–Cuando se trabaja con ArcGis hay que tener cuidado de no utilizar acentos y demás signos ortográficos en los nombres que se le den a las carpetas y archivos porque funciona mal, sobre todo en los archivos tipo raster–.*

Los archivos fuentes que se utilizarán serán descargados desde el Sistema de Información Territorial de Castilla y León, ubicados en su web http://www.sitcyl.jcyl.es:

– *IMÁGENES*:

Pulsar la opción «Descargas»; y dentro de la página que se abre pulsar sobre «Descargas de ortofotos». Pulsar sobre «Acceso a descarga» y aceptar las condiciones de uso. Abrir la carpeta «Ortofotos» y dentro de ésta la cadena de subcarpetas «Cobertura_2008_2011»/ «2009_50cm_CyL_SW» / «RGB»/ «Datum_ED50»/ «H-0257».

• Desde esta última copiar los archivos «ecw»:
«PNOA_CyL_sw_2009_50cm_OF_rgb_ed50_hu30_0527_1-3.ecw»
«PNOA_CyL_sw_2009_50cm_OF_rgb_ed50_hu30_0527_1-4.ecw»
«PNOA_CyL_sw_2009_50cm_OF_rgb_ed50_hu30_0527_2-3.ecw»
«PNOA_CyL_sw_2009_50cm_OF_rgb_ed50_hu30_0527_2-4.ecw» y pegarlos en la carpeta del proyecto Sig creada en el paso anterior («Campo de Golf en Sierra de Francia»).

Se han obtenido así las fotografías aéreas verticales, ya restituidas en proyección UTM, huso 30 y Datum ED50, que servirán de fondo referencial para elaborar un mapa de la zona en la que se propondrá la construcción de un campo de golf. Como están en formato «ecw», para poder abrirlas con ArcMap de ArcGis será necesario instalar en nuestro ordenador el programa de pequeño tamaño «ECWJP2ArcGisPlugin», fácil de localizar en la página web de ERDAS: «//erdas.software.informer.com».

– *CAPAS VECTORIALES*:

Dentro de la carpeta del proyecto Sig («Campo de Golf en Sierra de Francia») crear cuatro carpetas y nombrarlas «1 arcgis», «2 arcgis», «3 arcgis» y «4 arcgis». En ellas cargaremos los archivos vectoriales topográficos que se superpondrán a las fotografías aéreas para realizar el mapa final. Éstos se obtendrán en la misma página web del Sistema de Información Territorial de Castilla y León, pero en vez de pulsando sobre «Descargas» como antes, hay que hacerlo en el visor «Servidor de Mapas y Servicios WMS» en la página principal. Cuando se abra la siguiente página pulsar sobre «Visor de Mapas IDECyL»:

Se abrirá el visor. Pulsar sobre el icono de coordenadas  e introducir las coordenadas X: *237205* e Y: *4492731* para centrar el mapa en la zona de nuestro interés; pulsar sobre «OK». En la ventana inferior «Escala» sobreescribir en la escala existente: *50000*. A continuación pulsar sobre el botón «ver». Aparecerá un mapa de la zona de interés.

Pulsar sobre el icono  («Extraer imagen o datos») que aparece en la barra de iconos en la parte superior del mapa. Se abre una ventana en la que en el apartado «Formatos de Extracción» se seleccionará la opción «Vectorial por Hojas». De las disponibles seleccionar, si no lo están ya:
«0527-13»
«0527-14»
«0527-23»
«0527-24»
Pulsar sobre el botón «extraer».
Marcar el primero de los archivos que salen y guardar el contenido comprimido dentro de la carpeta «1» (creada anteriormente); y así sucesivamente con los tres archivos comprimidos restantes: el de «0527-14» en la «2»; el de «0527-23» en la «3»; y el de «0527-24» en la «4». Después, con el programa WinZip, se descomprimirán y extraerán sus contenidos dentro de cada propia carpeta. Al descomprimirse aparecerán en cada carpeta unos archivos vectoriales tipo «shape». De los que aparecen, utilizaremos para el ejercicio los siguientes:
«2.shp» (límites de la provincia de Salamanca [España])
«3.shp» (límites exteriores e interiores de los términos municipales)
«Cdirect.shp» (curvas de nivel maestras)
«Hidrolog.shp» (ríos, arroyos, embalses, etc.)
«Edifc.shp» (edificaciones dispersas y edificios de los núcleos de población)
«ViasCom.shp» (vías de comunicación: carreteras de distinto orden jerárquico, pistas, senderos, etc.).
El resto de archivos vectoriales que aparecen no serán utilizados.

Desde la propia página web de «Ficheros de descarga» descargar e instalar en el ordenador el conversor de formato «shape» a formato «DXF»: «Shpdxf_V2. exe» que luego será utilizado en el ejercicio con el programa Sig IDRISI.

✓ Abrir *ArcMap* dentro del programa *Arc Gis*. Se abre una ventana que indica que se iniciará ArcMap desde varias opciones, bien desde un mapa vacío, bien con una plantilla (template) o bien con un mapa existente («An existing map»). Seleccionar la primera opción («A new empty map») y hacer «clic» con el pulsador izquierdo del ratón sobre el rectángulo-entrada *OK*.

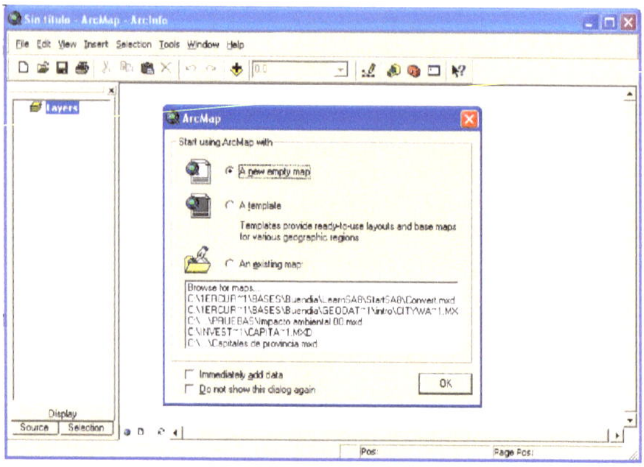

La ventana principal del programa aparece con las barras y elementos fundamentales. Progresivamente se podrán ir incorporando nuevas barras de herramientas, según vayan siendo necesarias.

En la parte superior se encuentran las barras de herramientas. Bajo ellas, a la izquierda se halla una ventana que es la *tabla de contenidos* y contiene el marco de datos («layers») y demás archivos con los que se va a trabajar. A la derecha se encuentra una ventana mayor; es el *área de imagen* («Display») donde los archivos tienen su expresión gráfica.

La primera de estas barras está siempre presente y contiene los menús desplegables: *Archivo* (File); *Editor* (Edit); *Ver* (View); *Bookmarks* (señales o marcas con las que se pueden crear áreas dentro del archivo que nos sean de algún interés); *Insertar* (Insert); *Selección* (Selection); *Herramientas* (Tools); *Ventana* («window») y *Ayuda* (Help).

– MENÚ 1 Archivo (File)

✓ Pulsar con el botón izquierdo del ratón sobre el primer menú (File) para tener acceso a los archivos SIG. Se desplegará una ventana con sus submenús: *Nuevo* (New), *Abrir* (Open), *Salvar* (Save, Save As y Save a copy), *Añadir datos* (Add Data y Add Data from Resource Center –Internet–), *Configuración de Página y de impresión* (Page and Print Setup), *Imprimir vista previa* (Print Preview), *Imprimir* (Print), *Características del Mapa* (Document Properties), *Importar desde un Proyecto ArcView* (Import from ArcView Proyect), *Exportar Mapa a otros formatos no ESRI* (Export Map), y *Salir del programa* (Exit). Muchos de estos submenús pueden aparecer en barras con botones que representan su función con un icono. Estas barras de iconos se activan y aparecen bajo la principal si se seleccionan previamente en el menú *View*, submenú *Toolbars*.

• Pulsar con el botón izquierdo del ratón sobre *View*, submenú *Toolbars*. Seleccionar *Estándar*. Aparecerá esta barra:

que se puede arrastrar con el ratón y colocar dónde se quiera.

✓ Pulsar con el botón izquierdo del ratón sobre el icono  (Add Data) –o, lo que es lo mismo, en la barra de menús pulsar en *File* y luego en *Add Data*–. Se abrirá una ventana de selección. Abrir «Campo de Golf en Sierra de Francia»/«1 arcgis» y seleccionar el archivo «2.shp». Una ventana nos informará de que este archivo no tiene sistema de proyección: Pulsar en «*OK*» y se abrirá la imagen de los límites administrativos de la Provincia de Salamanca.

– MENÚ 2 Editor (Edit)

✓ Pulsar con el botón izquierdo del ratón sobre el siguiente menú (*Edit*). Con él se puede copiar, cortar y realizar las demás funciones generales de edición. Para que se activen algunas de las funciones es necesario que se seleccione algún archivo previamente. Si se activa la barra de herramientas *Editor* (en el submenú *Toolbars* que se encuentra en View) aparece otro Editor, necesario para manipular los archivos de imagen. Para que éste funcione es necesario que exista en la ventana Display una imagen y además Iniciar el editor pulsando sobre *Start Editor* para que se activen todas sus funciones.

– MENÚ 3 Ver (View)

Permite trabajar directamente en los archivos de datos con la opción *Data View* o, una vez incorporados éstos en la composición del mapa final, con la opción *Layout View* [además de cómo submenús de *View*, los botones de acceso directo con ambos iconos se encuentran en la parte inferior izquierda de la ventana de *Display*, junto al de reapertura de la imagen ( )]. En ambos casos se pueden realizar ampliaciones o reducciones (*zoom data* o *zoom layout*). Si se activa la barra *Tools* (en el submenú *Toolbars* –dentro del menú *View*–) se tiene acceso a los botones correspondientes, como, por ejemplo, al de ajuste de la visión del archivo a toda la ventana (*Full Extent*).

Botones principales de *Tools*:

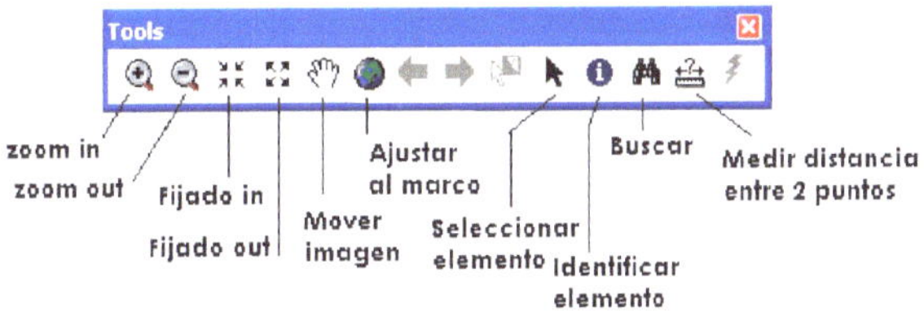

En este submenú (*Toolbars*) se puede realizar la selección de las barras de herramientas que se quiera que estén visibles en pantalla.

El submenú *Toolbars* permite activar muchas barras de herramientas con iconos que facilitan el acceso a cualquier subrutina sin necesidad de abrir el menú ni los submenús correspondientes.

Se puede activar la barra de estado (*Status bar*) y aparecerá en la parte inferior de la ventana Display. Indicará la situación del cursor sobre la imagen en el sistema de coordenadas en el que esté georreferenciada (si se mueve el cursor-flecha sobre el mapa se comprueba como cambian en la barra de estado). También podemos activar y desactivar las barras de desplazamiento (*Scroll bars*) situadas a la derecha y en la parte inferior de la ventana Display y el cuadro de las características y propiedades del marco (*Data Frame*) en el que están incluidos los datos.

– MENÚ 4 Insertar (Insert)

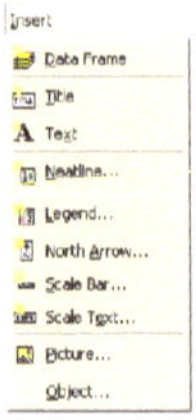

Si se está en modo *Data View* , al abrir el menú «*Insert*» sólo permite crear un nuevo marco de datos (*Data Frame*), incluir texto en el mapa, insertar una imagen o incluir un objeto (documento, archivo de sonido, vídeo, etc.) que se ejecutará –mediante doble «clic»– con el programa con el que se creó. Pero si se está en el modo *Layout View*  se activarán todos los demás submenús de inserción: Título del mapa, Neatline, Leyenda, Flecha del Norte Geográfico, Barra de escala gráfica y texto de la escala numérica.

– MENÚ 5 Selección (Selection)

Permite seleccionar rasgos gráficos, algunos de los campos de la tabla de datos que acompaña a cada archivo, o algunos de sus valores que interese localizar o destacar. Los seleccionados aparecerán en pantalla con colores especiales. Esto se puede realizar por el campo y el valor que se determine (submenú *Select by Atributes*) o por la localización espacial que se seleccione (*Select by Location*). Se puede obtener de una capa o de varias; y de un modo interactivo o manual con el ratón directamente sobre el mapa. En el submenú *Options* se pueden elegir las características de la selección (color, tolerancia, etc.).

– MENÚ 6 Herramientas (Tools)

Como ya se mencionó en un apartado anterior (Menú 2: Edit), en este menú se seleccionan las barras de herramientas que se quiera que estén visibles en pantalla.

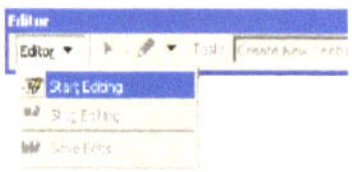

– El primer submenú es la barra de herramientas del *Editor* (Editor Toolbar). Si la seleccionamos aparecerá la barra correspondiente, pero no podrá ser utilizada hasta que sea iniciada pulsando el arranque del Editor (Start Editing). Esto hará que se iluminen todas las opciones del Editor y puedan ser utilizadas. Cuando se termine de utilizar conviene detenerlo pulsando sobre Stop Editing.

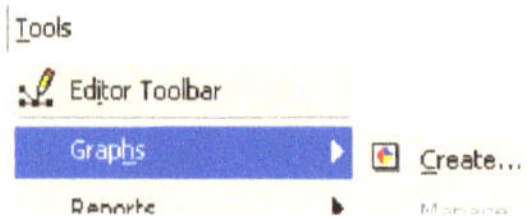

– El siguiente submenú es el de Creación de gráficos con los valores estadísticos de la tabla de datos del archivo con el que se está trabajando (*Graphs*). Esto permitirá insertar gráficas estadísticas de los atributos numéricos junto al mapa correspondiente.

– Los siguientes submenús permiten elaborar informes con los datos (*Report*); geocodificar direcciones (*Geocoding*); añadir datos ***x*** e ***y*** de localización (*Add x,y data*); localizar puntos a lo largo de rutas (*Add route events*); acceder a *Arc Catalog* (que es el explorador de archivos del propio ArcGis); localizar lugares («*My Places*»); encontrar servicios en línea («*On line services*»); crear macros y programas en Visual Basic; seleccionar barras de Extensiones (*Extensions*) para que aparezcan visibles –en el caso de que estén instaladas en el programa como parches (por ejemplo, *Spatial Analysis*, *Geostatistical*, etc.)–; personalizar las barras de herramientas y elegir los iconos de los botones (*Customize*); elegir los estilos de colores, tramas, líneas y símbolos gráficos (*Styles*); y las opciones generales de trabajo con pestañas («*Options*»).

– MENÚ 7 Ventana (Window)

Este menú permite hacer visibles u ocultar en pantalla, al lado izquierdo, la ventana del Cuadro de Contenidos (*Table of Contents*), que es donde aparecen los nombres de los archivos que son gráficamente visibles en la ventana de Display, situada a su derecha, y alguna de sus características. También se puede hacer visible otra ventana –entre la de Contenidos y la Display– en la que aparecen otras muchas herramientas de tratamiento de archivos –como, por ejemplo, entre otras muchas, las utilizadas para asignar datum y sistema de proyección a los archivos– (*ArcToolBox*). Y, por último, la ventana de Comandos Escritos –scripts– (*Command Line*).

Además permite seleccionar otras dos ventanas:

- *OverView*: Permite tener una ventana con la visión gráfica general de todo el archivo, aunque en Display se haya utilizado el zoom y sólo sea visible una parte agrandada. La zona que esté ampliada es destacada con una trama roja.
- *Magnifier*: Permite pasar una ventana, a modo de lupa, que aumenta la visión de la zona por la que se va pasando sobre la imagen existente en Display.
- *Viewer*: Donde, entre otras cosas, se pueden elegir opciones de las dos anteriores.

– MENÚ 8 Ayuda (Help)

Este último menú contiene las ayudas con información sobre la estructura y el funcionamiento de cada módulo, submenú y menú, herramientas, y los conceptos en los que se basa el programa.

3. EJERCICIO

Se trata de confeccionar un mapa de la posible ubicación de un campo de golf, cerca de La Alberca (Peña de Francia) en la provincia de Salamanca (España).

Primero localizaremos nuestra zona dentro de la provincia a la que pertenece, mediante un pequeño mapa. Luego realizaremos un mapa temático, proponiendo un área concreta dentro de la zona para la construcción de un campo de golf. Realizaremos el mapa, incorporando de un modo superpuesto las distintas capas (layers) temáticas: hidrografía, topografía, carreteras, límites municipales, y el área propuesta para el campo de golf. Todo ello sobre un fondo referencial constituido por el mosaico de ortofotografías aéreas del lugar. Finalmente, incorporaremos a nuestro mapa el título, las toponimias, la escala gráfica correspondiente, la flecha de orientación del Norte Geográfico y la leyenda de símbolos, signos, tramas y colores. Por último, insertaremos estos mapas en un documento.

3.1. *Creación del mapa de situación de la zona dentro de la provincia*

✓ Abrir el programa (ArcMap) en la opción «A new empty map».

3.1.1. Homogeneización y *cambio de los Sistemas de Proyección* y *Coordenadas* a los archivos fuente. *En primer lugar se dotará de sistema de proyección al archivo vectorial de la provincia de Salamanca y a todos los demás que se van a utilizar. Se utilizará aquel en el que estén restituidas las ortofotos*:

✓ Pulsar sobre el icono de herramientas . *Aparecerá una nueva ventana intermedia entre la de Contenidos y la de Display*. En ella seleccionar «Data Mangement Tools» y, dentro de ella, «Projections and transformations». Abrir en ésta «Define Projection» con una doble pulsación del botón izquierdo del ratón.

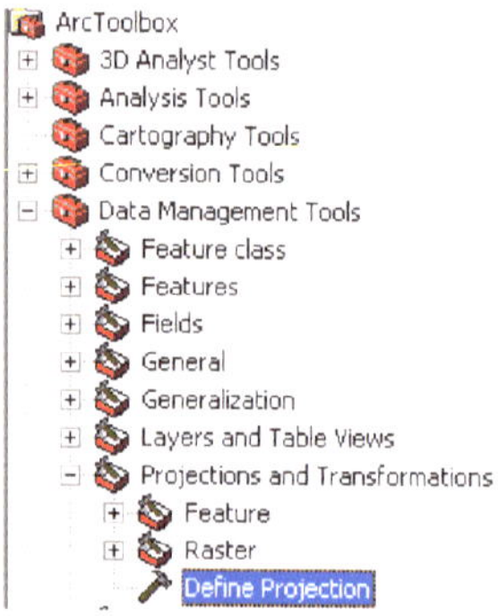

Se abrirá la ventana correspondiente a dicha herramienta.

✓ Con el pick seleccionar una de las ortofotos y en la ventanita «Coordinate System» aparecerá su sistema de coordenadas y datum. Tomar nota.

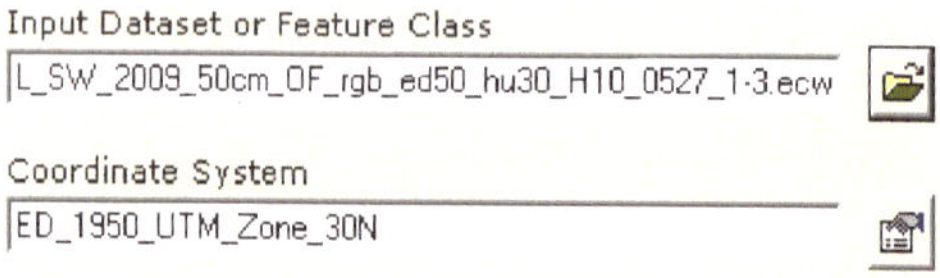

Seleccionar de nuevo con el pick el archivo vectorial «2» que se encuentra dentro de la carpeta «1».

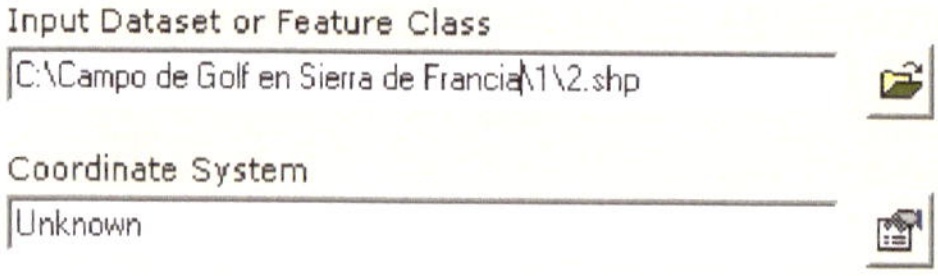

Abrir y cuando se abra su ventana pulsar sobre el botón «Select…» seleccionar la carpeta «Projected Coordinate Systems», pulsar «Add» y cuando se abra seleccionar la carpeta «Utm» abrir en ella «Other GCS» buscar y seleccionar el sistema de proyección: European Datum 1950 UTM Zone 30N.prj. En orden inverso de ventanas pulsar sobre «Aplicar», «Aceptar» y «OK». Una vez realizada la operación cerrar la ventana («close»).

Realizar la misma operación con los archivos existentes en las carpetas «1», «2», «3» y «4» que se van a utilizar («3.shp», «Cdirect.shp», «Edifc.shp», «Hidrolog.shp» y «ViasCom.shp»). *(Puede hacerse más rápidamente con el botón «Import», en vez de con el botón «Select…», copiando el sistema de coordenadas del archivo que ya se haya transformado previamente).*

3.1.2. Composición del mapa de la situación general –dentro de la provincia de Salamanca– de la zona de interés para ubicar el campo de golf.

✓ Pulsar sobre el icono (Add Data).

✓ Seleccionar el archivo «2.shp» dentro de la carpeta «1 arcgis». *Se abrirá un mapa de los límites provinciales.*

✓ Pulsar de nuevo sobre el icono (Add Data) y abrir los cuatro archivos con extensión *ecw* de las ortofotos que existen en la carpeta «Campo de Golf en Sierra de Francia»:
«PNOA_CyL_sw_2009_50cm_OF_rgb_ed50_hu30_0527_1-3.ecw»
«PNOA_CyL_sw_2009_50cm_OF_rgb_ed50_hu30_0527_1-4.ecw»
«PNOA_CyL_sw_2009_50cm_OF_rgb_ed50_hu30_0527_2-3.ecw»
«PNOA_CyL_sw_2009_50cm_OF_rgb_ed50_hu30_0527_2-4.ecw»
Aparentemente no se ha abierto nada nuevo en display, pero puede observarse que en la ventana de contenidos aparecen cuatro nuevas capas (layers) con los nombres de las ortofotos. En realidad están ocultas bajo el mapa de Salamanca.

✓ En la ventana de contenidos pulsar con el botón izquierdo del ratón sobre la capa «2» situada la primera en la parte superior y, *sin soltar el pulsador*, arrastrarla hasta situarla en último lugar, en la parte inferior, debajo de las cuatro imágenes: *aparecerá la zona de la provincia de Salamanca en la que se pretende ubicar el campo de golf.*

✓ Pulsar sobre el menú «*Insert*» y abrir el submenú «*Text*». *En el centro del mapa aparecerá un recuadro con fondo azul donde se puede escribir texto*: escribir «Salamanca». Pulsar sobre cualquier punto del mapa y se quedará escrito el nombre. *Si colocamos el cursor sobre el nombre aparecerá el símbolo de arrastre*; pulsarlo y arrastrar hasta el lugar central de la provincia de Salamanca. Luego, si es necesario, dando doble pulsación con el botón izquierdo del ratón sobre el rótulo se puede abrir el editor de texto con el que se puede modificar tipo, tamaño de letra, etc…

COMPOSICIÓN

✓ Pulsar sobre el icono «*Layout View*» (🗋) que está situado en la parte inferior izquierda de la Ventana Display. *Se abre el modo Composición* (Layout). *Reducir el marco del dibujo*, arrastrando el lado inferior hacia arriba y el lado superior hacia abajo.

✓ En la barra de menús, pulsar sobre el menú «*Insert*». *Por estar en modo Layout, ahora aparecen iluminados todos los submenús para la composición de un mapa.*

- Pulsar con el botón izquierdo del ratón sobre el submenú «*Title*» y pulsar la tecla «Enter» del teclado. *Se habrá insertado un rótulo en la parte superior del mapa* («Sin tit»). Hacer sobre él doble pulsación con el botón izquierdo del ratón. *Aparecerá la ventana Properties*. En el espacio de «*Text*» escribir «Situación del área de estudio (pulsar Enter del teclado) en la provincia de Salamanca». A continuación, pulsar sobre el botón «Aplicar» y luego sobre el «Aceptar». Se puede arrastrar el Título del mapa hasta situarlo lo más próximo posible al marco superior del mismo.
- Pulsar sobre el submenú «*North Arrow*». Elegir la flecha que más guste de las existentes, pulsando sobre ella. *Se quedará destacada sobre un fondo azul*. Luego pulsar sobre el botón «*OK*». Arrastrar la flecha hasta situarla en la parte superior izquierda dentro del marco del mapa.

- Pulsar con el botón derecho del ratón sobre el icono general de «Layers» que está en la ventana de contenidos. *Se desplegará una ventana de submenús.* Elegir con el botón izquierdo del ratón «Properties». Pulsar sobre la pestaña «General» y en la ventana de unidades («Units») en «Map» elegir «Meters». Pulsar sobre «Aplicar» y luego sobre «Aceptar»: *Hemos dado como unidad de medida el metro a los archivos.*
- Pulsar sobre el submenú «*Scale Bar*». *Se abre una ventana titulada* «Scale bar selector». Elegir la barra de escala que más guste, pulsando sobre ella *(quedará destacada sobre fondo azul).* Pulsar sobre el botón «*Properties*». *Se abre una nueva ventana titulada* «Scale bar».
  * En las ventanas «number of subdivisions» poner «**5**»; marcar la opción «Show one division before zero» *para que aparezca un talón en la escala gráfica.*
  * Abrir la ventana «When resizing» y seleccionar «Adjust numbers of division»; *entonces se abrirá la primera ventana* («Division Value») *con una cifra, seguida de 2 signos de interrogación.* Cambiar la cifra –no las dos interrogaciones– por «*20000*».
  * Abrir la ventana «Division Units». Elegir «Meters». *Se observará que en la primera ventana* (Division value) *han desaparecido los dos signos de interrogación y ha aparecido una* «m» *de* «metros».
  * En la ventana «Label» aparece «Meters», marcarlo y escribir «metros».
  * Finalmente, Pulsar en el botón «*Aplicar*» y a continuación en el de «*Aceptar*». *Se cerrará la ventana de escalas y sigue la ventana* «Scale bar Selector»; en ella pulsar sobre el botón «*OK*». (Si sale un mensaje largo anunciando algún problema: pulsar en «Aceptar»).

La barra de escala aparecerá sobre el mapa. Moverla hasta la parte inferior derecha, dentro del marco del mapa.

✓ En el submenú «View»/«Toolbars» seleccionar «*Draw*». *Aparecerá en pantalla la barra de dibujo*: pulsar la flecha pequeña que abre el icono de un cuadrado () y seleccionar el icono de elipse («*New ellipse*»). Sobre el mapa dibujar una elipse que circunvale la zona de las imágenes, conteniéndolas.

✓ Doble pulsación sobre la elipse: *Se abre la ventana Properties.* En «Outline Color» seleccionar el color *rojo*, en «Fill Color» elegir «*No color*» y en «Outline Width» escribir «4».
Se habrá incorporado al mapa una elipse roja en torno a la zona de interés.

✓ Abrir el menú «*File*». Seleccionar el submenú «*Save As...*», Guardar en la carpeta con el nombre del proyecto este mapa que ha sido creado y nombrarlo: «Situación de un campo de golf en la provincia de Salamanca». El programa lo guarda con una extensión *.mxd. (El mxd es un archivo que recoge la información de la composición que hemos hecho; es decir, la información de dónde se localizan los archivos que hemos superpuesto y las acciones que hemos realizado con el programa. Al abrirlo en otro momento puede reconstruir el proceso y volver a mostrar la composición final. Por esto, si se cambian de carpetas los archivos fuente que se han utilizado o el nombre de ellas, no se podrá reconstruir la composición al abrir el* mxd*).*

✓ Salir de Arc Map.

✓ Volver a entrar en Arc Map y marcar la opción «An existing Map». Seleccionar el mapa que se ha creado, «Situación de un campo de golf en la provincia de Salamanca.mxd». Comprobar que se abre con la composición realizada.

Para guardar el mapa en un formato gráfico de los más utilizados:

✓ Abrir el menú «*File*». Seleccionar el submenú «*Export Map*». *Se abrirá una ventana titulada* «Export Map». En la ventanita «*Guardar en*» seleccionar la carpeta con el nombre del proyecto SIG. En la ventanita «*Nombre*» mantener «Situación de un campo de golf en la provincia de Salamanca». En la ventanita «Tipo» elegir «*JPGE*». Si fuese necesario, pulsar sobre la palabra «Options» que aparece abajo a la izquierda: *Se desplegará y aparecerán las opciones*. En la ventana «*Resolution*» escribir «*200*» dpi.

Por último, pulsar sobre «*Guardar*».

– En Windows «Mi PC» –dentro de la carpeta con el nombre del proyecto SIG– buscar este archivo («Situación de un campo de golf en la provincia de Salamanca.jpge»). En Word o cualquier otro procesador de texto abrir un Nuevo Documento y a continuación Insertar Imagen desde Archivo y seleccionar «Situación de un campo de golf en la provincia de Salamanca.jpge»; a continuación imprimirlo.

3.2. *Creación del mapa de ubicación de un campo de golf cerca de La Alberca que afecta al Parque Natural de Las Batuecas-Sierra de Francia*

SUPERPOSICIÓN DE CAPAS:

3.2.1. Inclusión en el mapa de un *fondo referencial* de ortofotos

✓ Pulsar sobre el icono  (Add Data).

✓ Seleccionar los cuatro archivos con extensión *ewc* de las ortofotos que existen en la carpeta «Campo de Golf en Sierra de Francia»:

«PNOA_CyL_sw_2009_50cm_OF_rgb_ed50_hu30_0527_1-3.ecw»

«PNOA_CyL_sw_2009_50cm_OF_rgb_ed50_hu30_0527_1-4.ecw»

PNOA_CyL_sw_2009_50cm_OF_rgb_ed50_hu30_0527_2-3.ecw»

«PNOA_CyL_sw_2009_50cm_OF_rgb_ed50_hu30_0527_2-4.ecw»

✓ Pulsar «Aceptar». *Aparecerán las cuatro imágenes con la combinación de colores* RGB (Red-Green-Blue), *unidas en mosaico y ocupando toda la ventana* Display. *Pero si se han abierto una a una, seguramente ocupen más superficie que la del cuadro* Display; *en ese caso, pulsar el botón* «Full Extent» (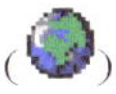) *para que se reduzca todo el mosaico a la ventana* Display.

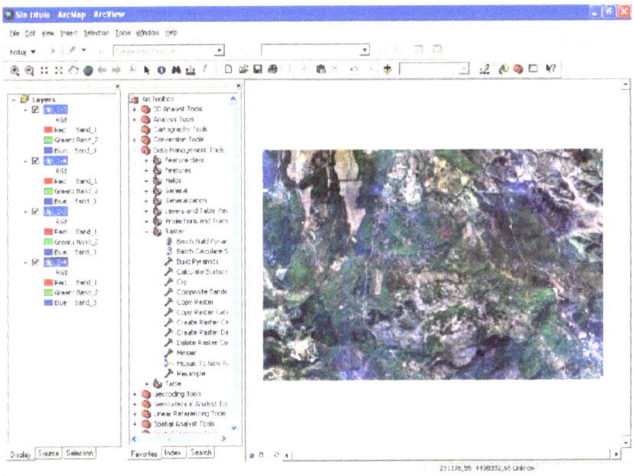

✓ Pulsar con el botón *derecho* del ratón sobre «Layers» en la ventana de Contenidos. Seleccionar el submenú «Properties» y abrir la pestaña «General». Si en el apartado «Units» (*dentro del apartado* «Display») existiese cualquier otra unidad de medida, seleccionar «Meters». Pulsar con el botón izquierdo sobre «Aplicar» y luego sobre «Aceptar».

– Si, dentro de la ventana de Contenidos, pulsamos con el botón izquierdo del ratón sobre cualquier ventanita de capa que esté marcada:

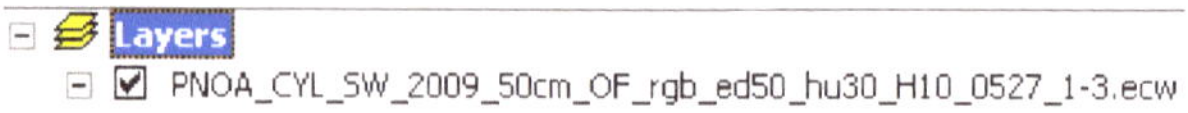

, comprobaremos que se deshabilita y desaparece visualmente en la Ventana de Display. Si volvemos a pulsar dentro de su cuadrado en la Ventana de Contenidos, vuelve a habilitarse y aparece a la vista de nuevo.

Si quisiéramos que desapareciera definitivamente de nuestra composición una capa, pulsaríamos con el botón derecho del ratón sobre su nombre y seleccionaremos «Remove».

3.2.2. Inclusión en el mapa de la capa de los límites municipales de la zona

✓ Volver a pulsar sobre el icono (Add Data) y y sucesivamente seleccionar en las carpetas «1 arcgis», «2 arcgis», «3 arcgis» y «4 arcgis» el archivo «3.shp». *Aparecerán los límites municipales tapándolo todo*:

- Pulsación sobre el pequeño rectángulo que hay debajo de los rótulos «3» que habrán aparecido en la ventana de Contenidos. Se abrirá la ventana *Symbol Selector*. Seleccionar el rectángulo titulado «Hollow». Luego pulsar sobre el botón «Properties»: se abrirá una ventana nombrada «Symbol Property Editor». Abrir el pick de color y seleccionar el color blanco («White Artic»). Pulsar sobre el botón «Outline»: se abrirá otra vez la ventana «Symbol Selector»: Bajar la barra-scroll y seleccionar el símbolo titulado «Railroad Abandoned». Pulsar «OK» tantas veces como vayan apareciendo las ventanas –ahora en un orden inverso a como se fueron abriendo–. Repetir la misma operación para los otros tres archivos «3.shp».

3.2.3. Inclusión en el mapa de la capa de las *carreteras, caminos y senderos* de la zona

✓ Volver a pulsar sobre el icono (Add Data) y sucesivamente seleccionar en las carpetas «1 arcgis», «2 arcgis», «3 arcgis» y «4 arcgis» el archivo «ViasCom.shp». *Se habrá incorporado el trazado de las carreteras, caminos y senderos que atraviesan la zona de las 4 ortofotos, pero apenas se distinguen*:

- Pulsación sobre el segmento de línea que hay debajo de cada título «*ViasCom*» en la ventana de Contenidos: se abrirá la ventana *Symbol Selector*. En «Options» abrir «Color» y seleccionar el color rojo («Mars red»). Pulsar «OK». Repetir la misma operación para los otros tres archivos «ViasCom.shp».

3.2.4. Inclusión en el mapa de la capa de *curvas de nivel maestras* de la zona:

✓ Volver a pulsar sobre el icono (Add Data) y sucesivamente seleccionar en las carpetas «1 arcgis», «2 arcgis», «3 arcgis» y «4 arcgis» el archivo «*Cdirect.shp*». *Aparecerán algunas curvas de nivel*:

- Pulsación sobre el segmento de línea que hay debajo de cada título «*Cdirect*» en la ventana de Contenidos: se abrirá la ventana *Symbol Selector*. Bajar la barra-scroll y seleccionar el símbolo titulado «Contour Topographic, cut». En «Options» escribir «1» en la ventana «Width». Pulsar «OK». Repetir la misma operación para los otros tres archivos «*Cdirect.shp*».

3.2.5. Inclusión en el mapa de la capa de *hidrografía* de la zona

+ Volver a pulsar sobre el icono  (Add Data) y sucesivamente seleccionar en las carpetas «1 arcgis», «2 arcgis», «3 arcgis» y «4 arcgis» el archivo «*Hidrolog.shp*». *Aparecerán algunos ríos, embalses, arroyos y demás elementos hidrológicos*:

- Pulsación sobre el segmento de línea que hay debajo del título «*Hidrolog*» en la ventana de Contenidos: se abrirá de nuevo la ventana *Symbol Selector*. En «Options» pulsar sobre «Color». *Se abrirá un cuadro con la paleta de colores.* Seleccionar pulsando sobre un color azul titulado «Big Sky Blue» *(el título aparece al colocar el cursor sobre el color sin pulsar el botón del ratón).* Luego pulsar «OK». Repetir la misma operación para las otras tres capas «*Hidrolog*».

3.2.6. Inclusión en el mapa de los rótulos de *topónimos* de la zona

Buscar en un atlas la zona de las ortofotos, localizar los núcleos de población, ríos y algún pico del relieve, y tomar nota de sus nombres y localizaciones en el mapa; aunque para realizar este ejercicio se puede utilizar la figura que hay a continuación:

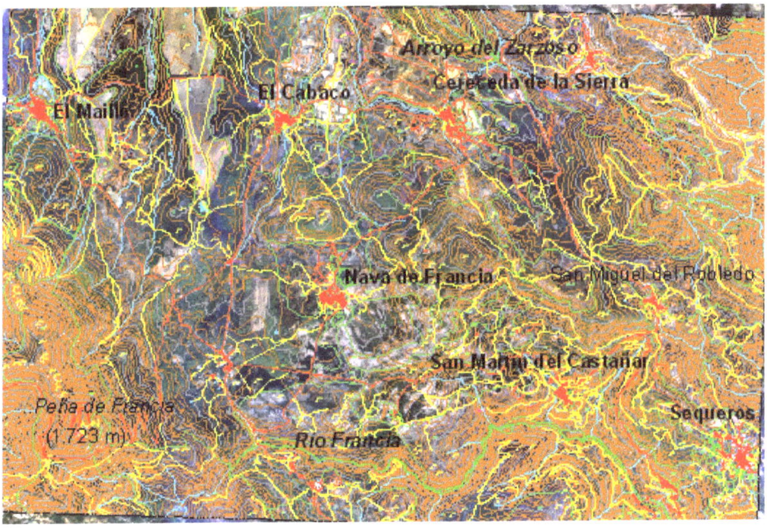

✓ Abrir el menú «Insert» y, dentro de él, el submenú «Text». *Se abrirá una ventanita en el centro del Mapa con el nombre* «Text», marcar sobre él y escribir el primer nombre (por ejemplo, El Maillo). Pulsar sobre cualquier otro punto del mapa y se quedará el nombre de El Maillo en el centro. Llevar el cursor sobre el nombre recién escrito y se convertirá en el símbolo de arrastre: pulsar sobre el nombre y, *sin soltar el botón del ratón*, arrastrarlo hasta la posición correcta, junto a, o encima, del núcleo de población, pico o trazado del curso de agua que designa, etc. *Conviene colocarlo a la derecha del núcleo, o en su parte superior, pero siempre lo suficientemente cerca para que no exista error de designación.* Hacer lo mismo con todos los demás núcleos, picos, ríos y arroyos. *Una vez colocado en su lugar, se puede editar cada rótulo para diferenciar su importancia. Por ejemplo, usando letra negrita para los principales núcleos o letra cursiva para los cursos de agua y puntos de relieve destacados; y jugando con el tamaño, tipo de letra y su color.* Para ello, hacer doble pulsación sobre el texto que se quiera editar y se abrirá la ventana titulada «Properties» del editor de texto, en la que se podrán seleccionar las variables de los rótulos que más nos gusten pulsando sobre el botón titulado «Change Symbol...», para que se abra la ventana «Symbol Selector» de texto:

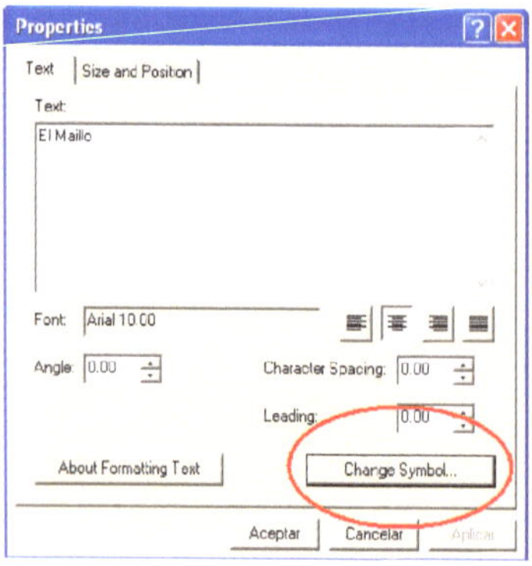

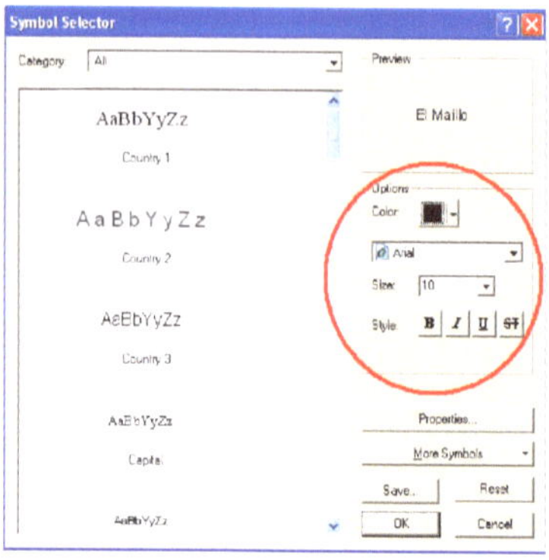

Cuando se haya terminado de realizar la edición de la rotulación del mapa

✓ Abrir el menú «*File*» y, dentro de él, el submenú «*Save As...*». *Se abrirá la ventana titulada* «Guardar como», buscar en la ventanita titulada «Guardar en» la carpeta con el nombre del proyecto SIG y seleccionarla. Escribir como nombre para guardar el mapa que se ha realizado hasta ahora: «Mapa de un CAMPO DE GOLF en Peña de Francia». *El programa lo guardará con una extensión de archivo de mapa* (.mxd).

3.2.7. Confección del *área propuesta para* construir un *campo de golf*

✓ Abrir el menú «File» y, dentro de él, el submenú «New». *Se abrirá su ventana y aparecerá seleccionado* «Blank document», pulsar «OK».

- Pulsar sobre el icono (Add Data) y seleccionar en la carpeta «Campo de Golf en Sierra de Francia» el archivo «PNOA_CyL_sw_2009_50cm_OF_rgb_ed50_hu30_0527_1-3.ecw»: *se desplegará su imagen en la ventana* Display. En la ventana de Contenidos pulsar y seleccionar la Banda Roja de la imagen (Red: Band1) –sólo seleccionarla, no abrirla–:

✓ Si no estuviese abierta la ventana de Herramientas, en la barra de herramientas pulsar sobre el icono  (ArcToolbox). *Se abrirá una nueva ventana entre la de Contenidos y la de Display*. En ella abrir –pulsando sobre el signo + que tiene a su izquierda– la carpeta «Data Management Tools» y dentro de ésta la nombrada «Feature Class»:

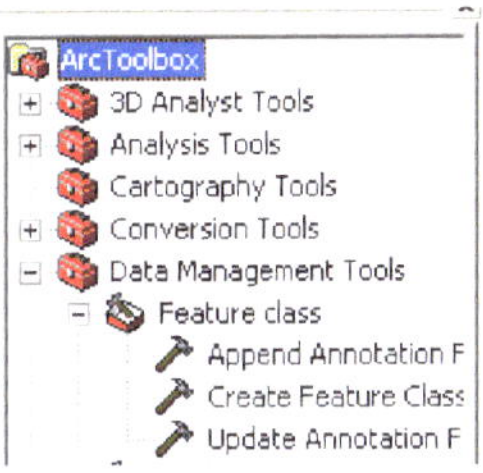

✓ Seleccionar la herramienta «Create Feature Class» con una doble pulsación con el botón izquierdo:

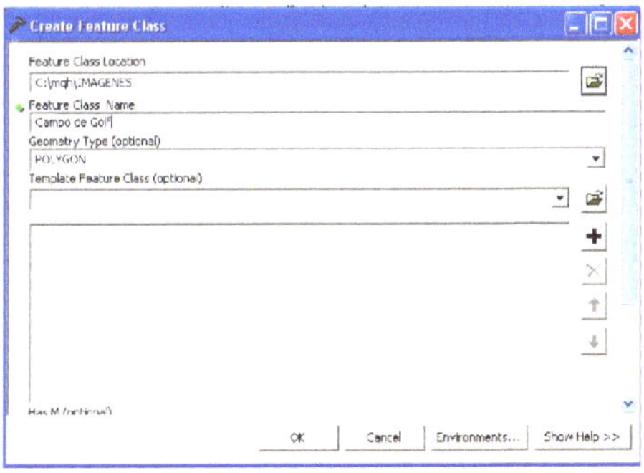

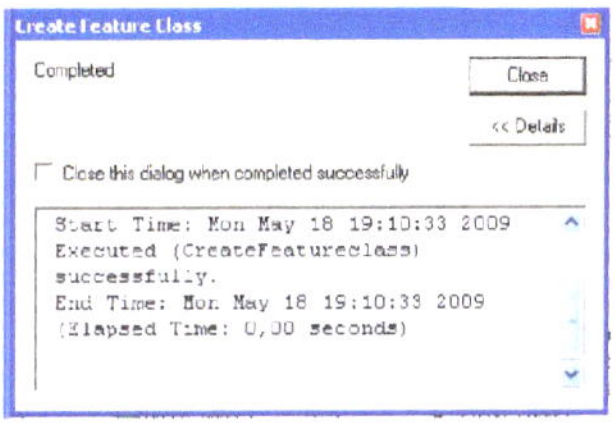

En la ventanita «Features Class Location» seleccionar la carpeta «Campo de Golf en Sierra de Francia» y en la ventanita «Feature Class Name» escribir «Campo de Golf». Asegurarse de que será de tipo poligonal. Pulsar «*OK*». Cuando se acabe, pulsar en la ventana de información sobre «Close». *Comprobar en la ventana de Contenidos que se habrá creado un nuevo archivo de nombre* «Campo de Golf» *que nos permitirá crear un archivo vectorial con la delimitación del campo de golf.* Cambiar su sistema de proyección de «Unknown» al European Datum 1950 UTM Zone 30N.prj como se hizo en el punto anterior (3.1.1). Marcar «Campo de Golf» en la ventana de Contenidos antes de abrir *Define Projections* y de aplicarle el sistema de proyección.

✓ Pulsar sobre el icono  (Editor). *Aparecerá su barra, pero sólo iluminada la ventanita «Editor» junto a su flecha*, pulsar sobre ésta, e iniciarlo pulsando sobre «Start Edit»:

El programa pregunta en una ventana cuál es la carpeta o base de datos desde la que queremos editar, elegir «Campo de Golf en Sierra de Francia» y dentro de ella aparecen el archivo «Campo de golf» y todos los demás. En *Task* seleccionar «Create New Feature» y en *target* seleccionar «Campo de Golf»; luego pulsar «*OK*».

Se iluminará el resto de ventanitas de la barra Editor:

✓ Pulsar sobre el icono (Sketch Tool) y colocándose con el cursor sobre el primer punto de la zona (aproximadamente en las coordenadas *233100; 4496740 –mover el cursor sobre la imagen y ver barra de estado en la parte inferior de la pantalla–*, empezar a delimitar el campo de golf, pulsando sucesivamente con el botón izquierdo del ratón sobre los puntos de inflexión del polígono que estamos delimitando (figura A). Cuando queramos terminar el polígono, hacer *doble pulsación* sobre el último punto –aproximadamente en las coordenadas 234102; 4496723– y el programa cerrará el polígono con el punto con el que iniciamos la delineación, apareciendo destacado todo el polígono (figura B).

Figura A

Figura B

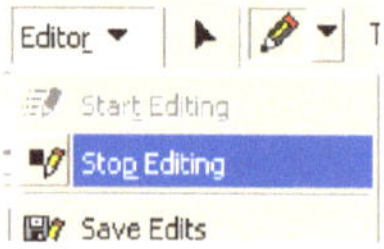

Parar el Editor: + Pulsar sobre «Stop Editing»:

Nos preguntará el programa si queremos salvar lo que hemos hecho: pulsar sobre el botón «Sí». *Se habrá creado en la carpeta en la que estemos trabajando (en nuestro caso en* «Campo de Golf en Sierra de Francia»*) un nuevo archivo vectorial con el mismo nombre de la Feature Class, es decir* «Campo de Golf»*, pero con extensión* ».shp» *que contiene los límites del campo de golf.*

– Cerrar el programa. *Preguntará si guarda los cambios a* «Sin título». Pulsar sobre «NO».

3.2.8. Inclusión de los *límites del campo de golf* en el mapa

– Abrir Arc Map. Pulsar la opción «An existing Map...» . Seleccionar «Mapa de un CAMPO DE GOLF en Peña de Francia.mxd».

✓ Pulsar sobre el icono (Add Data). Seleccionar el archivo «Campo de Golf.shp». *Se incorporará dentro de la ventana de Contenidos.*

- Doble pulsación sobre el rectángulo azul o verde que hay debajo del rótulo «Campo de Golf». *Se abrirá* «Symbol Selector»: pulsar sobre el color verde («Green»); luego sobre la flecha de «Outline Color» y elegir también el color verde («Fir Green»). Por último, en la ventanita «Outline Width» seleccionar una anchura de «2,00».

3.2.9. *Recorte y ajuste* de las capas a los límites geográficos de un rectángulo. *Transparencia* y *edición* de algunas capas

3.2.9.1. Creación del *marco delimitador*

✓ En la ventana de Contenidos seleccionar cualquier capa vectorial (por ejemplo «campo de golf»).

- Si no está abierta la ventana de Herramientas, + Pulsar sobre el icono  (ArcToolbox). Tal como se hizo en el punto 3.2.7 anterior, abrir –pulsando sobre el signo «+» que tiene a su izquierda– la carpeta «Data Management Tools» y, dentro de ésta, pulsar sobre la nombrada «Feature Class»: abrir «Create Feature Class»

En la ventanita «Feature Class Location» seleccionar la carpeta «Campo de Golf en Sierra de Francia» y en la ventanita «Feature Class Name» escribir «Limites geograficos». Pulsar «OK». *Comprobar que se habrá creado un nuevo archivo de nombre* «Limites geograficos» *en la ventana de Contenidos, que nos permitirá crear un archivo vectorial con la delimitación del mapa.* Marcarlo.

* Pulsar sobre el icono  (Editor). *Aparecerá su barra, pero sólo iluminada la ventanita* «Editor» *junto a su flecha*; pulsar sobre ésta, e iniciarlo pulsando sobre «Start Edit». *Se iluminará el resto de ventanitas de la barra* Editor: *se abre una ventana que pregunta que desde qué carpeta se quiere editar*: seleccionar la carpeta «Campo de Golf en Sierra de Francia». Asegurarse de que en *Task* está seleccionado «Create New Feature» y en *target* «Limites geograficos».

* Pulsar sobre el icono  (Sketch Tool) y colocándose con el cursor sobre un punto cerca del mosaico de ortofotos pulsar el *botón izquierdo* del ratón sobre un punto próximo al vértice *inferior izquierdo* del mosaico de fotografías aéreas; a continuación llevar el cursor a otro punto cercano al vértice *superior izquierdo* y pulsar; a continuación sobre cerca del vértice *superior derecho*. Finalmente, hacer *doble pulsación* sobre un punto próximo al vértice *inferior derecho* y se cerrará el rectángulo de los límites. *Procurar que se haya dibujado un rectángulo.*

* Pulsar sobre «Stop Editing»:
Nos preguntará el programa si queremos salvar lo que hemos hecho: pulsar sobre el botón «Sí». *Se habrá creado en la carpeta en la que estemos trabajando (en nuestro caso en* «Campo de Golf en Sierra de Francia»*) un nuevo archivo vectorial con el mismo nombre de la* Feature Class, *es decir,* «Limites geograficos», *pero con extensión* ».shp» *que contiene los límites de las ortofotos.*

* Pulsar sobre el recuadro verde o azul que hay debajo de la capa «Limites geograficos». Seleccionar «Hollow» y en la ventana Display *aparecerá a la vista la composición.*

3.2.9.2. *Recorte* de todas las capas

En el extremo superior de la ventana de Contenidos

✓ Pulsar con el botón *derecho* del ratón sobre el conjunto de capas con símbolo amarillo «Layers» y seleccionar «Properties»: *se abrirá la ventana* «Data Frame Properties». Abrir la *pestaña* «Data Frame» y en el submarco «Clip to shape» marcar la opción «Enable». Después, +Pulsar el botón «Specify Shape...» que está a continuación:

- Se abrirá otra ventana titulada «Data Frame Clipping»; seleccionar la opción «Outline of Features»
  - * En la ventanita titulada «Layer», pulsar sobre la flechita de despliegue y buscar el archivo recién creado «Limites geograficos»; seleccionarlo.
  - * Pulsar sobre «OK».
  - * Cerrar la ventana Data Frame Properties, pulsando «OK» y luego sobre «Aplicar» y «Aceptar». *Aparece una nueva capa (layer) titulada* «Limites geograficos». Pulsar sobre el cuadrado que hay debajo y seleccionar «Hollow». *Aparecerá el mapa recortado.*

3.2.9.3. Colocar el *orden de las capas.* Dar *transparencia* a distintas capas para que se distinga bien el fondo ortofotográfico. *Editar* colores y anchuras de líneas

El orden de la superposición de capas desde la parte superior de la ventana de Contenidos hacia abajo, deberá colocarse: «campo de golf»; «Edifc»; «3»; «ViasCom»; «Hidrolog»; «Cdirect»; y las cuatro ortofotos en la parte inferior.

✓ Pulsar con el botón *derecho* del ratón sobre el rótulo de la primera capa («campo de golf»). Seleccionar «Properties..». Se abrirá la ventana «Layer Properties». Pulsar con el botón izquierdo del ratón sobre la pestaña «Display». Dejar en la ventanita «Transparent» el 0%. Pulsar sobre «Aceptar».

✓ Pulsar con el botón *izquierdo* del ratón sobre el cuadradito que existe debajo del rótulo «campo de golf». Se abre la ventana «Symbol Selector». En «Options» desplegar los colores en «Fill color» y seleccionar el color verde «Qetzel Green» *(al colocar el cursor sobre cada color sin pulsar aparece el nombre de cada uno).* En la ventanita «Outline Width» escribir una anchura de línea de 2,00. Desplegar «Outline color» y seleccionar el color verde «Fir Green». Pulsar sobre «OK». *Se habrá editado así el campo de golf en el mapa.*

Del mismo modo proceder con el resto de capas (salvo las de las ortofotos), eligiendo los siguientes parámetros:

– «Edifc»: + Transparencia: 0%.
+ Anchura de línea exterior: 0,40; Fill y Outline color: «Solar Yellow».

– «3»: + Transparencia 60%.
+ Anchura de línea exterior: 1,00; Fill y Outline color: «White Artic».

– «VisCom»: + Transparencia: 30%.
+ Anchura de línea exterior: 1,00; Fill y Outline color: «Mars Red».

– «Hidrolog»: + Transparencia 0%.
+ Anchura de línea exterior: 1,00; Fill y Outline color: «Big Sky Blue».

– «Cdirect»: + Transparencia: 60%.
+ Anchura de línea exterior: 0,10; Fill y Outline color: en una de las columnas marrones seleccionar el color «Light Sienna».

3.2.9.4. *Renombrar* las capas vectoriales

Cambiar el nombre a las distintas capas se realiza en la Ventana de Contenidos:

✓ Pulsar una vez con el botón izquierdo del ratón sobre el nombre de la capa que se desea cambiar. Se quedará marcada en azul. Volver a pulsar sobre el nombre de la capa para editar y se podrá cambiar el nombre:

Edifc → Núcleos úrbanos
3 → Límites municipales
VisCom → Carreteras y caminos
Hidrolog → Ríos y arroyos
Cdirect → Curvas de nivel maestras

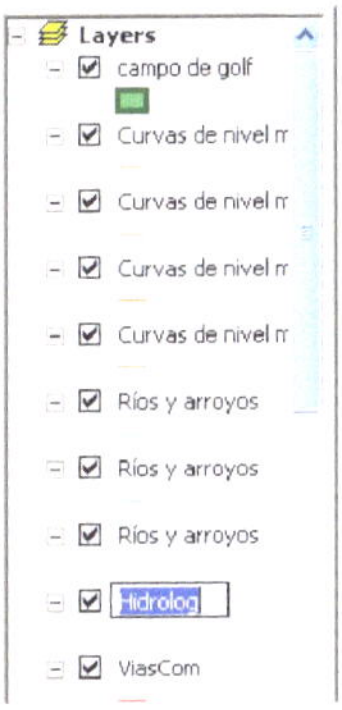

Abrir el menú «File» y salvar («Save»). Cerrar el programa y volverlo a abrir, con la opción «An existing Map». Seleccionar «Mapa de un campo de golf en Peña de Francia.mxd».

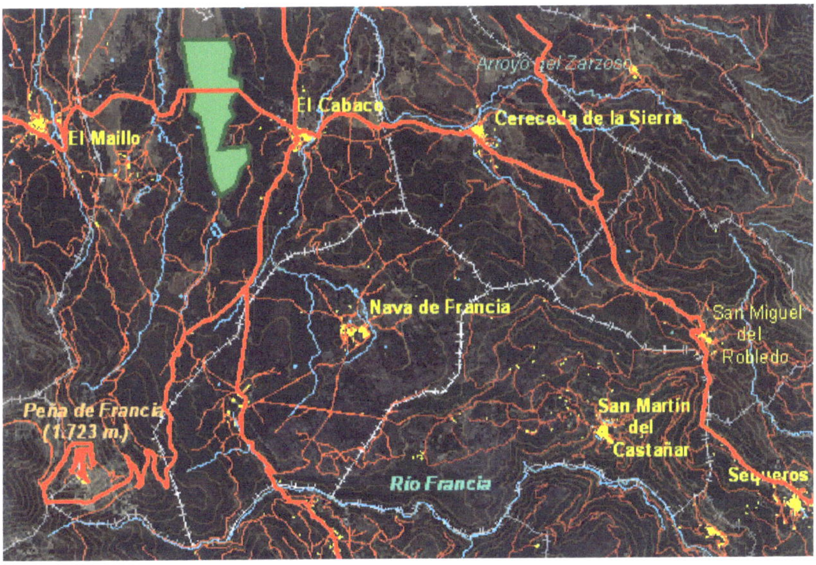

3.2.10. *Composición* (Layout) del mapa final

3.2.10.1 Añadir los elementos *auxiliares* cartográficos al mapa

✓ Pulsar sobre el icono «Layout View» () que está situado en la parte inferior izquierda de la ventana Display. *Se abre el modo* Composición (Layout).

✓ Pulsar sobre el menú principal «Insert». *Por estar en modo* Layout, *ahora aparecen iluminados todos los submenús para la composición de un mapa*:

✓ Pulsar sobre el submenú «Title» *–seguramente aparecerá por defecto el rótulo Mapa de un campo de golf en Peña de Francia.* Pulsar fuera del título en cualquier lugar y luego hacer *doble pulsación* sobre él, *aparecerá la ventana* «Properties» y en la ventana de texto escribir «Propuesta de ubicación de un campo de golf en Sierra de Francia». A continuación, pulsar sobre el botón «Aplicar» y luego sobre «Aceptar». Se puede arrastrar el Título del mapa hasta situarlo lo más próximo posible al marco superior del mismo.

✓ Pulsar sobre el submenú «North Arrow» del menú principal «Insert». Elegir la flecha que más guste de las existentes, pulsando sobre ella. *Se quedará destacada sobre un fondo azul.* Luego pulsar sobre el botón «OK». Arrastrar la flecha hasta situarla en la parte superior izquierda dentro del marco del mapa.

✓ Pulsar sobre el submenú «Scale Bar» del menú principal «Insert». *Se abre una ventana titulada* «Scale bar selector». Elegir la barra de escala que más guste, pulsando sobre ella *(también quedará destacada sobre azul).* Pulsar sobre el botón «Properties». *Se abre una nueva ventana titulada* «Scale bar»:

- En la ventana «number of subdivisions» poner «5»; marcar la opción «Show one division before zero» para que aparezca un Talón en la escala gráfica.
- Abrir la ventana «When resizing» y seleccionar «Adjust numbers of division»; *entonces se abrirá la primera ventana* («Division Value») *con una cifra, seguida de 2 signos de interrogación (1000??).* Si la cifra no es 1000, sustituirla por *«1000»*.
- Abrir la ventana «Division Units». Si no está ya seleccionado elegir «Meters». *Se observará que en la primera ventana* (Division value) *han desaparecido los dos signos de interrogación y ha aparecido una* «m» *de* «metros».
- *En la ventana* «Label» *aparece* «Meters», marcarlo y escribir «metros» sobre el rótulo.
- Finalmente, pulsar en el botón «Aplicar» y a continuación en el de «Aceptar». *Se cerrará la ventana de escalas y sigue la ventana* «Scale bar Selector»; en ella pulsar sobre el botón «OK». *Sale un mensaje largo*: pulsar en «Aceptar».
La barra de escala aparecerá sobre el mapa. Moverla hasta la parte inferior derecha fuera del mapa.

✓ Pulsar sobre el submenú «Legend»: *se abre una nueva ventana* «Legend Wizard». En la subventana de la derecha («Legend Ítems») seleccionar «Limites geograficos» y pulsar el símbolo < de los que hay entre las dos subventanas; luego seleccionar los cuatro archivos de las ortofotos y volver a pulsar el mismo botón anterior. Pulsar el botón «Siguiente»: sustituir la palabra «Legend» por «Leyenda» y escribir en «Size» *12.* Pulsar «Siguiente» y elegir un borde (el de 2.0 points, por ejemplo). Pulsar «Siguiente» y, por último, «Finalizar».

3.2.10.2 Añadir el mapa de situación respecto a la provincia de Salamanca

✓ Pulsar sobre el menú principal «Insert». Seleccionar «Data Frame». *Se abrirá una nueva ventana de marco de datos.* Bajarlo arrastrando hasta el extremo inferior derecho.

✓ Una vez seleccionado el layers que acabamos de crear pulsar sobre el icono (Add Data).

✓ Seleccionar el archivo «2.shp» dentro de la carpeta «1 arcgis». *Se abrirá un mapa de los límites de la provincia de Salamanca.*

✓ Pulsar de nuevo sobre el icono (Add Data) y abrir los cuatro archivos con extensión ecw de las ortofotos:

«PNOA_CyL_sw_2009_50cm_OF_rgb_ed50_hu30_0527_1-3.ecw»
«PNOA_CyL_sw_2009_50cm_OF_rgb_ed50_hu30_0527_1-4.ecw»
«PNOA_CyL_sw_2009_50cm_OF_rgb_ed50_hu30_0527_2-3.ecw»
«PNOA_CyL_sw_2009_50cm_OF_rgb_ed50_hu30_0527_2-4.ecw»

Aparentemente no se ha abierto nada nuevo en display, *pero puede observarse que en la ventana de* contenidos *aparecen cuatro nuevas capas (layers) con los nombres de las ortofotos. En realidad están ocultas bajo el mapa de la provincia de Salamanca.*

✓ Dentro de la ventana de Contenidos, en la *New Data Frame* pulsar con el botón izquierdo del ratón sobre la capa «2» situada la primera en la parte superior y, *sin soltar el pulsador*, arrastrarla hasta situarla en último lugar, en la parte inferior, debajo de las cuatro imágenes: aparecerá la zona de la provincia de Salamanca en la que se pretende ubicar el campo de golf.

✓ Pulsar sobre el menú «Insert» y abrir el submenú «Text». *En el centro del mapa aparecerá un recuadro con fondo azul donde se puede escribir texto. Si por su tamaño se ve mal*: + doble pulsación sobre el recuadro de texto y utilizar la ventana que se abre para escribir y editar los nombres. Escribir «Salamanca». Si colocamos el cursor sobre el nombre aparecerá el símbolo de arrastre; pulsarlo y arrastrar hasta el lugar que ocupa la provincia de Salamanca en la composición.

COMPOSICIÓN

✓ Pulsar sobre el icono «Layout View» (🗋) que está situado en la parte inferior izquierda de la ventana Display. *Se abre el modo* Composición (Layout).

Reducir el marco del dibujo, arrastrando el lado inferior hacia arriba y el lado superior hacia abajo y el conjunto hacia debajo de la página...

✓ Repetir todos los pasos del punto 3.1.2.

3.2.10.3 Composición final

En Layout View y pulsando sobre cada elemento, recolocarlos de manera lo más estética posible.
Finalmente, en el menú «File» seleccionar el submenú «Save As...» y guardar en vuestra carpeta con el nombre «Mapa final ubicación campo de golf en Peña de Francia».mxd.
Cerrar el programa.

Volverlo a abrir y seleccionar la opción «An existing Map». Buscar en la carpeta del proyecto SIG el mapa «Mapa final ubicación campo de golf en Peña de Francia.mxd» y comprobar que se abre tal como se realizó.

Por último, + Abrir el menú «File». Seleccionar el submenú «Export Map» para guardar el mapa en un formato gráfico de los más utilizados. *Se abrirá una ventana titulada* «Export Map». En la ventanita «Guardar en» seleccionar la carpeta con el nombre del proyecto SIG. En la ventanita «Nombre» mantener *Mapa final ubicación campo de golf en Peña de Francia*. En la ventanita «Tipo» elegir «JPGE». Pulsar sobre la palabra «Options» que aparece abajo a la izquierda: *se desplegará y aparecerán las opciones*. En la ventana «Resolution» escribir «*200*» dpi.

Por último, pulsar sobre «Guardar».

– En Windows «Mi PC» buscar este archivo («Mapa final ubicación campo de golf en Peña de Francia.jpge») e imprimirlo en una impresora.

– Insertar también el archivo «Mapa final ubicación campo de golf en Peña de Francia.jpge» en un documento MSWord o de cualquier otro procesador de texto. Imprimir el documento.

RESULTADO DEL EJERCICIO

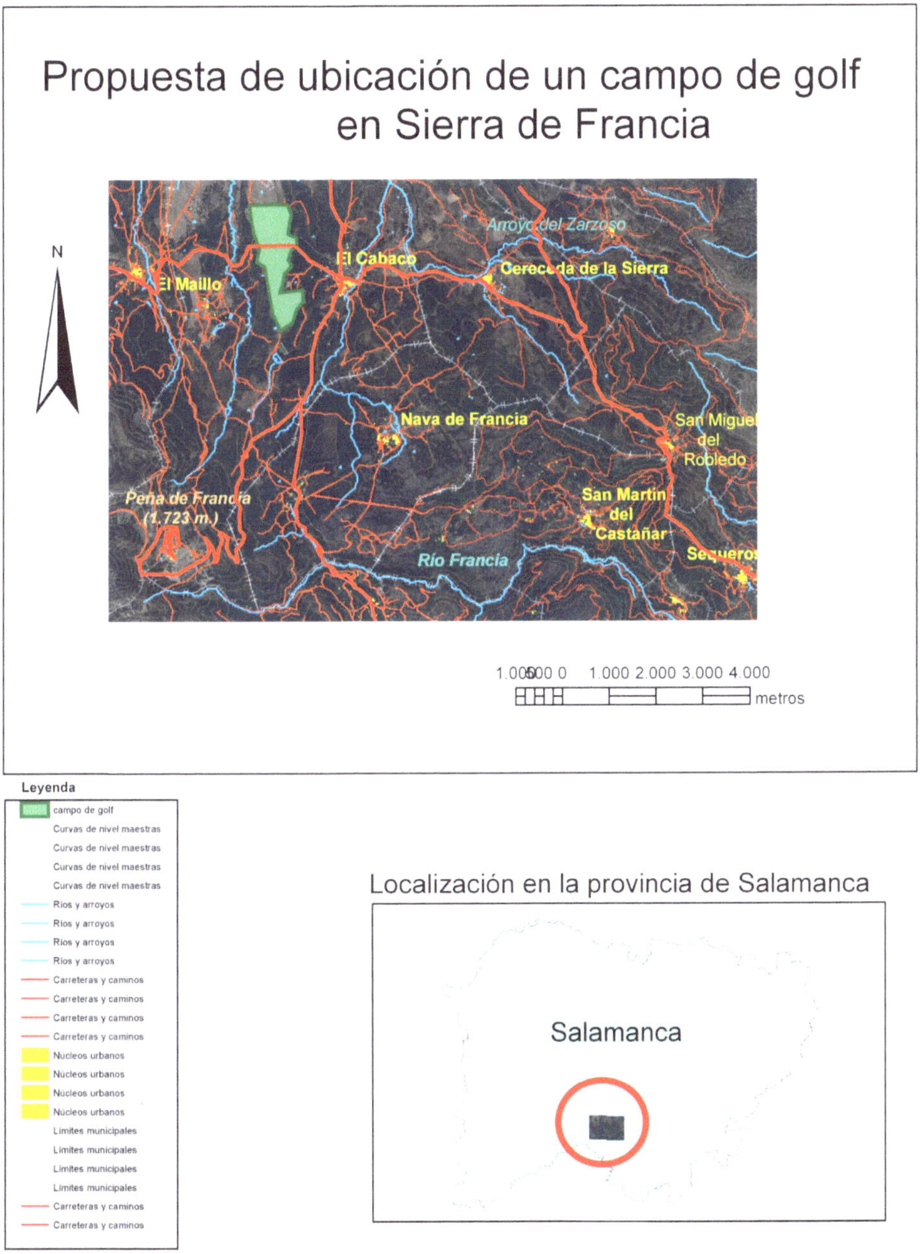

V.2.2. INTRODUCCIÓN AL PROGRAMA SIG IDRISI 3.2. R-2. ELABORACIÓN DE UN MAPA

1. OBJETIVOS

Familiarización con el Programa SIG de Idrisi32 y con sus características principales:

- Llevar a cabo tareas relacionadas con la visualización de capas de datos, de colecciones de capas, de composiciones de mapas, con la utilización de distintas paletas de colores y de símbolos y con la creación de capas de textos y de estructuras de datos.
- Aprender el manejo de algunos módulos de realce y atenuación en las imágenes para su análisis visual.
- Aprender el manejo de algunos módulos informáticos para el análisis estadístico de archivos digitales de imágenes y mapas y de sus histogramas.
- Aprender el manejo de módulos para el cálculo y aplicaciones de álgebra de mapas.
- Realizar composiciones finales y ediciones de mapas.

2. FUNDAMENTOS

IDRISI 3.2 R-2 es un programa SIG producido por Clark Labs. El proyecto IDRISI fue puesto en marcha en 1987 por el profesor Ron Eastman. En 1994 la organización fue renombrada como Clark Labs. Es una institución educativa y de investigación integrada en la Universidad de Clark en Worcester, Massachussets (USA) y está vinculada a la Escuela de Graduación de Geografía y al programa de Desarrollo Internacional de Clark. Las actividades de este laboratorio pueden agruparse en tres áreas: el desarrollo, la distribución y el soporte para análisis geográficos del sistema de software de procesamiento de imágenes; así como del programa de edición y digitalización vectorial CartaLinx; y de otros programas de educación y de investigación.

En 1998 fue actualizado CartaLinx, un estructurador de datos espaciales. El programa permite la digitalización, desarrollo de bases de datos y edición topológica; soporta una variedad de métodos de entrada de datos y formatos para transferir desde Arc/Info, ArcView y MapInfo. Existen muchos grupos de investigación en Clark Labs que trabajan sobre análisis de cambios y de series temporales, bases para la toma de decisiones, depuración de errores, análisis geoestadístico, modelado de superficies, transferencia de tecnología y puesta en marcha de sistemas, materiales de entrenamiento y nuevas capacidades de software. La más avanzada y última versión del programa IDRISI se denomina «TAIGA».

Se pueden consultar sus actividades en http://www.clarklabs.org/

2.1. *Procedimientos*

Para introducirnos en este programa informático SIG utilizaremos en muchos casos bases de datos y archivos que aporta el propio programa en su tutorial. Y en algún caso archivos ajenos al mismo.

2.1.1. El entorno de Idrisi32

En esta práctica vamos a introducirnos en el manejo del programa Idrisi que es muy equilibrado en la calidad de sus módulos para trabajar simultáneamente con archivos en *formato vectorial* y *formato raster* y, por tanto, muy potente para realizar análisis espaciales basados en técnicas matemáticas de mucha complejidad; así como para trabajar con informaciones procedentes de la teledetección.

Creación de las carpetas de trabajo:

Con el explorador de Windows o el que use habitualmente hay que crear una carpeta nueva dentro de la existente «SITCyL»; nómbrela «IDRISI». Copie en esta carpeta todos los archivos existentes en c:\Idrisi32 Tutorial\Using Idrisi32. Dentro de la carpeta «IDRISI», crear también una carpeta con el nombre del título del proyecto SIG (por ejemplo, «Campo de golf en Sierra de Francia Idrisi»). También crear dentro de la carpeta «IDRISI» cuatro carpetas de nombre «1 idrisi», «2 idrisi», «3 idrisi» y «4 idrisi».

Ejecución del programa Idrisi 3.2:

✓ Ejecutar Idrisi, bien en Inicio → Programas → Idrisi32 → Idrisi32, o pulsando el icono correspondiente del escritorio ().

Se abre una ventana con el título Project Environment (Entorno de Proyecto).

Esta ventana permite indicar al programa las carpetas o los directorios («Data Paths») *donde se encuentran los archivos de datos e imágenes con los que se va a trabajar, y donde se volcarán las imágenes y archivos que se creen o se modifiquen.*

Así pues, un proyecto *es una organización de directorios de datos: tanto los directorios de los archivos de entrada que se usarán, como los de los archivos de salida que se crearán. El elemento fundamental de un proyecto en Idrisi32 es el* directorio de trabajo (Working Directory). *El directorio de trabajo es la ubicación donde se encontrarán la mayoría de los datos de entrada y donde se escribirán la mayoría de los resultados de los análisis.*

Además del directorio de trabajo, también se pueden tener diversos directorios de recursos o fuentes (Resource Folders). *Un directorio de recursos es cualquier directorio desde el cual se pueden leer datos pero en el cual* no *se escriben datos nuevos. Los botones* «Add» y «Remove» *de la ventana de* Entorno de Proyecto *se usan para agregar y eliminar directorios de recursos.*

Idrisi mantiene la configuración del entorno de proyecto de una sesión a otra. Como consecuencia de esto no hay necesidad de guardar explícitamente el entorno de proyecto, a menos que se tenga pensado usar varios entornos de proyecto.

✓ Pulsar con el pulsador izquierdo del ratón (PIR) sobre el botón *Browse* y seleccionar la carpeta de proyecto SIG creada dentro de la carpeta «IDRISI» («Campo de golf en Sierra de Francia») como directorio de trabajo. En la ventana de *Resource Folders* seleccionar las carpetas «1», «2», «3» y «4».

✓ Pulsar con el pulsador izquierdo del ratón (PIR) sobre el botón *Save As...* y guardar el *entorno de proyecto* con el nombre «Campo de golf». *El entorno de proyecto se almacena en un archivo con extensión* ENV; *al igual que, de forma similar, en* ArcView *los proyectos tienen extensión APR.*

2.1.1.1. Cuadros de Diálogo y Listas de Selección

✓ Presionar *OK* para cerrar la ventana de entorno de proyecto. *(Es posible acceder a esta ventana en cualquier momento desde el menú.* File → Data Paths *o con el botón*  *de la barra de herramientas).*

✓ Abrir la ventana del *Display Launcher* (lanzador-iniciador de la ventana de visualización) desde el menú *Display → Display Launcher*, o con el botón  de la barra de herramientas.

✓ En la opción «tipo de archivo» elija *Raster Layer*. Pulse con el pulsador izquierdo del ratón (PIR) sobre el pequeño botón con tres puntos que se encuentra a la derecha de la caja de texto en blanco.

Este botón abre la ventana de elección (Pick List), que es utilizada en la mayoría de módulos de Idrisi32. (También es posible acceder a la ventana de elección haciendo doble pulsación (PIR) *sobre el cuadro de texto en blanco).*

En la ventana de elección se despliegan los nombres de los «layers» *(capas) de mapas y otros elementos, organizados por carpetas. Primero muestra el directorio de trabajo, y después cada directorio de recursos presente en el entorno de proyecto. Para expandir un directorio que contenga subdirectorios o archivos (cosa de la que informa con la aparición de un pequeño cuadrado que contiene una cruz), se pulsa con* PIR *en el signo* '+' *que se encuentra a la izquierda del nombre del directorio. Para regresar, se pulsa con* PIR *en el signo* '-' *a la izquierda del nombre del directorio. Un* «folder» *(Carpeta) que no presente signo* '+' o '-' *indica que no contiene archivos del tipo indicado en la ventana* Display Launcher. *Además, la ventana de elección presenta un botón* 'Browse' *(Mostrar) en la parte inferior. Sirve para seleccionar archivos de algún directorio diferente a los que aparecen en el entorno del proyecto.*

✓ Seleccione la imagen «SIERRADEM» del directorio de trabajo y pulse (PIR) sobre «*OK*». *Note que ahora el nombre de la imagen aparece en el cuadro de texto de la ventana* Display Launcher.

Una vez se ha elegido la imagen o la capa raster (Raster Layer) *que se quiere desplegar, es necesario seleccionar una* paleta *o gama de colores utilizada para representar la imagen. En la mayoría de los casos, se utilizan las paletas estándar creadas por Idrisi y que se listan en la parte derecha de la ventana Display Launcher. Sin embargo, en caso de ser necesario es posible crear nuevas paletas.*

✓ Seleccione la paleta cuantitativa *(Quantitative Standard Idrisi)*

Note que la opción Autoscale *se ha activado. Esta opción de autoescalado es un procedimiento a través del cual Idrisi determina la correspondencia entre los valores de una imagen y los colores de una paleta. Las opciones de* Legend *y* Title *(Leyenda y Título) que están junto a* Autoscale *permiten desplegar la leyenda y título de la capa.*

✓ Presionar con (PIR) sobre «*OK*» en la ventana *Display Launcher* para abrir la imagen. *Esta imagen que se habrá desplegado es un modelo digital de elevaciones de una zona de España* (la Sierra de Gredos).

Repetir el ejercicio con distintas paletas para comprobar cómo varían visualmente los resultados.

2.1.1.2. La barra de estado

La barra de estado es la que se encuentra en la parte inferior de la ventana de Idrisi.

✓ Mover con el ratón el cursor –sin pulsar ningún botón del mismo– sobre la ventana por encima de la imagen:

Nótese como la barra de estado actualiza continuamente la posición de Fila y Columna, *así como las* coordenadas X e Y *de la posición del cursor a medida que éste se mueve.*

Todos los tipos de archivo muestran las coordenadas X y Y *en la barra de estado. Sin embargo, como es lógico, sólo en los* «layers raster» (capas raster) *se indica la* fila *y la* columna.

La fracción «RF», *que aparece en la parte izquierda de la barra de estado, expresa la* **escala actual** *del mapa (tal como se ve en pantalla) como una fracción de reducción del tamaño real de las distancias en el terreno. Por ejemplo, RF = 1/5000 indica que la imagen en pantalla se está mostrando 5.000 veces más pequeña de lo que en realidad es. Como los demás campos, RF se actualiza automáticamente a medida que se cambia la imagen con el* zoom.

2.1.1.3. Organización de los menús

El menú principal tiene seis secciones (o más, dependiendo de la versión del programa con el que estemos trabajando): File, Display, Analysis, Reformat, Data Entry y Help.

El menú File *contiene una serie de utilidades para la importación, exportación y organización de los archivos de datos. También es el lugar para configurar las preferencias del usuario u opciones por defecto (por ejemplo, las paletas de símbolos y/o colores) con los que se abrirá cada imagen.*

✓ Vaya al menú File y escoja la opción *User Preferences*. Explore las opciones que presenta esta ventana. Presione el botón *Revert to defaults* para volver a las opciones por defecto del fabricante. Presione «*OK*» para cerrar la ventana.

✓ Explorar las demás opciones del menú File, viendo para qué sirven.

✓ Explorar el resto de menús de la barra principal:

El menú Reformat *contiene una serie de módulos cuyo propósito es convertir datos de un formato a otro. Es aquí, por ejemplo, donde se encuentran las rutinas para convertir entre sí archivos en formatos raster a archivos en formato vectorial y viceversa, cambiar la proyección y el sistema de referencia de una imagen, generalizar datos espaciales, entre otras.*

El menú Analysis *contiene la mayoría de los módulos. Este menú tiene hasta cuatro niveles de profundidad de submenús y módulos. Las primeras cuatro opciones del primer nivel representan el núcleo fundamental del análisis SIG: consulta de base de datos, operadores matemáticos, operadores de distancia y operadores de contexto. Las demás representan las principales áreas analíticas: Estadística, Procesamiento de imágenes, Toma de decisiones, Análisis de cambio y series de tiempo, y Análisis de superficies.*

2.1.1.4. Composer (Layout)

El «composer» (Compositor de Mapas) *es una de las herramientas más importantes en la construcción de mapas. Permite agregar y eliminar* layers (capas), *cambiar su orden de superposición en el dibujo y su simbolización, y además guardar e imprimir las composiciones* (ver figura siguiente).

✓ Presionar el botón *Add Layer* en el Composer y agregar la capa vectorial «SIERRAFOREST» que se encuentra en el directorio de trabajo. Marcando esta capa en *Componer*, elegir *Uniblack* como el símbolo para desplegar la capa (seleccionarla pulsando *Layer Properties* y abriendo C:IDRISI32/Symbols).

Además, esta ventana (Componer) *permite controlar la visualización de la imagen a través de los botones de la parte inferior:*

Desplaza la imagen hacia arriba (también con la flecha correspondiente en el teclado)
Desplaza la imagen hacia abajo (también con la flecha correspondiente en el teclado)
Desplaza la imagen hacia la derecha (también con el teclado)
Desplaza la imagen hacia la izquierda (también con el teclado)
Zoom In (o con PageUp en el teclado)
Zoom Out (o con PageDown en el teclado)

✓ Experimentar con las opciones de «zoom» y desplazamiento. Hacer un acercamiento o ampliación de forma tal que la estructura de celdas de SIERRADEM sea visible. Para volver a la situación inicial pulsar en la barra superior de herramientas.

2.1.1.5. Despliegues gráficos alternativos

La construcción de mapas mediante el uso del Display Launcher *y* Composer *es una importante herramienta de Idrisi. Idrisi32 facilita diferentes medios de visualización. Se explorará ahora el módulo* ORTHO *que permite la creación de representaciones pseudotridimensionales.*

✓ Pulsar con PIR en el botón del Display Launcher y desplegar la capa raster (layer raster) llamada «SIERRA234». *Nótese que las opciones de paleta se desactivan. La razón es que ésta es una imagen en color de 24 bits, cuya creación se verá en ejercicios posteriores —una imagen de 24 bits es una forma especial de imagen raster que contiene los datos de tres canales de color independientes (RGB). Cada uno de dichos canales es representado por un valor entre 0 y 255, generando así un total de más de 16 millones de colores posibles (256 x 256 x 256)—* (en este caso, se trata de una imagen de la Sierra de Gredos, creada a partir de las bandas 2, 3 y 4 de los sensores MSS del satélite Landsat 5).

✓ Elegir la opción ORTHO desde el menú DISPLAY. Especifíquese «*SIERRADEM*» como la imagen de *superficie* y «*SIERRA234*» como imagen *drape* (de cubierta). Como es una imagen de 24 bits no es necesario elegir una paleta. Mantener los demás parámetros con los valores por defecto, excepto para la resolución de salida (escoja 800*600), luego pulsar con *PIR* en «OK» para generar la vista 3D.

2.1.1.6. Visualización: layers (capas) y colecciones de layers

«Layer» (capa) *es quizá el elemento más importante en la representación digital de datos geográficos. Un* layer *es un tema geográfico básico, que consiste en una serie de características o atributos espaciales similares. Los* layers *pueden considerarse como los bloques de construcción de los mapas. Pueden ser considerados como los elementos básicos del análisis geográfico. Son las variables (topografía, carreteras, hidrografía, límites administrativos, etc.) de los modelos geográficos.*

2.1.1.7. Visualización de capas de mapas

Desde los inicios de la cartografía automatizada y los SIG, los layers *se han codificado de acuerdo a dos lógicas de formatos completamente diferentes:* raster *y* vectorial. *Idrisi permite trabajar con las dos formas.*

✓ Cerrar todas las imágenes abiertas.

✓ Pulsar sobre y desplegar la capa (layer) vectorial «*SIERRAFOREST*». Elegir la opción de «símbolo definido por el usuario» y escoger el archivo de símbolo «FOREST». *Ésta es una capa vectorial del bosque en la Sierra de Gredos.*

✓ Utilizar las flechas de desplazamiento y las teclas *PageUp* y *PageDown* para hacer *zoom* sobre alguno de los polígonos.

✓ Presionar la tecla **Inicio** en el teclado del ordenador (o el botón en la barra de herramientas del programa) para volver a la visualización original. Luego presionar Fin en el teclado (o el botón en la barra de herramientas) para maximizar el área de visualización del layer.

✓ Para hacer un «*zoom de ventana*» utilizar el botón de la barra de herramientas y marcar una ventana dentro de la imagen teniendo pulsado el botón izquierdo del ratón y arrastrando hasta definir la ventana que se quiere ampliar; al soltar el pulsador comprobar que se amplía su contenido.

✓ Seleccionar el botón del cursor de consulta de la barra de herramientas . Pulsar sobre alguno de los polígonos de bosque. *El polígono se ilumina y su número identificador aparece junto al cursor.*

✓ Pulsar sobre el botón «Propiedades de los Rasgos» (Feature Properties) en la ventana *Composer* (o en el botón de la barra de herramientas), y continuar pulsando sobre los polígonos.

Observar la información que se presenta en el cuadro «Propiedades de Rasgo» *que se abre debajo de la ventana* Componer.

Esto permite deducir que las representaciones de capas vectoriales *están orientadas a los rasgos o formas lineales y puntuales del espacio. Dichas representaciones describen rasgos que son entidades con fronteras espaciales distintivas, fácilmente diferenciables, y situadas en el espacio con alta precisión. Lo que claramente contrasta, como a continuación veremos, con lo que ocurre con las capas o layers* raster:

✓ Pulsar con el PIR sobre el botón «Add Layer» del Composer. *Este botón permite acceder a una versión reducida del* Display Launcher *con opciones para agregar tanto* layers raster *como* layers vectoriales *al mapa actual.*

✓ Seleccionar la opción de «layer raster» y elegir el archivo raster «*SIERRANDVI*» desde la ventana de selección. Elegir la paleta «NDVI» y presionar OK. *Nótese cómo el layer raster ha cubierto por completo el layer vector.* Para confirmar que ambos layers están presentes, pulsar sobre la marca de comprobación que aparece junto al layer «SIERRANDVI» en la ventana *Composer. Esto desactivará la visión de dicho layer (sin eliminarlo de la composición), permitiendo ver de nuevo el vectorial que se encuentra debajo.*

- *Los layers raster están compuestos visualmente de un mallado de celdas (correspondientes, pero no equivalentes, a los píxeles de la imagen). Son archivados como una matriz de valores numéricos, que aparece representada gráficamente como una malla regular de cuadrados coloreados.* + Hacer zoom hasta que la estructura raster sea evidente.

  Los layers raster no describen rasgos en el espacio, sino que parcelan el espacio. Cada celda describe el carácter o el valor del atributo en esa ubicación cuadrada específica del espacio.

✓ Pulsar con el PIR sobre el nombre del layer «SIERRANDVI» en el *Composer* para activar dicha capa y volver a hacerla visible. Como el cursor de consulta aún está activo, pulsar sobre cualquier punto de la imagen. *Nótese como todas las celdas contienen algún valor numérico.*

✓ Cambiar la posición de los layers, de forma que el layer vectorial quede arriba. Para hacer esto, pulsar sobre el nombre del layer en el *Composer* para activarlo. Luego, sin soltar el PIR, arrastrarlo hacia abajo.

Con el layer vectorial arriba, nótese que se puede ver a través de él. Sin embargo, los polígonos ocultan todo lo que está debajo de ellos. Esto puede cambiarse utilizando un tipo diferente de simbolización, seleccionando otra paleta de símbolos:

✓ Seleccionar el layer «SIERRAFOREST» en el *Composer*. Luego pulsar sobre el botón «Propiedades de Layer» (Layer Properties).

✓ Para cambiar el archivo de símbolos usado para desplegar SIERRAFOREST, pulsar sobre el botón de selección que se encuentra junto al archivo de símbolos actual y elegir «FOREST2».

A diferencia del relleno continuo de FOREST, el archivo de símbolos FOREST2 utiliza un patrón de sombreado con fondo transparente. Como resultado de ello, ahora es posible ver casi completamente la capa inferior.

2.1.1.8. Visualización de colecciones de capas

✓ Cerrar todos los mapas abiertos.

- Abrir el *Display Launcher* ( ) y elegir la opción de desplegar un layer vectorial. Abrir la ventana de selección y encontrar el layer llamado MAZIP. *Notar que hay un signo '+' junto a él.* Pulsar sobre el signo y *apreciar cómo un grupo adicional de layers se lista debajo de él.* Seleccionar la capa llamada MEDHOMVAL. Usar el archivo de símbolos cuantitativo estándar y asegurarse de que las opciones autoscale, title y legend estén activas. *El mapa muestra el valor medio de las casas en Massachussets por el código postal de sus distintas regiones.*

2.1.1.8.a. Colecciones de layers vectoriales

MAZIP es una *colección* de layers vectoriales. *En Idrisi32, una colección es un grupo de layers que están específicamente asociados entre sí. Las colecciones vectoriales se componen de un layer vectorial simple que actúa como un* marco espacial *que es asociado con una tabla de datos de los rasgos o formas (shape) representados. Un* marco espacial *es una capa que describe únicamente la situación y* localización *geográfica de los rasgos (situación, coordenadas, etc.), pero no sus atributos. Al asociar con él una tabla con datos de atributos para cada rasgo, es posible generar una capa para cada uno de los campos en la tabla.*
Idrisi cuenta con un pequeño administrador de bases de datos relacionales que se conoce como Database Workshop.

✓ Activar la ventana del layer MEDHOMVAL y oprimir el botón de la barra para abrir el database workshop.
En realidad, el database workshop *debería preguntar por el nombre de la base de datos y la tabla que se pretenda visualizar, sin embargo, como el layer en pantalla ya está asociado con una base de datos, se despliega ésta automáticamente. Notar que los nombres de las columnas (o campos) de la tabla coinciden con los nombres de las capas que se desplegaron al seleccionar MAZIP en la ventana de selección. Cada fila de la tabla representa un rasgo diferente (regiones de código postal).*

✓ Activar el cursor de consulta y pulsar sucesivamente sobre varios polígonos del mapa. *Notar cómo el registro activo en la tabla se cambia hacia el que corresponde al polígono seleccionado.*

Con una tabla asociada, cada campo se convierte en una layer diferente. Notar que en la ventana del database workshop *existe un botón que es idéntico al del* display launcher. *Este icono puede ser usado para desplegar visualmente un campo de la tabla.*

✓ Escoger el campo MEDHHINC (ingreso medio por casa) pulsando sobre cualquier celda de esta columna.

✓ Presionar el botón  en la ventana del *database workshop* para desplegar el campo seleccionado como una «layer».

- *Las colecciones de «layers» se crean (y editan) con la utilidad llamada* Collection Editor, *que se encuentra en el menú* File:

✓ Abrir el editor de colecciones.

✓ Desde el menú *File* del editor de colecciones escoger la opción *Open*.

✓ En la opción «Archivos de Tipo» elegir: **.VLX Vector Link Files* (archivos de asociación vectorial) y abrir el archivo llamado MAZIP.VLX

Un archivo .VLX *tiene cuatro componentes:*

1. *El marco espacial* (spatial frame) *que es cualquier* archivo vectorial *que define un grupo de rasgos usando identificadores* (ID) *–números enteros únicos–. En este caso, la definición espacial de las áreas es el código postal, MA_ZIPCODES.*
2. *El archivo de base de datos* (database file) *es un archivo en formato de* Microsoft Access. *Esta colección utiliza un archivo de base de datos llamado MA_ZIPSTATS.*
3. *Los archivos de bases de datos pueden contener múltiples tablas. En el* archivo VLX *se indica qué tabla debe usarse. En este caso, la tabla DEMOGRAPHICS.*
4. *El campo de asociación* (link field) *es el campo de la tabla que contiene los identificadores* (ID) *que se asocian (porque coinciden) con los identificadores* (ID) *utilizados para identificar las características en el marco espacial. Éste es el elemento más importante del archivo* VLX, *pues sirve para establecer la relación entre los registros en la base de datos y los rasgos en el archivo vectorial.* Para esta colección, el campo de asociación es IDR_ID.

✓ Cierre el editor de colecciones.

2.1.1.8.b. Colecciones de capas raster

Con «layers» de tipo raster, la lógica de creación de una colección es muy diferente. Una colección raster es una colección de capas que se agrupan. Se crean y editan con el editor de colecciones y lo que se genera es un archivo de tipo «.RGF» (raster group file).

✓ Abrir de nuevo el editor de colecciones.

✓ Desde el menú *File* escoger *New*.

✓ En «*Archivos de tipo*», elegir *Raster group files*.

✓ Llamar «SIERRA» al nuevo archivo y pulsar sobre «*Abrir*».

✓ Con el botón *Insert After* agregar los siguientes archivos a la colección: *SIERRA1, SIERRA2, SIERRA3, SIERRA4, SIERRA5, SIERRA7, SIERRA234, SIERRA345, SIERRADEM Y SIERRANDVI.*

✓ Para guardar la colección utilizar en *File -> Save*.

✓ Cerrar el editor de colecciones.

✓ Abrir el *Display launcher* .

✓ Presionar el botón de selección (pick) y en la lista, pulsar sobre el signo '+' que aparece junto al nombre del archivo de colección que se acaba de crear.

✓ De los «layers» que aparecen bajo él (SIERRA) seleccionar «SIERRA345» y presionar «*OK*» para volver a la ventana del Display Launcher.

Notar que en el cuadro de texto aparece el nombre de la colección, seguido de un punto y del layer elegido (sierrra.sierra234). Presione «*OK*» para visualizar la capa.

- *Para hacerse una idea de la utilidad de los* archivos .RGF, + presionar el botón *Feature Properties* en el *Composer y prestar atención al cuadro* Properties *que aparece bajo él.*
- *Se activan a la vez los botones* . + Pulsar con el *PIR* sobre varios lugares de la imagen.
- *Con un* RGF, *se pueden examinar simultáneamente los valores de los píxeles de todas las capas que componen la colección* (ésta es sólo una de las utilidades).

2.1.1.9. Estructuras de datos y escalamiento

✓ Utilice el *Display Launcher* para desplegar los mapas ETDEM (modelo digital de elevaciones de Etiopía) y WESTLUSE. Compare las leyendas de los dos. Para entender las razones de sus diferencias, utilice el explorador de archivos de Idrisi (desde el menú *File -> File Explorer* o con el botón de la barra de herramientas).

El explorador de archivos *Idrisi es una utilidad de carácter general para listar, examinar y administrar los archivos de datos de Idrisi. El panel de la izquierda muestra todos los tipos de archivos utilizados en Idrisi. La parte inferior de la ventana del explorador de archivos contiene una variedad de botones con utilidades para copiar, eliminar y cambiar de nombre a los archivos, junto con un segundo grupo de utilidades para ver el contenido de los archivos.*

✓ Seleccionar el «layer» WESTLUSE de la lista de la derecha (*está listado como* westluse.rst). *Éste es el archivo de datos del «layer». Sin embargo, a los layers raster acompaña siempre otro archivo: el* archivo de documentación (o de metadatos) *con extensión* «.rdc».

✓ Con WESTLUSE seleccionado, presionar el botón «*View Structure*». *Esta utilidad muestra el valor de los datos del archivo en forma matricial (cada número representa el valor de un píxel en la imagen). Para esta capa, cada uno de los números representa un tipo de uso del suelo.* Utilice las flechas para desplazarse por la matriz. Después, cierre la utilidad de visualización de estructura.

✓ Aún con WESTLUSE seleccionado, presionar el botón «*View Metadata*» (también se puede acceder a los metadatos desde el menú *File* o con el botón de la barra de herramientas). *Esta utilidad muestra el contenido del archivo de documentación o* METADATOS (westluse.rdc). *Este archivo contiene la información fundamental que permite a Idrisi que el archivo sea desplegado como un* «layer» *raster.*

Los siguientes son algunos de los datos mostrados:
- *Tipo de archivo* –File format– (raster, vector, de correspondencia, de valores, etc.).
- *Título* (el título del «layer» que se despliega en la ventana de mapa).
- El *tipo de datos*: se refiere al tipo y al rango de valores posibles de la imagen. Cuando se dice que el tipo de datos de un «layer» raster es *entero*, quiere decir que los valores de cada celda serán números enteros entre –32.768 y 32.768. Existe un tipo especial de entero llamado *byte*,

que permite almacenar valores enteros entre 0 y 255. Otro tipo de datos es el *real*, que puede almacenar valores entre -1 x 10^{37} y 1 x 10^{37} con hasta siete dígitos decimales.

- *Tipo de archivo*: se refiere a la forma interna de almacenamiento del archivo. Existen dos opciones: *binario* y *ASCII*. En tipo binario, los valores del «layer» raster se almacenan con su valor binario real, mientras que en tipo ASCII, cada número es almacenado en dicho código como un carácter individual. Este hecho hace que los archivos ASCII ocupen un mayor espacio de almacenamiento y que su procesamiento sea más lento.
- Las *filas* y *columnas* indican la estructura básica raster. *No es posible cambiar esta estructura con sólo cambiar estos valores*. Los datos en un archivo de documentación *simplemente describen* lo que ya existe.
- Los 7 campos relativos al *Sistema de Referencia* indican la ubicación de la imagen en el espacio (los parámetros de los sistemas de referencia o proyección cartográfica se almacenan en archivos tipo REF). Las *unidades de referencia* pueden ser metros, pies, kilómetros, grados o radianes (m, ft, km, mi, deg, rad). El multiplicador de la *unidad de distancia* se utiliza para acomodar otros tipos de unidades (por ejemplo, minutos de grado). Por lo tanto, si las unidades son alguna de las 6 reconocidas por el sistema Idrisi, el campo *Unit distance* siempre será 1.
- Los campos *valor mínimo* y *valor máximo* expresan el menor y mayor valor de todas las celdas del «layer» raster (display minimum y display maximum hacen referencia al menor y mayor valor que se *visualiza* al abrir el «layer»).
- Los campos de *error posicional* y *resolución* son solamente campos informativos.
- El campo *unidades de valor* indica la unidad de medida en la realidad de lo que representan los valores de la imagen (por ejemplo, grados de temperatura).
- El campo de *valor de error* indica bien un *RMS* (error cuadrático medio) para datos cuantitativos o un «error proporcional» para datos cualitativos (como en este caso). Ambos campos se pueden dejar en blanco o como *Unknown* (desconocido), ya que son utilizados por pocos módulos de análisis.
- Un *dato flag* (bandera) es cualquier valor especial. Idrisi reconoce un valor especial llamado *background* (fondo), que quiere decir 'ausencia de datos'. Otro flag reconocido es *missing* data, para indicar datos perdidos.

✓ Ahora pulsar en la solapa 'Leyenda'. Contiene las interpretaciones para cada una de las categorías de uso del suelo. Esta información fue utilizada para construir la leyenda que se despliega en la ventana de mapa.

✓ Explorar la documentación de algún «layer» raster. Comparar sus parámetros con los de otras imágenes. Explorar también la pagina 'Leyenda' para encontrar diferencias. Cuando se haya terminado cerrar la ventana *Metadata* y el explorador de archivos.

✓ Desplegar la capa raster «ETDEM» con la paleta de usuario llamada «westluse», asegurándose de que la opción de leyenda esté activa. Nótese que ahora se observa un tipo de leyenda diferente al de la composición en pantalla (que usa la paleta IDRISI256).

✓ Utilizar el submenú *Symbol Workshop* para abrir la paleta *westluse.smp* y observar sus características y diferencias entre ésta y cualquier otra paleta estándar de *Symbols*.

Respecto a la leyenda, a los símbolos y a los colores, hay diferentes situaciones que se pueden presentar en su construcción. Entre ellas hay que destacar:

- *Cuando el tipo de datos es entero o byte, y el «layer» raster contiene valores entre 0 y 255. Idrisi interpreta los valores como números de símbolos en la paleta (valor 3 con el símbolo 3, etc.). Además, si el archivo de documentación contiene los textos de la leyenda, también son desplegados visualmente.*

- *Si el tipo de datos es* entero *y el «layer» contiene más de 256 valores, o si el tipo de datos es* real, *Idrisi asigna automáticamente los símbolos mediante un procedimiento conocido como* Autoscaling *y construye la leyenda automáticamente. Autoscaling divide el rango de valores de la imagen en un número igual de categorías al expresado en Autoscale min y Autoscale max en la paleta, y asigna los valores de las celdas a los colores de la paleta según esta relación (p. ej. si Autoscale Min = 0 y Autoscale Max = 255, y la imagen tiene valores entre 1.000 y 3.000, el valor 2.000 será visualizado con el color 128 de la paleta).*
- *La naturaleza de la leyenda creada con Autoscale depende del número de símbolos de la paleta. Si el número de símbolos de la paleta entre los valores Autoscale Min y Autoscale Max es menor o igual que el máximo número de categorías de leyenda permitido (16 por defecto), Idrisi despliega la leyenda con recuadros separados, y el rango de valores aplicables a cada uno. Sin embargo, si el número de símbolos de la paleta excede a 16, Idrisi construye una leyenda continua.*

3. EJERCICIO

Se trata de confeccionar un mapa de la posible ubicación de un campo de golf, cerca de La Alberca (Peña de Francia) en la provincia de Salamanca (España), tal y como se hizo en el ejercicio anterior con ArcGis 9.3.

✓ Ejecutar el programa Idrisi 3.2. *Si no está seleccionado el entorno de proyecto (el que se creó con el nombre del proyecto SIG), hay que seleccionarlo en* «File»/«Data Paths».

3.0. *Preparación de los archivos fuente*

Aunque teóricamente el programa Sig de Idrisi es capaz de convertir o importar archivos raster y vectoriales estructurados en formatos de los diseñados por ESRI (arcinfo, shape, etc.) a formato Idrisi, lo hace en algunos casos con defectos. Por eso, para las imágenes o archivos raster conviene realizar primero, como paso intermedio, una conversión previa de *ecw* a *BMP*, y de éste importar a formato «RST» (Idrisi). Así mismo, para los archivos vectoriales conviene convertir previamente el formato «shape» a formato «DXF», y de éste a formato «vct» (Idrisi).

3.0.1. Conversión con ArcGis del fondo referencial ortofotográfico raster a formato BitMap (bmp)

✓ Abrir el programa ArcMap de ArcGis.

✓ Pulsar sobre el icono  (Add Data).

✓ Seleccionar los cuatro archivos con extensión *ewc* de las ortofotos que existen en la carpeta «Campo de Golf en Sierra de Francia» que existe dentro de la cadena de carpetas «SITCyL»/«ARCGIS»/«Campo de Golf en Sierra de Francia»:

«PNOA_CyL_sw_2009_50cm_OF_rgb_ed50_hu30_0527_1-3.ecw»
«PNOA_CyL_sw_2009_50cm_OF_rgb_ed50_hu30_0527_1-4.ecw»
«PNOA_CyL_sw_2009_50cm_OF_rgb_ed50_hu30_0527_2-3.ecw»
«PNOA_CyL_sw_2009_50cm_OF_rgb_ed50_hu30_0527_2-4.ecw»

✓ Pulsar «Aceptar». *Aparecerán las cuatro imágenes con la combinación de colores* RGB (Red-Green-Blue), *unidas en mosaico y ocupando toda la ventana* Display. *Pero si se han abierto una a una, seguramente ocupen más superficie que la del cuadro* Display; *en ese caso, pulsar el botón* «Full Extent» () *para que se reduzca todo el mosaico a la ventana* Display. *En todo caso intentad ajustar lo más posible los límites del mosaico de ortofotos a los límites visibles de la ventana* Display.

✓ En el menú *file* seleccionar la opción *Export Map*... Elegir tipo «bmp» y nombrarlo «Fondo ortofotográfico Sierra de Francia». Como resolución aplicar 500 dpi. Elegir para guardarlo la carpeta «Campo de golf en Sierra de Francia Idrisi». Pulsar *Guardar*.

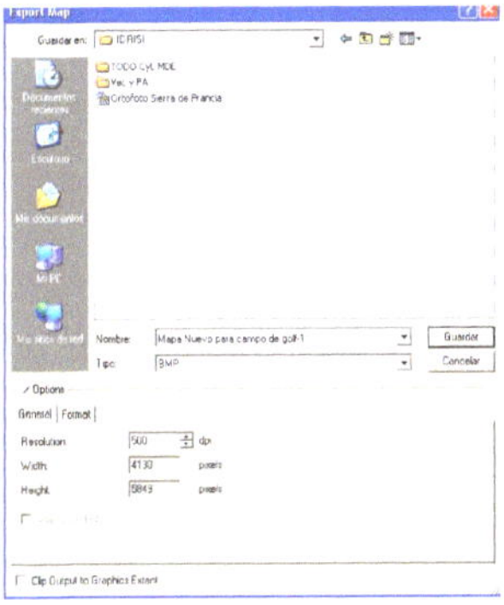

3.0.2. Conversión de los archivos vectoriales de formato «shape» a formato «dxf»

Arrancar el programa *SHP2DXF.exe* que se cargó desde la página web del Sistema de Información Territorial de Castilla y León (SitCyL). *Este programa tiene como condicionante que los nombres de los archivos «shape» originarios y los archivos «dxf» resultantes no pueden tener nombres que excedan 8 caracteres.* En la primera ventana que surge abrir la cadena de carpetas «SITCyL/ARCGIS/1 arcsig», y dentro de esta última seleccionar el archivo vectorial «3.shp». Pulsar «Siguiente>>». En la siguiente ventana abrir la cadena de carpetas «SITCyL/IDRISI/1 idrisi» y escribir como nombre de archivo de salida «3». Pulsar «Siguiente>>». Cuando acabe el proceso se habrá creado un nuevo archivo («3.dxf»). Realizar la misma conversión con los siguientes archivos:

«Cdirect.shp» (curvas de nivel maestras)

«Hidrolog.shp» (ríos, arroyos, embalses, etc.)

«Edifc.shp» (edificaciones dispersas y edificios de los núcleos de población)

«ViasCom.shp» (vías de comunicación: carreteras de distinto orden jerárquico, pistas, senderos, etc.)

Hacer lo propio con los archivos de los mismos nombres contenidos en las carpetas «2 arcsig», «3 arcsig» y «4 arcsig».

3.0.3. Importación-conversión de los archivos en formatos «bmp» y «dxf» respectivamente a formatos de Idrisi «rst» y «vct»

✓ Si no está ejecutado, ejecutar el programa Idrisi 3.2. y en Data Paths seleccionar como Project Environment (Entorno de Proyecto) «Campo de Golf. env».

✓ Abrir el menú *file* y dentro del submenú *Import*, en *Desktop Publishing Formats* seleccionar *BMPIDRIS*.

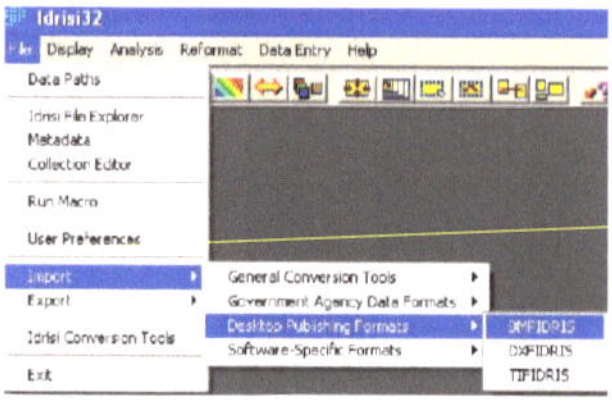

Marcar la opción «BMP to Idrisi». En «input file» Pulsar sobre el pick (...) y seleccionar el archivo «Fondo ortofotográfico Sierra de Francia.bmp» existente en la carpeta «Campo de golf en Sierra de Francia Idrisi». Pulsar el pick de «Out file» y buscar la misma carpeta («Campo de golf en Sierra de Francia Idrisi») dándole el nombre al archivo de salida «Fondo ortofotografico Sierra de Francia» (el programa creará un archivo matricial de datos «Fondo ortofotográfico Sierra de Francia.rst» y un archivo asociado de metadatos «Fondo ortofotográfico Sierra de Francia.rdc»). Pulsar sobre «OK». *Se abrirá el mosaico ortofotográfico ya como un archivo raster Idrisi.* En la ventana Componer pulsar sobre el botón «Layer Properties». *Comprobar que se ha formado una imagen raster de 24 bits RGB; en un sistema de proyección plano (plane) con unidades en metros; coordenadas mínima x = 0; máxima x = 556; mínima y = 0; máxima y = 380; y con 556 columnas por 380 filas.* Pulsar sobre «View Metadata» y se abrirá su correspondiente ventana: pulsar sobre la línea «Reference system» y aparecerá un pick, pulsando sobre él y en la carpeta «Georef» seleccionar y aceptar «utm-30n». Después en la línea «Minimum X» sobreescribir *229883*; en la línea «Maximum X» *244505*; en la «Minimum Y» *4487762*; y en la «Maximum Y» *4497712*. Cerrar la ventana de metadatos y aceptar los cambios que se sobrescriben en el archivo raster.

✓ Volver a abrir en el menú *file* el submenú *Import*, y en *Desktop Publishing Formats* seleccionar esta vez *DXFIDRIS*.

Marcar la opción «DXF to Idrisi». En «input file» pulsar sobre el pick (...) y, si fuese necesario, luego sobre el botón «Browse» hasta encontrar la carpeta «1 Idrisi» y dentro de ella seleccionar el archivo existente «3.dxf». Pulsar sobre «Next->».

Aparecerá la siguiente ventana:

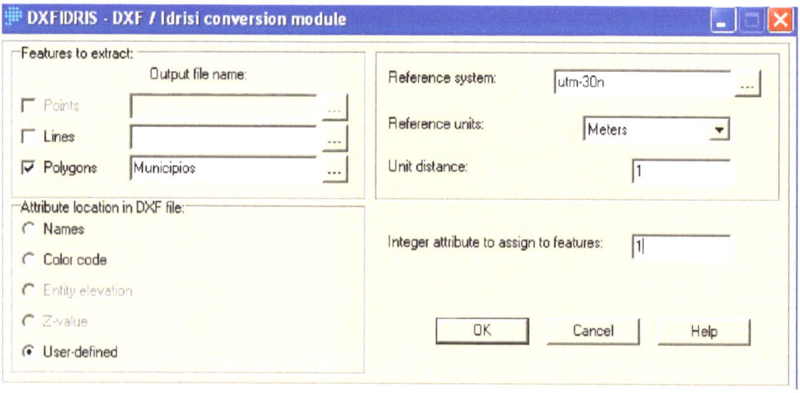

Marcar la opción «Polygons» y pulsando el pick correspondiente seleccionar la carpeta «1 Idrisi» para guardar y escribir como nombre de salida (Output file name) «Municipios 1». Pulsar el pick de

«Referente system» y buscar en la carpeta del sistema «Georefer» el archivo «utm-30n». En la ventanita «Integer attribute to assign to features» escribir siempre «1». Pulsar sobre «OK» (el programa creará un archivo vectorial de datos poligonales «Municipios.vct» y un archivo asociado de metadatos «Municipios.vdc»). Hacer lo mismo con los archivos contenidos en esta carpeta:

«Cdirect.dxf» (curvas de nivel maestras) ➔ Marcar en la opción «Lines» y de nombre de salida: «Curvas de nivel 1».

«Hidrolog.dxf» (ríos, arroyos, embalses, etc.) ➔ Marcar en la opción «Lines» y de nombre de salida: «Rios y arroyos 1».

«Edifc.dxf» (edificaciones dispersas y edificios de los núcleos de población) ➔ Marcar en la opción «Polygons» y de nombre de salida: «Edificios 1».

«ViasCom.dxf» (vías de comunicación: carreteras de distinto orden jerárquico, pistas, senderos, etc.) ➔ Marcar en la opción «Lines» y de nombre de salida: «Carreteras y caminos 1».

Hacer lo propio con los archivos correspondientes de las otras carpetas («2 idrisi», «3 idrisi» y «4 idrisi»), nombrando a los archivos de salida: «Municipios 2», «Curvas de nivel 2», etc.

Revisar los metadatos de todos los archivos vectoriales que se han creado, asegurándonos de que el sistema de referencia es «utm-30n», las unidades son metros y de que las coordenadas máximas y mínimas no sean números decimales (en caso necesario redondear sus cifras).

3.0.4. Creación de las paletas de líneas y colores para cada tipo de capa de archivo vectorial

✓ Pulsar sobre el icono, existente en la barra de herramientas. Se abre la ventana de paletas y símbolos («Symbol Workshop»). Pulsar sobre «File» y, dentro de éste sobre «New». *Se abre la ventana de «New Symbol File».* Activar la opción «Polygon» y nombrar «Edificios» al nuevo archivo de símbolos que se va a crear en la carpeta «Campo de Golf en Sierra de Francia Idrisi». Pulsar sobre «OK».

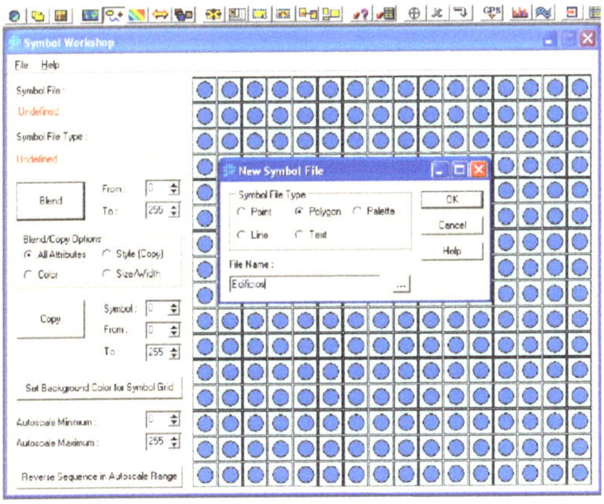

Con el cursor presionar sobre la segunda celda superior izquierda (la número 1). Se abre una nueva ventana («Polygon Symbol»). Pulsar sobre el cuadrado «Fill Color» y se abrirá la ventana «Color», seleccionar en ella el color amarillo fuerte y «Aceptar». Hacer lo mismo con el «Outline Color». Finalmente en «File» salvar los cambios.

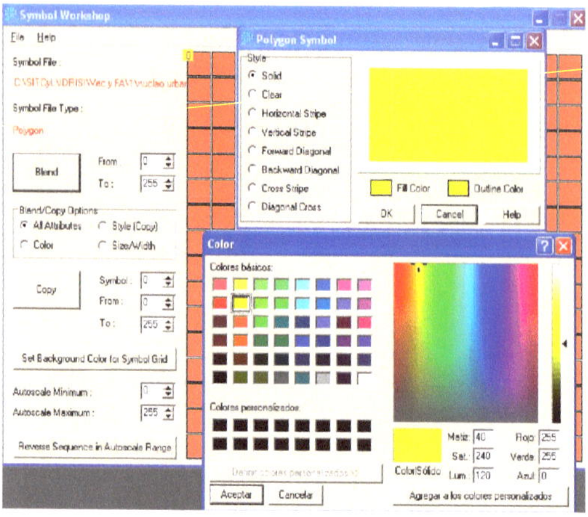

✓ Volver a pulsar sobre el icono , existente en la barra de herramientas. Se abre la ventana de paletas y símbolos («Symbol Workshop»). Pulsar sobre «File» y, dentro de éste sobre «New». *Se abre la ventana de «New Symbol File»*. Activar la opción «Line» y nombrar «Curvas de nivel» al nuevo archivo de símbolos que se va a crear en la carpeta «Campo de Golf en Sierra de Francia Idrisi». Pulsar sobre «OK».

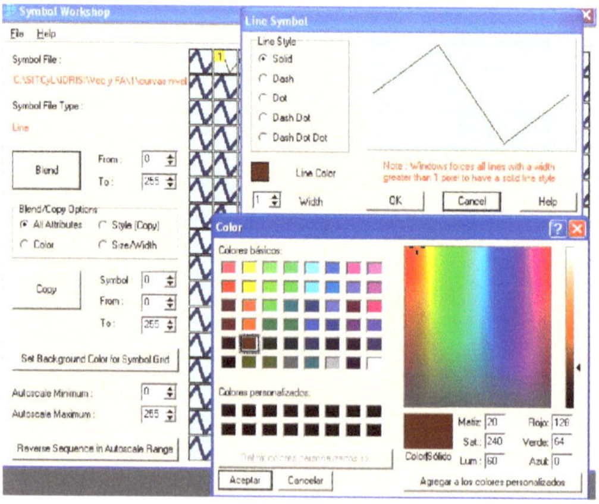

Con el cursor presionar sobre la segunda celda superior izquierda (la número 1). *Se abre una nueva ventana («Line Symbol»)*. Escribir «1» en la ventanita de anchura de linea («Width»). Pulsar sobre el cuadrado «Line Color» y se abrirá la ventana «Color», seleccionar en ella el color marrón. Pulsar sobre «Aceptar». Pulsar sobre «OK» en la ventana «Line Symbol». Por último salvar los cambios en «File».

Con las mismas pautas crear los símbolos para los ríos y arroyos (en azul) y las carreteras (en rojo).

3.1. *Creación del archivo vectorial poligonal del Campo de Golf y de su paleta correspondiente*

✓ Abrir el menú *Display*, activar «Display Launcher», con el pick seleccionar el archivo «Fondo ortofotográfico Sierra de Francia.rst».

✓ Pulsar sobre el icono «zoom window» ( ) y ampliar la zona donde se propone construir el campo de golf.

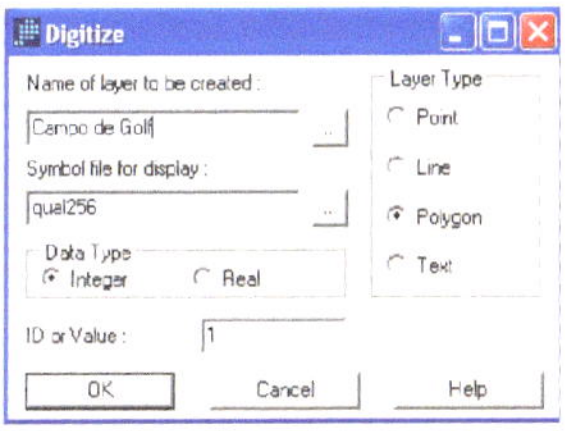

✓ Pulsar sobre el icono «Digitize» ( ). *Se abre la ventana digitalizadora*. Nombrar «Campo de Golf» al archivo vectorial poligonal que se va a crear, con tipo de datos entero («Integer») e identificador «1» («ID or Value»). Pulsar «OK». *Al introducir el cursor sobre la imagen se convierte en el icono «Digitize»*. Pulsar sobre el primer punto del campo de golf y empezar a delimitar el campo de golf, pulsando sucesivamente con el botón izquierdo del ratón sobre los puntos de inflexión del polígono que estamos delimitando. Cuando se acabe de pulsar sobre el último punto, pulsar con el *botón derecho* del ratón y se cerrará automáticamente el polígono. *Al cerrar la imagen sobre la que hemos digitalizado preguntará el programa que si guarda los cambios en el archivo vectorial «Campo de Golf»*. Pulsar sobre «Sí».

Creación de la paleta «Campo de Golf»:

✓ Pulsar sobre el icono , existente en la barra de herramientas. Se abre la ventana de paletas y símbolos («Symbol Workshop»). Pulsar sobre «File» y, dentro de éste sobre «New». *Se abre la ventana de «New Symbol File»*. Activar la opción «Polygon» y nombrar «Campo de Golf» al nuevo archivo de símbolos que se va a crear en la carpeta «Campo de golf en Sierra de Francia Idrisi». Pulsar sobre «OK».

Con el cursor presionar sobre la segunda celda superior izquierda (la número 1). Se abre la ventana «Polygon Symbol». Seleccionar la opción «Diagonal Cross». Pulsar sobre el cuadrado «Fill Color» y se abrirá la ventana «Color», seleccionar en ella un color verde claro y «Aceptar». Hacer lo mismo con el «Outline Color» y seleccionar un verde oscuro. Finalmente en «File» salvar los cambios.

3.2. *Composición de las capas del mapa*

3.2.1. Incorporación del Fondo Referencial (Raster)

+ Abrir el submenú «Display Launcher» del menú «Display» (o pulsar el botón de la barra de herramientas). *Se despliega la ventana* «Display Launcher». En el recuadro «File type to be displayed» marcar *(si no lo está)* la opción «Raster Layer». Marcar también la opción general «Autoscale». Pulsar sobre el botón «Pick» (...): *se abrirá la ventanita* «Pick»; seleccionar el archivo «Fondo ortofotografico Sierra de Francia.rst». Pulsar «OK». *Se desplegará el mosaico de 4 ortofotos.*

3.2.2. Incorporación de las capas topográficas vectoriales

3.2.2.1. Incorporación de la capa vectorial (polígonal) de los *Límites Municipales*

✓ En la ventana «Componer» pulsar sobre el primer botón «Add Layer». *Se abrirá la ventana* «Add Layer» *con la opción* «Vector Layer» *ya marcada.* Pulsar sobre el «Pick» (...) y dentro de la carpeta «1 idrisi» seleccionar el archivo vectorial «Municipios 1.vct». Pulsar «OK». En la ventana «Add Layer» seleccionar en «Symbol File» la opción de paleta «Uniform White». Repetir la misma operación con los archivos de límites municipales existentes en las carpetas «2 idrisi», «3 idrisi» y «4 idrisi». *Se desplegarán sobre las ortofotos las líneas blancas que delimitan los términos municipales.*

3.2.2.2. Incorporación de la capa vectorial (lineal) de las *curvas de nivel maestras* de la zona

✓ En la misma ventana «Componer» pulsar otra vez sobre el primer botón «Add Layer». Repetir las mismas operaciones que en el punto anterior; esta vez seleccionando el archivo vectorial y la paleta definida por el usuario («User-defined») cuyo nombre es «curvas de nivel 1». Repetir la misma operación con los archivos de curvas de nivel existentes en las carpetas «2 idrisi»; «3 idrisi» y «4 idrisi». *Se desplegará sobre las anteriores capas una nueva capa (layer) con el trazado de las curvas de nivel principales.*

3.2.2.3. Incorporación de la capa vectorial (lineal) de la *hidrografía* de la zona

✓ En la misma ventana «Componer» pulsar otra vez sobre el primer botón «Add Layer». Repetir las mismas operaciones que en los puntos anteriores; esta vez seleccionando el archivo vectorial y la paleta definida por el usuario cuyo nombre es «Rios y arroyos 1». Repetir la misma operación con los archivos de ríos y arroyos existentes en las carpetas «2 idrisi», «3 idrisi» y «4 idrisi». *Se desplegará sobre las anteriores capas una nueva capa (layer) con el trazado de los cursos fluviales de la zona.*

3.2.2.4. Incorporación de la capa vectorial (lineal) de las *carreteras* de la zona

✓ En la misma ventana «Componer» pulsar otra vez sobre el primer botón «Add Layer». Repetir las mismas operaciones que en los puntos anteriores; esta vez seleccionando el archivo vectorial y la paleta definida por el usuario cuyo nombre es «carreteras y caminos 1». Repetir la misma operación con los archivos de curvas de nivel existentes en las carpetas «2 idrisi», «3 idrisi» y «4 idrisi». *Se desplegará sobre las anteriores capas una nueva capa (layer) con el trazado de las vías de comunicación de la zona.*

3.2.2.5. Incorporación de la capa vectorial *de los núcleos de población* de la zona

✓ En la misma ventana «Componer» pulsar otra vez sobre el primer botón «Add Layer». Repetir las mismas operaciones que en los puntos anteriores; esta vez seleccionando el archivo vectorial y la paleta definida por el usuario cuyo nombre es «Edificios 1». Repetir la misma operación con los archivos de edificios existentes en las carpetas «2 idrisi», «3 idrisi» y «4 idrisi». *Se desplegará sobre las anteriores capas una nueva capa (layer) con las construcciones.*

3.2.2.6. Incorporación de la capa vectorial (poligonal) del *Campo de Golf*

✓ En la misma ventana «Componer» pulsar otra vez sobre el primer botón «Add Layer». Repetir las mismas operaciones que en el punto anterior; esta vez seleccionando el archivo vectorial y la paleta definida por el usuario cuyo nombre es «campo de golf» y se encuentra en la carpeta «Campo de golf en Sierra de Francia Idrisi». *Se desplegará sobre las anteriores una nueva capa (layer) con la propuesta de ubicación del campo de golf.*

3.2.2.7. Incorporación de la capa vectorial (texto) de la *toponimia de núcleos de población, picos y ríos* de la zona

Se puede crear con «Digitize» una nueva capa de las toponimias sobre las ortofotos; esta vez seleccionando el tipo de archivo vectorial «Text». Elegir de nombre «Toponimias» y guardar en la carpeta Al pulsar «Ok» el cursor se convierte en el icono Digitize. Primero se marca el lugar donde irá el rótulo situado y automáticamente se abre la ventana «Digitize Options», donde se pueden elegir distintos tipos de colores de texto, uno para los núcleos de población, otro para ríos y arroyos y otros para picos, cambiando para cada uno de los tres tipos el número de símbolo («Symbol») –1, 2 y 3–. En la ventanita «Caption» se escribe el nombre del rótulo. En «Rotation Angle (Azimuth from North) (0-360)» se escribe la inclinación que se desea para el rótulo. Por defecto aparece «90.0» que coloca el rótulo horizontal; pero hay que eliminar el punto decimal y dejarlo «90» para evitar el error que se produce por la distinta notación decimal anglosajona respecto a los ordenadores con notación decimal latina (coma flotante). Pulsar «Ok» y salvar los cambios en el archivo «Toponimias» en la carpeta «Campo de Golf en Sierra de Francia Idrisi».

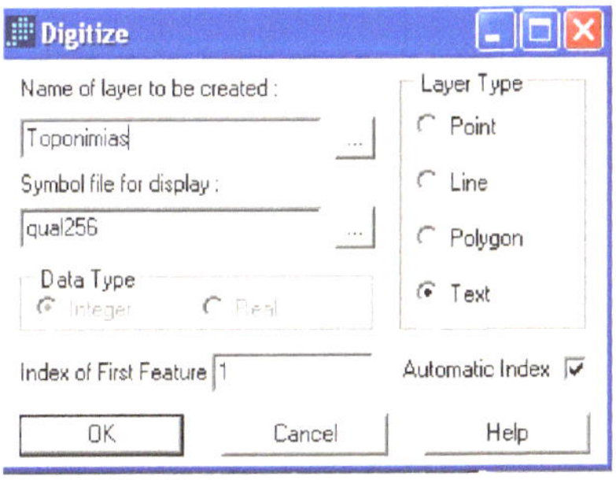

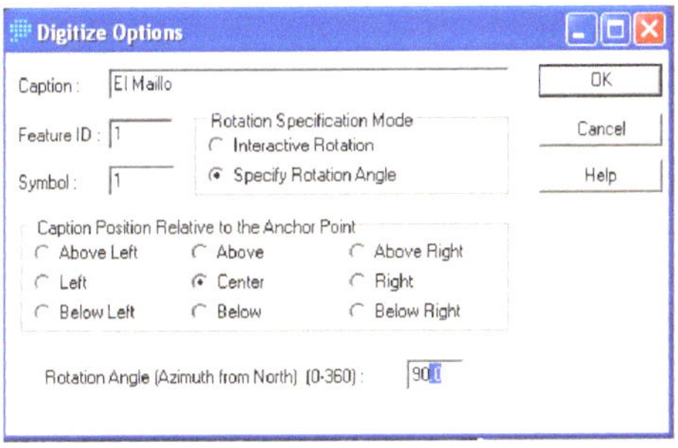

✓ En la misma ventana «Componer» pulsar otra vez sobre el primer botón «Add Layer». Repetir las mismas operaciones que en los puntos anteriores; esta vez seleccionando el archivo vectorial de texto «Toponimias». *Se desplegará sobre las anteriores capas una nueva capa (layer) con la rotulación del Pico de la Peña de Francia (SW), así como el río Francia al Sur y el arroyo del Zarzoso al Norte; así como los nombres de los núcleos de población más importantes de la zona.*

3.3. *Archivado del mapa*

✓ En la misma ventana «Composer» pulsar sobre el penúltimo botón «Save Composition». *Se despliega la ventana* «Save Composition»: marcar la opción «Save composition to MAP file» y en la ventanita «Output file name» escribir «*Mapa del Campo de Golf en El Cabaco Idrisi*». Luego pulsar sobre «OK». *Se habrá archivado la composición del mapa que hemos realizado hasta ahora con la superposición de capas que hemos ido realizando y en el mismo orden.*

COMPROBACIÓN

✓ Abrir el submenú «Display Launcher» del menú «Display» –o pulsar el botón de la barra de herramientas–. *Se despliega la ventana* «Display Launcher». En el recuadro «File type to be displayed» marcar la opción «Map Composition File». Pulsar sobre el botón «Pick» (...): *se abrirá la ventanita* «Pick»; seleccione el archivo «*Mapa del Campo de Golf en El Cabaco Idrisi*». Pulse «*OK*». *Se desplegará el conjunto de capas con las correspondientes paletas que fuimos seleccionando.*

3.4. *Incorporación de los elementos cartográficos auxiliares del mapa*

✓ Pulsar sobre el vértice inferior izquierdo de la ventana que contiene la imagen del mapa compuesto de la superposición de capas y, sin soltarlo, arrastrar hacia la derecha y hacia abajo para aumentar el espacio donde podemos colocar la flecha del Norte, la escala gráfica, el título y la leyenda.

✓ En la ventana «Composer» pulsar sobre el cuarto botón «Map Properties». *Se despliega la ventana* «Map Properties».

✓ Pulsar sobre la pestaña «Legend»: activar todas (cinco) las opciones «visible» y en la flechita «pick» de cada una de ellas seleccionar para la Legend 1 la capa *campo de golf*; para la Legend 2 la capa *Edificios*; para la Legend 3 la capa *curvas de nivel*; para la Legend 4 la capa *carreteras*; y para la Legend 5 la capa *ríos y arroyos*.

✓ Pulsar sobre la pestaña «North Arrow»: marcar la opción «Visible» y eliminar la palabra *Grid* que aparece en la ventanita «Left text».

✓ Pulsar sobre la pestaña «Scale Bar»: marcar la opción «Visible». En la ventanita «Units text» escribir «*metros*». En la ventanita «Length (in Ground Units)» escribir «2000».

✓ Pulsar sobre la pestaña «Titles»: marcar la opción «Visible». En la ventanita «Title text» sustituir el texto que haya por «*Propuesta de ubicación de un Campo de golf en Sierra de Francia (Salamanca)*».

✓ Finalmente: pulsar sobre el botón «*OK*». *Aparecerán todos los elementos auxiliares cartográficos según las opciones que hemos seleccionado y escrito, pero aparecerán descolocados.* Haciendo doble pulsación con el botón izquierdo del ratón sobre cada uno de ellos podremos arrastrarlos al lugar que queramos: el mapa lo arrastraremos para que quede centrado. La flecha del Norte al extremo superior izquierdo. La escala gráfica debajo del extremo inferior derecho del mapa y cada símbolo de la leyenda a la derecha del mapa, uno encima de otro.

✓ En la misma ventana «Composer» pulsar sobre el penúltimo botón «Save Composition». *Se despliega la ventana* «Save Composition»: marcar la opción «Save composition to MAP file» y en la ventanita «Output file name» escribir «Mapa completo del Campo de Golf en El Cabaco Idrisi». Luego pulsar sobre «OK». *Se habrá archivado la composición del mapa que hemos realizado en el mismo orden de superposición de capas que hemos ido colocando y con la inclusión de los elementos cartográficos auxiliares.*

3.5. *Archivado final e impresión del mapa*

✓ Abrir el submenú «Display Launcher» del menú «Display». *Se despliega la ventana* «Display Launcher». En el recuadro «File type to be displayed» marcar la opción «Map Composition File». Pulsar sobre el botón «Pick» (...): *se abrirá la ventanita* «Pick»; seleccione el archivo «*Mapa completo del Campo de Golf en El Cabaco Idrisi*». Pulse «*OK*». *Se desplegará el conjunto de capas con las correspondientes paletas que fuimos seleccionando.*

✓ En la ventana «Composer» pulsar sobre el penúltimo botón «Save Composition». *Se despliega la ventana* «Save Composition»: marcar la opción «Save to Windows Bitmap (BMP)» y en la ventanita «Output file name» escribir «*Mapa completo del Campo de Golf en El Cabaco Idrisi*». Luego pulsar sobre «OK». *Se habrá archivado la composición del mapa completo que hemos realizado en un formato utilizable por cualquier programa de edición gráfica o de textos.*

✓ Abrir el archivo «*Mapa completo del Campo de Golf en El Cabaco.bmp*» con cualquier programa gráfico (Paint de Microsoft, Fotoshop, Corel, etc.) y reparar la leyenda, escribiendo junto a cada símbolo el rótulo de lo que representa (carreteras, límite municipal, etc.).

FINAL

✓ Abrir un documento nuevo con el programa procesador de textos MS *Word* de Microsoft o cualquier otro procesador de texto. *Insertar* (si se hace con MSWord, abriendo el menú «Insertar», submenú «Imagen»/«Desde Archivo») el archivo «*Mapa del Campo de Golf en El Cabaco Idrisi.bmp*» de la carpeta con el nombre del proyecto SIG. Guardar como «*Mapa del Campo de Golf en El Cabaco.doc*». Imprimirlo en color.

RESULTADO DEL EJERCICIO

N
Propuesta de ubicación de un campo de golf en Sierra de Francia (Salamanca)
El Maillo
El Cabaco
Cereceda de la Sierra
Nava de Francia
S. Martín del Castañar
Peña de Francia
Campo de Golf
Núcleo de Población
Curvas de nivel
Carreteras y caminos
Ríos y arroyos
metros
2000,00

V.3. FOTOINTERPRETACIÓN

V.3.1. Práctica n.º 1 de Fotointerpretación: Visión estereoscópica de las fotografías aéreas verticales

1. *Objetivos*

- Aprender a interpretar la información auxiliar de la fotografía aérea vertical.
- Llevar a cabo tareas relacionadas con la visualización de fotografías aéreas verticales a media escala.
- Aprender a utilizar el estereoscopio para conseguir la mejor visión tridimensional de las fotografías aéreas verticales.
- Realizar análisis visuales del territorio sobre fotografías aéreas verticales.

2. *Fundamentos*

2.1. La información auxiliar en la fotografía aérea vertical

- En las distintas series de vuelos generales sobre la Península Ibérica cada fotografía aérea aporta información auxiliar a la propia imagen que es fundamental conocer para trabajar sobre ella. En cada serie la información viene estructurada de un modo propio y en unas unidades de magnitud distintas, pero en lo fundamental coinciden. Estas informaciones aparecen en los marcos exteriores de cada fotografía.
- En esta práctica se van a utilizar imágenes del Vuelo Americano de la Serie B, para lo que hay que interpretar sus informaciones auxiliares:

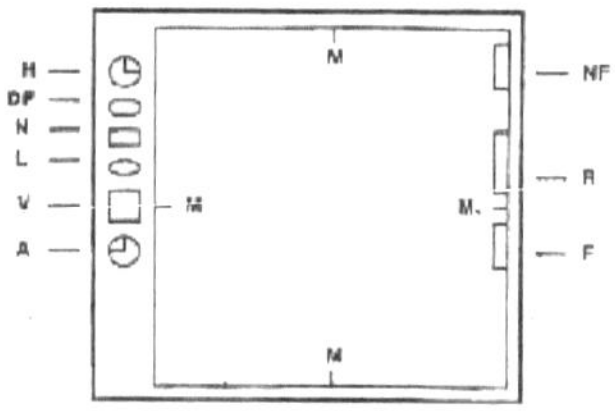

Estructura de un fotograma del Vuelo A (1945-46) y B (1956-57)

H = Hora de toma del fotograma.
M = Marcas fiduciarias.
NF = Número del fotograma
DF = Distancia focal (mm).
N = N.° de orden de toma de la foto.
L = Tipo de lente.
R = Número de rollo.
V = Datos de vuelo.
A = Altímetro (pies).
F = Fecha de la toma.

FIG. V.III.1. *Esquema de distribución de la información auxiliar de vuelo nacional americano –B– (1956-57).*

Como operación previa conviene superponer sobre cada fotograma hojas transparentes de acetato o papel «kodaktrace», especial para trabajar sobre fotografías, con la cara brillante del lado de la fotografía y fijarlo bien mediante cuatro clips en los extremos y/o imanes sobre chapas metálicas.

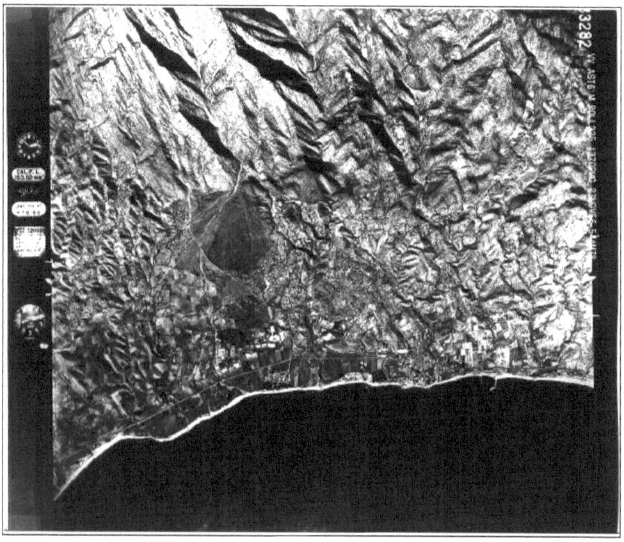

FIG. V.III.2. *Fotograma del Vuelo Americano B de Marbella (23 de noviembre de 1956).*

PAUTA:

1.º Se colocan las fotografías, una junto a otra, respetando el orden de la captura de las mismas, según el sentido de la pasada a la que pertenecen o dirección del vuelo del avión (E-W u W-E). Esto se puede deducir de la información auxiliar del marco de la fotografía y especialmente de la numeración de cada fotografía; así como de las sombras y de la posición de algún objeto en el que nos fijemos respecto al centro de las imágenes.

2.º Determinar los centros o Puntos Centrales PC (PC_1 y PC_2) de cada fotografía del par estereoscópico mediante la intersección de las líneas que unen las marcas fiduciarias o de referencia de los marcos laterales de la cámara que aparecen alrededor de la imagen. Lo más cómodo es rodear con un pequeño círculo cada centro respectivo, pues si se marca el centro de cada fotografía con la pequeña cruz donde se cruzan las líneas que unen las marcas fiduciarias de los lados opuestos del marco se taparán los objetos sobre los que se definen dichos centros, y en el paso siguiente será más difícil localizar dichos objetos en la otra imagen para fijar los puntos centrales transferidos. Hay que buscar en cada fotografía el punto homólogo o Centro Transferido CT (PT_2 y PT_1) del centro de la otra (A = A' y B = B').

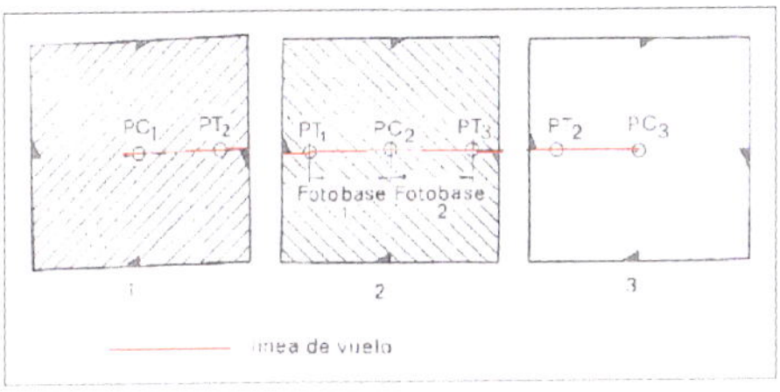

FIG. V.III.3. *Puntos Centrales (PC). Puntos Transferidos (PT). Fotobases y Línea de vuelo.*

3.º Se dispone la zona de solapamiento de cada fotografía (espacio terrestre común recogido en ambas) hacia la otra. Como son fotografías realizadas en un área del hemisferio Norte, las sombras que aparecen han de colocarse hacia el punto más alejado del observador entre los objetos que las producen y el marco superior del fotograma. Se colocará la luz que utilice el observador para iluminar las imágenes, de manera que se eviten reflejos. Colocando las fotos en el sentido y el orden de la toma se evita que se produzca pseudoestereoscopia o fenómeno visual de «relieve inverso».

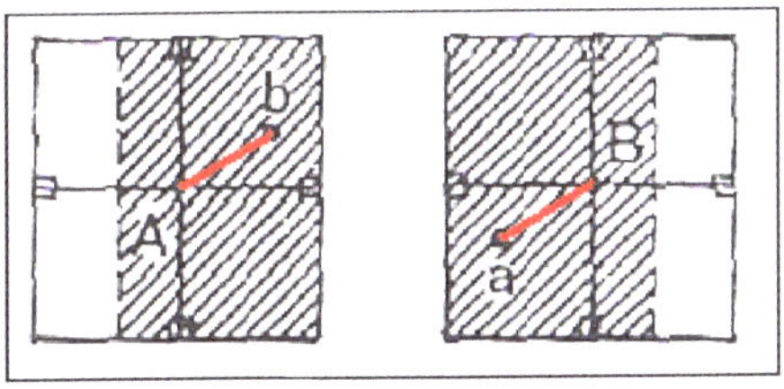

FIG. V.III.4. *Disposición de las zonas de solapamiento.*

4.º Hay que alinear los dos centros y sus dos homólogos con una regla para reconstruir la línea de vuelo.

5.º Colocar el eje del estereoscopio a caballo sobre la línea de vuelo, haciendo que coincidan aproximadamente. En lo sucesivo mover el estereoscopio paralelamente a dicha línea y al borde de la mesa.

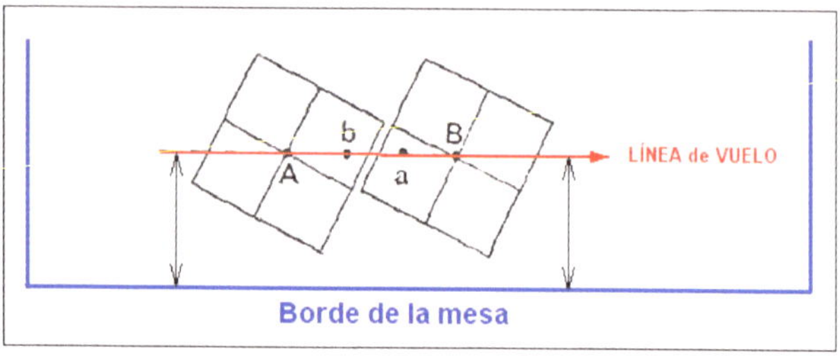

FIG. V.III.5. *Colocación de la línea de vuelo respecto el borde de la mesa.*

6.º Trasladar las fotografías una en relación de la otra (acercándolas y separándolas entre sí), moviéndolas siguiendo siempre y sin perder la línea de vuelo, hasta conseguir que los dos centros estén a una distancia determinada «d» *(distancia entre los centros de los ojos que varía de una persona a otra pero suele estar en torno a 63 mm en los estereoscopios de campo y algo más en los de espejos y prismas –debajo de cada uno de los centros de los espejos–).* Luego, mirando por las lentes binoculares, fijar la vista de cada ojo sobre un grupo de objetos o de relieves de una zona central de la imagen. Se verá doble. Proseguid moviendo las dos imágenes en relación una de la otra (hay que insistir en que siguiendo siempre la línea de vuelo) hasta conseguir que se monten en la visión unos objetos de una imagen encima de los mismos objetos en la otra imagen. Esto se conseguirá más fácilmente si se hace coincidir, verticalmente, el centro de cada espejo con la zona central de las áreas solapadas en cada fotograma: es decir, colocando el centro de los espejos aproximadamente sobre los puntos transferidos (PT). Una vez superpuestas visualmente las dos imágenes del mismo objeto, relajar la vista manteniendo la superposición y aparecerá la visión tridimensional del relieve.

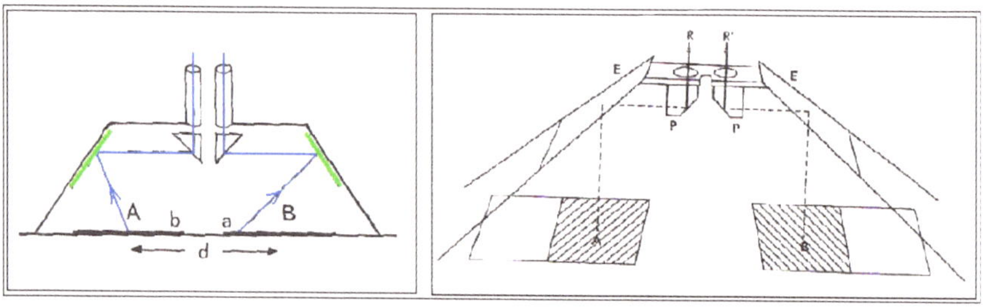

FIG. V.III.6. *Distancia entre las fotos de visión estereoscópica. Colocación de los centros transferidos debajo del centro de cada espejo.*

7.º Una vez conseguida la visión tridimensional, en dicha posición hay que fijar a la mesa las fotografías entre sí mediante clips, imanes sobre planchas metálicas o papel fijador (papel «cello», etc.), procurando mantener la línea de vuelo paralela al borde de la mesa de trabajo. No mover la instalación y comenzar el análisis visual. Si es necesario mover el estereoscopio hacerlo siempre con su eje paralelo también al borde de la mesa. Es decir, la línea de vuelo y el eje del estereoscopio siempre estarán paralelos al borde de la mesa que esté más próximo al fotointérprete.

3. *Ejercicios*

3.1. Ejercicios de análisis visuales

Observando a través del estereoscopio realizar un breve comentario acerca de cada una de las siguientes cuestiones:

3.1.1. Con ayuda del Mapa Geológico de Marbella y de sus leyendas *relacionar los distintos tipos de erosión de las distintas zonas del área estereoscópica* de las dos imágenes con la distinta dureza de los materiales que las conforman.
3.1.2. *Describir y caracterizar la red fluvial* que aparece en ambas fotografías mediante su visión estereoscópica.
3.1.3. En relación a los distintos tonos de gris y a los distintos grados de brillo de las fotografías localice dos grandes zonas diferentes: *En relación a las cubiertas sobre el suelo ¿qué predomina en las zonas más claras y brillantes? ¿Qué en las zonas más oscuras y mates?*
3.1.4. En relación al *relieve, ¿qué puede decir respecto a la organización del espacio agrícola? ¿Qué puede decir sobre la red de transportes?*
3.1.5. ¿En qué espacios aprecia las *mayores concentraciones arbóreas?*
3.1.6. Dentro del cono de deyección ¿qué *disposición-orientación* tiene el *arroyo* que lo alimenta?
3.1.7. *¿Cuántos cauces antiguos del arroyo* del cono de deyección y con qué orientación es capaz de distinguir?
3.1.8. En relación a la desembocadura en el mar del arroyo que atraviesa el cono de deyección y de los depósitos de sedimentos que arroja al mar, *¿hacia qué lado las playas marítimas son más anchas, hacia el Este o hacia el Oeste?* Deduzca de ello la *dirección dominante de las corrientes marinas costeras*, del *oleaje* y, por tanto, de la dirección *de los vientos.*

SOLUCIONES

3.1.1. *Las zonas de mayores pendientes y con relieves más acusados y escarpados corresponden a mármoles en grandes extensiones, que son rocas de gran dureza y meteorización lineal; por ello se produce un aspecto coherente y macizo con surcos profundos. A menores altitudes hay una mezcla de materiales duros formados por conglomerados y pizarras, junto a arenas, depósitos aluviales y litorales, etc. La zona Oeste está cubierta por materiales más blandos y erosionados, formando una especie de «bad-land» en el que sus líneas no configuran una red claramente orientada en alguna dirección. Finalmente, a mínima altitud se encuentran las playas litorales con los depósitos aluviales más recientes y blandos (arenas).*
3.1.2. *Es una red paralela e inorgánica de trazados fluviales muy cortos e independientes unos de otros, a favor de las pendientes hacia el litoral. Al Norte son ríos y sobre todo arroyos encajados formando barrancos. En sus cursos medios con menos pendiente se abren los valles a medida que se aproximan al mar. Adquieren escasa sinuosidad al llegar a sus desembocaduras en el litoral.*
3.1.3. *En las zonas más claras y brillantes dominan los suelos desnudos de vegetación. En las zonas más oscuras y mates los suelos cubiertos de vegetación.*
3.1.4. *Las parcelas agrícolas de formas más regulares están situadas en las llanuras litorales y en los llanos de los lechos mayores de los ríos. En cuanto a la red de transportes, la carretera principal transcurre paralela a la costa y las subsidiarias de ésta son perpendiculares hacia el Norte, discurriendo por los cauces fluviales o adaptándose a las curvas de nivel.*

3.1.5. *En altitudes medias, en la base del macizo montañoso (piedemontes). También en la parte baja del cono y en áreas próximas a él. Y en parcelas llanas y bajas de los cursos bajos de los ríos y arroyos, con disposición regular (frutales regados).*
3.1.6. *NNE-SSW.*
3.1.7. *Hasta cuatro y en todas las direcciones del abanico.*
3.1.8. *Hacia el Oeste. Corrientes y vientos dominantes son Este-Oeste.*

V.3.2. Práctica n.º 2 de Fotointerpretación: Fotogrametría

1. *Objetivos*

– Aprender a calcular el acimut solar, realizando medidas angulares de las sombras.
– Calcular las escalas de las fotografías aéreas verticales.
– Aprender a realizar medidas de paralaje. Calcular cotas y pendientes.
– Realizar medidas de superficie.

2. *Fundamentos*

2.1. Cálculo del acimut solar mediante medidas angulares de las sombras

Para realizar este cálculo es necesario localizar, dentro de la zona de solapamiento de las dos imágenes consecutivas, alguna estructura territorial que se desarrolle o disponga sobre el terreno con una orientación E-W. Conviene observar varias estructuras y ver la dirección de las sombras que proyectan. En nuestras latitudes, en función de la fecha anual, la sombra será más o menos alargada según se trate de una fecha invernal o estival. Según la hora solar a la que se hayan realizado las fotografías, así será el acimut solar y por lo tanto la dirección de las sombras. La hora solar se deducirá de la local o legal que es de la que informa el fotograma, restando las horas de adelanto administrativo. Para esto se utilizan tablas informativas como la adjuntada a continuación. La hora solar orienta acerca de lo correcto de nuestra medida del acimut.

El acimut solar se calcula sumando 180º al ángulo que forme la dirección de las sombras respecto al Norte geográfico. Como las pasadas de vuelo suelen ser realizadas en dirección Este-Oeste y viceversa, el Norte geográfico unas veces estará determinado por la línea perpendicular al marco superior del fotograma y otras al marco inferior, según la pasada a la que pertenezcan los fotogramas del par estereoscópico.

Acimut solar: Ángulo de dirección de las sombras con el Norte Geográfico + 180º.

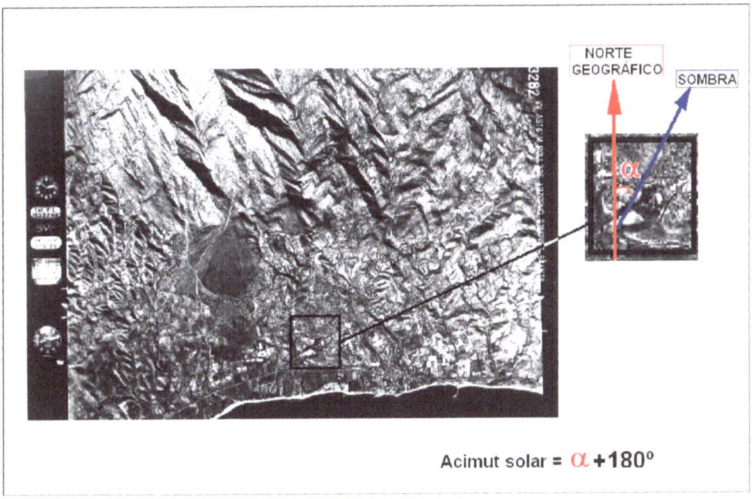

Fig. V.III.7. *Acimut solar medido con el ángulo existente entre la dirección de las sombras y la dirección del Norte geográfico.*

ANEXO HORARIO: Cambios Horarios en España

La hora legal (HL) en España es la del Meridiano de Greenwich. La hora de Greenwich fue implantada en España por decreto del 26 de julio de 1900 y empezó a regir el 1 de enero de 1901.

Antes de esta fecha hay que contar con las horas oficiales locales en la práctica astrológica.

No se produce ningún cambio de la hora legal hasta el 15 de abril de 1918, fecha en que se introduce por primera vez la «hora de verano».

1918	El 15 de abril a las 23 h se adelanta una hora. El 6 de octubre a las 24 h se restablece la hora normal.
1919	El 6 de abril a las 23 h se adelanta una hora. El 6 de octubre a las 24 h se restablece la hora normal.
1920	Rige la hora legal sin ningún cambio.
1921	Rige la hora legal sin ningún cambio.
1922	Rige la hora legal sin ningún cambio.
1923	Rige la hora legal sin ningún cambio.
1924	El 16 de abril a las 23 h se adelanta una hora. El 4 de octubre a las 24 h se restablece la hora normal.
1925	Rige la hora legal sin ningún cambio.
1926	El 17 de abril a las 23 h se adelanta una hora. El 2 de octubre a las 24 h se restablece la hora normal.
1927	El 9 de abril a las 23 h se adelanta una hora. El 1 de octubre a las 24 h se restablece la hora normal.
1928	El 14 de abril a las 23 h se adelanta una hora. El 6 de octubre a las 24 h se restablece la hora normal.
1929	El 20 de abril a las 23 h se adelanta una hora. El 6 de octubre a las 24 h se restablece la hora normal.
1930	Rige la hora legal sin ningún cambio.
1931	Rige la hora legal sin ningún cambio.
1932	Rige la hora legal sin ningún cambio.
1933	Rige la hora legal sin ningún cambio.
1934	Rige la hora legal sin ningún cambio.
1935	Rige la hora legal sin ningún cambio.
1936	Rige la hora legal sin ningún cambio.
1937	*Zona Republicana*: El 16 de junio a las 23 h se adelanta una hora. El 6 de octubre a las 24 h se restablece la hora normal. *Zona Nacional*: El 22 de mayo a las 23 h se adelanta una hora. El 2 de octubre a las 24 h se restablece la hora normal.
1938	*Zona Republicana*: El 2 de abril a las 23 h se adelanta una hora. El 30 de abril a las 23 h se adelanta otra hora más. El 2 de octubre a las 24 h se suprime una de las dos horas, quedando sólo una de adelanto el resto del año.

Zona Nacional:
El 26 de marzo a las 23 h se adelanta una hora.
El 1 de octubre a las 24 h se restablece la hora normal.

1939 *Zona Republicana*:
Empieza el año con una hora de adelanto y continúa así hasta el fin de la guerra el 1 de abril, en que se restablece la hora normal.
Zona Nacional:
El 15 de abril a las 23 h se adelanta una hora.
El 7 de octubre a las 24 h se restablece la hora normal.

1940 El 16 de marzo a las 23 h se adelanta PERMANENTEMENTE una hora hasta el momento presente.

1941 Hubo durante todo el año una hora de adelanto.

1942 El 2 de mayo a las 23 h se adelanta una hora más.
El 1 de septiembre a las 24 h se suprime esta hora (por lo que queda sólo una hora de adelanto).

1943 El 17 de abril a las 23 h se adelanta una hora más.
El 2 de octubre a las 24 h se suprime esta hora.

1944 El 15 de abril a las 23 h se adelanta una hora más.
El 1 de octubre a la 1 h se suprime esta hora.

1945 El 14 de abril a las 23 h se adelanta una hora más.
El 30 de septiembre a la 1 h se suprime esta hora.

1946 El 13 de abril a las 23 h se adelanta una hora más.
El 28 de septiembre a las 24 h se suprime esta hora.

1947 Hubo durante todo el año una hora de adelanto.

1948 Hubo durante todo el año una hora de adelanto.

1949 El 30 de abril a las 23 h se adelanta una hora más.
El 2 de octubre a la 1 h se suprime esta hora.

1950 Hubo durante todo el año una hora de adelanto.

1951 Hubo durante todo el año una hora de adelanto.

1952 Hubo durante todo el año una hora de adelanto.

1953 Hubo durante todo el año una hora de adelanto.

1954 Hubo durante todo el año una hora de adelanto.

1955 Hubo durante todo el año una hora de adelanto.

1956 Hubo durante todo el año una hora de adelanto.

1957 Hubo durante todo el año una hora de adelanto.

1958 Hubo durante todo el año una hora de adelanto.

1959 Hubo durante todo el año una hora de adelanto.

1960 Hubo durante todo el año una hora de adelanto.

1961 Hubo durante todo el año una hora de adelanto.

1962 Hubo durante todo el año una hora de adelanto.

1963 Hubo durante todo el año una hora de adelanto.

1964 Hubo durante todo el año una hora de adelanto.

1965 Hubo durante todo el año una hora de adelanto.

1966 Hubo durante todo el año una hora de adelanto.

1967	Hubo durante todo el año una hora de adelanto.
1968	Hubo durante todo el año una hora de adelanto.
1969	Hubo durante todo el año una hora de adelanto.
1970	Hubo durante todo el año una hora de adelanto.
1971	Hubo durante todo el año una hora de adelanto.
1972	Hubo durante todo el año una hora de adelanto.
1973	Hubo durante todo el año una hora de adelanto.
1974	El 13 de abril a las 23 h se adelanta una hora más. El 6 de octubre a la 1 h se suprime esta hora.
1975	El 12 de abril a las 23 h se adelanta una hora más. El 4 de octubre a las 24 h se suprime esta hora.
1976	El 27 de marzo a las 23 h se adelanta una hora más. El 25 de septiembre a las 24 h se suprime esta hora.
1977	El 2 de abril a las 23 h se adelanta una hora más. El 24 de septiembre a las 24 h se suprime esta hora.
1978	El 2 de abril a las 23 h se adelanta una hora más. El 1 de octubre a la 3 h se suprime esta hora.
1979	El 1 de abril a las 2 h se adelanta una hora más. El 30 de septiembre a las 3 h se suprime esta hora.
1980	El 6 de abril a las 2 h se adelanta una hora más. El 28 de septiembre a las 3 h se suprime esta hora.
1981	El 29 de marzo a las 2 h se adelanta una hora más. El 27 de septiembre a las 3 h se suprime esta hora.
1982	El 28 de marzo a las 2 h se adelanta una hora más. El 26 de septiembre a las 2 h se suprime esta hora.
1983	El 27 de marzo a las 2 h se adelanta una hora más. El 25 de septiembre a las 3 h se suprime esta hora.
1984	El 25 de marzo a las 2 h se adelanta una hora más. El 30 de septiembre a las 3 h se suprime esta hora.
1985	El 31 de marzo a las 2 h se adelanta una hora más. El 29 de septiembre a las 3 h se suprime esta hora.
1986	El 30 de marzo a las 2 h se adelanta una hora más. El 28 de septiembre a las 3 h se suprime esta hora.
1987	El 29 de marzo a las 2 h se adelanta una hora más. El 27 de septiembre a las 3 h se suprime esta hora.
1988	El 27 de marzo a las 2 h se adelanta una hora más. El 25 de septiembre a las 3 h se suprime esta hora.
1989	El 26 de marzo a las 2 h se adelanta una hora más. El 24 de septiembre a las 3 h se suprime esta hora.
1990	El 25 de marzo a las 2 h se adelanta una hora más. El 30 de septiembre a las 3 h se suprime esta hora.
1991	El 31 de marzo a las 2 h se adelanta una hora más. El 29 de septiembre a las 3 h se suprime esta hora.
1992	El 29 de marzo a las 2 h se adelanta una hora más. El 27 de septiembre a las 3 h se suprime esta hora.

1993	El 28 de marzo a las 2 h se adelanta una hora más. El 26 de septiembre a las 3 h se suprime esta hora.
1994	El 27 de marzo a las 2 h se adelanta una hora más. El 25 de septiembre a las 3 h se suprime esta hora.
1995	El 26 de marzo a las 2 h se adelanta una hora más. El 24 de septiembre a las 3 h se suprime esta hora.
1996	El 31 de marzo a las 2 h se adelanta una hora más. El 27 de octubre a las 3 h se suprime esta hora.
1997	El 20 de marzo a las 2 h se adelanta una hora más. El 26 de octubre a las 3 h se suprime esta hora.
1998	El 29 de marzo a las 2 h se adelanta una hora más. El 25 de octubre a las 3 h se suprime esta hora.
1999	El 28 de marzo a las 2 h se adelanta una hora más. El 31 de octubre a las 3 h se suprime esta hora.
2000	El 26 de marzo a las 2 h se adelanta una hora más. Etc.

ISLAS CANARIAS

1922	Desde el 1 de marzo a las 0 h rige el horario del Meridiano 15 Oeste. (Con relación al horario de la Península hay una hora de retraso). Anteriormente regia la hora local.

2.2. El cálculo de escalas sobre fotografías aéreas

En relación al carácter cónico de la perspectiva que capta la película fotográfica a través del objetivo de la cámara, hay que diferenciar tres elementos geométricos básicos necesarios para calcular la escala variable en el positivo del fotograma:

- La *distancia focal (f)* o distancia de la línea perpendicular que une el centro del foco de la lente y el punto central del negativo de la película (plano focal). Suele expresarse en milímetros.

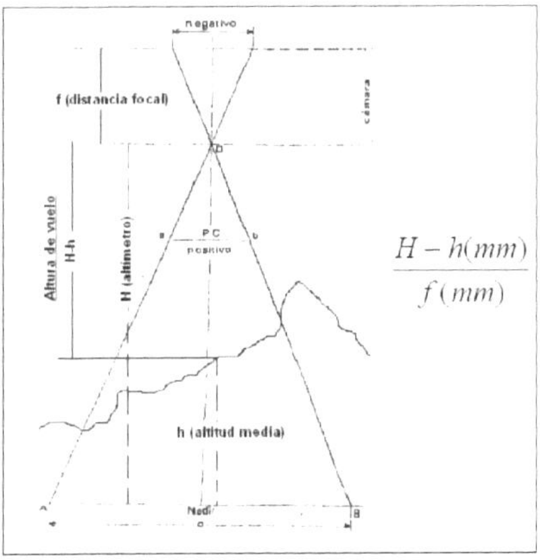

FIG. V.III.8. *Elementos fundamentales para el cálculo de la fotografía aérea vertical.*

- La *altitud de vuelo (H)* del avión en el momento de la captura de la imagen, marcada en su altímetro.
- La *altitud* media del *terreno* fotografiado *(h)* que obtendremos de una fuente auxiliar, como, por ejemplo, el mapa topográfico de la zona.
- La *altura* de vuelo del avión sobre el terreno, obtenida por la diferencia entre la altitud de vuelo y la altitud del terreno *(H-h)*.

La altitud de vuelo del avión en el momento de la captura viene facilitada en el marco de cada fotograma: en algunas ocasiones con la cifra correspondiente expresada en metros sobre el nivel del mar; en otras con la imagen del propio altímetro indicando la altitud con una flecha en una esfera reglada en miles de metros; y en los casos de los vuelos americanos sobre la Península Ibérica, como el de los ejercicios de esta práctica, con la imagen del propio altímetro, constituido por una esfera y tres agujas de distinta longitud, indicando la altitud en *pies* (feet). En este último caso habrá que convertir la medida de la altitud de vuelo al Sistema Métrico Decimal. En otros casos, aparece la *escala media* de la fotografía rotulada numéricamente.

FIG. V.III.9. *Altímetro en pies.*

Forma de obtener altitud del altímetro que aparece en el marco de los fotogramas del Vuelo Nacional americano de 1956-57.

La esfera del altímetro está dividida en 9 intervalos de unidades de altitud expresadas en pies. Contiene tres manecillas o agujas de distinta longitud: la más corta expresa las decenas de millar; la de longitud intermedia las unidades de millar; y la más larga las centenas y decenas de unidad en pies de altitud. En el ejemplo de la figura siguiente: 17.480 pies.

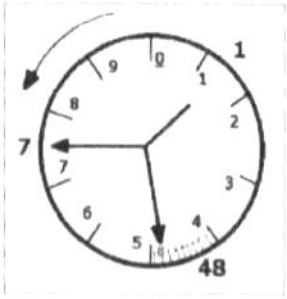

FIG. V.III.10. *Esquema del altímetro en pies del Vuelo Nacional de 1956-57.*

La escala es la relación entre las dimensiones reales de los objetos en el terreno y de sus dimensiones en las imágenes de dichos objetos. Como puede apreciarse en la figura anterior y por el carácter homólogo de los triángulos unidos por su vértice en el objetivo, esta relación es proporcional a la relación entre las distancias del eje óptico común desde el objetivo de la cámara a la película y desde el objetivo de la cámara al terreno fotografiado. Por tanto, la escala de la imagen en su punto central será igual a:

$$\text{Escala} = \frac{H - h(mm)}{f\,(mm)}$$

2.3. El cálculo de cotas y pendientes desde las fotografías aéreas verticales (F.A.V.). La paralaje

La *paralaje* es el cambio aparente en la posición de un objeto o punto respecto a otro cuando se observa desde diferentes lugares. Este aspecto, motivado por la perspectiva cónica de la percepción desde dos puntos de vista u observación diferentes, se aprovecha en fotogrametría para restituir la imagen planimétrica en la producción de las ortofotos y para deducir la altimetría de distintos puntos desde un par estereoscópico de fotografías aéreas.

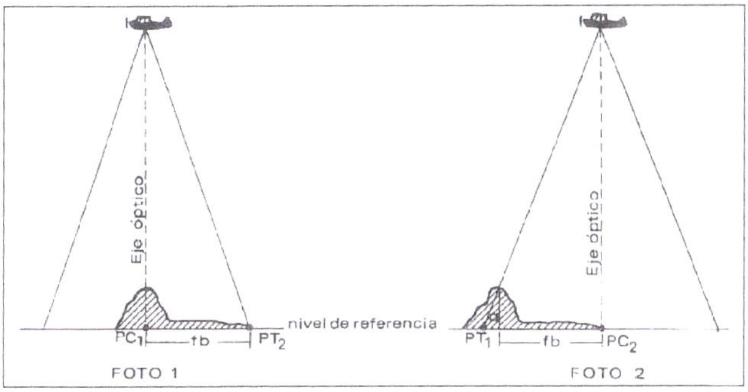

FIG. V.III.11. *Desplazamiento radial en la F.A.V.*

Para medir las paralajes de distintos puntos en las fotografías aéreas es necesario partir de la medida de lo que se conoce como *base fotográfica* o *fotobase* en cada una de las fotografías del par estereoscópico.

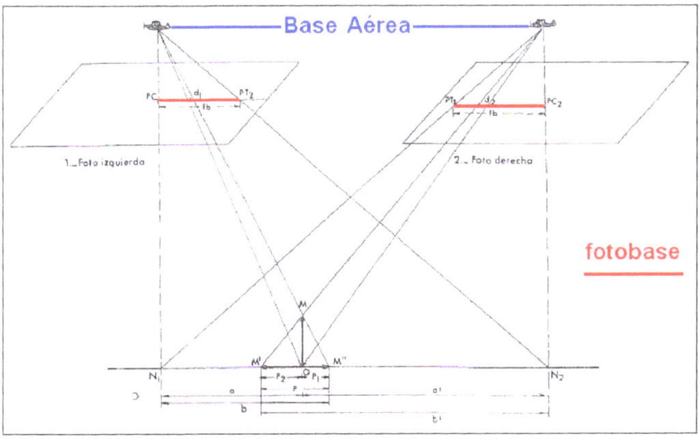

FIG. V.III.12. *Paralaje por captación desde distintos ángulos. Fotobases y base aérea.*

La *fotobase* es la *distancia* existente entre el *Punto Central* de una foto aérea y el *Punto Transferido* o punto que en dicha foto es homólogo o se corresponde con el punto central de su foto compañera en el par estereoscópico. En fotografías sobre terreno llano, y si no se han producido graves movimientos del avión entre una foto y la siguiente, esta distancia debe ser la misma en ambas fotos y se corresponde con la distancia real *(base aérea)* que ha recorrido el avión entre el momento de la captura de una imagen y el de la captura de la siguiente. Sobre terrenos accidentados las fotobases no coinciden, por lo que se considerará la medida *media* de ambas fotobases.

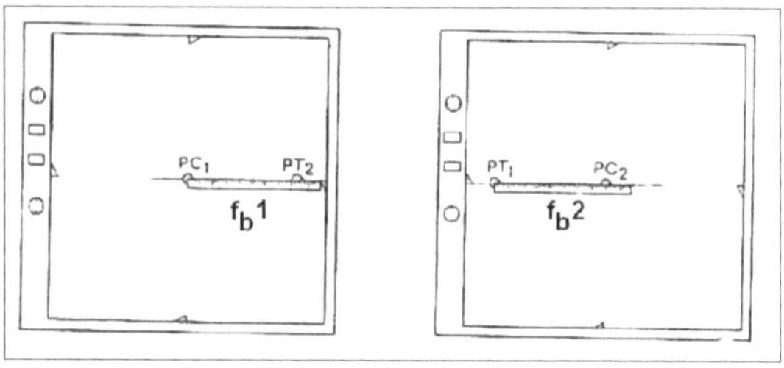

FIG. V.III.13. *Fotobases de un par estereoscópico.*

El cálculo de la *cota* de un punto en un par estereoscópico se obtiene con la ayuda de la medida de la *correspondencia* entre su *unidad de paralaje* y la *unidad de altitud* en cada par estereoscópico.

Esta correspondencia se calcula mediante las *diferencias de paralaje* entre dos puntos de los que se conozcan sus cotas reales: una vez montado el par de fotografías bajo el estereoscopio y conseguida la visión estereoscópica, se deben medir las paralajes de ambos, es decir, la distancia que hay entre el primer punto acotado en una fotografía y el mismo punto en la fotografía de su par por un lado y, por otro, la distancia entre el segundo punto acotado en una imagen y el mismo punto en la otra foto. Así es posible relacionar las diferencias de paralaje y las diferencias de altitud entre ambos y calcular la correspondencia *unidad de paralaje = unidad de altitud*. La *diferencia de paralaje* de cualquiera de los dos puntos respecto al punto problema del que se quiere calcular su cota real en el terreno, multiplicada por la unidad de correspondencia, nos dará la diferencia de altitud entre ambos puntos.

3. *Ejercicios*

3.1. Cálculo del acimut solar mediante medidas angulares de las sombras

Mediante la dirección de las sombras en las fotografías y con la ayuda de escuadra, cartabón y un transportador de ángulos *determinar el acimut del Sol* en la fecha y hora en que se captaron las imágenes. Considerar para ello que el Norte Geográfico es el marco superior de las fotografías.

ACIMUT SOLAR = ________º

3.2. Cálculo de la escala

En relación a la distancia focal de la cámara y al altímetro del avión, calcular la *escala media aproximada de la zona del cono de deyección*. Para ello consultar la Hoja del MTN50 de Marbella y localizar en ella el cono de deyección. Ayudará a localizar el cono de deyección si previamente se hace dicha localización en la Hoja correspondiente del Mapa Geológico. Luego, hay que considerar la curva de nivel que pase por la parte central del cono como altitud media del cono (200 m) y aplicar la fórmula (1) para deducir la escala media de la fotografía en el cono, teniendo en cuenta la conversión de la altitud en pies del altímetro a metros, según la fórmula:

1 pie = 0,3048 m.

Altitud del altímetro expresada en *metros*: (17.220 pies x 0,3048):
Altitud media en metros del cono de deyección deducida de la Hoja de Marbella del MTN50: curva de nivel que pasa por la mitad del cono:
Distancia focal (f) en mm:

ESCALA = ______________

A continuación colocar los papeles transparentes de acetato sobre el par estereoscópico de fotografías de modo que vuelvan a coincidir sobre cada imagen los PC y PT. y fijarlos con clips, papel tipo «cello» o imanes sobre chapón metálico.

Colocar bajo el estereoscopio el par de fotografías según se hizo en las prácticas anteriores, de modo que consiga la visión estereoscópica de la zona en la que está comprendido el cono de deyección.

3.3. Calcular las altitudes en el punto (1) en el que el arroyo entra en el cono de deyección en su parte más alta y en el punto (2) más bajo del cono siguiendo una línea recta Norte-Sur. Cálculo de la escala.

PAUTA

1.° MEDIDA DE LA FOTOBASE. Medir cada una de las fotobases. Cuantas más veces se midan, alternando cada vez el origen de cada medida, se absorberán más los errores de percepción al considerar las medias de cada grupo de medidas. Medirlas con el borde superior milimetrado de la *plantilla de medidas* del estereoscopio o con un *estereomicrómetro* o una *regla milimetrada.*

- Fotobase de la primera foto (33281):
- Fotobase de la segunda foto (33282):
- Como no se trata de un terreno llano no coinciden las medidas de ambas fotobases, por lo que habrá que considerar la medida *media de ambas* para calcular la fotobase común:

Sería necesario realizar estas medidas de las fotobases en el caso de no disponer de cuña de paralaje *en la plantilla de medidas del estereoscopio y se realizasen las medidas con estereomicrómetro, o en el caso de querer hacer restituciones ortofotográficas.*

2.° CÁLCULO DE LA CORRESPONDENCIA ENTRE UNIDAD DE PARALAJE Y UNIDAD DE ALTITUD. *Para calcular la correspondencia entre* unidad de paraje *y* unidad de altitud *en estas imágenes, medir las diferencias de paralaje entre dos puntos acotados en el mapa topográfico que, más o menos, estén en línea con los que se quiere calcular (puntos* 1 *y* 2*). El primero* (A) *que esté a mayor* *altitud que el punto* (1) *y más hacia el Norte, y el otro* (B) *a menor altitud que el punto* (2) *más hacia el Sur:*

Uno bastante fácil de localizar puede ser cualquiera de la playa que estará a una altitud aproximada h_A= *0 m* (cero metros). Como punto *B*, elegir el lado Este de la desembocadura en el mar del arroyo que atraviesa el cono de deyección. El otro punto (punto *A*) lo obtendremos en la Hoja de Marbella del MTN50 y conviene que sea tal que el cono esté situado entre ambos puntos: elegir, al Norte del cono, el punto en el que el arroyo describe un giro de cambio de dirección NNW-SSE a NNE-SSW antes de entrar en el cono de deyección. Se comprobará en la Hoja de Marbella del Mapa Topográfico 1:50.000 que justo por este punto de cambio de dirección corta una curva de nivel de h_B= *300* m.

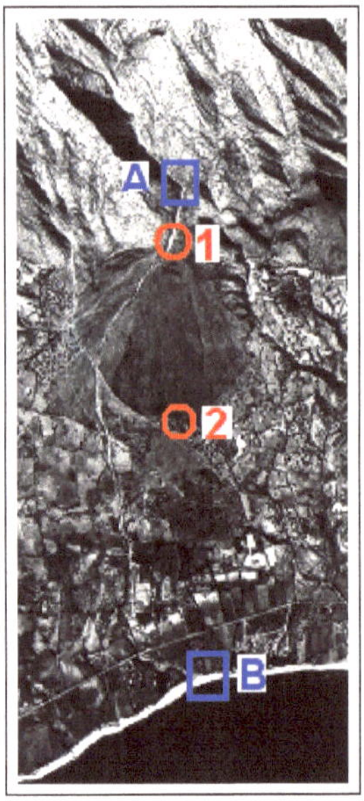

FIG. V.III.14. *Selección de puntos para medir las paralajes.*

Una vez que hayamos obtenido la visión tridimensional de la zona de solapamiento, no mover las fotografías ni el estereoscopio.

Se utilizará para estas medidas la cuña de paralaje *de la plantilla transparente de medidas que suelen incluir las cajas de los estereoscopios actuales que aunque viene dividida en pulgadas como unidad de medida, no será necesario realizar transformaciones de unidades porque se trata de calcular* diferencias *entre medidas para determinar la unidad de* correspondencia entre la unidad de paralaje *(en la unidad que sea) y la* unidad de altitud*:*

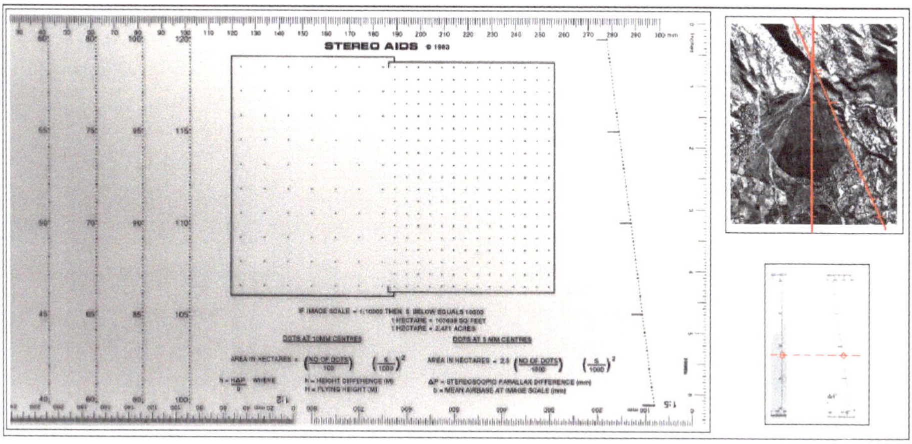

FIG. V.III.15. *Plantilla con cuña de paralaje.*

Observando con visión estereoscópica las imágenes, colocar la plantilla con el borde superior o inferior sobre la línea de vuelo y realizar sus movimientos hacia arriba y abajo e izquierda y derecha, sin perder nunca el paralelismo entre el borde de la mesa, la línea de vuelo y los bordes de la plantilla. Moviendo la plantilla hay que conseguir que se vea que se llegan a superponer sobre el mismo lugar en ambas fotografías un punto de la línea de puntos inclinada de la plantilla y uno de los de su mismo nivel (recordar que no debe perderse en el movimiento de la plantilla el paralelismo con la línea de vuelo) de la correspondiente línea vertical de puntos situada a la izquierda que hayamos elegido para conseguir tal superposición (véase la parte derecha de la figura V.III-15). Este punto parecerá que flota visualmente, por ser el único que se verá afectado por la visión estereoscópica. Anotar el valor rotulado en la escala de puntos verticales de la izquierda (recordar que son divisiones de pulgada por lo que se puede dar a cada subdivisión de las cinco que hay un valor de unidad 2 para la parte decimal de la medida). Repetir las medidas sobre todos los demás puntos de los que se pretende conocer sus medidas de paralaje.

CÁLCULO DE LA UNIDAD DE CORRESPONDENCIA PARALAJE-ALTITUD

Con ayuda de la cuña de paralaje de la plantilla transparente de medidas del estereoscopio medir y anotar las paralajes o distancias entre los puntos de la fotografía de la izquierda y sus homólogos de la fotografía de la derecha elegidos. Elegir los siguientes dos puntos:

2º-1. Paralaje del punto de inflexión del arroyo: *A* = ______

2º-2. Paralaje del punto de la desembocadura del arroyo en el mar: *B* = ______

2º-3. Diferencia de paralajes entre ambos puntos: *A* – *B* = *c* = ______

2º-4. Diferencia de altitudes entre ambos puntos Δh: h_a-h_b; 300 m – 0 m = *300 m*.

2º-5. Cálculo de la correspondencia *(Ç)* entre altitud y unidad de paralaje: si a *c* unidades de paralaje corresponden h (300) m de diferencia de altitud; a una unidad de paralaje corresponderá *x* = 1 x Δh (300)/ *c* = *Ç* = _____ m.

3.º CÁLCULO DE LAS COTAS DE VARIOS PUNTOS POR DIFERENCIA DE PARALAJES

Con la cuña de paralaje y siguiendo la pauta anterior medir las paralajes de los puntos definidos (1 *y* 2) *para este ejercicio.*

3º-1. Paralaje del punto (*1*) en el que el arroyo entra en el cono de deyección en su parte más alta: x = _________

3º-2. Paralaje del punto (2) más bajo, al Sur del cono de deyección, siguiendo una línea N-S: y = _______

3º-3. Diferencia de paralajes entre ambos puntos, $x - y = z$ = ______

3º-4. Diferencia de altitudes entre punto x y el punto y: unidad de correspondencia *(Ç)* por la diferencia de paralajes *(z)*; Ç x z = w = ________metros.

3º-5. Cota del punto (1): Cota del punto con paralaje A menos la diferencia de altitudes entre (*1*) y A [diferencia de sus paralajes por unidad de correspondencia: *(A-x) Ç* = V = ______ m] Luego la cota será igual a h_a (300) – V = C_1 =________ m.

3º-6. Cota en el punto (2): Cota del punto (*1*) C_1, menos diferencia de altitud entre punto *1* y punto *2* (w). $C_1 - w = C_2$ = ________ m.

3.4. Con ambas altitudes y la distancia lineal proyectada real entre ambos puntos calcular la pendiente media del cono en porcentaje

*Se conoce la diferencia de altitudes entre el punto más elevado y el más bajo del cono (**w**). También la escala media de las fotografías que ha sido obtenida anteriormente en el ejercicio n.º 3.2. Y, así mismo, la distancia lineal proyectada entre ambos puntos en las dos imágenes que se puede medir directamente (en puridad, se debería realizar antes una restitución ortográfica, tal como se hará en la práctica n.º 4 de Fotointerpretación), podemos calcular la pendiente en porcentaje:*

3.4.1. Diferencia entre altitudes (w): ________metros.

3.4.2. Escala media del cono: 1:_________

3.4.3. Distancia medida con el borde superior de la plantilla o con una regla milimetrada entre ambos puntos (1) y (2): l = ____mm (*para convertirlos en metros, basta multiplicar por el denominador de la escala y dividir por 1.000,* L : l x Escala/1000 = ________ m). *Para aminorar errores efectuar varias medidas invirtiendo el origen de las mismas varias veces y calcular su media.*

3.4.4. Si en la distancia calculada en metros hay un desnivel o diferencia de altitudes *(V)* en metros; en 100 habrá X: 100.V/L = _______ %.

3.5. Calcular la superficie en hectáreas que ocupa el cono de deyección:

Para realizar este ejercicio se utilizará la trama de puntos de 5 mm que tiene la plantilla transparente del estereoscopio y se superpondrá sobre la fotografía aérea de la izquierda. Luego (siempre con visión estereoscópica) se contará el número de puntos del tramado que están superpuestos sobre y dentro del cono de deyección:_______. *Por último se aplicará la fórmula*:

$$\text{Área} = \mathbf{2{,}5}\left(\frac{\mathbf{N^o\,dePuntos}}{\mathbf{1.000}}\right)\left(\frac{\mathbf{Escala}}{\mathbf{1.000}}\right)^2 = \_\_\_\_\_\_\_ \text{ ha}$$

SOLUCIONES

3.1. *Aprox. 180º* + **3º** *(la hora son las 14:10 que se corresponden con las 13:10 solares según el anexo anterior).*

3.2. *Altitud del altímetro expresada en metros:* 17.220 pies /3 = *aprox. 5.740 m.*
Altitud media del cono de deyección deducida de la Hoja de Marbella del MTN50: curva de nivel que pasa por la mitad del cono (200 m).
Distancia focal (f) en mm: 153.52 mm.

ESCALA: (5740 – 200) x 1000 (para convertir a mm)/153.52 = 1:36.086.

3.3.

– *Fotobase de la primera foto (33281): 92,5 mm.*
– *Fotobase de la segunda foto (33282): 94 mm.*
– *Medida media de ambas para calcular la fotobase común: 92,5 + 94 /2 = 93,25 mm.*

2º-1. Paralaje del punto de la desembocadura del arroyo en el mar: B = *50.*
2º-2. Paralaje del punto de inflexión del arroyo: A = *53,4*
2º-3. Diferencia de paralajes entre ambos puntos: A – B = c = *3,4.*
2º-4. Diferencia de altitudes entre ambos puntos h: h_a-h_b; 300 m – 0 m = 300 m.
2º-5. Cálculo de la correspondencia (Ç) entre altitud y unidad de paralaje: si a **c** unidades de paralaje corresponden Δh (300) m de diferencia de altitud, a una unidad de paralaje corresponderá *x* = 1 x Δh (300)/ c = Ç = *88,23* m.

3º-1. Paralaje del punto (1) en el que el arroyo entra en el cono de deyección en su parte más alta: x = *52,2.*
3º-2. Paralaje del punto (2) más bajo al Sur del cono siguiendo una línea N-S: y= *50,6.*
3º-3. Diferencia de paralajes entre ambos puntos, x –y = z = *1,6.*
3º-4. Diferencia de altitudes entre punto *x* y el punto *y*: unidad de correspondencia (Ç) por la diferencia de paralajes (z); Ç x z = *w* = *141,1764* metros.
3º-5. Cota del punto (1): Cota del punto con paralaje *A* menos la diferencia de altitudes entre (1) y *A* [diferencia de sus paralajes por unidad de correspondencia: (A-x) Ç = V = (53'4 – 52,2) 88,23 = *105.876* m. Luego la cota será igual a h_a (300) – V = C_1 =*194,124* m.
3º-6. Cota en el punto (2): Cota del punto (1) C_1, menos diferencia de altitud entre punto 1 y punto 2 (w). C_1 – w = C_2 = *52,9476* m.

3.4.

3.4.1. Diferencia entre altitudes (*w*): *141,1764* metros.
3.4.2. Escala media del cono: 1:*36.086* (punto 3.2).
3.4.3. Distancia medida con el borde superior de la plantilla entre ambos puntos (1) y (2): *35* mm. Luego L: *35 x 36.086/1.000 = 1.263,01* m).
3.4.4. Si en la distancia, calculada en metros, hay un desnivel o diferencia de altitudes (V) en metros; en 100 habrá X: 100.V/L = *8,38%.*

3.5.

– Número de puntos del tramado que están superpuestos sobre y dentro del cono de deyección: *42.*

– $\text{Área} = \mathbf{2{,}5}\left(\frac{\mathbf{N^o\,dePuntos}}{\mathbf{1.000}}\right)\left(\frac{\mathbf{Escala}}{\mathbf{1.000}}\right)^2$ ha; 2,5(42/1000) (36086/1000)^2 = *136,73* ha.

V.3.3. PRÁCTICA N.º 3 DE FOTOINTERPRETACIÓN: ANÁLISIS VISUALES CUANTITATIVOS Y COMBINADOS DE USOS DE SUELO Y CUBIERTAS SOBRE PARES ESTEREOSCÓPICOS DE FOTOGRAFÍAS AÉREAS VERTICALES (F.A.V.)

1. *Objetivos*

- Facilitar la ordenación de los análisis visuales.
- Facilitar el control de los análisis visuales.
- Facilitar los análisis visuales espaciales de manera que se puedan realizar comparaciones por un analista, lo más objetivas posible, entre distintos espacios geográficos.
- Cuantificar los tipos de cubierta y usos de suelo.
- Permitir dejar el análisis de imágenes de un día para otro.

2. *Fundamentos y ejercicios*

Fases de la práctica:

1.º Creación de un reticulado de celdas de control del análisis sobre papel fototrace transparente y asignación de marcas de cuenta a cada celda.
2.º Montaje del par estereoscópico de fotografías aéreas.
3.º Contabilización de objetos y cubiertas en cada celda del reticulado de control.
4.º Rellenado de la ficha de fotointerpretación.

2.1. Creación de una retícula o malla de control

2.1.1. Lo primero que hay que hacer es un *mallado de cuadrículas* a lápiz sobre uno de los dos papeles de acetato transparente que cubre una de las fotografías, para que sirva de control del espacio de la imagen sobre la que se va a ir realizando la contabilización visual y así no repetir la de los mismos objetos o cubiertas; por ejemplo, sobre el de la fotografía situada a la izquierda. Para ello, desde una hoja de papel milimetrado se puede calcar en el papel transparente fototrace el cuadriculado de 10 mm de lado –control y análisis más exhaustivo– o de 20 mm de lado (cada cuadrícula de éstas contendría 4 cuadrados de 10 mm) –control y análisis menos exhaustivo que es el que se aplicará en esta práctica–. Luego será superpuesto el papel con la malla de cuadrados así construida sobre la zona de solapamiento longitudinal o de visión estereoscópica de la imagen de la izquierda. Una vez superpuesto sobre el área dentro de la fotografía y de la zona de visión estereoscópica que se quiere analizar, se fijará con cinta «cello» o imanes el papel de acetato que tiene dibujado el mallado.

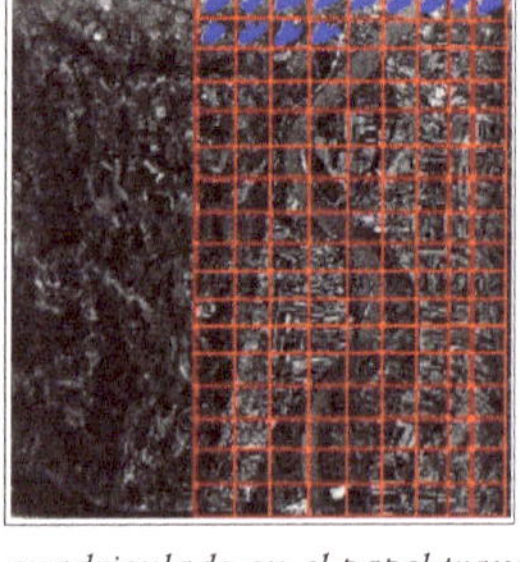

FIG. V.III.16. *Mallado o cuadriculado en el papel transparente para el control en un análisis cuantitativo visual.*

2.1.2. En segundo lugar hay que asignar un número determinado de elementos de cuenta a cada uno de los cuadrados de la malla. Por ejemplo, en esta práctica se asignarán **10** unidades de cuenta (o «palotes» de cuenta) a cada cuadrado. Cuanto mayor número de unidades de cuenta se asigne a cada cuadrado de la malla, o cuanto mayor número de cuadrados tenga la malla que así cubrirá menor cantidad de superficie de la fotografía cada uno, más detallado será el análisis.

2.2. Montaje del par estereoscópico de F.A.V.

Realizar todo el montaje de las dos imágenes con el papel de acetato superpuesto, tal como hicimos en las prácticas anteriores (localización de los puntos centrales y transferidos, etc.), a fin de conseguir la reconstrucción de la línea de vuelo y la visión estereoscópica, etc. Montar el acetato cuadriculado con el mallado de control que se ha construido en la fase 2.1.1 sobre la fotografía de la izquierda.

2.3. Contabilización de cubiertas y pendientes asociadas: rellenado de la ficha de fotointerpretación

Para cumplimentar esta fase se utilizará la ficha-tabla de fotointerpretación facilitada como anexo a continuación. Las filas de esta tabla son los usos de suelo y los tipos de cubierta, y los campos o columnas son cuatro umbrales de pendiente en grados.

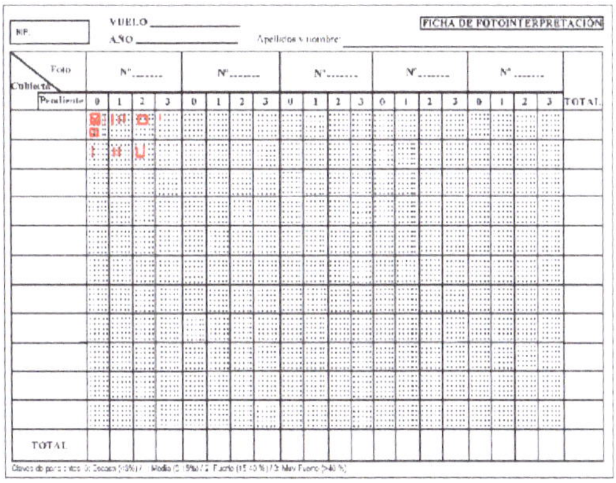

FIG. V.III.17. *Ficha de contabilización sobre F.A.V. de cubiertas y usos de suelo.*

Se irá contabilizando de un modo cualitativo aproximado y apreciativo la relación entre los tipos de cubiertas o de uso del suelo que aparecen y las pendientes; y se anotará en el cuadrado correspondiente de la ficha-tabla, según la escala subjetiva de cuatro intervalos de niveles de pendiente que aparece cuantificada en cada columna. En función de la superficie aproximada que ocupe cada combinación de uso de suelo o cobertera y de intervalo de pendiente, den-tro de cada cuadrado de la malla transparente de control se anotará el número de marcas, unidades de cuenta o palotes que correspondan: por ejemplo, 1 palote para el 10% de la superficie de un cuadrado de la malla transparente en el que aparece un tipo de cubierta y de pendiente; 4 palotes para el 40% de la superficie de un cuadrado o 10 palotes para el 100% de la superficie de un cuadrado. Dichas marcas o palotes se anotarán dentro del cuadrado de puntos de la *Ficha de Contabilización de Fotointerpretación* facilitada en el que se cruce cada tipo de cubierta y su pendiente. Se irá pasando la vista por todos los cuadrados de la *malla de control transparente* y anotando palotes en la *ficha de fotointerpretación* en función de la proporción de superficie que cubra cada combinación de usos de suelo o coberteras y pendientes, hasta acabar de pasar por todos los cuadrados de la malla de control. Si el análisis durase varios días, para no repetir el análisis de un mismo cuadrado dos veces se puede ir dibujando una señal de control general en cada uno de los cuadrados de la *malla de control transparente* que hayamos terminado de visualizar.

Finalmente, sobre la *ficha de fotointerpretación* se realizará la contabilización de todos los palotes por filas y columnas, sumándolos y transformándolos en porcentajes generales sobre el total de cada tipo de cubierta o uso de suelo, de cada grado de pendiente y de sus asociaciones.

2.4. Comentario general

Con base en la ficha de fotointerpretación del Anexo siguiente rellenada y auxiliándose del Mapa Geológico 1:50.000 de Marbella (MAGNA 1065), realizar un *comentario cuantificado* y general sobre la *asociación* de *Usos de Suelo* y de las *Pendientes* de la zona de solapamiento o visión estereoscópica de las dos imágenes del par estereoscópico, cuantificándolo en *porcentajes.*

SOLUCIONES

- Al intervenir en esta práctica la habilidad visual y de reconocimiento visual individual de un modo tan fundamental, no se facilitan los resultados obtenidos por el autor.

ANEXO: Ficha de contabilización

VUELO ________

Nº fotogramas ________

AÑO ________

NIF:

Apellidos y nombre: ________

FICHA DE FOTOINTERPRETACION

CUBIERTA	PENDIENTE 0 Escasa (<3 %)	PENDIENTE 1 Media (3-15 %)	PENDIENTE 2 Fuerte (15-40 %)	PENDIENTE 3 Muy fuerte (> 40 %)		TOTAL	Porcentaje
ROQUEDO DESNUDO							
MATERIALES BLANDOS DESNUDOS							
REGADIO HORTICOLA							
REGADIO FRUTAL							
INCULTIVADO MONTE BAJO							
BOSQUE							
ARBOLADO DISPERSO							
CASERIO DISPERSO							
CORRIENTE FLUVIAL							
CAMINOS Y CARRETERAS							
PLAYA							
TOTAL							
Porcentaje							

V.3.4. PRÁCTICA N.º 4 DE FOTOINTERPRETACIÓN: RESTITUCIÓN ORTOGRÁFICA DE UN PUNTO. CREACIÓN DE UN FOTOMAPA CON PROYECCIÓN ORTOGRÁFICA

1. *Objetivos*

- Corregir las deformaciones crecientemente radiales existentes desde el centro de las F.A.V.
- Realizar cambios de proyección geométrica.
- Delineación de mapas temáticos desde las F.A.V.

2. *Fundamentos*

2.1. Creación de un fotomapa

Cuando se trata de realizar un mapa desde un par o una tripleta estereoscópica de fotografías aéreas, realmente habría que hacerlo mediante una transformación ortográfica que compensase las deformaciones radiales desde cada centro de imagen; pero, debido a la lentitud que requieren las operaciones de tipo manual de una restitución de este tipo, en esta práctica se hará el mapa sin correcciones, sólo con el calcado de las distintas superficies que nos interese cartografiar.

Estas restituciones conocidas como *ortofotografías* y sus productos cartográficos derivados denominados *ortomapas* se realizan de un modo automático en la actualidad; bien con restituidores automáticos o digitales, o bien mediante algún Sistema de Información Geográfica.

Para conocer la técnica sólo se restituirá en esta práctica la posición correcta, según una proyección ortográfica, de un solo y mismo punto en cada una de los dos fotogramas del par estereoscópico.

2.1.1. Restitución de un punto en las F.A.V.

PAUTA

- Sobre el papel de acetato transparente superpuesto al fotograma de la izquierda dibujar la línea *(fotobase)* que une a su Punto Central con el Punto Transferido (recuérdese que este segundo punto se corresponde con el Central de la fotografía de la derecha). A continuación, trazar la línea que una el Punto Central con el punto que queremos restituir.
- Levantar el papel transparente de la fotografía de la izquierda y superponerlo sobre la de la derecha, de manera que el Punto Transferido del papel se superponga con el Central de esta fotografía y que la fotobase dibujada en la fotografía izquierda se alinee con la fotobase de esta fotografía derecha: si la sobrepasa o se queda más corta no importa (recuérdese que las dimensiones de las fotobases de ambas fotografías no tienen que coincidir forzosamente). Desde el Punto Central dibujar la línea que lo une con el punto que queremos restituir:
  El punto donde se corten ambas líneas será la situación ortográfica sobre la fotografía del punto restituido.

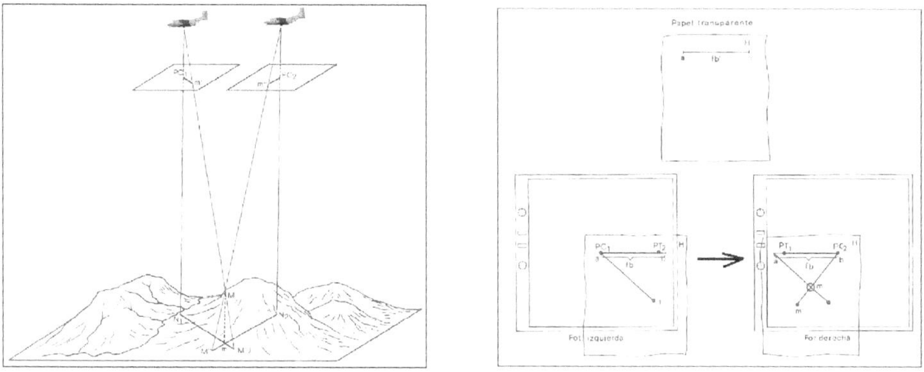

FIG. V.III.18. *Restitución de un punto de la F.A.V. y técnica de su delineación.*

2.1.2. Realización de un fotomapa ortográfico

- Se colocará el par de fotografías bajo el estereoscopio de manera que se consiga la visión tridimensional del relieve, tal como se realizó en las prácticas anteriores.
- Para ello, superponer los acetatos utilizados en las prácticas anteriores para reconstruir la línea de vuelo. Colocar las fotografías según la línea de vuelo. Conseguir la visión tridimensional estereoscópica.
- Sobre el papel «fototrace» transparente en la fotografía derecha se realizará la delimitación de las superficies con los rotuladores: una vez dibujadas con distintos colores las líneas referenciales (ríos, arroyos y carretera) y delimitadas las clases de superficies sobre el papel acetato, retirar éste de encima de la fotografía de la derecha y pasarlo mediante papel calco a una hoja de papel blanco, dibujando con rotuladores y/o lápices de colores las distintas superficies. No se debe olvidar marcar el *Norte* del mapa mediante una flecha. También se debe incluir una pequeña *escala gráfica y numérica* (por ejemplo, la calculada como media del cono de deyección en prácticas anteriores). Tampoco olvidar añadir una *leyenda* con las claves de los símbolos lineales y sus colores de ríos, arroyos y carretera, así como las tramas o colores con los que se hayan simbolizado cada una de las clases de superficies. Y, por último, localizar la zona dándole un *título* al Mapa (por ejemplo, «Relieves y pendientes en el entorno de Marbella (Málaga)».

3. *Ejercicios*

3.1. Restituir el *punto* situado en la *inflexión hacia el SSW* del trayecto del *arroyo* existente, *antes de su entrada en el cono de deyección,* siguiendo la pauta anterior.

3.2. Sobre la *zona de solapamiento de las dos imágenes* (la que se ve tridimensionalmente) realizar un mapa utilizando *rotuladores* de distintos *colores*, dibujando la *red hidrográfica* y la *carretera* como elementos referenciales (sólo es necesario dibujar sus trazados) y en el que se diferencien bien los *límites de las distintas superficies* en función del tipo de relieve y de las pendientes con relación a las siguientes unidades clasificatorias:

1. Relieve masivo y muy contrastado de grandes pendientes y de las altitudes mayores.
2. Relieve muy irregular y anfractuoso.
3. Relieve de cuestas con pendientes intermedias y regulares (por ejemplo, en esta clase se incluiría el cono de deyección de Nagüeles).

4. Relieve de cuestas regulares con pendientes bajas.
5. Llanuras litorales y su parcelación agrícola
6. Playas.

SOLUCIONES

3.1.

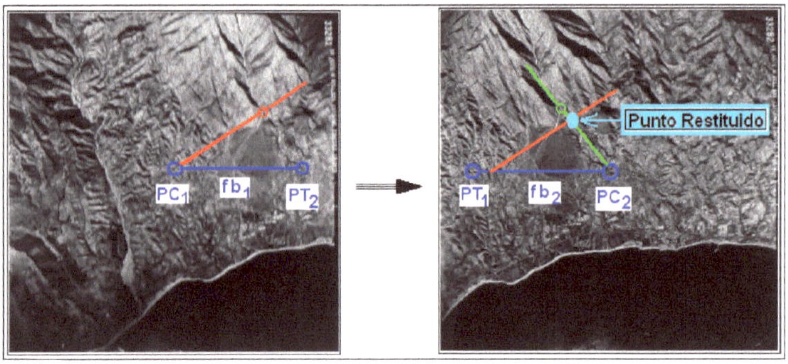

3.2.

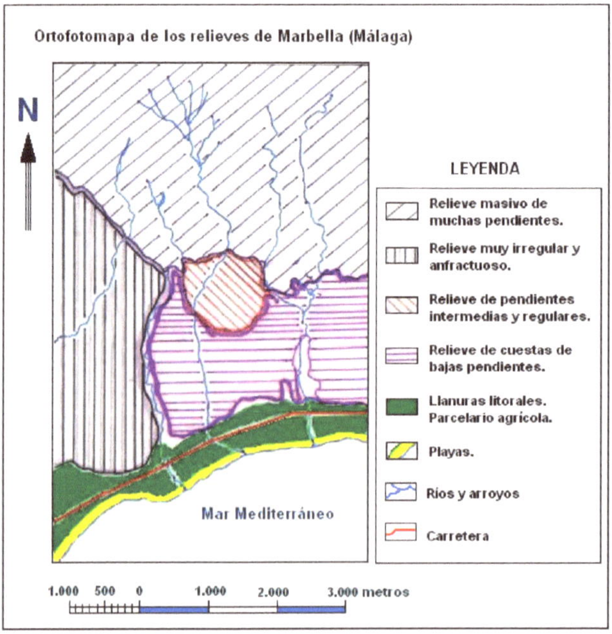

V.4. TELEDETECCIÓN Y SIG

Los ejercicios de teledetección y de SIG serán realizados con el Programa SIG «Idrisi 3.2» de Clark-Lab; salvo algunos de ellos (Componentes Principales; Tasseled Cap; Clasificaciones Supervisadas; e Interpolaciones y Geoestadística) que serán también desarrollados con los programas de ESRI «ERMapper 6.1» y «ArcGis 9.3».

V.4.1. Práctica n.º 1 de Teledetección y Sig: Exploración visual de imágenes con Idrisi 3.2

1. *Objetivos*

- Aprender a mejorar el contraste visual de una imagen.
- Interpretar los histogramas de distribución de frecuencias de los niveles digitales de las imágenes.
- Analizar firmas espectrales.
- Convertir niveles digitales de imágenes en parámetros físicos del territorio.

2. *Fundamentos*

En estos ejercicios se utilizarán las técnicas de mejoramiento de imágenes en formato digital con módulos de procesamiento del SIG Idrisi para incrementar su contraste visual. Antes de describir estas técnicas es importante recordar lo que es un *histograma* y cómo interpretarlo: un histograma es una representación gráfica de una distribución de frecuencias, donde el ancho de las barras verticales contiguas es proporcional al ancho de las clases de la variable y las alturas de las barras son proporcionales a las frecuencias de dichas clases en el universo estadístico (en una imagen digital el número de píxeles de cada clase o valor).

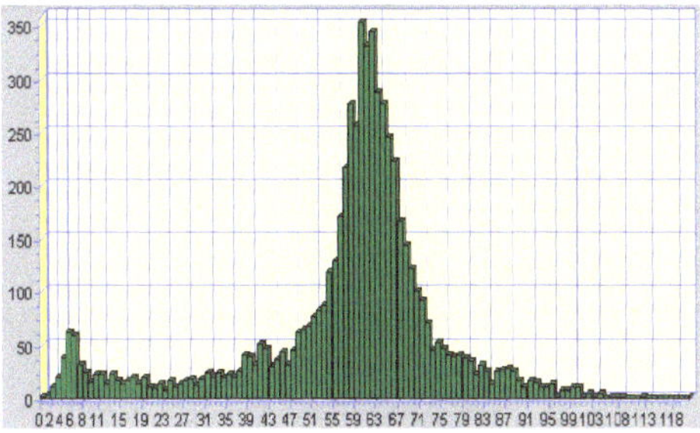

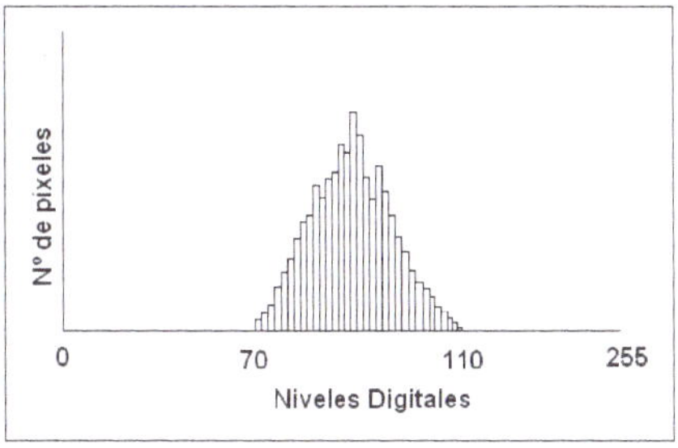

Fig. V.IV.1. *Ejemplos de histograma.*

Para aumentar el contraste de una imagen, se debe cambiar su forma de visualización, de modo que sean utilizados todos los colores de la paleta de colores o de grises elegida. La forma más sencilla de hacerlo es «autoescalando» la imagen. Cuando se utiliza la opción *autoescalar (autoscale)*, el valor mínimo en la imagen es mostrado con el color más bajo de la gama general de la paleta y el máximo con el color más alto. Los demás valores intermedios se distribuyen linealmente a través del resto de colores de la paleta.

Aunque «*autoscale*» mejora el contraste, a veces el resultado es insuficiente para realizar un análisis interpretativo visual. Se pueden lograr mejores niveles de contraste en una imagen mediante la operación llamada *stretch* («estiramiento»).

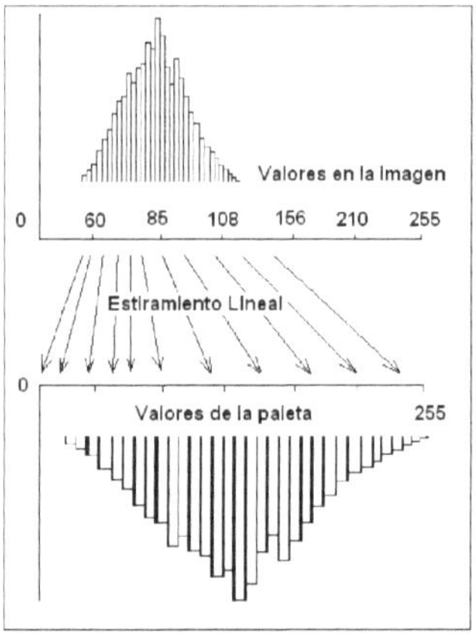

FIG. V.IV.2. *Ejemplo de autoescale.*

Cuando se ejecuta una operación de estiramiento o expansión con Idrisi, se genera un nuevo archivo con nuevos valores. Existen tres clases de «estiramientos» que pueden ser aplicados a una imagen:

- Linear stretch *(estiramiento lineal)*: Funciona como la opción de «*autoscale*», con la diferencia de que es posible especificar puntos extremos diferentes del máximo y mínimo ND (nivel digital) de la imagen; así como determinar el número de niveles para la imagen de salida.
- Linear stretch with saturation *(estiramiento lineal con saturación)*: Esta clase de expansión permite asignar el mismo valor (por ejemplo, 0 –cero– y 255) a un porcentaje determinado de los píxeles en los dos extremos del histograma, por ejemplo, al 10% de los píxeles de una imagen; es decir, siguiendo con el mismo porcentaje, a un 5% de los píxeles de menor valor y al 5% de los píxeles de mayor valor. A los valores intermedios, se les aplica un estiramiento lineal.
- Histogram equalization *(ecualización de histograma)*: Este tipo de expansión o estiramiento trata de asignar el mismo número de píxeles a cada nivel digital de la imagen, pero aquellos que pertenecen a una categoría en un número mayor al establecido no pueden ser divididos más en la imagen de salida.

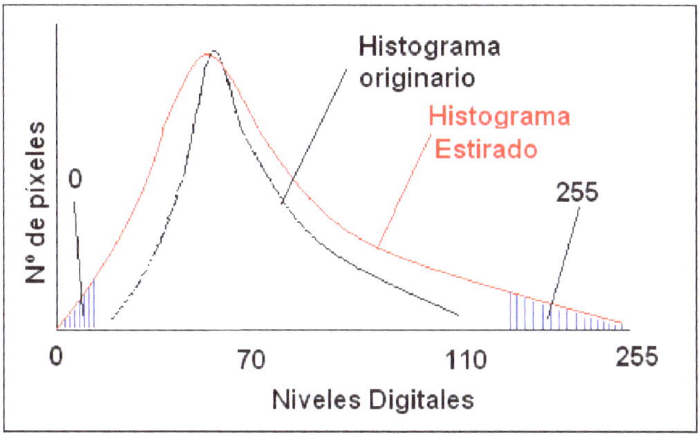

Fig. V.IV.3. *Ejemplo de estiramiento lineal con saturación.*

3. *Ejercicios*

3.1. Mejoras del contraste visual y análisis de las signaturas espectrales

Para desarrollar esta parte se emplearán 4 bandas de una imagen de satélite: la banda del azul visible, la banda del verde visible, la banda del rojo visible y la banda del infrarrojo cercano. Se utilizarán las bandas 1 a 4 del satélite Landsat TM.

A partir de las imágenes de las 4 bandas, se practicarán las diferentes técnicas para alterar el contraste de una imagen en Idrisi, así como la forma de generar e interpretar sus histogramas. Posteriormente será descrito el procedimiento para generar gráficos de patrones de respuesta espectral y cómo utilizar su interpretación en el análisis.

Al trabajar con imágenes de satélite, casi siempre es aconsejable utilizar una paleta de ***escala de grises*** *para visualizarlas y, sobre todo, para realizar comparaciones visuales entre varias imágenes.*

- Crear una carpeta para el Proyecto SIG y nombrarla con su «Nombre y Apellidos» (por ejemplo, «Juan Garcia Perez»).
- Utilizando el Explorer de Windows, copie en su carpeta de trabajo (la que creó con su nombre) todos los archivos existentes en *C://Idrisi32 Tutorial\IntroductoryIP\.*
- Ejecute *Idrisi 3.2*, vaya al menú *File -> Data Paths*. Y asegúrese de que la carpeta con su nombre está definida como directorio principal de trabajo. Pulse sobre «*OK*» para cerrar la ventana *Data paths*.
- Busque y abra la imagen *bow87tm1* con la paleta grey256. *Observe que la mayoría de los píxeles están representados con tonos de gris muy similares; es decir, la imagen se ve con muy bajo contraste. La paleta «grey256» varía desde negro (0) hasta blanco (255), sin embargo, al observar la imagen, no parece haber muchos píxeles blancos o grises muy claros.* Haga doble pulsación sobre el nombre de la imagen en la ventana «Composer», para acceder a su descripción.

PREGUNTAS (están numeradas, responderlas brevemente):

0. ¿Cuáles son los valores mínimo y máximo de la imagen?: ______________________

– *Para comprender cómo afecta el rango de valores de la imagen a su visualización* ejecutar *HISTO* (desde el menú *Display* o con el botón) *para generar el histograma de la imagen*. Elija la imagen de la banda que seleccionó *(bow87tm1)* como imagen de entrada; escriba 1 en la ventanita de la opción «ancho de clase». Seleccione en *Output Type* la opción de «salida gráfica» *(Graphic)*, modifique los valores mínimo y máximo de presentación en pantalla *(Minimum value y Maximum value for display)* a 0 y 255, respectivamente. Pulse «OK» para generar el histograma.

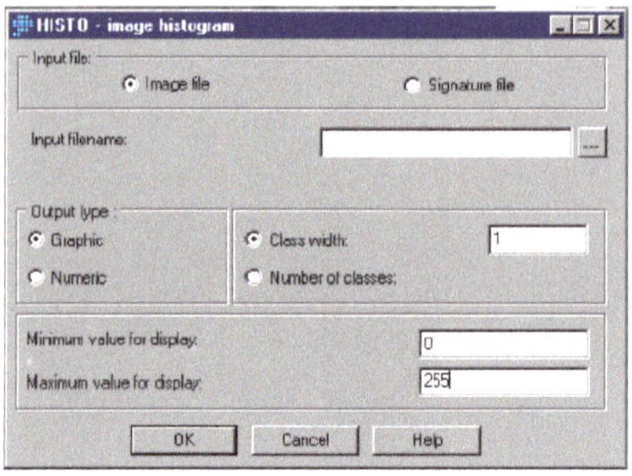

FIG. V.IV.4. *Ventana Idrisi para comprobar el histograma de una imagen o un archivo raster.*

El eje horizontal del histograma viene expresado por la paleta «grey256». Un valor de reflectancia de 0 aparece en color negro; uno de 255 en color blanco y todos los valores intermedios en tonos variables de gris.

Como puede comprobarse en el histograma, ninguno de los píxeles en la imagen tiene valor 0 o 255; por eso, el eje de las equis no supera el valor 70 que es el valor de Nivel Digital máximo de esta imagen.

1. Analizando el histograma, explique a qué se debe el bajo contraste de la imagen: ____.

2. Analizando el histograma responda, ¿qué tonalidad en general presenta la imagen y por qué?: ______________________.

3. Suponiendo que no puede modificar los valores ND que tiene la imagen ¿cómo podría mejorar su contraste?: ______________________.

4. Desde el *composer*, en *layer propierties*, utilice la opción *autoscale*. Busque en la ayuda *Help* lo que significa esta opción y descríbala.

5. Si la imagen tuviera un único píxel blanco, es decir, con valor 255 y un único píxel negro, es decir, con valor 0 ¿mejoraría el contraste de la imagen al utilizar *autoscale*?: _____________.

Recordar que en «autoscale» *el mínimo valor de presentación (minimal value for display) se presenta en color negro y el máximo (maximun value for display), lo hace en blanco. Y que* Autoscale *no cambia los valores de los datos de la imagen, sino que sólo modifica el rango de colores que se visualizan.*

6. ¿Cómo explica que incluso utilizando *autoscale* no se mejore mucho el contraste de la imagen? ____

Dentro de esta misma ventana (layer propierties) existe otra forma muy sencilla de modificar los valores mínimo y máximo de presentación de una imagen: cuando está activado autoscaling se pueden modificar los valores Display Min y Display Max. Esto se hace, bien anotándolos numéricamente o bien deslizando la flecha correspondiente en las dos ventanas inferiores.

– Pruebe a cambiar estos valores y analice lo que ocurre cada vez. Dibuje esquemas de los cambios que ocurrirían en el histograma de la imagen al modificar estos valores y lograr un mejor contraste.

Para aplicar otras opciones de estiramiento se utiliza la operación STRETCH *(estiramiento o expansión). Con la opción* stretch lineal *se puede aplicar el mismo estiramiento que con* autoscaling *pero guardando los nuevos datos obtenidos en un nuevo archivo con distinto nombre, porque realmente será una imagen distinta; es decir, con valores distintos de los originales.*

– Aplique a la imagen anterior *(how87tm1)* este *stretch lineal* y despliegue su histograma: *comparándolo con el de la imagen original se entiende cómo* autoscaling *modifica la salida visual de la imagen.*

– Ejecute *stretch* desde el menú *display* o con el botón  de la barra de herramientas.

– Elija *how87tm1* como imagen de entrada; escoja la opción de *stretch lineal* con saturación y en el campo saturación (*Percent to be satured at each end of the scale*) escriba *2*.

7. ¿Qué piensa Vd. que es el número 2? Describa lo que sucede con la imagen al aplicarle esta opción: ____.

– Para la imagen de salida, elija un nombre descriptivo y evocador de la operación que realizamos sobre ella, o del módulo que le hemos aplicado. Por ejemplo, llámela «*how87tm1strechtlinealsat2*» y guárdela.
La nueva imagen se despliega automáticamente. Si es necesario, cambie la visualización a la paleta grey256; *para ello utilice* «layer properties» *de la ventana* Composer.

– Genere el histograma para la nueva imagen con las opciones de mínimo y máximo de presentación por defecto.

– Compare el histograma de la nueva imagen con el de la imagen original. Organícelos en la pantalla del ordenador de forma que pueda visualizarlos simultáneamente.

8. Describa las diferencias entre los dos histogramas y explique por qué sus formas evidencian el mayor o menor contraste de cada imagen: ____.

– Cuando haya terminado, cierre todos los histogramas y las imágenes abiertas. Ahora despliegue visualmente la imagen *how87tm4*, compruebe la calidad de su contraste visual y después aplique los siguientes «stretchs» 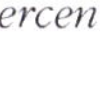 sobre ella:

- *Stretch lineal* con los valores mínimo y máximo reales de la imagen como extremos y 256 niveles. Llame «how87tm4stretchlineal» a la imagen de salida.
- *Stretch lineal* con saturación del 5% y 256 niveles. Llame «how87tm4stretchlineal-sat5» al resultado.
- *Stretch lineal* con saturación del 2% y 256 niveles. Llame «how87tm4stretchlineal-sat2» al resultado.
- *Ecualización de histograma* con 256 niveles. Llame «how87tm4stretch-equal256» a la imagen de salida.
- *Ecualización de histograma* con 16 niveles. Llame «how87tm4stretch-equal16» a la imagen de salida.

La cantidad de saturación requerida para producir una imagen con un buen contraste es variable y puede ser necesario hacer algunas pruebas y ajustes. Generalmente, se utilizan valores de saturación entre 2 y 5%.

9. ¿En cuál de las imágenes cree usted que las características son más fácilmente identificables, en la de saturación *2%* o en la de *5%*? ¿Por qué?: ________________________________.

La técnica de ecualización de histograma intenta asignar un número igual de píxeles a cada nivel de gris, con la restricción de que no se puede dividir un valor único de datos en más de una clase. Ésta es la razón por la que se mantienen algunas desigualdades.

– Genere los histogramas (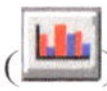) para las imágenes «how87tm4stretch-equal256» y «how87tm4stretch-equal16» y compárelos. Escriba *1* como ancho de clase.

10. Observe que las barras en el histograma de la imagen de 16 niveles tienen unas alturas menos irregulares. ¿Por qué piensa que es así?: ____.

– Cierre todas las ventanas.

Para el siguiente ejercicio es necesario crear una Colección *de capas raster* (raster group file):

– Abra el editor de colecciones desde el menú *File -> Collection Editor*.
– Desde el menú *File* seleccione *New*.
– En «archivos de tipo», elija *raster group file*.
– Escriba allí un nombre para la colección, como, por ejemplo, *«how87»* y pulse sobre *«open»*.
– Con el botón *insert after* agregue los archivos correspondientes a la banda azul *(«how87tm1»)*, banda verde *(«how87tm2»)*, banda roja *(«how87tm3»)*, infrarrojo cercano *(«how87tm4»)* y también la imagen llamada *«how87tm4stretchlineal-sat2»* (la que generó con un *stretch lineal con saturación del 2%*, a partir de la banda 4).
– Guarde la colección desde *File -> Save*.
– Cierre el editor de colecciones.
– Abra *«Display Launcher»* .
– Presione el botón de selección (Pick) y en la lista, pulse sobre el signo «+» que aparece junto al nombre del archivo de colección que acaba de crear. De los *layers* (capas) que aparecen bajo el nombre de la colección seleccione *how87tm4stretchlineal-sat2* y pulse sobre «OK» para visualizar dicha capa.

11. Esta imagen se utilizará para localizar áreas concretas de consulta, sin embargo, son los valores de las imágenes originales los que interesan. ¿Por qué?: ______________________________.

– Busque tres tipos de coberturas de distinto uso del suelo que sean identificables en la imagen: *urbano, vegetación* y *agua. Se trata de comprender cómo los diferentes usos del suelo se manifiestan con diferente intensidad radiante en diferentes longitudes de onda electromagnéticas en las 4 imágenes originales.*

– Dibuje tres gráficos como el de la figura siguiente, y nómbrelos como *agua, vegetación* y *urbano.*

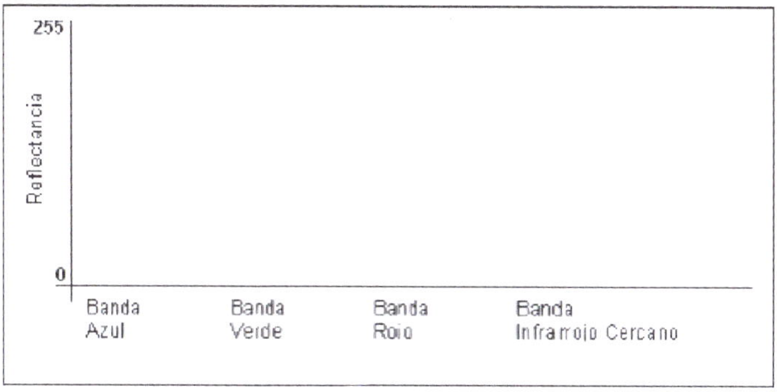

– Para examinar simultáneamente los valores de reflectancia de las imágenes incluidas en la colección, presione el botón *(Feature Properties)* de la barra de herramientas. Observe que se abre una pequeña ventana en la parte inferior derecha de la pantalla, debajo de *Composer.*

– Pulse sobre la barra de título de la ventana de la imagen *how87tm4stretchlineal-sat2* para activarla.
– Active la herramienta de cursor de consulta: .

– Sobre la imagen «how87tm4stretchlineal-sat2» busque 3 ó 4 píxeles representativos de cada uno de los tres tipos de cubiertas identificables en la imagen (agua, vegetación y urbano). *Note que, en la ventana de la parte inferior derecha de la pantalla, se muestran los valores de reflectancia del píxel seleccionado en las 5 imágenes del grupo.*

– Anote los valores correspondientes a las cuatro bandas (imágenes) para poder trasladarlos luego a cada gráfico de respuesta espectral.

12. Determine los valores de reflectancia para agua, vegetación y urbano en cada una de las cuatro bandas originales. En los gráficos que preparó previamente para cada uno de los tipos cubierta dibuje los valores de los píxeles que haya elegido y, uniendo los puntos, obtenga las curvas de cada uno: ____

Estos gráficos son los patrones de respuesta espectral para cada uno de estos tres tipos de cubierta o de usos del suelo. Con estos gráficos es posible apreciar que los diferentes tipos de materiales (en este caso agua, vegetación y urbano) reflejan y emiten cantidades diferentes de energía, en cada uno de los diferentes intervalos de longitud de onda del espectro radiométrico.

– Cierre todas las ventanas que estén abiertas.

El siguiente ejercicio es un ejemplo de cómo al aplicar stretch *a una imagen se incrementa su contraste, y por consiguiente su «información» visual, pero no se agrega ningún «significado» adicional a la misma.*

Realmente la imagen generada con la ecualización del histograma *tiene mucha variación y alto contraste, pero al observarla (la imagen o el histograma) se pierde la percepción, en este caso, de cuál es el tipo de uso de suelo predominante.*

Así es que conviene evitar la técnica de ecualización de histograma, *cuando al observar la imagen lo que se pretende es percibir las diferentes características de reflectancia y absorción y emisión de radiancias de los objetos existentes sobre la superficie de la tierra. De hecho, en la mayoría de los casos, es mejor aplicar un* stretch lineal con saturación.

Es importante recordar que las imágenes generadas con *stretch* deben ser utilizadas sólo para realizar observaciones visuales *porque, como han sido manipuladas y alterados sus valores, no son fiables para otro tipo de análisis (cuantitativo, estadístico, de índices, etc.).* Casi siempre hay que utilizar los datos originales y sólo los datos originales para los análisis espaciales.

– Ahora, aplique una ecualización de histograma con 256 niveles a la imagen *«how87tm1»* que utilizó al comienzo del ejercicio. Llame «how87tm1stretch-equal256» al resultado. Genere el histograma de esta nueva imagen.

– Despliegue nuevamente la imagen *«how87tm1strechtlinealsat2»* y genere su histograma.

13. Observe las diferencias entre estas dos imágenes y sus histogramas y descríbalas: ________.

3.2. Visualización y análisis de imágenes térmicas

La emisividad de un material es la relación entre su temperatura radiante (la medida por un sensor radiométrico) y su temperatura conductiva (la medida por un termómetro de contacto en su superficie). Esta diferencia entre ambas temperaturas hace que sea forzado conocer la emisividad para convertir los valores entre ellas.

Existen radiómetros para medir la reflectancia y la emisividad de los materiales. Con muchas medidas de laboratorio y de campo se han elaborado tablas o tesauros de emisividades de materiales y de coberteras espaciales, así como curvas de respuesta en los distintos intervalos del espectro radiométrico (ver la figura siguiente).

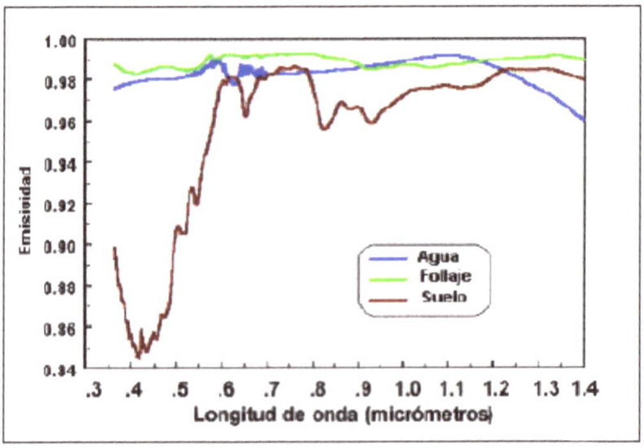

FIG. V.IV.5. *Signaturas espectrales de la emisividad de distintos tipos de cubiertas.*

El hielo y la nieve generalmente tienen una alta *reflectividad* (0,94 a 0,99) en la región espectral del Visible. El comportamiento de la nieve tiene mucho contraste: muy alta reflectancia en la región visible del espectro, pero, como es lógico, muy poco intensas radiaciones en la región del IR térmico.

Los suelos y los minerales exhiben características espectrales más intensas. Las areniscas de cuarzo producen respuestas espectrales con fuertes intensidades entre 8 y 10 micrómetros. La firma espectral en el intervalo espectral de 3 µm a 5 µm depende del contenido orgánico y de agua. Los suelos más secos y desnudos tienen la más baja emisividad en este intervalo de radiación.

La vegetación seca tiene una emisividad variable, especialmente en la región de 3 µm a 5 µm, y depende del tipo y estructura de la cobertura, la humedad, etc.

Las *infraestructuras humanas* realizadas con metales tienen la emisividad más baja. Sin embargo, estos metales tienen altas reflectividades. Materiales como el asfalto o los ladrillos están en el mismo rango que los materiales naturales, aproximadamente de 0,9 a 0,98.

✓ En IDRISI despliegue la imagen «*h87tm6*» que ya se copió en la carpeta o directorio de trabajo desde C:// *Idrisi32 Tutorial/Introductory IP.*

Una vez desplegada esta imagen analice y responda a las siguientes preguntas:

14. Cuantifique la resolución espacial de esta imagen. ¿Qué tamaño tendrán los objetos más pequeños que se podrán diferenciar en ella? ______________________________.

15. Con una paleta Idrisi256 ¿en qué color sitúa la vegetación? ¿En qué colores las áreas urbanas? Y ¿en cuáles las masas de agua? ______________________________.

16. ¿Qué pueden ser las áreas completamente oscuras en la imagen? ____________________.

17. Se ven evidencias de un cambio térmico gradual en las áreas urbanas. ¿Por qué cambia de color la paleta hacia el interior de las mismas? Explique por qué se da este fenómeno y por qué es susceptible de ser captado en el intervalo espectral de los 8 a los 14 micrómetros, que es en el que se tomó esta imagen. ______________________________.

– Proceso para convertir radiancias térmicas captadas por el satélite Landsat5 TM (banda 6: 11,45 µm) en temperaturas conductivas (cuerpo negro):

- En el menú *Image Processing* abrir los submenús en cadena *Transformation/Thermal*

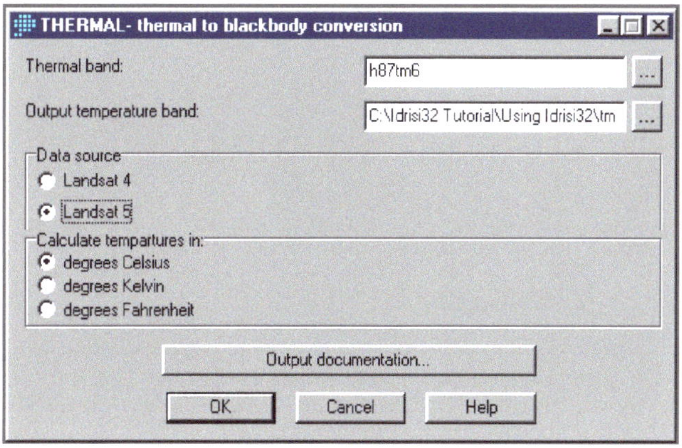

FIG. V.IV.6. *Ventana Idrisi para transformar niveles digitales en grados de temperatura de la banda térmica del satélite Landsat5 TM.*

- Abrir la banda térmica *b87tm6* que copió de *C:// Idrisi32 Tutorial/Introductory IP*

– Seleccionar las opciones «Landsat 5» y grados centígrados *(«degres Celsius»)*

18. *Observar cómo la leyenda de la paleta de color se ha convertido desde una escala de niveles digitales de radiación (0-255) a otra escala de grados centígrados.*

FIN DE LA PRÁCTICA

SOLUCIONES

0. *11, 215.*
1. *Mayoría valores de reflectancia entre 20 y 40.*
2. *Gris oscuro-negro.*
3. *Autoescalando.*
4. *Permite mejorar el contraste sin variar valores a la imagen.*
5. *No.*
6. *Porque los valores de la imagen tienen poca variabilidad en sí.*
7. *Que se satura (da el mismo valor) a un porcentaje del 1% de valores en cada extremo de la serie.*
8. *Se mantienen las frecuencias de los valores pero están más distribuidas a lo largo de la paleta: cada clase es más ancha.*
9. *5%, porque al saturar o recortar más valores en los extremos, el resto se distribuye más a lo ancho en el histograma: cada clase es más ancha.*
10. *La ecualización trata de asignar el mismo número de píxeles a cada valor digital y al concentrarlos en 16 columnas en vez de 256 se produce menor dispersión de los valores.*
11. *Son los que portan la información cuantitativa de las reflectancias y emitancias.*
12. 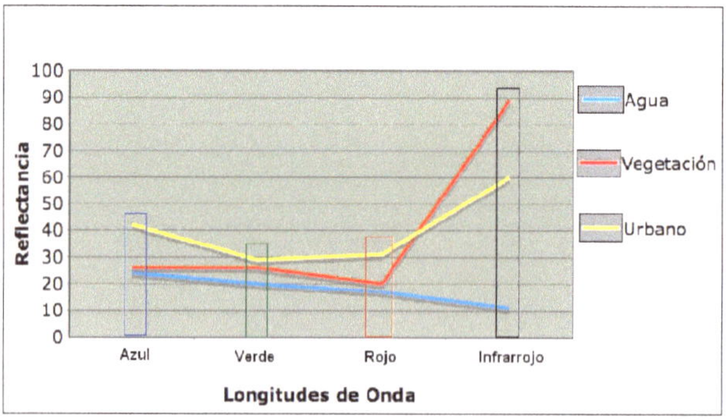

13. *La imagen con saturación concentra valores en la zona de paleta más oscura porque respeta la estructura del histograma original y no permite visualizar bien los contrastes. La ecualizada reparte los valores, pero a costa de llevar muchos valores a la zona blanca de la paleta.*
14. *Es la mitad de la de las demás bandas (60 metros).*
15. *Morado la vegetación, negro el agua y rojo-amarillo y verde lo urbano.*
16. *Masas de agua.*

17. *La distinta y heterogénea composición de los materiales urbanos y sus inercias térmicas producen la «isla urbana de calor». Se detecta entre dichas longitudes de onda porque es la banda correspondiente al IR térmico.*

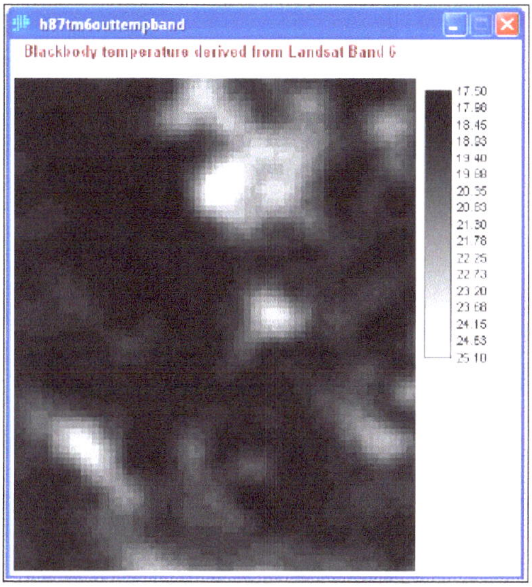

18.

V.4.2. PRÁCTICA N.º 2 DE TELEDETECCIÓN Y SIG: CORRECCIONES RADIOMÉTRICAS Y GEOMÉTRICAS DE IMÁGENES DIGITALES REALIZADAS CON IDRISI 3.2.

1. *Objetivos*

- Comprender la importancia de corregir los errores radiométricos y geométricos de las imágenes digitales de los satélites, antes de realizar análisis de los datos y de extraer información temática.
- Manejar algunas técnicas de restauración o correcciones radiométrica y geométrica de las imágenes digitales.
- Aprender a distinguir los efectos de las correcciones en la fase previa al procesamiento de las imágenes digitales.

2. *Fundamentos*

2.1. Distorsiones radiométricas

Entre las distorsiones radiométricas que el usuario de una imagen digital debe aprender a corregir o atenuar, se cuentan el bandeado (falta de una o varias líneas), los efectos atmosféricos y los ruidos o información espuria. Estos últimos, habitualmente, se corrigen con la aplicación de filtros en el dominio espacial o en el dominio de las frecuencias. Para las primeras dos distorsiones se utilizan diversos algoritmos que restauran las imágenes corrigiendo los datos en la forma más cercana posible a una adquisición idónea respecto de la realidad territorial.

2.1.1. Corrección de efectos atmosféricos

Esta distorsión se produce por la dispersión de la radiación en la atmósfera, debido a la existencia de partículas y moléculas de tal tamaño que interactúan con la energía electromagnética. Estos fenómenos alteran el nivel de energía que captan los sensores, distorsionando la realidad.

Uno de los algoritmos más conocidos para la corrección de este efecto es el *algoritmo simplificado de Chávez*, el cual consiste en detectar en una banda el valor mínimo (m), con el fin de sustraer a cada ND de la imagen dicho valor:

$$\boxed{NDi,j = N\,D\,ij - m} \qquad (1)$$

La sustracción devolverá el nivel de radiación original a cada píxel de la imagen, pues lo que se produce por la interferencia atmosférica suele ser una elevación uniforme de todos los valores espectrales de la imagen.

2.1.2. Corrección del bandeado

Debido a un mal funcionamiento temporal de los sensores que captan datos de radiación en una banda específica o a interferencias de otras señales radiométricas, pueden producirse ausencias de información que se manifiestan como líneas blancas o negras, apreciables a simple vista sobre la imagen digital.

Para corregir este efecto visual se utilizan diversos algoritmos. Una de las correcciones más sencillas y comunes consiste en calcular los valores digitales de la fila (i) en la que se ha producido una pérdida de datos, de acuerdo con los valores digitales de las líneas anterior y posterior respectivamente, de aquella que presenta la ausencia de información (líneas i-1 e i+1). Esta corrección funciona correctamente en imágenes de poca resolución espacial, pues se basa en considerar que en distancias cortas no ocurren cambios demasiado bruscos de los objetos y cubiertas de la superficie de la tierra.

Algunas de las posibilidades de cálculo son las siguientes:

a) NDi,j = NDi – 1,j (2). En este caso, los valores digitales para la línea con problemas corresponderían a los valores digitales de la línea anterior.

b) NDi,j = NDi + 1,j (3). En este caso, los valores digitales para la línea con problemas corresponderían a los valores digitales de la línea posterior.

c) NDi,j = [NDi – 1,j + NDi + 1,j / 2] (4). En este caso, los valores digitales para la línea con problemas corresponderían a los valores digitales de la parte entera del promedio de la línea anterior y posterior.

2.2. Distorsiones geométricas

La deformación en la posición de los puntos de una imagen es una de las distorsiones que más encontramos en las imágenes digitales. La corrección de posicionamiento de una imagen se lleva a cabo mediante un proceso de *georreferenciación*, que consiste en comparar las coordenadas de determinados puntos físicos registrados en una imagen con las coordenadas geográficas de esos mismos *puntos de control (GCP)* obtenidos de un mapa o mediante un sistema de posicionamiento global (GPS). Esta comparación se realiza con ayuda de una función de transformación o sistema de ecuaciones polinómicas de distintos grados.

Pasos generales necesarios para llevar a cabo el proceso de georreferenciación de una imagen de satélite:

1.° Se realiza una transformación de las filas y columnas de la imagen original a coordenadas X, Y, de acuerdo con el sistema de proyección requerido. Para efectuar esta transformación se emplean *polinomios de primer grado* (transformaciones lineales) y *polinomios de n grado* (transformaciones no-lineales). Lo más común es utilizar los de primer orden de la forma:

$$X = a_0 + a_1 f + a_2 c$$
$$Y = b_0 + b_1 f + b_2 c$$

Esta transformación se realiza empleando las coordenadas X, Y de los *puntos de control* y las correspondientes filas y columnas (f, c) en la imagen digital para cada punto con coordenada X, Y.

Cada uno de estos puntos de control permite obtener dos ecuaciones: una para la X y otra para la Y. Las incógnitas de las ecuaciones son los coeficientes (a_0, a_1, a_2, b_0, b_1 y b_2). Estos coeficientes son calculados desde el sistema de ecuaciones así formado, mediante técnicas matemáticas como las de mínimos cuadrados, regresión múltiple, coeficientes indeterminados, etc.

Con esta relación encontrada, se verifica el ajuste a través del cálculo del *error medio cuadrático* de cada punto (RMS en inglés) y el RMS total de todos los puntos de control; lo que permitirá evaluar la corrección efectuada y modificarla en caso de errores excesivos. Así se hallan las coordenadas X e Y para cada fila y cada columna de la imagen. El resultado es una nueva imagen, producto de la transformación de la imagen original, la cual posee coordenadas que corresponden a las adoptadas como referencia (de acuerdo con el sistema de coordenadas y de proyección del mapa o imagen-fuente de los puntos de control).

2.° Calcular el RMS individual (por cada punto) y el total, para verificar el correcto posicionamiento en la imagen original de los puntos de control (GCP): Usando un sistema de ecuaciones de dos incógnitas, se despejan *f* y *c* para cada punto de control, empleando los coeficientes de las ecuaciones hallados y nombrándolas como *Fe* y *Ce* (columnas y filas estimadas o calculadas). La diferencia de los cuadrados entre *f*, *c* y *Fe*, *Ce* dará como resultado el RMS por cada punto, lo cual permitirá tomar una decisión en relación con la exactitud de posicionamiento de cada punto de control, al mismo tiempo que permitirá apreciar el error de posicionamiento total.

3.º Remuestreo de la imagen: Empleando la matriz de datos de la imagen original se calculan los valores de cada píxel en la matriz o malla de celdas ya transformada (rectificada). En esta fase, los tres métodos de remuestreo más comúnmente usados son los del *vecino más próximo*, el *bilineal* y el de *convolución cúbica*, en función de lo deformada que esté la imagen originaria. El primero se suele utilizar en imágenes deformadas geométricamente de un modo lineal recto (por ejemplo, cuando las líneas de los bordes de la imagen forman un rombo y hay que transformarlo a una forma rectangular); el segundo, cuando dos lados de la imagen tienen una deformación lineal y los otros dos curva; y la convolución cúbica, cuando los cuatro lados de la imagen tienen una deformación curva.

3. *Ejercicios*

Para georreferenciar una imagen con varias bandas, se empleará solamente una de ellas o una imagen combinada de varias de ellas (aquella que mejor facilite la localización visual de los puntos de control) y se guardará el archivo de correspondencia de coordenadas de los puntos que permitirá realizar la georreferenciación para todas las otras bandas.

Se procederá a seguir ordenadamente los pasos prácticos siguientes, respondiendo a las preguntas que se planteen y completando con datos cuando así se solicite. Primero se realizarán las correcciones radiométricas y después se procederá a realizar la parte del ejercicio relacionado con las correcciones geométricas.

Con el Explorer de Windows, copie en su carpeta de trabajo o de proyecto Sig (la existente con su nombre) todo el contenido de *c:/Idrisi32 Tutorial/database development*.

3.1. Correcciones radiométricas

3.1.1. Efecto atmosférico

Vamos a corregir los efectos atmosféricos para la imagen «*How87tm1*» (copiada desde *c:/idrisi32 tutorial/introductory ip* en la carpeta con su nombre). *Dicha imagen tiene un aumento plano de todos sus valores digitales (ND), con respecto a las respuestas espectrales de la realidad por la dispersión Raighley que produce el vapor de agua.*

– Aplique el algoritmo simplificado de Chávez (1) para esa imagen y renómbrela como «*How87tm1r*». Para ello emplee el módulo *IMAGE CALCULATOR*, ubicado en el menú *análisis*, submenú *database query*.

Introduzca primero el nombre de la imagen de salida «*How87tm1r*» y después desde «*Insert Image*» busque la imagen original. Escriba el resto de la expresión como se muestra en la figura siguiente –*recuerde que ha de utilizar el* valor mínimo (m) *de la imagen original*–.

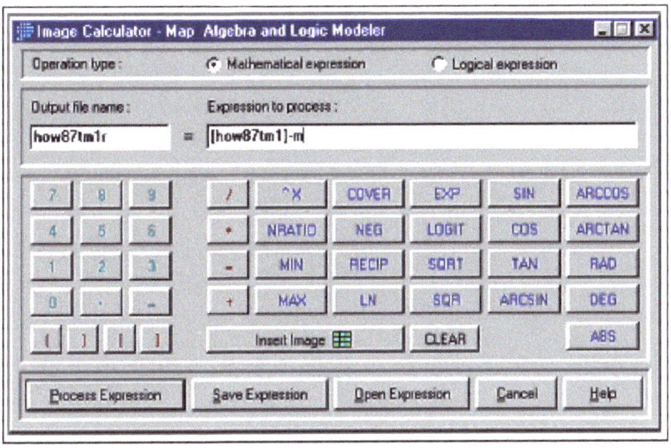

FIG. V.IV.7. *Ventana Idrisi de la calculadora para imágenes y archivos raster.*

– Cree una *colección* que contenga la imagen original y la generada con el módulo *IMAGE CALCULATOR* y visualice los valores de ambas. Asegúrese de que la operación aplicada se haya realizado.
– Construya y analice los histogramas de entrada y salida respectivos.

PREGUNTAS (están numeradas, respóndalas brevemente):

0. ¿Por qué el histograma de salida empieza en ese valor?

1. ¿Cómo esperaría ver la imagen de salida en relación con la tonalidad? ¿Por qué?

2. ¿Varía el contraste de la imagen obtenida? ¿Por qué sí o por qué no?

3.1.2 Efecto de bandeado

Considerar que los valores digitales (ND) de la matriz de una imagen que a continuación se muestran corresponden a la ventana de una imagen de una banda TM que presenta un problema de bandeado en la línea 4. Para esa hipotética imagen complete los ND de la línea perdida (sombreada) usando los tres cálculos propuestos en el epígrafe *2.1.2:* (2), (3) y (4).

25	25	25	28	30	35	41	48	54
51	50	46	43	39	35	34	37	42
62	63	63	59	51	42	36	37	39
34	37	41	44	43	41	41	45	43
32	32	33	35	35	33	36	39	38
36	35	34	34	34	34	34	36	37
37	34	32	33	37	40	41	38	37
38	35	33	35	42	45	42	36	36

3. Observe los valores ND que ha obtenido para la línea con problemas y responda: ¿Cuál de las operaciones aplicadas le parece la más acertada para solucionar el problema y por qué?

4. ¿Qué otro método propondría para asignar los ND a la línea con problemas? Explique su respuesta.

3.2. Correcciones geométricas de posicionamiento

– Abra el «layer» (capa) raster «*paxton*» que copió de c:/Idrisi32 Tutorial/database development. Aplíquele «*autoscale*» y la paleta «grey 256». *Se trata de una imagen de la banda 4 del LANDSAT TM correspondiente al IR cercano.*

– Mueva el cursor sobre la imagen y observe (en la barra de estado) que el número de la columna aumenta a medida que aumenta el valor de la coordenada X. El número de la fila, sin embargo, aumenta a medida que disminuye la coordenada Y, y viceversa. *Esto permite deducir la forma en que numera Idrisi las celdas en los archivos raster.*

– Vaya al menú *File -> Metadata* y observe el número de filas y columnas de la imagen, así como sus coordenadas mínimas y máximas en X e Y. *Antes de iniciar el proceso de georreferenciación,* es importante que las coordenadas de la imagen correspondan una a una con el número de filas y columnas. *Durante el desarrollo del ejercicio, nos referiremos a estas coordenadas que corresponden a la imagen deformada como las «coordenadas originarias». Las nuevas coordenadas serán las del mapa o de la imagen que se usa como referencia; es decir, las «coordenadas reales».*

– Con Display Launcher abra la capa vectorial «*paxroads*». *Este mapa de carreteras fue digitalizado en el sistema de coordenadas UTM y será el utilizado para identificar los puntos de control, que servirán de referencia para el posicionamiento de la imagen original.*

Habitualmente se emplea un método de ubicación de puntos que consiste en distribuirlos por toda la imagen. Se realiza un dibujo esquemático de dichos puntos con un identificador para cada uno, calificando el nivel de exactitud de posicionamiento (malo, regular, bueno).

– Active la ventana de la imagen «*paxton*». Añada la capa vectorial «*paxpnts*» desde la ventana *COMPOSER*, opción «add layer», primero con la paleta «idrpts» (*los puntos rojos son puntos de control que se han ubicado previamente*) y luego con la paleta «paxpnts» que está en la carpeta de trabajo con su nombre (copiada de *c:/Idrisi32 Tutorial/ database development*). Ahora la composición muestra círculos en torno a cada punto (incluyendo dos círculos nuevos –#21 y #22–, dentro de los que se ubicarán dos nuevos puntos de control). *Estos puntos deben ser identificables tanto en la imagen como en el mapa (en este caso, en el «layer» vectorial «paxroads»), y generalmente se corresponden con cruces de vías, desembocaduras de afluentes en ríos, construcciones fácilmente reconocibles, cabos, etc.; es decir, elementos puntuales del territorio muy fácilmente identificables de un modo visual.*

– Añada también la capa «*paxtxt*» con la paleta «idrtext». En este «layer» vectorial de texto se presenta el identificador y la calificación de precisión de posicionamiento de cada punto de control (bueno –good–, regular –fair–, malo –poor–).

– Los puntos que faltan por ubicar son el 21 y el 22 (dentro de los círculos). Elija un lugar adecuado dentro de cada círculo para ubicar los dos nuevos puntos de control, e identifique estos mismos puntos sobre el mapa («layer» «*paxroads*»). Anote las coordenadas nuevas (las del mapa) y viejas (las de la imagen de satélite) para los puntos 21 y 22. Antes de anotar las coordenadas, para lograr una mayor precisión, haga acercamientos en cada ventana con el zoom sobre los lugares de interés.

El siguiente paso será realizar un archivo de correspondencia *con estos valores. Archivo que contendrá las coordenadas de la imagen original y las de la de referencia.*

– Vaya al menú *Data Entry -> Edit*, y en la ventana del editor de texto, vaya a *File -> Open*: en «Tipos de Archivos» seleccione *correspondence file* y abra el archivo «paxcor.cor».

Durante el ejercicio, este archivo de correspondencia cumplirá la función que usualmente cumple el mapa impreso con coordenadas reales que se utiliza para identificar los puntos de control que permiten realizar la georreferenciación.

El archivo «paxcor.cor» *es un archivo de correspondencia. En la primera línea aparece el número de puntos de control que se utilizarán en la georreferenciación y a continuación, en cada línea, aparecen relacionadas las coordenadas originarias y nuevas para cada punto de control (separadas con un espacio del teclado):*

Xoriginaria Yoriginaria Xnueva Ynueva

– Agregue al final de este archivo dos nuevas líneas con las coordenadas para los dos puntos de control que ubicó (el 21 y el 22), cambie el número de puntos de control de la primera línea del archivo de correspondencia de 20 a 22 y guarde el archivo desde el menú *File -> Save*. Salvarlo con el nombre «paxcor21-22.cor».

– Vaya al menú Reformat y elija la opción Resample. La imagen de entrada es «*paxton*»; el archivo de salida nombrarlo «*paxtonresample*»; el archivo de correspondencia es «paxcor21-22.cor». Emplee la función de transformación «lineal» y el tipo de muestreo «vecino más próximo» (Nearest neighbor). Deje *cero* (0) como valor de fondo (Background value).

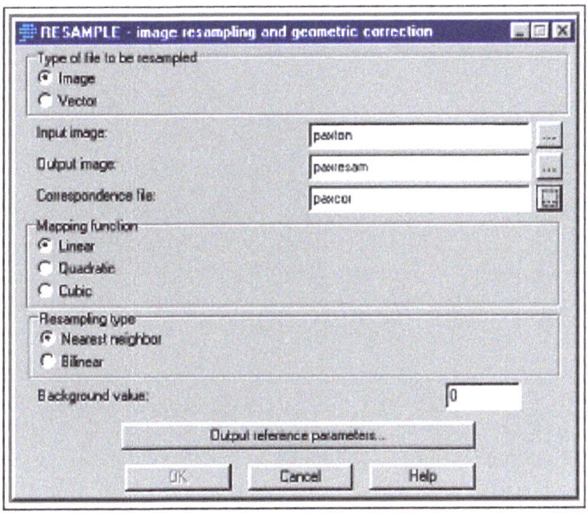

Fig. V.IV.8. *Ventana Idrisi del módulo Resample para remuestrear imágenes y archivos raster.*

– Pulse el botón *Output reference parameters*. En este cuadro de diálogo deben especificarse los valores mínimos y máximos de las coordenadas de la imagen de salida, su sistema de coordenadas y su tamaño. Introduzca los siguientes valores:

Xmín = 253000
Xmáx = 262000
Ymín = 4682000
Ymáx = 4695000

– Calcule el número de filas y columnas requeridos para una resolución espacial de 30 m:

n.º de columnas = (Xmáx –Xmín) / (resolución espacial)
n.º de filas = (Ymáx –Ymín) / (resolución espacial)

– Seleccione como sistema de referencia *US27TM19* (proyección Universal Transversa Mercator para Estados Unidos, del huso *19* y Datum *NAD27*), luego pulse «*OK*».

La ventana que aparece muestra el cálculo del error medio cuadrático (RMS) total, y los errores residuales para cada punto de control. Estos residuos expresan cuánto se desvían los puntos de control de la ecuación de mejor ajuste. La ecuación de mejor ajuste describe la relación entre el sistema de referencia de la imagen de entrada y el sistema de referencia al que está siendo transformada; dicha relación se calcula a partir de los puntos de control. Así, un punto de control con un alto residuo sugiere que sus coordenadas son poco exactas, ya sea en el sistema de coordenadas «originarias», el de coordenadas «nuevas», o en ambos; y no debe ser utilizado.

El RMS describe el error posicional de todos los puntos de control en relación con la ecuación. Describe la probabilidad de que una posición calculada con la ecuación varíe con respecto a su verdadera ubicación. Se considerará como aceptable un error cuadrático medio total en torno a 0,5 (15 metros para este caso).

5. Escriba los valores de los errores residuales obtenidos para cada punto y el RMS total.

6. Evalúe el error de los puntos 21 y 22 que usted añadió.

– Deshabilite o desactive los puntos que presenten mayor error residual, teniendo en cuenta la calificación de precisión de posicionamiento de cada uno (buena, mala o regular) y procurando que la distribución uniforme de los puntos de control sobre la imagen se vea afectada lo menos posible. Cada vez que desactive puntos de control, vuelva a presionar el botón «Recalculate RMS» para que el módulo rehaga los cálculos. Cada vez que vaya a omitir un punto observe su posición en la imagen, el identificador y la calidad del posicionamiento.

7. Finalmente, *anote los errores* que admitió y el RMS total que aceptó (después los volverá a usar). Pulse «*OK*» para que se realice la nueva imagen y observe la tabla resumen de estadísticas que se le presenta. Explique qué quieren decir los datos que allí se dan.

– Abra «*paxtonresample*» (imagen georreferenciada) con «autoscaling» y paleta «grey 256».

– Con «add layer» despliegue «*paxroads*» sobre «*paxtonresample*» y verifique que sus carreteras coinciden con las carreteras detectadas en la imagen georreferenciada.

– Abra «*paxton*» al lado.

8. ¿En qué dirección (en relación con las manecillas del reloj) giró la imagen? *Para contestar, ayúdese observando el marco inferior y los lagos que aparecen como cuerpos negros en ambas imágenes.*

– Haga funcionar nuevamente RESAMPLE, pero esta vez emplee como método de remuestreo (resample) el «bilineal». Llame a la imagen de salida «*paxtonresample1*».

9. Compare las dos imágenes y anote las diferencias en cuanto a la rugosidad o suavización, discontinuidades geométricas y valores que adoptan los píxeles de las imágenes georreferenciadas.

10. Si usted fuera a utilizar la imagen georreferenciada para realizar posteriormente un procesamiento que requiera los valores originales, ¿cuál de las dos elegiría?

ANEXO:

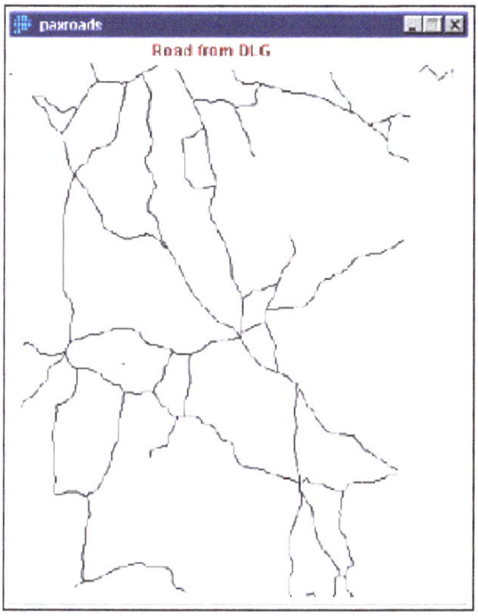

Coordenadas de puntos 21 y 22:
21 X originaria 348, Y originaria 185; X Nueva 259666, Y Nueva 4687351
22 X originaria 392 Y originaria 88; Nueva X 260296, Y Nueva 4684403

——————————— FIN DE LA PRÁCTICA ———————————

SOLUCIONES

0. *El algoritmo resta el valor ND más pequeño a todos los píxeles, convirtiendo el mínimo en cero (0).*
1. *Se espera más oscura contrastada y nítida.*
2. *Sí, porque se elimina la dispersión difusa que produce la atmósfera.*
3. *El valor promedio es el que introduce errores más equilibrados por la separación que existe entre algunos valores de la fila anterior y posterior a la que falta.*
4. *Repetir los valores cuando la diferencia entre el píxel de la fila anterior y la posterior es mínima y calcular la media cuando la diferencia es alta:*

	51	50	46	43	39	35	34	37	42
	62	63	63	59	51	42	36	37	39
Valores calculados:	**62**	**63**	**63**	**44**	**43**	**41**	**38**	**41**	**41**
	34	37	41	44	43	41	41	45	43
	32	32	33	35	35	33	36	39	38
	NDi,j = NDi-1,j valores digitales de la línea anterior			NDi,j = NDi+1,j valores digitales de la línea posterior			NDi,j = [NDi-1,j + NDi+1,j / 2] promedio de la línea anterior y posterior.		

– Calcule el número de filas y columnas requeridos para una resolución espacial de 30 m:
n.º de columnas = (Xmáx: 262000 – Xmín: 253000) / (resolución espacial: 30)= *300*.
n.º de filas = (Ymáx: 4695000 –Ymín: 4682000) / (resolución espacial: 30) = *434*.

5.

1	402.5	418	262612.8	4693480.0	Good
2	408.5	68.5	260608.9	4683766.5	Good
3	147	158.5	253898.0	4687854.5	Good
4	148.5	166.5	254005.2	4688061.5	Fair *
5	118.5	323	254145.6	4692596.5	Fair *
6	109.5	381.5	254240.3	4694299.5	Good
7	83	390	253599.1	4694737.5	Fair *
8	394.5	26.5	259980.8	4682676.0	Good
9	304	5	257318.4	4682663.0	Fair *
10	409	312	262148.9	4690529.0	Fair
11	477	64	262512.8	4683222.0	Good
12	214.5	412.5	257354.9	4694514.0	Good
13	226	48	255399.7	4684321.0	Good
14	305	213	258664.9	4688382.5	Poor
15	286	199.5	258015.2	4688143.0	Good
16	325	239	259367.9	4689002.5	Fair *
17	332	188	259226.6	4687534.5	Fair *
18	305	208	258654.2	4688264.5	Poor
19	263.5	183	257287.0	4687830.5	Good
20	418	141	261300.0	4685705.5	Fair
21	348	185	259667.25	4687349.0	
22	391.5	88	260296.296874	4684403.5	

Teniendo en cuenta todos:	Total RMS	= 0.857115
Eliminando los puntos Fair:	Total RMS	= 0.718657
Eliminando > 0.857115:	Total RMS	= 0.524342
Guardando distribución (*):	***Total RMS***	***= 0.785102***

6. *Aprox. 21: 0,45 y 22: 0,91.*
7. *Tras deshabilitar los puntos con errores residuales mayores, el resto varía y mejora, así como el error cuadrático medio general. En realidad el módulo reposiciona los puntos que quedan habilitados según las funciones matemáticas elegidas para la corrección:*

Resample : Summary of Transformation

Computed polynomial surface : Linear (based on 16 control points)

Coefficient	X	Y
b0	27298.2994633913024000	-162697.6460746526720000
b1	0.0342228131957612	0.0075991952365406
b2	-0.0076453854150174	0.0343283445541829

Note : Figures are carried internally to 20 significant figures.
Formula shown is the back transformation (new to old).

Control points used in the transformation :

Old X	Old Y	New X	New Y	Residual
402.500000	418.000000	262612.800000	4693480.000000	0.679152
408.500000	68.500000	260608.900000	4683766.500000	0.668859
147.000000	158.500000	253898.000000	4687854.500000	0.444060
148.500000	166.500000	254005.200000	4688061.500000	omitted
118.500000	323.000000	254145.600000	4692596.500000	omitted
109.500000	381.500000	254240.300000	4694299.500000	0.421215
83.000000	390.000000	253599.100000	4694737.500000	omitted
394.500000	26.500000	259980.800000	4682676.000000	0.211483
304.000000	5.000000	257318.400000	4682663.000000	omitted
409.000000	312.000000	262148.900000	4690529.000000	0.584816
477.000000	64.000000	262512.800000	4683222.000000	0.532949
214.500000	412.500000	257354.900000	4694514.000000	0.466714
226.000000	48.000000	255399.700000	4684321.000000	0.666192
305.000000	213.000000	258664.900000	4688382.500000	1.203947
286.000000	199.500000	258015.200000	4688143.000000	0.433902
325.000000	239.000000	259367.900000	4689002.500000	omitted
332.000000	188.000000	259226.600000	4687534.500000	omitted
305.000000	208.000000	258654.200000	4688264.500000	1.608795
263.500000	183.000000	257287.000000	4687830.500000	0.386696
418.000000	141.000000	261300.000000	4685705.500000	1.383858
348.000000	185.000000	259667.250000	4687349.000000	0.518643
391.500000	88.000000	260296.296874	4684403.500000	0.828829

Overall RMS = 0.785102

Note : RMS Error is expressed in input image units.
With low RMS errors, be careful that an adequate sample exists
(eg. 2-3 times the mathematical min).

8. *En sentido horario:*

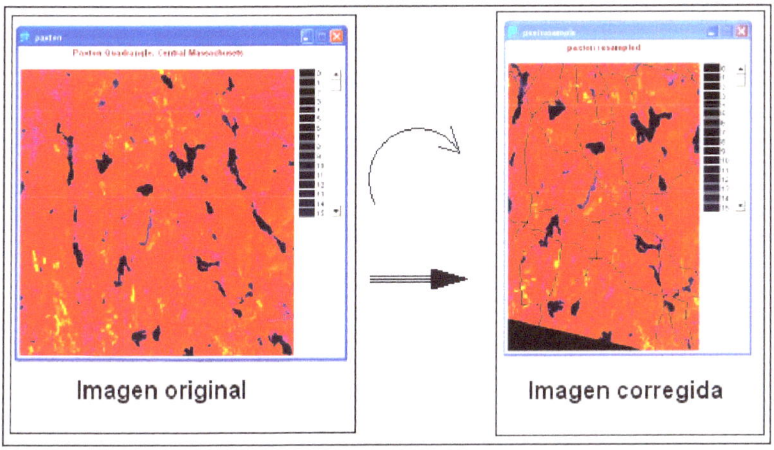

9. *La definición (contraste) es mejor en la bilineal, pero la deformación es mayor porque ha realizado unos ajustes geométricos curvos.*
10. *La lineal que hace una modificación menor de los valores ND originarios.*

V.4.3. PRÁCTICA N.º 3 DE TELEDETECCIÓN Y SIG: REALCES ESPACIAL Y DE COLOR REALIZADOS CON IDRISI 3.2 SOBRE IMÁGENES DIGITALES

1. *Objetivos*

- Aprender a seleccionar las mejores bandas para realizar diversas composiciones a color, de modo que faciliten la interpretación visual.
- Comprender la técnica de aplicación de filtros sobre las imágenes digitales.
- Analizar los cambios que sufren los valores de los píxeles de las imágenes cuando son aplicados los filtros de realce y distinguir sobre las imágenes las diferencias que producen la aplicación de uno u otro filtro.

2. *Fundamentos*

2.1. Composiciones a color

Es un tipo de realce de imágenes que permite ver la información de reflectancia de tres bandas separadas de una misma imagen. En Idrisi se pueden generar dos tipos de composiciones a color:

2.1.1. Composición de 8 bits

En el caso de las composiciones a color de 8 bits, Idrisi realiza primero un «stretch» a las 3 bandas originales para reducirlas a 6 niveles (valores de 0 a 5), y así poder combinar su información de reflectancia. El usuario debe escoger el tipo de *stretch* que quiere aplicar a las bandas. La imagen resultante tendrá valores entre 0 y 215 (6 x 6 x 6 = 216), de tal forma que cada valor sea desplegado con un color particular, resultante de la combinación de cada uno de los valores de tono correspondiente a cada banda (las paletas de Idrisi tienen 256 colores cada una). Por defecto, el programa despliega las composiciones de 8 bits con la paleta «Composit». Idrisi codifica la nueva imagen en un archivo *binario* y su tipo de datos es *byte*, cosa que habrá de tenerse en cuenta para realizar álgebra de mapas con estas imágenes compuestas.

La composición a color debe interpretarse teniendo en cuenta los patrones de las respuestas espectrales; de acuerdo a los cuales, cada combinación de los valores expandidos de las imágenes originales es desplegada con un único color que se corresponde con un tipo de cubierta.

La *fórmula* que se usa para que cada valor de combinación sea diferente es: Valor de composición = (Red –rojo– x 36) + (Green –verde– x 6) + (Blue –azul–).

2.1.2. Composición de 24 bits

Comienza por aplicarse también un «stretch» a cada una de las 3 bandas originales, pero en este caso se expanden a 256 niveles (valores 0 a 255). La composición resultante es una imagen de *bandas intercaladas por píxel* (BIP) que contiene los valores para las tres bandas. Por ejemplo, si después de aplicado el «stretch», los valores en las bandas originales son: B (azul): 187; G (verde): 243; R (rojo): 57, estos tres valores se almacenarán combinados en la composición en el orden 187, 243, 57 (y así para cada píxel).

Para desplegar una composición de 24 bits, Idrisi no utiliza ninguna de sus paletas, sino que cada píxel es visualizado directamente con el color correspondiente a la combinación de valores R. G. B. (Rojo, Verde, Azul) de las tres bandas. Como estos valores varían entre 0 y 255, una composición de 24 bits puede contener hasta 16.777.216 de tonos de color (256 x 256 x 256 = 16.777.216 colores).

2.2. Los filtros espaciales

Los filtros espaciales se utilizan para obtener imágenes realzadas o atenuadas; es decir, mejoradas para el análisis visual mediante la aplicación de funciones u operaciones en el ámbito del *espacio* de la imagen, por un lado, o de su *frecuencia* espacial, por otro. La aplicación de los filtros genera una nueva imagen, en la que el valor de cada píxel se basa en su propio valor y en el de sus vecinos inmediatos en la imagen de entrada, según una matriz de 3 x 3 píxeles; 5 x 5; 7 x 7; o según una estructura de matriz definida por el usuario y cuyo centro es, en todos los casos, cada uno de los píxeles de la imagen a procesar. Desde el punto de vista *espacial* los filtros son de *realce*. Desde el punto de vista de la *frecuencia* espacial son de *reconstrucción*.

La *frecuencia espacial* de una imagen es el *número de* cambios *en los valores radiométricos por unidad de distancia* en cualquier dirección y en cualquier parte de la imagen.

Si hay pocos cambios en los valores radiométricos en un área dada de una imagen, se dice que es un área de baja frecuencia. Por el contrario, si hay muchos cambios en un área reducida, el área sería de alta frecuencia.

Para deducir la frecuencia espacial de una *región* es necesario realizar aproximaciones espaciales para extraer información cuantitativa de los niveles digitales. Esto se hace observando los valores radiométricos de los píxeles vecinos. La *frecuencia espacial* en teledetección se realza o disminuye usando dos diferentes técnicas:

1. *La convolución espacial*: basada en el uso de máscaras de convolución (ventana, núcleo –kernel– o filtro). Se usan para realzar detalles de frecuencia alta y baja, así como para tratar los *bordes* de la imagen *(en SIG los* bordes *no son los cuatro lados de una imagen, sino una zona, más o menos lineal, en la que se producen* cambios notables y bruscos en los valores digitales *de las celdas o elementos de la matriz).* A este grupo pertenecen los filtros de *paso bajo*, los filtros de *paso alto* y los realces de los *bordes* (lineal y no lineal).
2. *Análisis de Fourier*: que separa matemáticamente los componentes de la frecuencia espacial de una imagen, mediante la conocida transformación de Fourier. Así se destacan interactivamente ciertos grupos de frecuencias, en relación con otras, y se recombinan las frecuencias espaciales para producir una imagen realzada.

Hay muchos tipos de filtro: *condicionales* (corrigen los píxeles con ruido aditivo), de *moda* (completan huecos); de *realce de ejes* (acentúan las zonas de cambio en las superficies muy continuas); de *media* y *gaussiano* (para generalizar imágenes); de *mediana* (para eliminar ruidos aleatorios), etc.

Por ejemplo, los filtros típicos de convolución espacial en ventanas 3 x 3 píxeles son:

– *Filtro de paso bajo* (promedio de valores digitales del «kernel»). El efecto que produce es la suavización del contraste:

1/9	1/9	1/9
1/9	1/9	1/9
1/9	1/9	1/9

– *Filtro de paso alto*. El efecto que produce es el realce de los *bordes* (zonas de cambios bruscos):

-1	-1	-1
-1	9	-1
-1	-1	-1

– *Filtro laplaciano*. Produce un realce lineal de todos los *bordes*, pero no según direcciones:

0	-1	0
-1	4	-1
0	-1	0

– *Filtro de gradiente*. Realza los *bordes* mediante funciones lineales para destacar rasgos direccionales:

1	1	1
-1	-2	1
-1	-1	1

– *Filtro de Sobel.* Realza los *bordes* mediante funciones no lineales combinadas para destacar fronteras entre coberteras y otros rasgos de interés.
Cada nuevo valor digital se obtiene calculando la raíz cuadrada de $A^2 + B^2$, siendo A la imagen resultante de aplicar el *Kernel A* (KA) a la imagen de entrada, y B la imagen resultante de aplicar el *Kernel B* (KB) a la imagen de entrada.

KA =

-1	0	-1
-2	0	2
-1	0	1

KB =

1	2	1
0	0	0
-1	-2	-2

– *Filtros direccionales* para destacar rasgos lineales en distintas direcciones:

Norte

1	1	1
1	-2	1
-1	-1	-1

Sur

-1	-1	-1
1	-2	1
1	1	1

Este

-1	1	1
-1	-2	1
-1	1	1

Oeste

1	1	-1
1	-2	-1
1	1	-1

Noreste

1	1	1
-1	-2	1
-1	-1	1

Sureste

-1	-1	1
-1	-2	1
1	1	1

3. *Ejercicios*

Primero realizaremos el procedimiento de las técnicas de composición a color, después el de las técnicas de los filtros y finalmente combinaremos las dos técnicas.

3.1. Creación de composiciones a color

0. De acuerdo con lo dicho en el epígrafe 2.1.1, responda a la siguiente pregunta: Qué valor de composición se produciría con la combinación de los siguientes ND: 70 (Banda Azul), 20 (Banda del Rojo), 40 (Banda del Verde). Emplee la fórmula del *Valor de composición de 8 bits*.

– Con el Explorer de Windows copie los archivos contenidos en *c:\idrisi 32 tutorial\using idrisi32* en su carpeta de trabajo (la que ha nombrado con su nombre en prácticas anteriores). Vaya luego, en Idrisi 3.2, al menú *File -> Data Paths* y elija la carpeta con su nombre como directorio de trabajo, en caso de que no esté definido así.

En esta carpeta se encuentra una imagen Landsat TM con 6 bandas (1, 2, 3, 4, 5 y 7) llamada «sierra» de la Sierra de Gredos (España).

– Realizar una composición de 8 bits a color natural de esta imagen usando las tres bandas del espectro visible: *«sierra1»*, *«sierra2»* y *«sierra3»* (RGB: *Rojo = banda 3 TM; Verde = banda 2 TM; Azul = banda 1 TM*): abrir el módulo COMPOSIT, que se encuentra en *Image Processing -> Enhancement.*

Escoger la banda del rojo para el canal rojo, la del verde para el verde y la azul para el azul. Después de revisar los histogramas de las tres bandas originales, aplicar la técnica de expansión («stretch») que se crea conveniente tras analizar los histogramas de cada una de las tres bandas. Para desplegar el resultado de la composición utilizar la paleta llamada «composit».

– Crear una *colección* de capas (layers) raster con las 4 imágenes (tres imágenes originales y la nueva de la composición).

– Utilizar la herramienta de consulta «inquiry cursor»  para examinar simultáneamente algunos de los valores de respuesta espectral de las tres bandas originales. Observar diversas cubiertas en las tres bandas del visible y después comprobar si son visualmente diferenciadas, o no, en la composición a color obtenida.

1. Indicar algunos de los valores digitales que se corresponden en cada banda a los bosques y a las zonas de suelo rocoso desnudo. ¿Qué colores de la composición a color se corresponden con áreas de bosque y cuáles con zonas de roca desnuda? *Para esto, visualice las tres bandas originales y después la composición a color.*

2. Exprese su opinión de por qué está diseñada de este modo la paleta «composit». *La paleta «composit» puede ser observada seleccionándola en la ventanita correspondiente del módulo* Symbol Workshop *existente en el menú* Display ->, *o abriéndolo desde el botón correspondiente de la barra de herramientas superior del programa.*

- *Ahora se procederá a realizar una composición de* 8 bits en falso color:

Las bandas que incluyen una composición en falso color son también tres, a las que mediante la técnica RGB se asigna un color a cada una, siempre que no se corresponda con el propio o natural de cada banda; es decir, que no se aplique el azul a la banda 1 TM, el verde a la 2 y el rojo a la 3, como se hizo antes.

– Asignar el color *Rojo* («red» en el programa) a la banda del IR Próximo *(banda 4 del Landsat)*; el *Verde* («green») a la banda correspondiente en el espectro al color rojo *(banda 3 del Landsat)* y el *Azul* («blue») a la banda del color verde (*banda 2* del Landsat) para que destaquen los conjuntos territoriales que contienen elementos con clorofila con una gama de rojos.

3. ¿Por qué cree que se llama «composición en falso color»?

4. Identificar los colores para tres cubiertas (masas de agua, suelos desnudos y cubiertas vegetales) y explicar por qué tienen el color con el que se visualizan. *Ayúdese de las bandas originales.*

– Realizar ahora una composición de 24 bits en falso color con la opción *'Create 24-bit composite with stretched values'* del modulo *composit*. Comparar esta composición con la de 8 bits. Utilice el *inquiry cursor* para identificar diferencias.

– Realizar una composición de 24 bits en falso color con la opción «*Create 24-bit composite with original values and stretched saturation points*» y compárela con la anterior.

5. ¿Qué diferencias encuentra entre las tres composiciones?

6. Realizar las composiciones en falso color RGB453 y RGB543 y compararlas con las anteriores. Explique los resultados.

– Cerrar las imágenes abiertas.

3.2. Aplicación de filtros

– Váyase al menú *Image Proccesing -> Enhancement -> Filter*. En la ventana de filtrado digital que se despliega, abra la ayuda *Help*. Allí revise la parte de *operación* y de *notas*. Es importante que analice cada filtro y entienda la forma en que se computa con la imagen original.
– Una vez revisada la ayuda de Idrisi despliegue la imagen «*sierra4*», obsérvela y empiece a desarrollar los procedimientos específicos que se le solicitan a continuación (recuerde que para los análisis visuales comparativos es mejor utilizar siempre la paleta «*grey 256*»).

3.2.1. Filtro paso alto y paso bajo

– Desde el menú de filtros seleccionar la opción *High Pass*. Éste es un filtro paso alto cuyo contenido puede comprobarse en la ayuda *Help* de la ventana de *Filter*.
– Seleccionar «*sierra4*» como imagen de entrada. Dar un nombre evocador a la imagen de salida y completar las otras opciones solicitadas.
– Realizar el mismo procedimiento, pero ahora utilizando el filtro *Mean*.
Emplear un filtro de tamaño *3 x 3* y otro de tamaño *7 x 7*, para la misma imagen; dándole, claro está, distintos nombres evocadores a las imágenes de salida.

7. Anotar los valores mínimo y máximo de las imágenes de salida.

8. ¿Por qué cree que en la que se aplicó el filtro High Pass existen valores negativos?

9. Intentar ver el histograma de las imágenes resultantes de la aplicación de los filtros. ¿Qué pasa?
Este resultado se debe al problema de la coma flotante del programa.

– Aplicar el módulo de STRECH LINEAL a las imágenes anteriores filtradas con MEAN y con HIGH PASS, dándoles nombres evocadores de salida: analizar los histogramas de las imágenes de salida resultantes.

10. ¿Para qué se hizo la expansión y por qué se escogió el método lineal? Intentar realizar un strech ecualizado o uno lineal con saturación. ¿Qué pasa? ¿Qué sería necesario hacer para realizarlo?

11. ¿Qué se visualiza después de la expansión? Interprete las imágenes que aparecen en la pantalla.

Para desplegar las imágenes filtradas, Idrisi realiza automáticamente el autoescalamiento, (autoscale).
– Abrir las imágenes filtradas con *MEAN* al lado de la original y responder a las siguientes preguntas:

12. De un modo general, describir qué cambios en los valores sufren los píxeles de la imagen cuando se aplica uno u otro filtro.

13. ¿Cuál de los filtros «paso bajo» produce la imagen más borrosa? ¿Por qué?

14. Analizar visualmente las diferencias entre la imagen original y las resultantes. Describa estas diferencias.

3.2.2. Aplicación de filtros para realce de bordes

– Desde el menú de filtros seleccionar la opción *Laplacian edge enhancement. Éste es un filtro de realce general de bordes –no direccional–, cuyo contenido se puede observar en la ayuda «Help»*. Introducir el nombre de la imagen de entrada (*«sierra4»*). Dar un nombre evocador a la de salida y completar las otras opciones solicitadas.

– Realizar el mismo procedimiento con la misma imagen de entrada *(«sierra4»)*, pero ahora usar el filtro *Sobel edge detector.*

– Abra las imágenes filtradas al lado de la original y responda las siguientes preguntas:

15. Describir las cubiertas de la imagen que cambiaron en uno y otro caso.

16. ¿Qué *bordes* son resaltados con el filtro de *Sobel*?

17. ¿Qué bordes son resaltados con el filtro de *Laplace* (laplaciano)?

3.2.3. Filtros definidos por los usuarios

Con las opciones *«user defined 3x3 kernel» y «user defined variable size kernel»* se puede crear por el usuario cualquier filtro a medida. *La operación matemática que se realizará consiste en sumar los productos del píxel de la imagen original por el de la matriz del filtro.* Si se selecciona la opción *«normalize»*, los valores de la matriz se dividen de forma que su suma sea igual a 1.

– De acuerdo a lo tratado en el epígrafe 2.2, construir tres filtros direccionales: *E, S,* y *SW (para diseñar este último sólo tiene que hacer el contrario al NE del ejemplo).*

– Aplicarlos a la imagen original y abrir las imágenes resultantes.

Responder a las siguientes preguntas:

18. Describir los resultados. ¿Para qué tipo de estudios podrían ser útiles estos filtros?

19. Compare las 3 imágenes y diga qué dirección poseen los rasgos que fueron realzados con cada filtro respectivamente.

3.2.4. Composiciones a color con filtros

– Realizar la composición RGB432 de *8 bits en falso color* con las 3 bandas originales correspondientes de *«sierra»*. Utilizar la opción *«linear stretching with saturation points»*. Antes, examinar los histogramas originales para decidir qué valor de saturación se utilizará. Llamar a esta imagen de salida *«sierra432comporiginal»* (composición original)

– Posteriormente aplicar filtros *laplacianos* para cada una de estas tres bandas (4, 3 y 2). Después realizar una expansión lineal para cada una de ellas, con el fin de asignar a la imagen valores ND entre 0 y 255 (este paso se realiza porque la composición a color sólo acepta imágenes «byte»).

– Proceder a generar la composición a color de las 3 salidas filtradas con Laplace, empleando la misma opción anteriormente utilizada *(linear stretching with saturation points)*. Llamar a esta imagen de salida *«sierra432compofiltroLP»* (composición del filtro Laplace)

Abrir cada composición, colocarlas una al lado de la otra y responder:

20. ¿Cuáles son las diferencias entre estas dos composiciones («sierra432comporiginal» y «sierra 432compofiltroLP»?

21. ¿Para qué tipo de análisis encuentra útil el uso de la composición a color con bandas filtradas?

– Se recomienda probar a realizar composiciones a color, empleando otros filtros para las bandas originales y anotar sus observaciones.

FIN DE LA PRÁCTICA

SOLUCIONES

0. *1030.*
1. *Por ejemplo: agua 13 (verde), bosque 6 (verde oscuro), roca 215 (blanco).*
2. *Para obtener en las imágenes una apariencia de colores verdaderos, acordes con los de la realidad.*
3. *Se asignan colores a cada banda cuya composición produce colores de las distintas coberteras muy alejados de los de la realidad (por ejemplo, vegetación roja).*
4. *Bosque 181 (rojo), Agua 2 (azul) y Roca 179 (verde claro).*
5. *Mayores y menores contrastes, y valores digitales.*
6.
7. *3 x 3 mean: mín 17'7 máx 156'44; 3 x 3 high pass: mín –36 máx 39,2; 7 x 7 mean mín 18 máx 144,24; banda 4 mín 17 máx 165.*
8. *Porque todos los valores del kernel, menos el central, son valores multiplicados por –1.*
9. *Da error.*
10. *Para producir realces de bordes, aunque con una disminución notable del contraste que se intenta atenuar con la expansión. Para realizar ecual y satur sería necesario convertir las imágenes filtradas con convert a byte.*
11. *Una imagen visualmente confusa pero en la que destacan muy bien las variaciones lineales de valor (bordes).*
12. *Son cambios muy notables (negativos y decimales) que pretende detectar variaciones en el espacio sin que nuestra visión se vea influida por la experiencia visual y así detectar fácilmente cambios que de otro modo sería difícil captar.*
13. *7x7, porque afecta el cálculo de las medias a más cantidad de píxeles (7 x 7 = 49) en torno a cada píxel central.*
14. *Unos producen imágenes más parecidas a la original que otros filtros, pero también unos filtros permiten captar estructuras lineales mejor que otros.*
15. *Cumbres, límites entre coberteras, red fluvial, núcleos de población.*
16. *Estructuras hídricas y lineales y bajas (ríos, arroyos, barrancos) y embalse.*
17. *El laplaciano destaca más las líneas de cumbres y los límites entre las cubiertas.*
18. *Para detectar claramente estructuras lineales perpendiculares a cada dirección (los del Este destacan las estructuras de orientación Norte-Sur, los del Sur destacan las estructuras Este-Oeste, etc.).*
19. *Los de direcciones perpendiculares a las orientaciones de cada filtro.*
20. *El contraste visual.*
21. *Para cualquiera que tenga en cuenta las diferencias topográficas en el terreno.*

V.4.4. Práctica n.º 4 de Teledetección y SIG: Cocientes de bandas e índices de vegetación realizados con Idrisi 3.2

1. *Objetivos*

- Comprender en qué consisten las técnicas digitales de cocientes de bandas y de índices de vegetación, y los cambios que producen en las imágenes.
- Aprender los algoritmos que se aplican en estas transformaciones.

2. *Fundamentos*

2.1. Cociente de bandas

En las áreas montañosas, la combinación de la influencia del ángulo o altura y el acimut de los rayos del sol con la orientación y el grado de las pendientes produce un efecto del relieve que da como resultado una iluminación variable que afecta al análisis de sus imágenes satelitales. Es lo que se conoce como *efecto topográfico.*

El *efecto topográfico* se define como la *diferencia en los valores de radiación de las superficies inclinadas, comparados con los de las horizontales.* Esta orientación se mide en relación con el ángulo del sol y el satélite en el momento de la captación de la imagen. Las imágenes se toman a menudo por la mañana temprano o por la tarde, cuando el efecto del ángulo del Sol en la iluminación de las pendientes es mayor. Las reflectancias de las pendientes que quedan a la sombra son considerablemente bajas en relación a las de las pendientes soleadas, hasta el extremo de poder perder totalmente su significado como cubierta para el análisis.

Supone un problema el que cuando se realizan clasificaciones dentro de una imagen la información de reflectancia que proviene de materiales y cubiertas similares pueda ser separada en distintas clases, a causa de los efectos de las sombras.

Además, las sombras hacen también muy difícil deducir índices de biomasa y otros aspectos comparativos entre las clases de cubierta y de usos del suelo. Por estas razones, el efecto de relieve es un aspecto sensible en la interpretación temática que tiene bastante importancia.

Estos inconvenientes no suelen producirse en imágenes tomadas con ángulos altos de elevación del sol (> 45º) pero, en todo caso, a veces es necesario trabajar con las imágenes de que se dispone, sean como sean éstas. Por esto, se emplean técnicas de procesamiento de imágenes que, en alguna medida, compensan y corrigen estos efectos negativos para la interpretación.

Una de esas técnicas es la del *cociente de bandas*; por la que los valores o niveles digitales de una banda de la imagen son divididos por los de otra *(BANDA A / BANDA B).* Su normalización es: *(BANDA A – BANDA B) / (BANDA A + BANDA B).* La normalización se hace para evitar valores 0 –cero– en el denominador.

Esta técnica se basa en el principio de que en todas las bandas cierto componente de la reflectancia es el resultado de los efectos solares y topográficos. Esos efectos actúan como un multiplicador uniforme sobre los valores de la reflectancia que deberían obedecer sólo a las diferencias reales de los materiales: dividiendo una banda por otra, el componente angular uniforme es anulado, manteniéndose la variación que procede de las diferencias entre los materiales del suelo.

En todo caso, hay que saber que esta técnica no elimina completamente los efectos topográficos, pero los atenúa bastante.

2.2. Índices de vegetación

La cobertera vegetal fue uno de los primeros objetos de la investigación en el manejo de los recursos naturales, basado en el uso de imágenes de satélite, especialmente desde la puesta en órbita del primer satélite LANDSAT en 1972.

Los programas satelitales LANDSAT, SPOT, NOAA, TERRA, ENVISAT, entre otros, facilitan imágenes multitemporales que se usan mucho en el control y evaluación del estado de la vegetación en los ámbitos global, regional, nacional y local. Los índices de vegetación utilizan varias combinaciones de datos de los satélites multiespectrales para producir una imagen individual que cartografía la cantidad de vegetación presente en un área dada y en un momento determinado.

Los bajos índices de vegetación indican vegetación escasa y/o poco vigorosa, mientras que los valores altos indican vegetación abundante y muy vigorosa. Sin embargo, en algunos casos (como en los índices RVI y NRVI de Idrisi) el valor del índice de vegetación es inversamente proporcional a la cantidad de vegetación presente en el área. Por esta razón se debe tener cuidado al interpretarse los datos que se obtengan, en función del tipo de índice que se utilice.

Han sido desarrollados varios índices para modelar mejor la cantidad de vegetación existente sobre la superficie terrestre. Para valorar cuál es el mejor índice para un espacio concreto se debe realizar la calibración de los valores obtenidos con el satélite, mediante mediciones de campo de muestras de biomasa. Pero, aun sin mediciones de campo de la biomasa que sirvan de control, las imágenes de índices de vegetación pueden dar información de la cantidad relativa de la vegetación existente en un espacio concreto de la superficie terrestre.

La vegetación tiene características especiales en su comportamiento de respuesta espectral (signatura espectral): así, produce fuerte absorción en las bandas visibles del azul y del rojo, mientras que la del verde la refleja mucho (de aquí el color verde dominante de la vegetación) y la del IR Próximo (IRC) también es reflejada de un modo aún mucho más fuerte. Debido a estas características, muchos de los índices de vegetación utilizan solamente las bandas Roja e IR Próxima, pues sus diferencias en la curva espectral son mayores y muy características.

Existen muchos tipos de índices de vegetación:

2.2.1. Índices basados en la pendiente

Usan el cociente de la reflectancia de una banda con otra (generalmente Rojo e IR Próximo). El término *pendiente* se refiere en este caso a que, al analizar los valores resultantes del **IV** (índice de vegetación), se comparan esencialmente las *pendientes gráficas* de las *líneas de correlación* o de regresión simple en un *gráfico cartesiano* de la nube de puntos de correlación entre los ND (Niveles Digitales) de reflectancia de una banda en el eje de las X y la reflectancia de la otra en el eje de las Y.

2.2.2. Índices basados en la distancia

Los valores de reflectancia recogidos por el sensor para cada píxel constituyen una reflectancia promedio de todos los tipos de cubiertas que cubren el espacio real de ese píxel concreto. Cuando en zonas áridas y semiáridas la vegetación es dispersa, la radiación es una mezcla de la que produce la vegetación y el suelo desnudo. Estos índices de vegetación tratan de separar la información de la vegetación de la del suelo. Se basan en el uso de una llamada *línea del suelo* y las distancias o *diferencias de los niveles digitales desde ella*. Una línea de suelo no es otra cosa que una *ecuación lineal* que describe la relación entre valores de reflectancia en el Rojo e IR Próximo para los píxeles del suelo. Esta línea se obtiene realizando una regresión lineal entre las bandas Roja e IR Próximo para una muestra de píxeles que sólo cubran suelo desnudo. Una vez establecida esta relación, todos los píxeles desconocidos que tienen la misma relación en los valores de reflectancia en ambas bandas son considerados suelo desnudo. Los píxeles que están *lejos* de la línea de suelo porque tienen mayor nivel digital (valor de reflectancia) en el *IR Próximo* son considerados vegetación. No hay que confundirlos con aquellos que están lejos de la línea de suelo porque su reflectancia *Roja* es más alta y deben considerarse agua (la respuesta espectral del agua es mucho mayor en el Rojo que en el IR).

2.2.3. Índices de transformaciones ortogonales

Con estos índices, cuatro o más bandas se transforman en un conjunto de nuevas imágenes, una de las cuales describe la vegetación. Entre ellos, el índice más empleado es el conocido como *Tasseled Cap*, que utiliza un conjunto de cuatro bandas MSS (o seis TM) para generar otras imágenes nuevas. La imagen *GVI* (índice verde) representa la *vegetación verde*. La imagen *SBI* (índice del suelo), el *suelo desnudo*, la *YVI* representa el índice de *vegetación amarilla* o de escaso vigor y el índice de *«no-tal» (NSI)* el resto de píxeles. El nombre de la transformación (tasseled cap) describe la forma de la curva gráfica, parecida a la de un gorro con borlas, en la que se distribuyen los píxeles en el gráfico de correlación entre GVI-SBI-YVI para una imagen que tiene vegetación en diferentes etapas de desarrollo.

En la tabla siguiente se resumen las características de algunos de los índices de vegetación más conocidos:

Nombre del índice	Fórmula	Características
Basados en la pendiente		
De diferencia normalizado (NDVI)	NDVI = (NIR-RED)/NIR + RED	Minimiza efectos topográficos y produce escala lineal de medición. La escala va de -1 a 1 con el valor cero representando el valor aproximado donde empieza la ausencia de vegetación. Los valores negativos representan superficies sin vegetación
Transformado (TVI)	$TVI = \sqrt{(\frac{NIR-RED}{NIR+RED}) + 0.5}$	0,5 evita valores negativos. La raíz cuadrada intenta corregir valores que se aproximan a una distribución de Poisson e introduce una distribución normal. No elimina todos los valores negativos
Transformado corregido (CTVI)	$CTVI = NDVI \frac{(NDVI+0.5)}{abs(NDVI+0.5)} x \sqrt{ABS(NDVI+}$	Para valores del rango -1 + 1 que no se les cambiaba el signo con la anterior. Suprime el signo negativo. Sobrestimación del verde
Transformada de Thiam (TTVI)	$TTVI = \sqrt{(ABS(\frac{NIR-RED}{NIR-RED}) + 0.5)}$	Suprime la sobrestimación del verde
Cociente simple (RVI)	RVI = RED/NIR	La reversa de la estándar simple
Normalizado (NRVI)	NRVI – RVI - 1/RVI + 1	El resultado del RVI es normalizado. Es similar al NDVI, reduce efectos topográficos, iluminación y efectos atmosféricos, además de crear una distribución normal estadísticamente deseable.
Basados en la distancia		
Perpendicular (PVI)		Es el índice de vegetación padre, de donde se derivan los demás. Usa la distancia perpendicular de cada pixel a la línea del suelo. Se sabe si el pixel corresponde a suelo o vegetación de acuerdo con la distancia de cada uno a la línea del suelo o al lado de la línea donde estén ubicados
De diferencia (DVI)	DVI = □MSS7 - MSS5 □ = La pendiente de la línea de suelo MSS7 = IR cercano MSS5 = Rojo	Un valor de cero indica suelo desnudo, los menores de cero agua y los mayores de cero vegetación.

De suelo ajustado (SAVI)	$SAVI = \frac{NIR - RED}{(NIR + ROJO + L)} * (1 + L)$ L = factor de ajuste del suelo	Incorpora una constante de suelo, la cual se usa de acuerdo con vegetación baja, intermedia o alta. Considera la influencia de la luz y del suelo oscuro en el índice.
De suelo ajustado transformado (TSAVI)	$TSAVI_1 = \frac{a(NIR - a * RED - b}{RED + a * NIR - a * b}$ a = pendiente de la línea de suelo b = Intercepto de la línea de suelo	Considera la pendiente y el intercepto de la línea de suelo. Mucho efecto del suelo de fondo. Tiene varias modificaciones
De transformaciones ortogonales		
Análisis de componente principal (PCA)		Usada para descubrir la dimensionalidad de datos multivariados removiendo las redundancias (evidente en la intercorrelación de los valores de pixel de la imagen) En las imágenes la primera componente típicamente representa el fondo del suelo, mientras que la segunda a menudo representa la variación en la cobertura vegetal
De Tasseled Cap (GVI)	GVI = [(-0.24717TM1) + (-0.16263TM2) + (-0.40639TM3) + (0.854558TM4)...	Provee coeficientes globales que son usados para darle peso a las bandas originales generando
		bandas nuevas transformadas. Los pesos negativos del GVI en las bandas del visible minimizan el efecto del suelo de fondo, los positivos en el IR enfatiza la señal de la vegetación
De Misra (MGVI)		La misma filosofía, pero con nuevas bandas. No produce el mismo efecto de componente principal pues los coeficientes pueden ser colocados específicamente

3. *Ejercicios*

✓ Si no existieran, en la carpeta que creó con su nombre como Carpeta de Trabajo del Proyecto SIG copie todos los archivos de *C:/ Idrisi32 Tutorial/Using Idrisi32.*

Abra el programa Idrisi y desde *File -> Data Paths* seleccione como carpeta de trabajo (Project Environment) la de su nombre.

3.1. Análisis de cocientes de bandas

Para esta parte del ejercicio se utilizarán las bandas de la imagen Landsat TM (de «sierra1» a «sierra7») que se encuentran en la carpeta de trabajo. Se empleará un cociente de bandas simple para ilustrar los efectos de las sombras del relieve sobre las imágenes de satélite. Se pretende minimizar las diferencias en los valores radiométricos debidas a los efectos del relieve. En la imagen de salida los valores del cociente para un mismo objeto situado en distintas zonas de iluminación de la superficie tenderán a aproximarse, eliminando la variación debida a los efectos del relieve (los llamados efectos topográficos).

Seguir los pasos siguientes:

a) Generar los histogramas para cada una de las bandas 2, 3 y 4 *(«sierra2», «sierra3»* y *«sierra4»)* y examine la distribución de los valores de reflectancia.

b) Realizar una *composición a color* con las imágenes originales usando *«sierra2»* para el azul, *«sierra3»* para el verde y *«sierra4»* para el rojo. Usar el *«stretch»* que más se ajuste a los datos de acuerdo a lo observado en los histogramas. Dar un nombre evocador a la imagen de salida (por ejemplo, *«COMPsierra432»*). Visualizar la composición resultante.

c) En este paso se realizará una composición a color utilizando un cociente de bandas, con el fin de compararlo con la anterior composición. *Pero hay que tener en cuenta que, si es cierto que el cociente de bandas minimiza los efectos radiométricos de las sombras, también tiende a ocultar algunos rasgos. Así, algunos materiales distintos pueden tener pendientes similares en sus curvas de reflectancia espectral y aparecer idénticos en la imagen del cociente de bandas. Por esta razón se utilizará solamente un cociente para una banda de la composición. Las otras dos que utilizaremos serán las originales: el cociente se realizará con las bandas 4 y 3 y se usará la imagen resultante en sustitución de la 4 en una composición RGB432.*

✓ Abrir el módulo *overlay* desde el menú *Analysis -> Database Query*. Especificar «*sierra4*» como la primera imagen y «*sierra3*» como la segunda. Llamar «*sierraCOCBAND43*» a la imagen de salida. Seleccionar la opción de cociente normalizado *(first-second / first+second)* y ejecutar.

d) Revisar la información del archivo «*sierraCOCBAND43*» desde *File -> Metadata*.

Contestar a las siguientes preguntas:
0. ¿Cuáles son los valores mínimo y máximo de «*sierraCOCBAND43*»?

e) Verificar que ha sido aplicada la fórmula de cociente normalizado; para esto, realizar una *colección* de las imágenes usadas en el cociente y la resultante, para poder consultar los valores conjuntos de las tres y así realizar el cálculo comprobatorio.
Para crear la colección, recordar: abrir el menú *File -> Collection Editor* (editor de colecciones). Desde *File* seleccionar *New* y en «archivos de tipo», elegir *raster group file*. Llamar «sierraRatio43» a la colección y pulsar sobre «abrir». Con el botón *insert after* agregar los nombres de las imágenes que conformarán dicha colección *(sierra4, sierra3* y *sierraCOCBAND43)*. Guardar la colección y cerrar el editor de colecciones.

f) Abrir  *(Display Laucher)*; presionar el botón de selección y, en la lista, pulsar sobre el signo «+» que aparece junto a «sierraRatio43» y desplegar «*sierraCOCBAND43*» con la paleta «*grey256*».
Para habilitar la utilización del modo de cursor extendido, presionar el botón  (Feature Properties). Activar la herramienta de cursor de consulta  y pulsar sobre la imagen «*sierraCOCBAND43*» para revisar sus valores y los de las demás imágenes de la colección.
1. ¿Por qué cree que se usó un cociente normalizado, en lugar de un cociente simple?

g) Desplegar las dos imágenes originales y la resultante de aplicar el cociente, usando *autoscaling* y utilizando la paleta de gris, y compararlas.
h) Transformar «*sierraCOCBAND43*» a un rango de valores de 0 a 255 (byte). Para ello utilizar un *stretch lineal*.
Presionar  (o ir al menú *Image Processing -> Enhacement*, y seleccionar stretch). Especificar «*sierraCOCBAND43*» como imagen de entrada y llamar «*sierra43COCBANDstretch256*» a la de salida. Desplegar la nueva imagen con la paleta «*grey256*».
i) Hacer ahora una segunda composición a color de 8 bits, usando «*sierra43COCBANDstretch256*» como uno de los componentes. Utilizar  o composit desde *Image Processing -> Enhacement*, para combinar «*sierra2*», «*sierra3*» y «*sierra43COCBANDstretch256*» asignándoles colores azul, verde y rojo respectivamente. Seleccionar la misma opción de expansión que se usó para la primera composición. Llamar a la imagen de salida «*COMPsierra23ratio43*».
2. ¿Por qué es necesario transformar «*sierraCOCBAND43*» a imagen byte?

j) Observar la imagen producida usando la paleta «Composite». Se notará que la vegetación u otras cubiertas, que se encontraban en la sombra, son más visibles que antes. Algunas aparecen lo suficientemente claras como para clasificarlas en diferentes categorías.
k) Comparar «*COMPsierra432*» y «*COMPsierra23ratio43*»:
3. ¿El cociente de las imágenes ayuda en la interpretación visual? ¿Por qué?

4. Describir los aspectos positivos y negativos de aplicar esta técnica en relación con: las sombras; con la discriminación de las cubiertas en esas áreas donde había sombras; y con la discriminación en las zonas iluminadas.

3.3. Análisis de índices de vegetación

En este ejercicio se analizará la cubierta vegetal y sus cambios en un área al sur de Mauritania. Copiar todos los archivos que se encuentran en *C://Idrisi32 Tutorial/advanced ip* dentro de la carpeta de trabajo (la que tiene su nombre).

Las imágenes que se utilizarán para esta parte del ejercicio son *Landsat* del sensor multiespectral *MSS*. Fueron tomadas el 12 de octubre de 1990 por el programa Landsat 4 MSS. Hay 4 imágenes: «*maur90-band1*», «*maur90-band2*», «*maur90-band3*», «*maur90-band4*». Corresponden a las bandas del visible verde, rojo, IR Próximo y una longitud de onda algo más larga del IR Próximo, cercana al SWIR.

El ejercicio consistirá en analizar y comparar los diferentes índices de vegetación.

a) Cerrar todas las ventanas abiertas, desplegar visualmente la imagen «*maur90-band3*», con la paleta *grey256* y con la opción de *autoscaling*.

El área que se visualiza está cerca de la frontera entre Senegal y Mauritania y contiene parte de una llanura inundable por los ríos Senegal y el río Gorgol. Este último es un tributario del Senegal que aparece en el extremo Noroeste de la imagen.

Las orillas de los dos ríos están cubiertas por vegetación ripícola (ribereña) dominada por especies de Acacia nilotica, *que es una de las especies preferidas por los habitantes de la zona para utilizar como combustible. Otras especies como* Borassis flabelifer *y* Phaene thebaica *son empleadas como material de construcción. Ambas son típicas también de esa región, donde se realiza una agricultura favorecida por un clima lluvioso que permite la existencia de muchos pastizales.*

La zona está sometida a inundaciones periódicas producidas por el desbordamiento de los ríos. A pesar de que es una zona relativamente húmeda hay un déficit de lluvias desde 1960 que ha ido convirtiendo el área en un sector semiárido. Mucha vegetación se ha ido transformando de tipo sabana a tipo estepa. Los relictos de vegetación de sabana se encuentran solamente a lo largo de los valles de los ríos, en suelos arcillosos y limosos, ya que éstos retienen la humedad mejor que otros suelos de la zona. La creciente presión sobre el territorio por el incremento de la población y la lucha por adaptarse a las continuas condiciones de sequía han sido las principales causas de la degradación de la vegetación.

Cuantificar la vegetación de baja densidad que caracteriza a las zonas áridas y semiáridas es todo un reto porque la cubierta vegetal no es completa y la mayoría de los píxeles contienen una reflectancia promedio de vegetación y de suelos desnudos.

Creación de los índices de vegetación:

– Índices basados en la *pendiente*:

b) Desde el menú *File* seleccionar *User Preferences*. En la solapa «System Settings» activar la opción de despliegue automático *(Automatically display the output of analytical modules)* si no estuviese activada. Pulsar la solapa «Display Settings» y seleccionar *ndvi256* como la paleta cuantitativa por defecto. Activar también la opción de desplegar los títulos. Pulsar sobre «OK» para aplicar los cambios.

c) Se va a utilizar dos veces el módulo vegindex (existente en el menú *Image Proccesing -> Transformation*) para producir imágenes con dos modelos de índices de vegetación basados en pendientes: *Ratio* y *NDVI*. Usar en ambos casos «*maur90-band2*» como la banda *roja* y «*maur90-band3*» como la banda *IR Próximo*. Llamar a las imágenes resultantes «*Ratiomaur90*» y

«*NDVImaur90*», respectivamente. *Si no se recuerda cómo es la ecuación aplicada para cada una de las opciones, buscar en la ayuda Help o consultar la tabla que hay en el punto 2.*

5. ¿Qué diferencias se aprecian entre estas dos imágenes de salida? Para responder las preguntas utilice las paletas *grey256*, *idrisi256* y *quant256*.
6. ¿Cuál es el propósito de normalizar el cociente para crear un NDVI?
7. Crear una Colección con «*Ratiomaur90*» y «*NDVImaur90*» y visualizar a la vez los valores digitales de una y otra imagen. ¿Qué significan los valores menores y los valores mayores? ¿Con qué valores está más relacionada la vegetación?

– Índices basados en la *distancia*:

d) Lo primero que hay que hacer es calcular la *línea del suelo*, para ello hay que identificar una muestra de los píxeles de suelo desnudo en la imagen. Será usada la imagen «*NDVImaur90*», que se creó antes, con la cual se hará una imagen de enmascaramiento *(máscara)* para el suelo. *Esto se hace así porque no conocemos directamente el área de estudio para poder digitalizar sobre la pantalla del ordenador las áreas de suelos desnudos.* Para evitar problemas con la coma flotante, aplicar previamente un *stretch lineal* de *256* niveles (0-255) y denominar a la imagen de salida «*NDVImaur90stretchlin256*».

8. Si admitimos que cualquier píxel que tenga una mayor reflectancia en el IR Próximo que en el Rojo es vegetación y todo lo demás es suelo desnudo ¿qué valor de umbral deberíamos emplear en la imagen «*NDVImaur90stretchlin256*» para separar la vegetación del suelo? (Realizar una colección con «*Maur90-band2*» –banda del rojo–, «*Maur90-band3*» –banda del IRC– y «*NDVImaur90stretchlin256*»; y, abriendo esta última en la colección creada, buscar algún píxel que tenga una diferencia de 10 Niveles Digitales entre los valores de la banda 2 y la banda 3 *que será lo que nos dará el valor de umbral en la imagen NDVI*).

e) Realización de la máscara de suelo: utilizar el módulo *reclass* desde *Analysis -> Database Query* con «*NDVImaur90stretchlin256*» para crear la imagen «*Mascarasuelomaur90*»: asignar el valor de *cero (0)* a suelos desnudos –valores desde 0 al valor umbral–, y *uno (1)* a las áreas con vegetación –valores desde el valor umbral a 255–, de acuerdo con la solución de la pregunta anterior.

Una vez que los suelos han sido identificados, los valores para esas áreas en las bandas del Rojo y del IR son sometidos a una regresión lineal. El cálculo de esta regresión varía para los índices de vegetación basados en la distancia. Algunos están basados en una regresión donde la banda Roja es considerada como variable independiente y otros en una regresión donde la banda del IR es considerada como la variable independiente. Nosotros usaremos ambos tipos de índices de vegetación basados en la distancia, por eso se realizará la regresión dos veces para hallar dos líneas de suelo (una con IR como independiente y el rojo como dependiente, y viceversa).

f) Utilizar el módulo *regress* desde el menú *Analysis -> Statistics* entre las imágenes «*maur90-band2*» y «*maur90-band3*» usando «*Mascarasuelomaur90*» como imagen máscara. Anotar la pendiente *(b)* y el punto de intersección *(a)* para cada caso. La ecuación que se escribe en la parte de arriba de la ventana de regresión es de la forma $y = b + ax$. Donde ***y*** es la variable dependiente; **b** es la intersección con el eje *Y*; *a* es la pendiente; y *x* es la variable independiente.

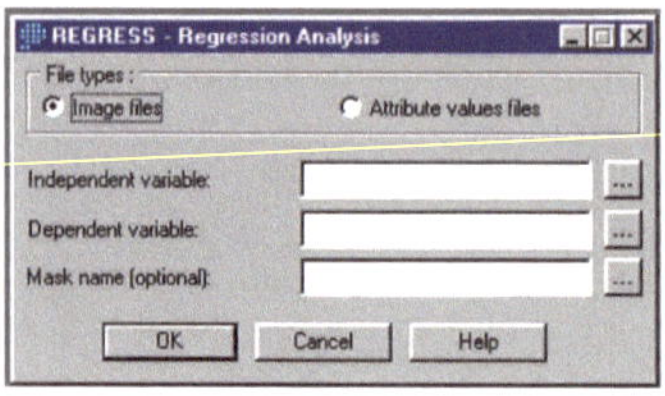

9. ¿Qué valores de pendiente e intersección hay cuando la banda roja es la variable independiente? ¿Cuáles cuando la banda del infrarrojo próximo es la independiente?

El coeficiente de determinación $\mathbf{r_2}$ *es alto, lo que indica que la relación entre las reflectancias Rojas e Infrarrojas Próximas para los píxeles de suelo desnudo está bien descrita por una ecuación lineal.*

g) Utilizar el módulo *vegindex* tres veces para producir los índices *PVI (variable independiente: IRC), PVI3 (variable independiente: Rojo)* y *WDV1 (variable independiente: IRC)* (llamar de la misma forma a las imágenes de salida; es decir, «*PVImaur90*», «*PVI3maur90*» y «*WDV1maur90*»). Consultar la sección *Determining Slope and Intercept values* de la ayuda *Help*, para determinar qué parámetros de la línea de suelo debe usar para cada índice de vegetación particular.

10. ¿Cuáles son las mayores diferencias visuales que se aprecian en las imágenes de los tres índices de vegetación basados en la distancia?
11. ¿Encuentra grandes diferencias entre estas imágenes y las generadas con los índices de vegetación de pendientes? ¿Cuáles son esas diferencias?

——————————— FIN DE LA PRÁCTICA ———————————

SOLUCIONES

0. *mín: –0,2916; máx: 0,7172.*
1. *Para evitar valores cero en el denominador y poder comparar distintas imágenes de cocientes entre sí.*
2. *Porque es el formato al que transforma Idrisi las imágenes cuando se les aplica el módulo Composit.*
3. *Sí, porque ha atenuado la oscuridad de las zonas bajo sombra.*
4. *Pueden observarse detalles dentro de las zonas sombreadas que antes no eran apreciables, pero se han convertido en mucho más claras las zonas soleadas.*
5. *Ratio es más uniforme y generalizada. NDVI permite una diferenciación más detallada de la vegetación (valores positivos para la mayor presencia de vegetación y negativos para la menor presencia o ausencia).*
6. *Poder comparar imágenes de vegetación en mismos espacios geográficos de distintas fechas, mediante sus índices entre 1 y –1.*
7. *Mayores valores más vegetación, menores o negativos menos vegetación.*
8. *(105).*

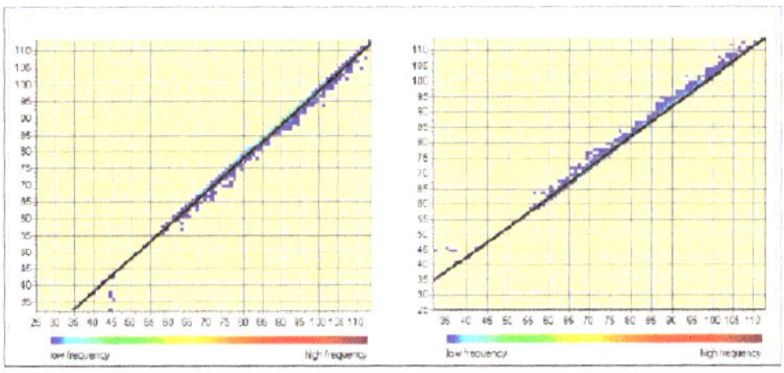

9. *a = 0,76; b = 27,41. a = –18,38; b = 1,067.*

10. *El mejor desde el punto de vista visual corresponde al índice de vegetación PVI (valores positivos desde 0 –cero–) parecido a NDVI, pero desde el punto de vista de los índices separan más el PVI3 y el WDV1 porque sus índices cubren valores positivos y negativos.*

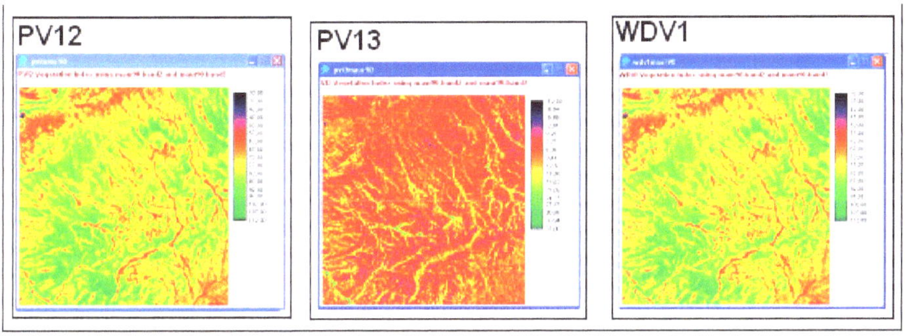

11. *Los índices basados en las pendientes de correlación lineal separan más la parte de suelo y de vegetación de cada píxel –en los que se mezclan–.*

Al ser realizadas con otro programa SIG (ER Mapper 6.1), *las dos prácticas siguientes (n.º 5 y 6) no siguen el esquema con preguntas intercaladas como las realizadas con* Idrisi, *sino que se mostrarán los resultados que hay que obtener en cada paso. Al final de cada una de estas dos prácticas se utilizarán las mismas técnicas de índices ortogonales con el programa Idrisi para apreciar las distintas filosofías y jergas que utilizan cada uno:*

V.4.5. PRÁCTICA N.º 5A DE TELEDETECCIÓN Y SIG: COMPONENTES PRINCIPALES SOBRE 6 BANDAS DEL SATÉLITE LANDSAT 7 TM REALIZADO CON ER MAPPER 6.1.

1. *Objetivos*

- Aprender a comparar correlaciones entre bandas de satélite.
- Analizar firmas espectrales.
- Aprender a aplicar la técnica estadística de Componentes Principales para eliminar la información redundante de las distintas bandas de un satélite.
- Aprender a realizar una sola imagen RGB compuesta de tres capas (layers), constituidas por cada Componente Principal.

2. *Fundamentos y ejercicios*

En teledetección se producen con bastante frecuencia altas correlaciones entre las bandas multiespectrales. En dichas correlaciones puede observarse que si la reflectancia es alta en unos píxeles concretos de una banda, también tenderá a ser alta en los mismos píxeles de otra banda. Esto puede llegar a indicar que algunas bandas facilitan información redundante, en cuanto a las reflectancias de la superficie, respecto a otras. Para conocer esto, y evitar un procesado de datos inútiles porque no añadan información al estudio y alarguen inútilmente el análisis, se ideó la técnica estadística conocida como *análisis de componentes principales* (ACP).

El ACP se utiliza para transformar un conjunto de bandas de imágenes en otras nuevas llamadas *componentes principales* que tienen la propiedad de no estar correlacionadas entre sí y que se ordenan según la cantidad de variación de la imagen que explican. Los primeros componentes explican más variación del conjunto de las bandas originales (por eso se denominan «principales»), mientras que los demás componentes describirán variaciones progresivamente menores.

Así, mediante el ACP se compactan y transforman los datos, reteniendo solamente los primeros componentes, que recogen la mayor parte de la información y eliminando o desechando una gran proporción de datos redundantes.

En estos ejercicios se utilizará la técnica estadística de Componentes Principales para analizar espacialmente la ciudad de San Diego en California (USA) a partir de los datos proporcionados por las bandas del satélite Landsat TM.

Se utilizarán los módulos y fórmulas del SIG ER Mapper 6.1 en un proceso estructurado según algunas de las fases habituales en los análisis generales de Componentes Principales en teledetección:

2.A. El algoritmo componentes principales

A_1. Apertura de un algoritmo.

- Abrir *ER Mapper 6.1*

0. Copiar en su carpeta de trabajo o proyecto SIG:
C: \ERMapper61\examples\Data_Types\Landsat_TM\ «*Greyscale.alg*».

1. En la barra general de herramientas pulsar el botón *Open*  y seleccionar: «*Greyscale.alg*».

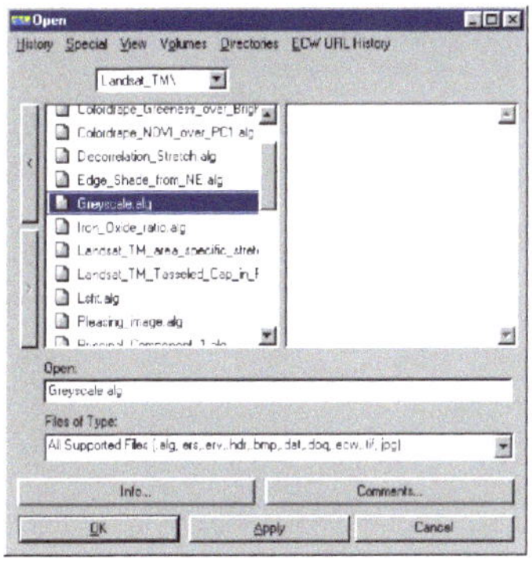

Se abre la imagen de San Diego y si pulsamos el botón 99% Contrast Enhancement *aparece bien visible en la ventana de visualización.*

2. En la barra general de herramientas pulsar el botón *Edit Algorithm*. *Puede comprobarse que la imagen se ha cargado con las 7 bandas.*

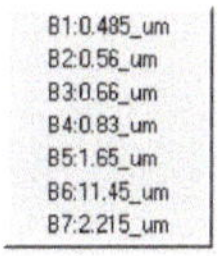

A_2. Apertura de la fórmula de componentes principales para Landsat TM.

– PRIMER Componente Principal:

3. En la ventana *Algorithm* pulsar el botón *Open Formula Editor* E=mc².
4. En el submenú *Principal Components* seleccionar la fórmula *Landsat TM PC1*.

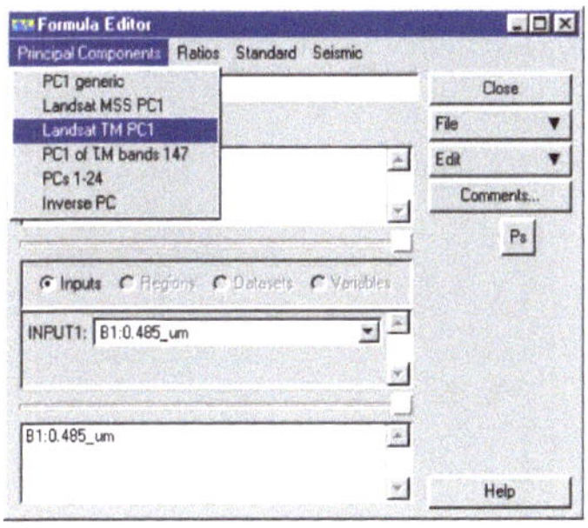

ER Mapper abre una fórmula propia dentro de la ventana Fórmula Genérica:

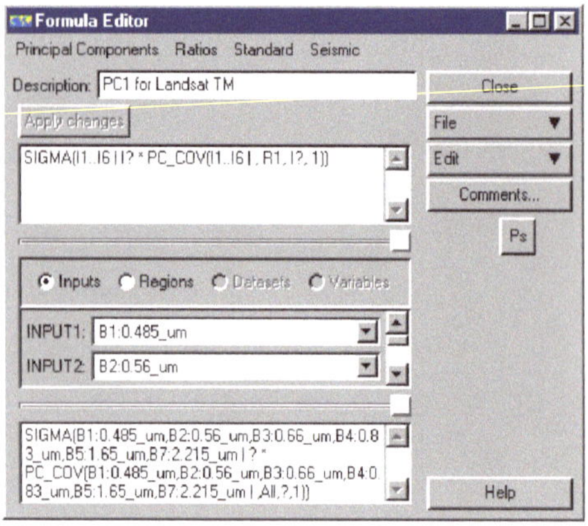

Esta fórmula generará el Componente Principal 1 con las bandas 1 a 5 y 7 de la imagen (no utiliza la banda 6 porque ésta comprende el intervalo del espectro radiométrico correspondiente al Infrarrojo Térmico y tiene distinta resolución espacial que las demás bandas). El propio algoritmo calcula los correspondientes valores de los eigenvectores *desde la matriz de covarianzas de las bandas y con ellos pondera cada banda en el polinomio lineal.*

5. En la ventana *Algorithm* pulsar el botón *Edit Transform Limits*  que está a la derecha del botón de fórmula .
   Se puede comprobar que el rango de valores creados para el primer componente principal está entre 77 y 520.
6. En la ventana *Transform*, seleccionar *Limits to Actual* dentro del botón *Limits*. Después pulsar el botón *Create autoclip Transform* .

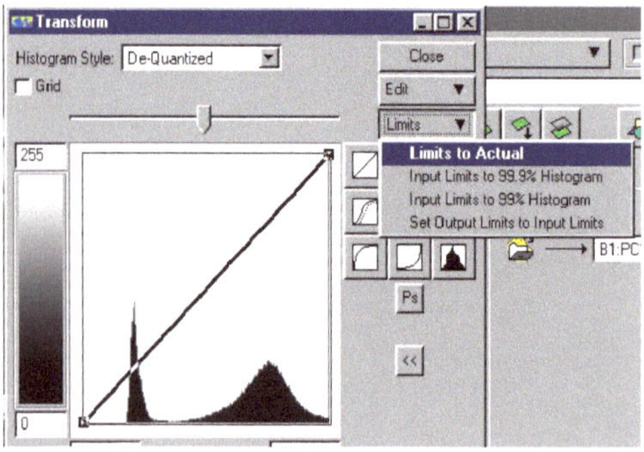

7. En la ventana *Algorithm* pulsar la solapa «Surface» y en el desplegable *Color Table* seleccionar la paleta «Rainbow_reversed» .

Se puede comprobar cómo aparecen en la imagen la mayoría de los rasgos de la ciudad en este Primer Componente Principal:

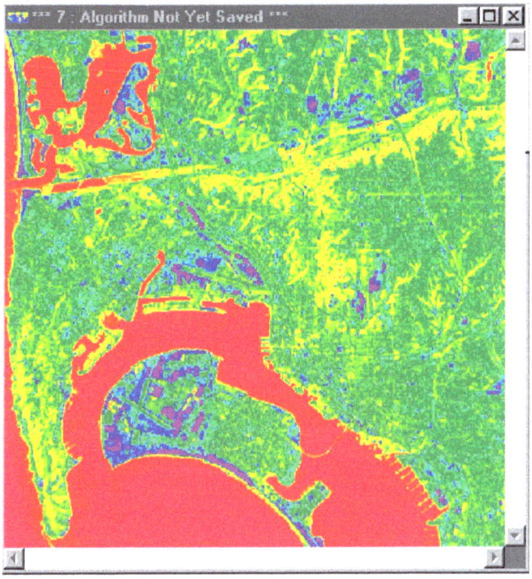

– *SEGUNDO Componente Principal:*

8. En la ventana *Algorithm* pulsar el botón *Open Formula Editor* $\longrightarrow$ E=mc².
9. En el submenú *Principal Components* seleccionar la fórmula *Landsat TM PC1.*
10. En la ventana *Fórmula Genérica* editar la fórmula para sustituir el último dígito (el *1* por un *2*). *Así se está indicando que realice los mismos cálculos para el SEGUNDO Componente Principal.*

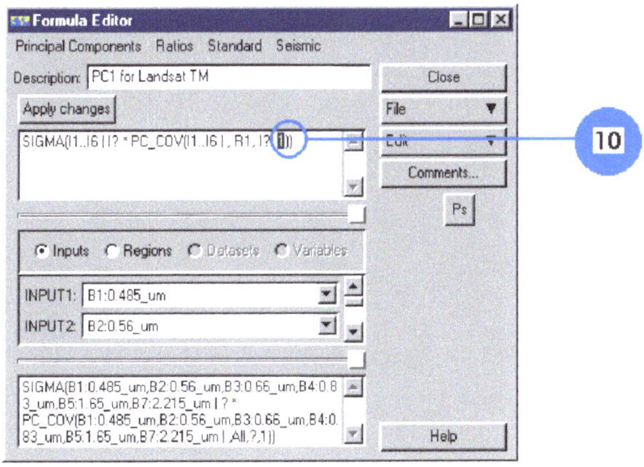

11. En la ventana *Formula Editor* pulsar el botón *Apply Changes.*

12. En la barra general ER Mapper pulsar el botón *Refresh Image with 99% clip on limits* . *Se realiza un estiramiento con saturación del 0,5% de los píxeles en cada uno de los extremos del rango de la imagen del SEGUNDO Componente Principal para hacerla más contrastada a la vista:*

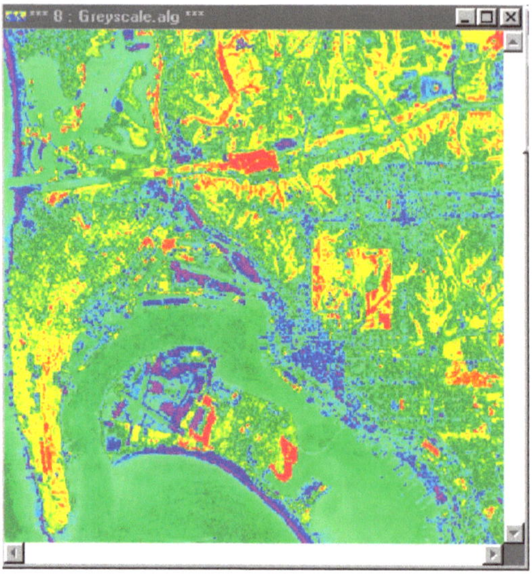

– *TERCER Componente Principal:*

13. En la ventana *Algorithm* pulsar el botón *Open Formula Editor* 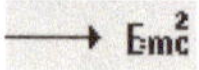.
14. En el submenú *Principal Components* seleccionar la fórmula Landsat TM PC1.
15. Tal y como se hizo anteriormente en el paso n.º 10, en la ventana *Fórmula Genérica* editar la fórmula para sustituir el último dígito por un *3*. *Así se está indicando al programa que realice los mismos cálculos para el TERCER Componente Principal.*

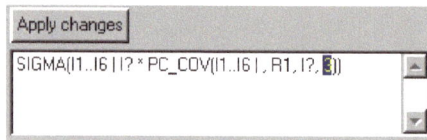

16. En la ventana *Formula Editor* pulsar el botón *Apply Changes.*
17. En la barra general ER Mapper pulsar el botón *Refresh Image with 99% clip on limits* . *Se realiza un recorte del 0,5% en los extremos del rango de la imagen del TERCER Componente Principal para hacerla más contrastada a la vista:*

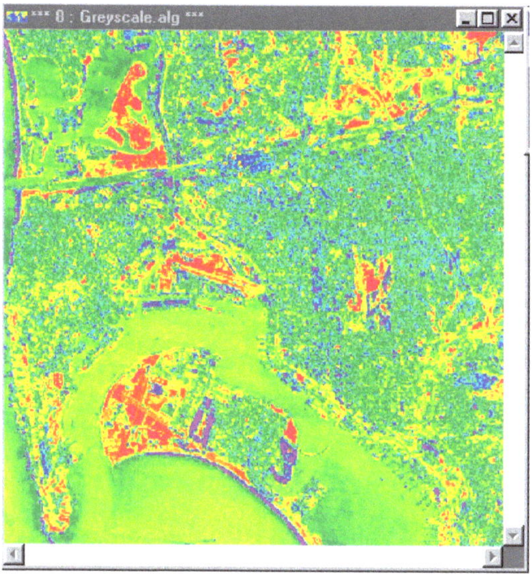

– *CUARTO, QUINTO Y SEXTO Componentes Principales:*
Del mismo modo que se ha procedido en los tres casos anteriores realizar las correspondientes operaciones, sustituyendo (como en el paso 10) el último dígito por 4, 5 y 6 respectivamente. Sucesivamente se puede ir comprobando cómo cada nuevo componente va recogiendo mucha menos información que los tres primeros:

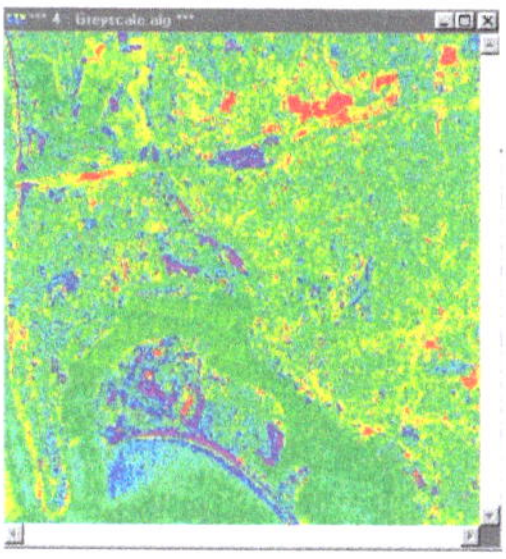

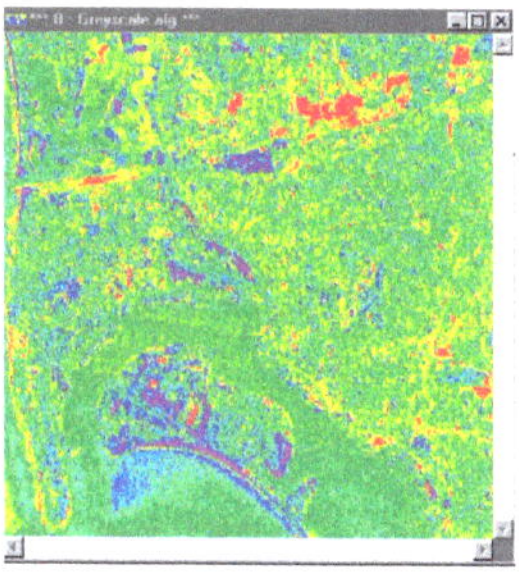

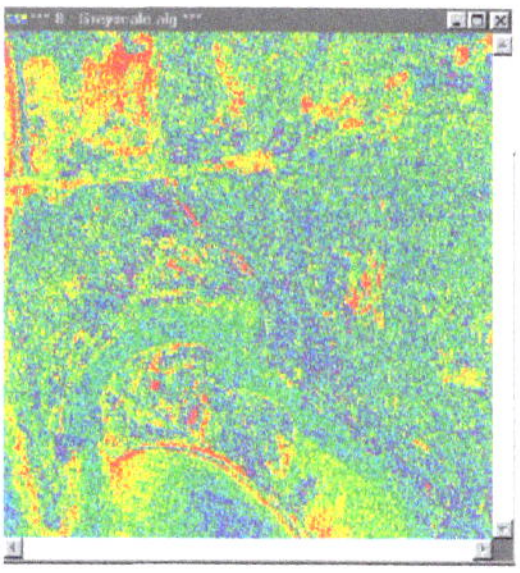

A_3. *Apertura de la fórmula de componentes principales para una selección de bandas del LANDSAT TM decidida por el analista.*

18. En la ventana *Algorithm* pulsar el botón *Open Formula Editor* → $E{=}mc^2$.
19. En el submenú *Principal Components* seleccionar la fórmula *Landsat TM PC1*.

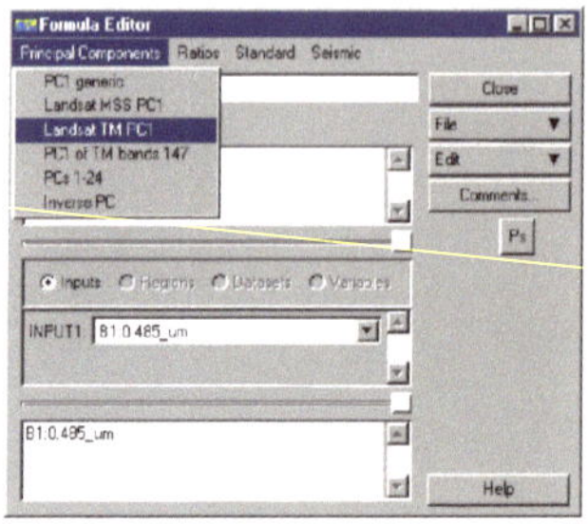

ER Mapper abre la fórmula propia dentro de la ventana Fórmula Genérica:

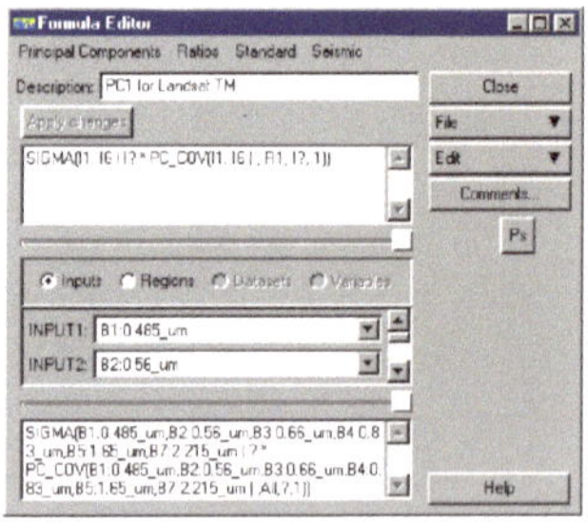

20. En la ventana *Fórmula Genérica* editar la fórmula y sustituir el *Input 6* por un *Input 3. Así se está indicando que realice los mismos cálculos pero ahora con tres bandas de las 7.*
21. Para comprobar que es válida la fórmula, en la ventana *Formula Editor* pulsar el botón *Apply Changes.*
22. En la ventana *Formula Editor* cambiar y seleccionar en los tres INPUTS las bandas del siguiente modo:
    INPUT1 = B7: 2.215_um
    INPUT2 = B3: 0.660_um
    INPUT3 = B1: 0.485_um

Esta instrucción le pide a ER Mapper que aplique la fórmula del Primer Componente Principal, usando las bandas 7, 3 y 1 como variables independientes. Ver qué va ocurriendo seleccionando otras bandas en cada uno de los 3 INPUTS.

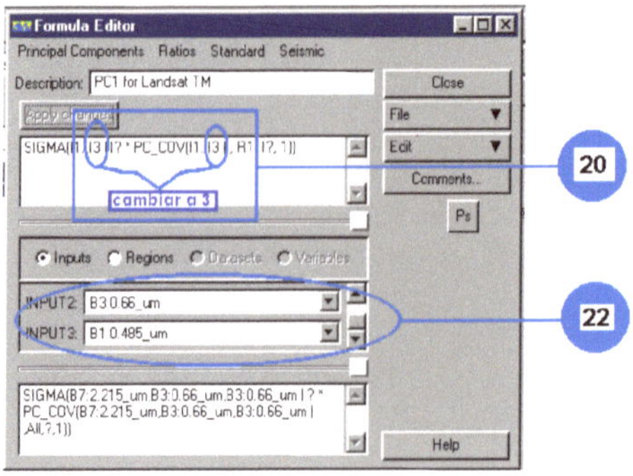

23. En la barra general ER Mapper pulsar el botón *Refresh Image with 99% clip on limits*

.

A_4. *Apertura de la fórmula de componentes principales para una selección de bandas (1-4-7) del Landsat TM* estandarizada *por ER Mapper.*

Algo parecido a lo que se ha realizado en el punto anterior se puede hacer directamente seleccionando una fórmula fija:

24. En la ventana *Algorithm* pulsar el botón *Open Formula Editor* .
25. En el submenú *Principal Components* seleccionar la fórmula *PC1 of TM bands 147. Comprobar cómo ha cambiado la fórmula y sólo tiene seleccionadas las tres bandas 1, 4 y 7.*
26. En la barra general ER Mapper pulsar el botón *Refresh Image with 99% clip on limits*

.

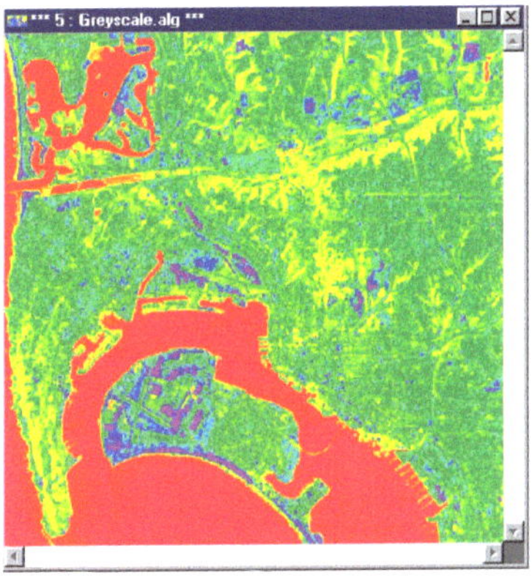

Esta imagen del Primer Componente Principal con las tres bandas 1, 4 y 7 permite un mayor discriminación visual de los rasgos de la ciudad.

2.B. *Archivado en una sola composición de 3 capas (una por cada CP) con un algoritmo RGB.*

24. En la barra general de herramientas pulsar el botón *Open*  y seleccionar otra vez *C:* \ERMapper61*examples**Data_Types**Landsat_TM**«Greyscale.alg»*.
25. Triplicar las *Pseudolayer* pulsando dos veces el botón  en la ventana de *Algorithm*.
26. Marcar la *Pseudolayer* superior y abrir el botón de la fórmula 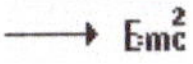. Realizar las operaciones ya vistas en los pasos 4 a 7.
27. Editar sobre la *Pseudolayer* y cambiar el nombre por «PC-1».

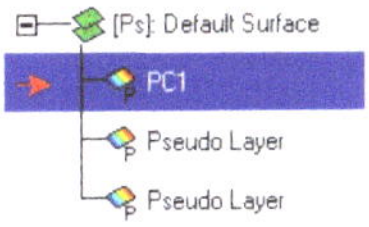

28. Marcar la *Pseudolayer* intermedia y abrir el botón de la fórmula. Realizar las operaciones ya vistas en los pasos 9 a 12.
29. Editar sobre la *Pseudolayer* intermedia y cambiar el nombre por «PC-2».
30. Marcar la *Pseudolayer* inferior y abrir el botón de la fórmula. Realizar las operaciones ya vistas en los pasos 14 a 17.
31. Editar sobre la *Pseudolayer* inferior y cambiar el nombre por «PC-3».
32. Guardar el algoritmo, pulsando en la barra principal de ER Mapper el botón *Save As...*  con un nombre que empiece por las iniciales de su nombre y apellidos. Por ejemplo, si sus iniciales son MQH, guardar en C:\examples/Miscellaneous/Tutorial/ «*MQH_CP_3. ers*».
33. Volver a abrir «*MQH_CP_3. ers*» y comprobar que se abre como una imagen RGB. O bien abrir el algoritmo: *C:\examples\Miscellaneous\Templates\Common\«RGB.alg»* y luego cargar con el botón del dataset  de la ventana *Algorithm* nuestra imagen de tres Componentes Principales «*MQH_CP_3. ers*»:

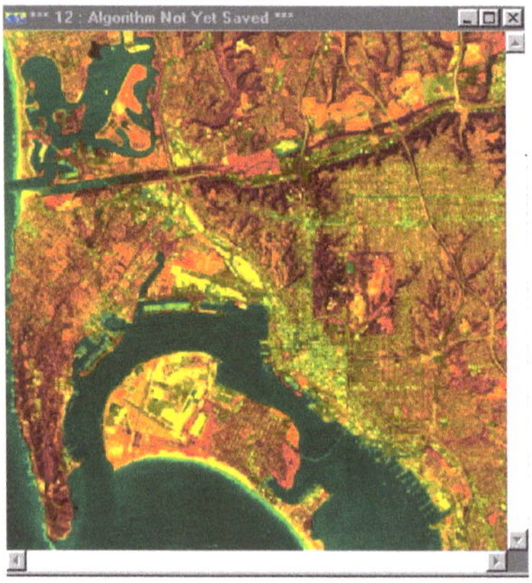

V.4.6. PRÁCTICA N.º 5B DE TELEDETECCIÓN Y SIG: COMPONENTES PRINCIPALES SOBRE 6 BANDAS DEL SATÉLITE LANDSAT 7 TM REALIZADO CON IDRISI 3.2

3. *Ejercicios*

a) + Desplegar visualmente todas las bandas (desde «*sierra1*» a «*sierra7*») que están contenidas en el tutorial *(C:/ Idrisi32 Tutorial/Using Idrisi32)* con la paleta *Grey256* y la opción *autoscaling*. Analizarlas simultáneamente y contestar las siguientes preguntas:
0. ¿Alguna otra banda se parece a la 7? ¿Cuál? (Se tendrá en cuenta esta respuesta para más adelante).
1. ¿Alguna otra banda se parece a la 1? ¿Cuál?

b) Ahora utilizar el módulo *PCA* (análisis de componentes principales) que se encuentra en el menú *Image Processing-> Transformations*. En él seleccionar las opciones que permiten calcular la covarianza directamente; indicar que se van a introducir seis bandas; y que se quieren extraer seis componentes principales. Escribir el *prefijo* «sierra» para las imágenes de salida. Seleccionar *usar variables no estandarizadas* (matriz varianza-covarianza) e introducir el nombre de las seis bandas («*sierra1*» a «*sierra7*», –sin utilizar «*sierra6*» que es del infrarrojo térmico y tiene la mitad de resolución espacial que las otras seis–). *Los componentes principales serán calculados y el programa les asignará el nombre del prefijo «sierra», más CMP1 a 6. El resultado aparecerá en la pantalla como una tabla resumen.*

c) Analizar la matriz de correlación en la tabla resumen y responder:
2. ¿Encuentra mucha correlación entre algunas bandas? ¿Entre cuáles?
3. ¿Qué bandas se correlacionan mejor con la banda 1?
4. ¿Hay alguna banda que se correlacione mucho con la 7? (Compare esta respuesta con la del la pregunta 0).
5. Visualizando las bandas que presentan una alta correlación explique cómo lo aprecia visualmente. Igualmente hágalo con las de baja correlación. Escriba entre qué bandas realizó el análisis y sus observaciones.

d) Observar en la tabla resumen de los componentes los eigen*valores* y los eigen*vectores* (como columnas). *Los* eigenvalores *expresan la cantidad de varianza explicada por cada componente y los* eigenvectores *son los coeficientes de las ecuaciones de transformación. Aparece sumado como un porcentaje de la varianza (%Var.) en cada columna.*
6. ¿Cuánta varianza es explicada por los componentes 1, 2 y 3 separadamente? ¿Cuánta por los componentes 1 y 2 juntos? (*debe realizar una suma*). ¿Cuánta por los componentes 1, 2 y 3 juntos?
7. Si conserváramos sólo los componentes 1, 2 y 3, ¿cuánta información retendríamos *(porcentaje)*? ¿Cuánto de los datos originales (bandas) conservaríamos? ¿Cuánta información y cuántos de los datos originales desecharíamos?

e) Observar la tabla de *loadings*. Ésta se refiere al grado de correlación entre los nuevos componentes producidos (las columnas) y las bandas originales (las filas):
8. ¿Qué banda tiene la mayor correlación con el componente 1? Es una correlación ¿alta o baja?
9. ¿Qué banda tiene la mayor correlación con el componente 2?

f) No cerrar la ventana de las tablas. Sólo minimícela. Desplegar visualmente el componente 1 *(«sierracmp1»)* con *autoescalamiento* y paleta *Grey256*; después desplegar la banda 7 *(«sierra 7»)*. También desplegar el componente 2 *(«sierracmp2»)* y la banda 4 *(«sierra 4»)*, utilizando asimismo el *autoescalamiento* y la misma paleta:

10. ¿Encuentra similares el componente 1 y la imagen de la banda 7 (IR Medio)? ¿Encuentra similares el componente 2 y la imagen de la banda 4 (IR Próximo)?

g) Despliegue el componente 6 *(«sierracmp6»)* con las mismas opciones *(autoescalamiento* y paleta *Grey256)*:

11. Analice las tablas y responda ¿cómo encuentra su correlación con las seis bandas? ¿Cuánta explicación contiene el componente 6? ¿Cuánta información se perdería si eliminamos y desechamos este componente?

FIN DE LA PRÁCTICA

SOLUCIONES

0. *Sierra 3.*
1. *Sierra 2*
2. *Sierra 1 y 2, sierra 2 y 3, sierra 5 y 7.*

VAR/COVAR	sierra1	sierra2	sierra3	sierra4	sierra5	sierra7
sierra1	65.45	43.62	71.58	12.07	173.33	104.86
sierra2	43.62	32.17	51.06	16.47	119.20	71.99
sierra3	71.58	51.06	86.87	20.23	207.07	125.02
sierra4	12.07	16.47	20.23	230.73	121.50	27.49
sierra5	173.33	119.20	207.07	121.50	649.99	356.57
sierra7	104.86	71.99	125.02	27.49	356.57	213.88

COR MATRX	sierra1	sierra2	sierra3	sierra4	sierra5	sierra7
sierra1	1.000000	0.950666	0.949381	0.098198	0.840370	0.886256
sierra2	0.950666	1.000000	0.965989	0.191140	0.824394	0.867892
sierra3	0.949381	0.965989	1.000000	0.142914	0.871430	0.917213
sierra4	0.098198	0.191140	0.142914	1.000000	0.313728	0.123731
sierra5	0.840370	0.824394	0.871430	0.313728	1.000000	0.956343
sierra7	0.886256	0.867892	0.917213	0.123731	0.956343	1.000000

COMPONENT	C 1	C 2	C 3	C 4	C 5	C 6
% var.	79.28	17.28	2.59	0.47	0.29	0.09
eigenval.	1014.11	221.08	33.07	6.03	3.66	1.12
eigvec.1	0.224431	-0.116188	0.510855	-0.163747	-0.774315	-0.220866
eigvec.2	0.155827	-0.048271	0.435604	-0.080130	0.107141	0.875064
eigvec.3	0.267274	-0.109620	0.565669	-0.162602	0.623135	-0.426415
eigvec.4	0.152800	0.965750	0.151620	0.139323	-0.020310	-0.034167
eigvec.5	0.795342	0.004677	-0.454106	-0.398603	0.000805	0.048082
eigvec.6	0.444968	-0.198643	0.009626	0.872944	-0.015732	-0.013125

LOADING	C 1	C 2	C 3	C 4	C 5	C 6
sierra1	0.883432	-0.213543	0.363155	-0.049718	-0.183191	-0.028872
sierra2	0.874950	-0.126550	0.441708	-0.034704	0.036157	0.163168
sierra3	0.913221	-0.174881	0.349047	-0.042854	0.127967	-0.048384
sierra4	0.320339	0.945332	0.057405	0.022530	-0.002559	-0.002379
sierra5	0.993444	0.002728	-0.102435	-0.038404	0.000060	0.001994
sierra7	0.968923	-0.201961	0.003785	0.146621	-0.002059	-0.000949

3. *Sierra 2 y 3.*
4. *Sierra 5. Tras realizar el APC se aprecia que la mayor correlación se produce entre sierra 7 y Sierra 5, pero visualmente parecía que era con la Sierra 3.*
5. *Las de alta correlación difieren visualmente poco; las de baja correlación difieren bastante. 1 y 2; 1 y 4.*
6. *C1: 79,28%; C2: 17,28%; C3: 2,59%; c1 + c2: 96,56%; c1 + c2 + c3: 99,15%.*
7. *Más del 99% de la información. Ninguna. Rechazaríamos los c4, 5 y 7. Desecharíamos todos los datos originarios* (son transformados estadísticamente).

8. *Entre C1 y Sierra 5 (más del 99% o 0,9).*
9. *Sierra 4 (0,94).*
10. *Sí.*
11. *Tiene baja correlación con el resto de bandas. La varianza que explica este componente es menor del 0,1%. Muy poca.*

V.4.7. PRÁCTICA N.º 6A DE TELEDETECCIÓN Y SIG: OTRA TÉCNICA DE ÍNDICES ORTOGONALES O COMPONENTES PRINCIPALES SOBRE 6 BANDAS DEL SATÉLITE LANDSAT 7 TM, DENOMINADA DE TASSELED CAP, REALIZADA CON ER MAPPER 6.1

1. *Objetivos*

– Aprender a diferenciar la vegetación vigorosa de los suelos desnudos y otros tipos de cubierta utilizando la técnica de tasseled cap.

2. *Fundamentos y ejercicios*

Como se ha visto, los componentes principales son una técnica estadística que transforma un conjunto de imágenes multiespectrales en un nuevo conjunto de imágenes que no están correlacionadas entre sí y se ordenan de acuerdo con la cantidad de variación del conjunto de las bandas originales que explican. En la técnica de Tasseled Cap, el primero de esos componentes habitualmente describe el *brillo* (que incluye el suelo); el segundo suele describir variaciones en las cubiertas vegetales *verdes*; y el tercero la de la *humedad*.

Se realizará el análisis de un área costera de Holanda mediante la técnica de TASSELED CAP (3 imágenes), a partir de los datos proporcionados por las bandas del satélite Landsat TM.

2.A. Análisis mediante las gráficas de correlación entre las bandas de un satélite para valorar la pertinencia del uso del Análisis de Componentes Principales «Tasseled Cap» y de las fórmulas para transformar los datos originales de las bandas del satélite Landsat TM a las 3 capas de Brillo, Verdor de la Vegetación y Humedad.

Se trata de analizar las correlaciones entre las 7 bandas de una imagen Landsat TM de la costa de Holanda para diferenciar las parcelas de los cultivos agrícolas.

– Abrir ER Mapper 6.1

1. En la barra general de herramientas pulsar el botón *Open*  y seleccionar C: \ERMapper61\examples\Data_Types\ERS1\ *«Landsat_TM.ers». Se abre la imagen* y si pulsamos el botón *99% Contrast Enhancement*  *aparece visible en la ventana de visualización.*

2. En la barra general de herramientas pulsar el menú *Process* y en *Classification* seleccionar *View Scattergrams.*

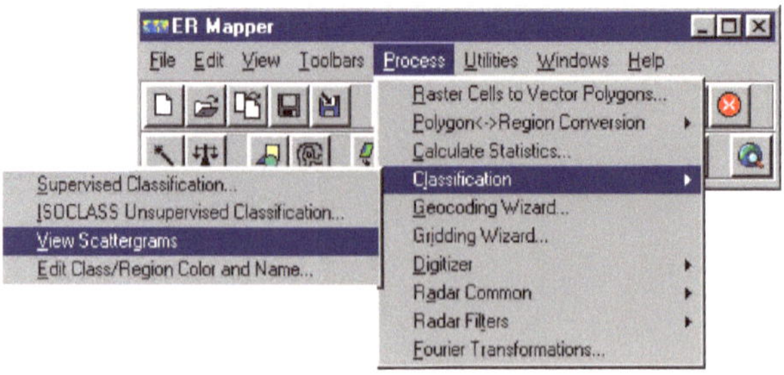

3. En la ventana *Scattergram* analizar las correlaciones entre las 7 bandas Landsat TM. Para ello pulsar *Setup* y en la subventana que se abre *(Scattergram Setup)* ir cambiando las bandas, de dos en dos, en los respectivos ejes *X Axis* e *Y Axis*. En cada caso, como el rango de datos para cada banda es diferente, hay que utilizar el botón *Limits to Actual* 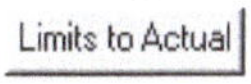

.

Ejemplo de la correlación entre la banda 1 y la banda 2:

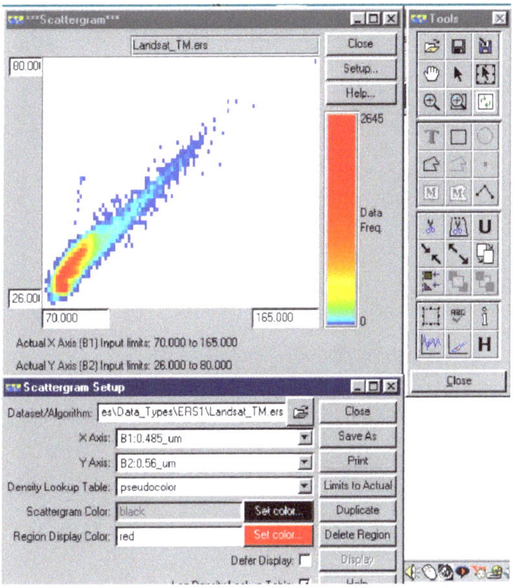

Ejemplos de correlaciones entre la banda 1 y las bandas 3, 4, 5, 6 y 7:

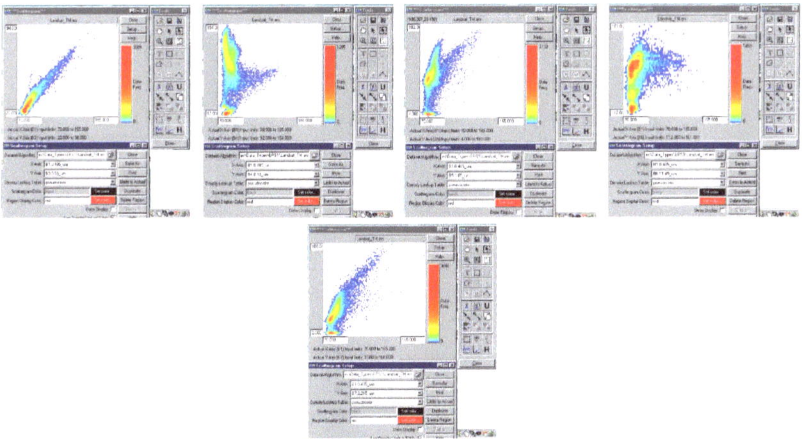

Puede observarse que las correlaciones son altas en las combinaciones 1-2, 1-3 y 1-7. Seguir comparando las demás bandas.

2.B. El algoritmo «TASSELED CAP».

B₁. Apertura de un algoritmo.

1. Pulsar el botón *View Algorithm for Image Window* de la barra general de herramientas.
2. Pulsar el botón *Open* de la barra general de herramientas.

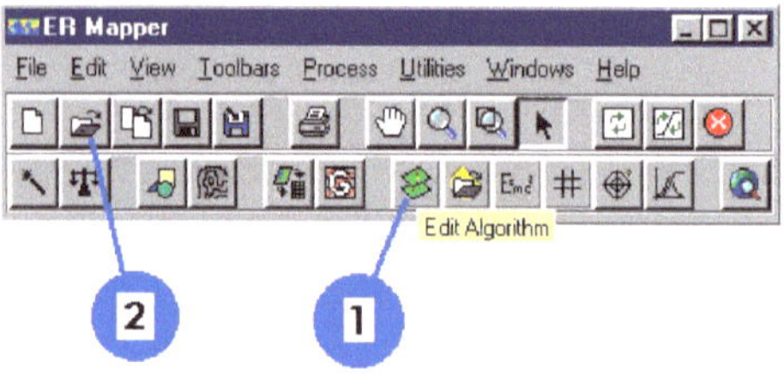

3. Desde el menú *Directories* seleccionar el algoritmo «*Tasseled_Cap_Transforms.alg*» en *examples\Data_Types\Landsat_TM.*

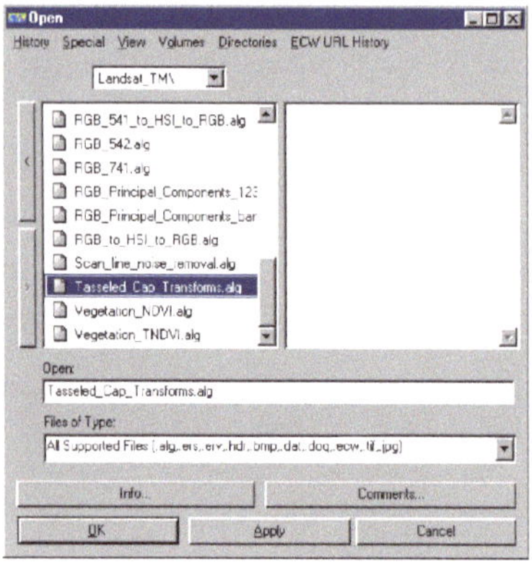

Se abren 3 capas en pseudocolor del algoritmo que contiene una imagen (2 capas inactivadas: humedad y vegetación y 1 activada: brillo).

B₂. Carga de la imagen a estudiar con las 7 bandas TM.

1. En la ventana *Algorithm* pulsar el botón *Load Dataset* . Desde el menú *Directories* seleccionar en *C:\ERMapper61\examples\Data_Types\ERS1* la imagen «*Landsat_TM.ers*».

Se abre una imagen LandsatTM de un área de la costa de Holanda con las tres capas del algoritmo Tasseled Cap. De ellas sólo está activada la capa de brillo «Brightness». En ella se destacan los espacios de mayor reflectancia.

B₃. Visualización de las tres capas.

1. Marcar con el *pulsador derecho del ratón (PDR)* sobre la capa «*Brightness*» y desde el submenú *Short-Cut* seleccionar *Turn Off* para desactivarla. Del mismo modo, sobre la capa «*Greeness*», seleccionar *Turn On* para activarla.

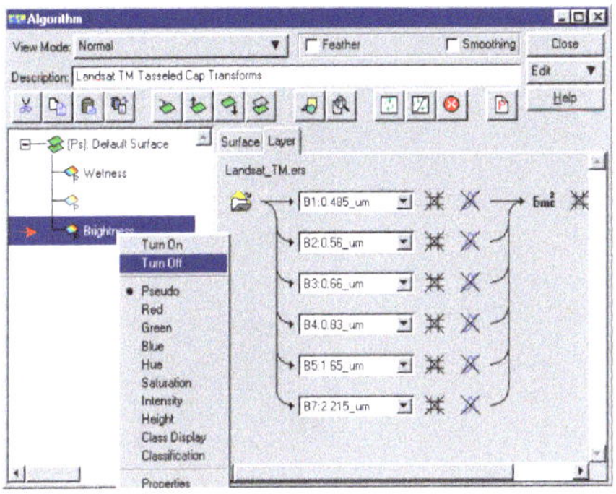

Se despliega una capa en la que se destaca la ubicación y dominancia relativa de la vegetación. La vegetación es más vigorosa cuanto más claros son los tonos de color.

2. Del mismo modo, desactivar la capa *«Greeness»* y activar la capa *«Wetness»* para visualizarla.

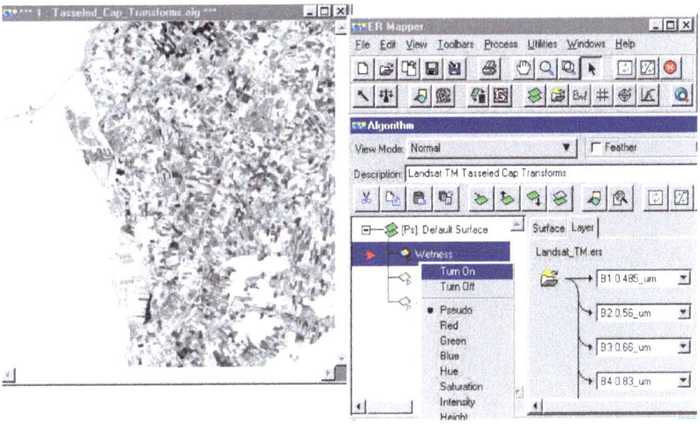

Se visualiza la capa sobre la que se destacan en tonos claros las áreas húmedas y de agua y en tonos oscuros los más secos.

B_4. *Comprobación de las fórmulas.*

1. Marcando sucesivamente con el *pulsador derecho del ratón (PDR)* sobre las tres capas, activarlas *(Turn On)*.
2. Con el *pulsador izquierdo del ratón (PIR)* marcar la capa *«Brightness»* para seleccionarla.
3. En la línea de proceso de la ventana *Algorithm* abrir la ventana *Formula Editor* pulsando sobre el botón *Edit Formula* 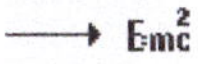.

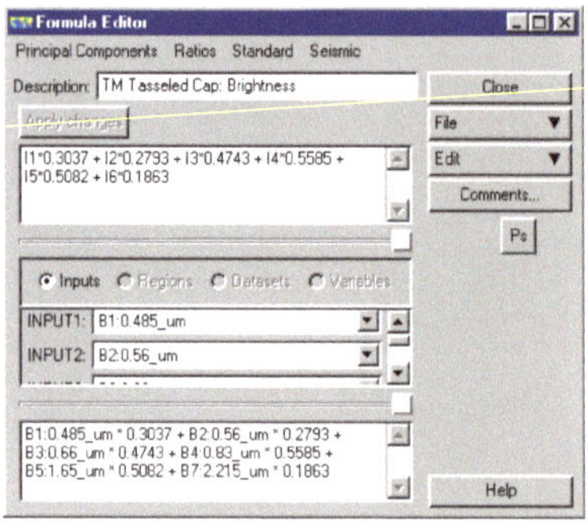

Se muestra la fórmula que ha generado la imagen de brillo Tasseled Cap que es resultado de una combinación lineal de las bandas 1-5 y 7, multiplicadas por los coeficientes estándares de ponderación (eigenvectores), obtenidos por cálculo estadístico matricial de Componentes Principales y que facilitan las administraciones de las agencias operadoras de los satélites o de las empresas productoras de software SIG, como por ejemplo: http://www2.erdas.com/SupportSite/Transmite/modelos/model_descriptions/descriptions.html.

4. En la misma ventana *Formula Editor*, pulsando el botón , visualizar la fórmula y los coeficientes empleados en generar la imagen de humedad *(«Wetness»)* Tasseled Cap.

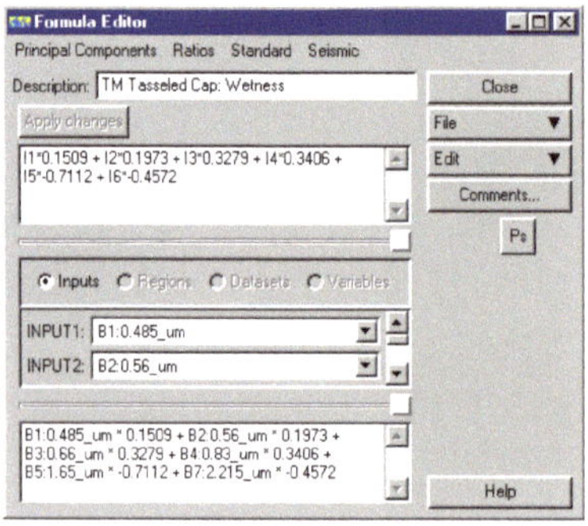

5. Del mismo modo –pulsando el botón – cambiar para visualizar la fórmula y los coeficientes empleados en generar la imagen de Verdor de la Vegetación *(«Greeness»)* Tasseled Cap.

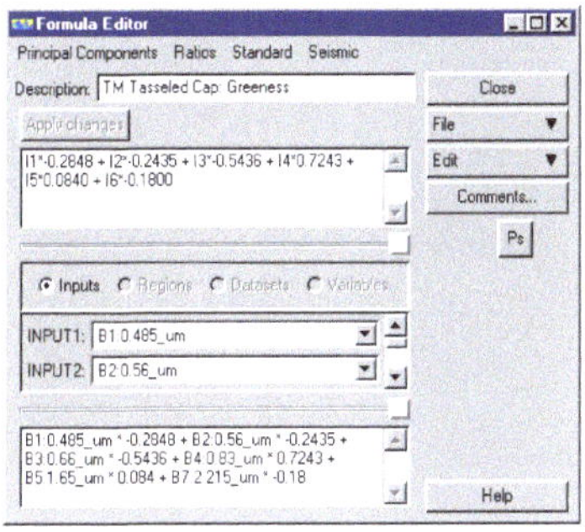

6. Pulsar *Close* en la ventana *Formula Editor* para cerrarla.

B_5. *Archivado del algoritmo como un dataset virtual.*

Para ahorrar espacio en el disco duro se puede archivar el algoritmo como un Dataset Virtual. Asegurarse de que están activadas las tres capas Tasseled Cap:

1. Del menú *File* seleccionar *Save As...* y en el campo *Files Type* seleccionar la opción «*ER Mapper Virtual Dataset (.ers)*». En el menú *Directories* seleccionar *examples\Miscellaneous\Tutorial* y en el campo de texto *Save As* escribir el nombre del archivo virtual, comenzando por las iniciales de su nombre propio y apellidos: por ejemplo, «*MQH_Tasseled_Cap_VDS*» *(al añadir «VDS» –Virtual DataSet– el nombre del archivo nos informará directamente de que se trata de un «dataset» virtual).*

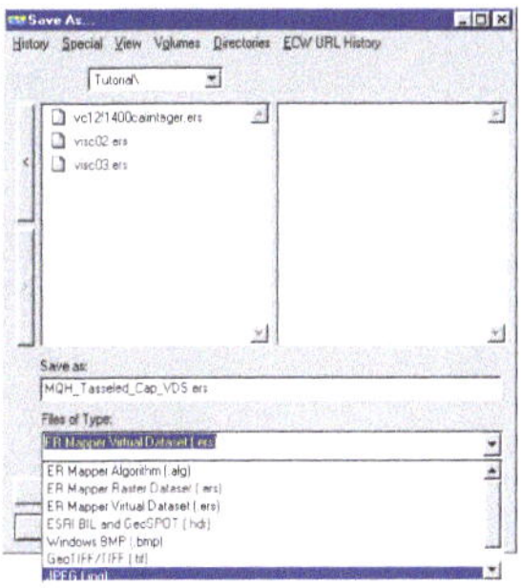

2. Pulsar «*OK*» para guardar el dataset virtual y que se cierre la ventana.
Se abre una ventana que consulta si deseamos borrar las transformaciones de salida: pulsar *Yes*. *Así no se reescalarán los datos al abrir de nuevo el algoritmo para utilizarlo con cualquier otra imagen.*

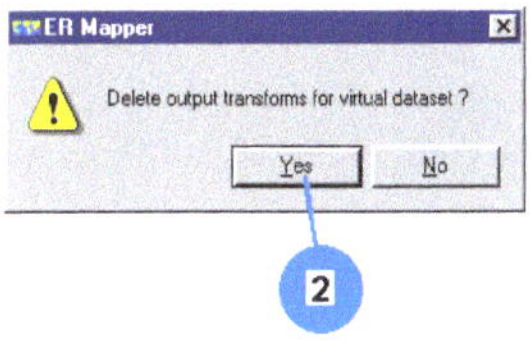

El dataset virtual se archiva como un simple archivo de texto ASCII que describe la línea de procesamiento y las fórmulas de cada capa.

B_6. *Utilización de un algoritmo RGB para desplegar las tres capas como una composición.*

1. En la barra general de herramientas pulsar el botón *Open Algorithm into Imagen Window* . Del menú *Directories* en la ruta *examples\Miscellaneous\Templates\Common* seleccionar el algoritmo «*RGB.alg*». *Aparece una imagen urbana asociada al algoritmo.*

2. En la ventana *Algorithm* pulsar el botón *Load Dataset* . Desde el menú *Directories* seleccionar el Dataset Virtual que habíamos creado en la ruta examples\Miscellaneous\Tutorial\ «*MQH_Tasseled_Cap_VDS.ers*».

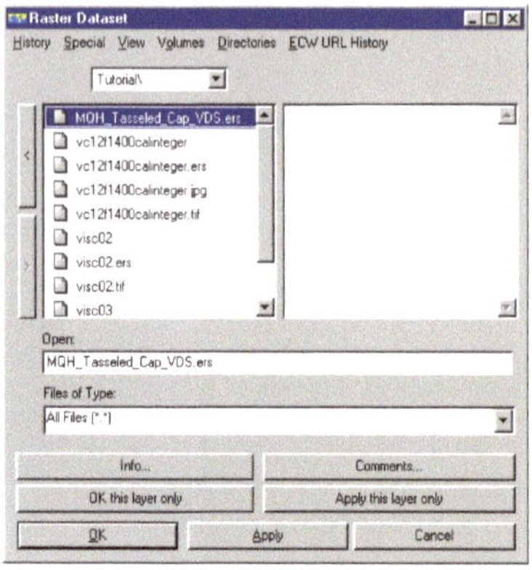

3. En la línea de proceso de la ventana *Algorithm* seleccionar para cada capa una banda del siguiente modo:
   – Capa Blue (azul) = *B1:Wetness*
   – Capa Green (verde) = *B2:Greeness*
   – Capa Red (rojo) = *B3:Brightness*

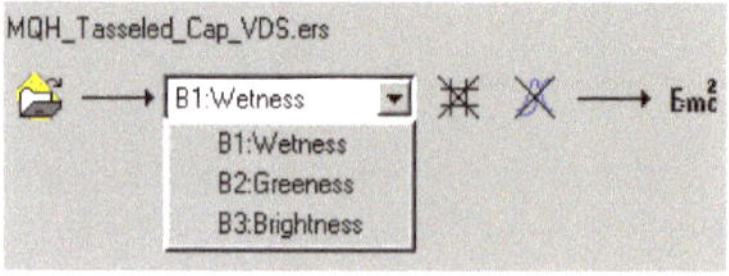

4. En la línea de proceso de la ventana *Algorithm* pulsar el botón *Edit Transform Limits* (a la derecha del icono de la fórmula). De la ventana *Limits* pulsar *Limits to Actual. Así se ajusta el rango de datos creado por las fórmulas Tasseled Cap para su visualización.*

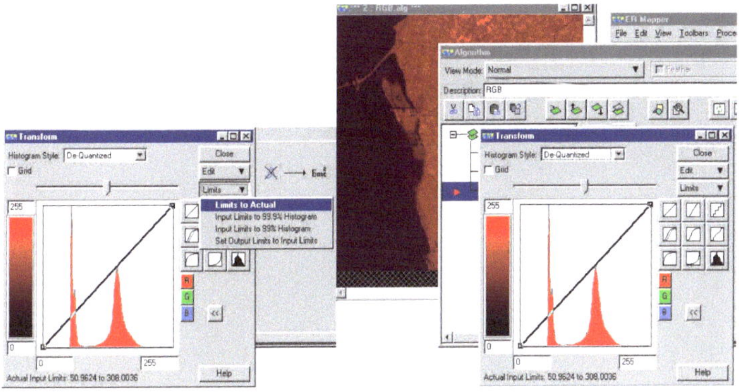

5. En la ventana *Transform* pulsar el botón *Move to next Green Layer* para cambiar a la *capa Green* y aplicar *Limits to Actual*.

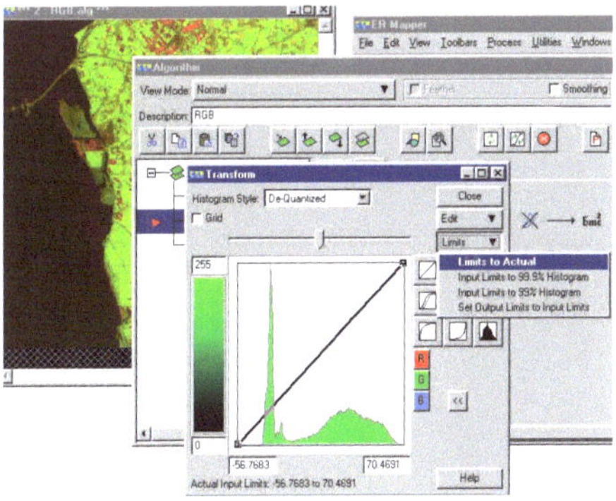

6. En la ventana *Transform* pulsar el botón *Move to next Blue Layer* para cambiar a la *capa Blue* y aplicar *Limits to Actual*.

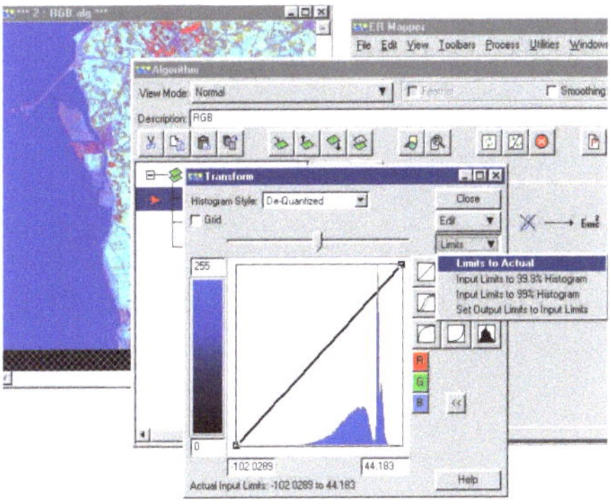

7. Volver a cada capa del modo descrito en 5 y 6 y pulsar en cada una de ellas el botón *Create Autoclip Transform*.

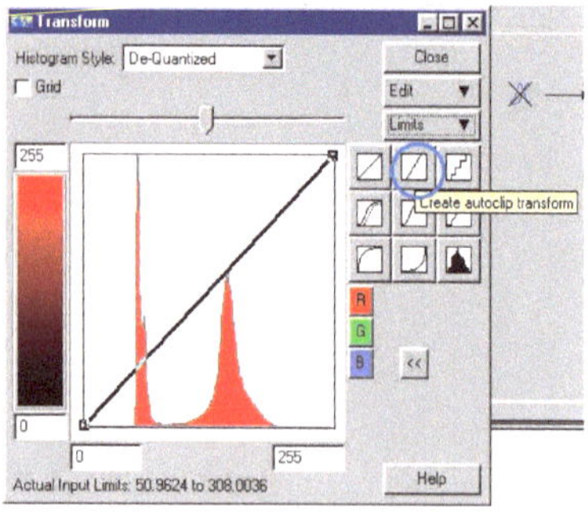

La imagen compuesta RGB de los tres Tasseled Cap muestra claramente los píxeles más brillantes en color rojo, correspondientes a las áreas estériles de arenas, cemento, etc. Los campos con cultivo vigoroso aparecen de color azul claro o verde claro. Las parcelas agrícolas sin cultivar aparecen de color castaño. Y las zonas de agua aparecen con color azul intenso.

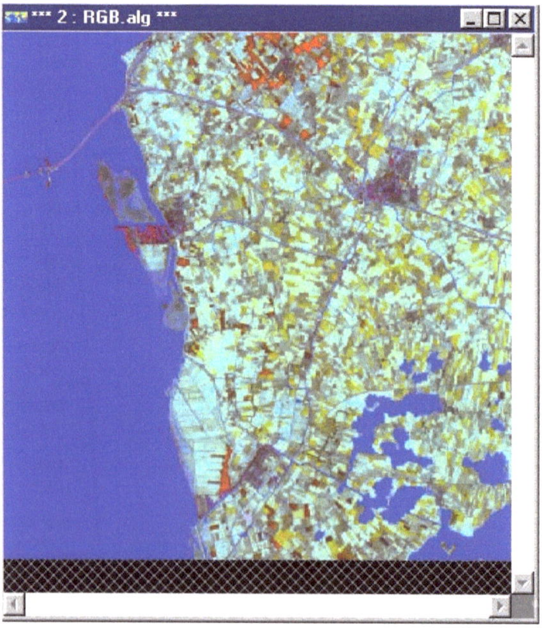

8. Pulsar *Close* para cerrar la ventana *Transform*.

Para ver información sobre el Dataset Virtual:

9. En la línea de proceso de la ventana *Algorithm* pulsar *Load Dataset* . Tras seleccionar el archivo correspondiente en la ventana *Raster Dataset*, pulsar el botón *Info*.

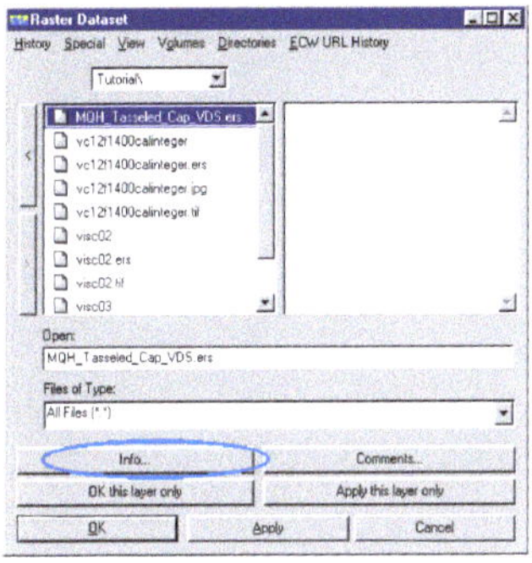

Se abre la ventana Dataset Information *con la información correspondiente, aunque no se podrá editar con el editor de cabecera de dataset.*

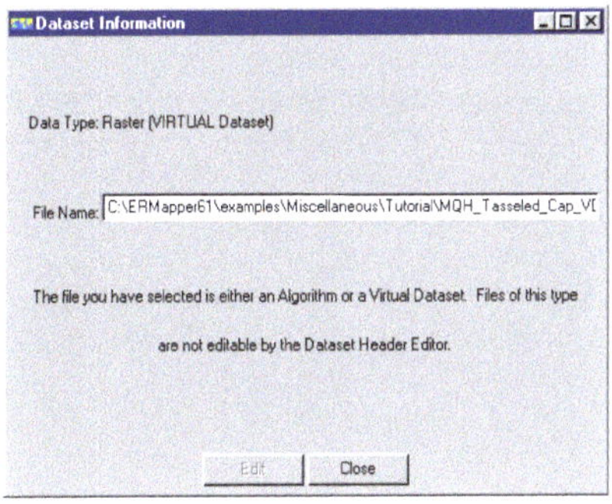

10. Pulsar *Close* en la ventana *Dataset Information* para cerrarla y *Cancel* para cerrar la ventana *Raster Dataset*.

V.4.8. PRÁCTICA N.º 6B DE TELEDETECCIÓN Y SIG: OTRA TÉCNICA DE ÍNDICES ORTOGONALES O COMPONENTES PRINCIPALES SOBRE 6 BANDAS DEL SATÉLITE LANDSAT 7 TM, DENOMINADA DE TASSELED CAP, REALIZADA CON IDRISI 3.2

3. *Ejercicios*

a) Utilizar el módulo *TASSCAP* (módulo Tasseled Cap) del menú *Image Proccesing -> Transformation*. Seleccionar la opción de utilización de bandas del Landsat MSS e incluir las cuatro bandas de la escena del año 90 «*maur90-band1*», «*maur90-band2*», «*maur90-band3*», «*maur90-band4*». Escribir «*maur90*» como el prefijo para las imágenes de salida. *Esta operación producirá cuatro imágenes llamadas: maur90GREEN, maur90BRIGHT, maur90YELLOW* y *maur90NOSUCH*. Abrir las cuatro imágenes usando escalamiento de 0 a 255 (para ello hay que realizar un *stretch*).

0. ¿Por qué piensa que las áreas que se indican con altas cantidades de vegetación en la imagen de la vegetación verde (90GREEN) muestran valores bajos en la imagen de brillo del suelo (90BRIGHT)?

b) Utilizar el módulo *PCA* (análisis de componentes principales) desde el menú *Image Processing -> Transformation*. Seleccionar la opción de calcular directamente las covarianzas. Introducir el número 4 como número de bandas y *4* como el número de componentes a generar. Escribir «*maur90*» como el prefijo para los archivos de salida e introducir las cuatro bandas de maur90 del MSS. Seleccionar la opción de utilizar variables no estandarizadas.
Cuando finalice el proceso, abrir las cuatro imágenes de «*maur90CMP1*» a «*maur90CMP4*». *La información de la tabla que aparece indica que el primer componente describe cerca del 93% de la varianza presente en el conjunto original de las cuatro bandas. Observe que todas las bandas de entrada tienen «loadings» altos y positivos para el componente 1. Se podría entonces interpretar que este componente representa el «brillo» general de toda la imagen. El segundo componente tiene «loadings» positivos para las bandas Infrarrojas y negativos para las bandas del visible Verde y Rojo. Puede ser interpretado como una imagen que describe la vegetación, independiente del «brillo» general de la imagen. Los componentes 3 y 4 describen poco de la varianza original y parecen representar las interferencias atmosféricas y de otro tipo en las imágenes.*

1. Compare el componente 2 que ha obtenido con la imagen maur90GREEN obtenida en la transformación anterior. ¿Se parecen estas imágenes? ¿Por qué cree que sucede?

——— FIN DE LA PRÁCTICA ———

SOLUCIONES

0. *Porque ambas son complementarias entre sí (altos valores vegetales dan bajos valores de brillo y viceversa).*

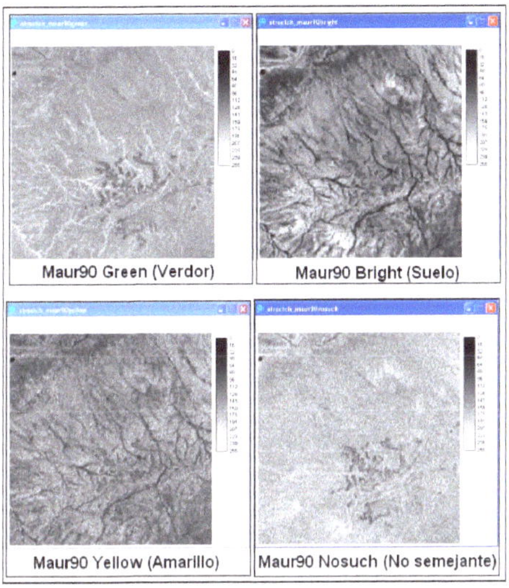

1. *Mucho. Porque el componente 2 recoge la mayor información de la radiación en el IR Próximo en el que la vegetación produce su máxima reflectividad (banda 3 del MSS Landsat).*

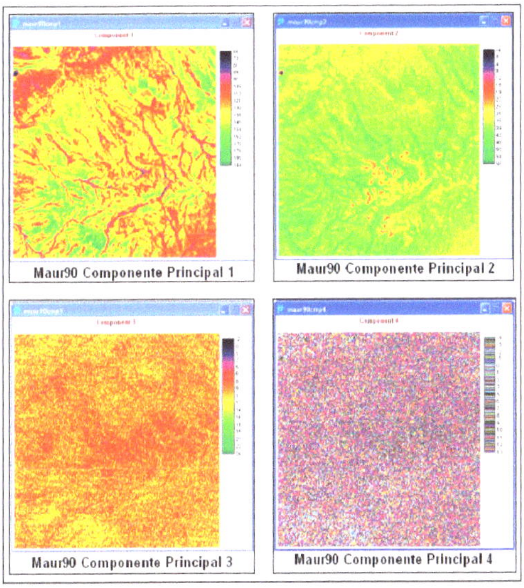


```
VAR/COVARmaur90-band1maur90-band2maur90-band3maur90-band4
maur90-band1      30.86      61.44      44.44      26.66
maur90-band2      61.44     138.78      97.51      56.98
maur90-band3      44.44      97.51      79.09      49.30
maur90-band4      26.66      56.98      49.30      38.18

COR MATRXmaur90-band1maur90-band2maur90-band3maur90-band4
maur90-band1   1.000000   0.938834   0.899424   0.776568
maur90-band2   0.938834   1.000000   0.930746   0.782858
maur90-band3   0.899424   0.930746   1.000000   0.897115
maur90-band4   0.776568   0.782858   0.897115   1.000000

COMPONENT         C 1        C 2        C 3        C 4
% var.      92.86      5.05       1.12       0.96
eigenval.     266.44     14.50       3.22       2.75
eigvec.1  0.322808 -0.174839  0.769466  0.522636
 eigvec.2  0.709448 -0.530481 -0.112413 -0.450153
 eigvec.3  0.532623  0.345607 -0.527995  0.563995
 eigvec.4  0.329836  0.754041  0.341332 -0.454008

  LOADING         C 1        C 2        C 3        C 4
maur90-band1   0.948519 -0.119850  0.248672  0.155971
maur90-band2   0.983005 -0.171475 -0.017131 -0.063349
maur90-band3   0.977569  0.147981 -0.106584  0.105135
maur90-band4   0.871352  0.464716  0.099177 -0.121816
```

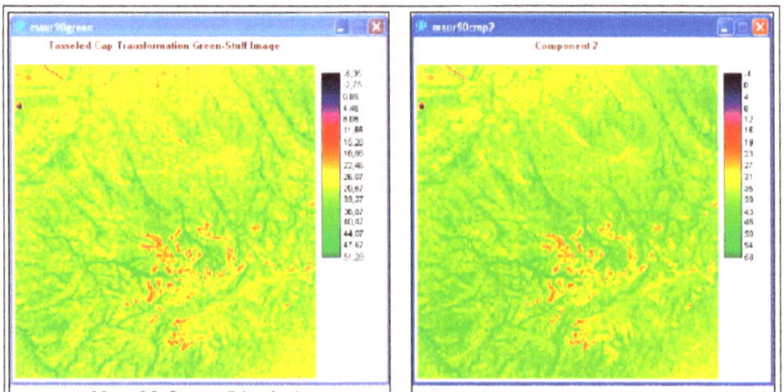

Maur90 Green (Verdor) -Tasseled Cap-

Maur90 Componente Principal nº 2 -Analisis Componentes Principales)-

V.4.9. Práctica n.º 7 de SIG: El Modelo Digital de Elevaciones (MDE). Operaciones Idrisi sobre MDE, realizadas con Idrisi 3.2.

1. *Objetivos*

- Comprender en qué consisten, dentro de los modelos digitales del terreno, los modelos digitales de elevaciones.
- Aprender a manejar distintos operadores de vecindad extendida y módulos que realizan cálculos y transformaciones topográficas sobre los datos del relieve que proporcionan los modelos digitales de elevaciones (MDE) (DEM: Digital Elevation Model).

2. *Fundamentos*

2.1. El MDE

Un MDE es una estructura numérica de datos que representa la distribución espacial de la altitud de la superficie de un terreno de un modo muy continuo. Habitualmente constituyen en los SIG la capa base de todos los demás atributos del espacio geográfico. El relieve es la base de todos los mapas. Sobre ella se superponen las demás características geográficas físicas, tanto naturales como humanas.

La captura de datos para crear un MDE suele hacerse en formato *vectorial* de puntos de altitud (cotas geodésicas y topográficas), obtenidos bien de forma directa (radar, láser, GPS, levantamientos topográficos, etc.) o indirecta (restituciones de imágenes satelitales, de fotografías aéreas, digitalizaciones, etc.). Para el manejo SIG y para realizar operaciones sobre el MDE conviene transformar los archivos vectoriales a formato *raster*. Esto se puede realizar con distintos métodos como, por ejemplo, el «lineal» (ecuación del plano definido por los tres vértices de cada triángulo) o el «quíntico» (ecuación polinómica de 5.º grado).

Los datos en los MDE suelen organizarse en tres tipos de registros lógicos:

- Tipo A. Contiene la información que define las características generales del MED que se conocen como *metadatos*, incluyendo su nombre, coordenadas de sus límites territoriales, unidades de medida, máxima y mínima altitud, sistema de proyección y número de registros de tipo B. Cada archivo DEM tiene un único registro de tipo A que contiene además de los datos mencionados:

  ncols: Número de columnas.
  nrows: Número de filas.
  xllcorner: Coord. x (UTM) del centro de la celda inferior izquierda del modelo (metros).
  yllcorner: Coord. y (UTM) del centro de la celda inferior izquierda del modelo (metros).
  cellsize: Tamaño de la celda del MDE en metros (resolución espacial).
  NODATA_value: Valor para representar los puntos del modelo donde no existen datos.

- Tipo B. Contiene los datos de los perfiles de elevación y la información asociada de la cabecera. Cada perfil tiene un registro de tipo B. Es el registro de las altitudes según una malla regular de puntos alineados.

- Tipo C. Contiene información estadística sobre la precisión de los datos.

Los datos de altitud se registran en una red rectangular y regular de puntos que se encuentran a igual distancia entre sí. Generalmente están georreferenciados en unidades de *arco/segundo*, dentro de un sistema sexagesimal de coordenadas geográficas o esféricas (latitud-longitud). Estas líneas son denominadas *perfiles*, franjas o tiras. En los MDE *vectoriales* se numeran en columnas desde el Sur hacia el Norte y desde el Oeste hacia el Este. En los MDE *raster* comienzan a numerarse desde la celda superior izquierda. Hay un mismo número de píxeles en el primero y el último perfil y en la primera y última fila, aunque representan distintos tamaños reales, según el tipo de proyección cartográfica que se utilice (generalmente UTM).

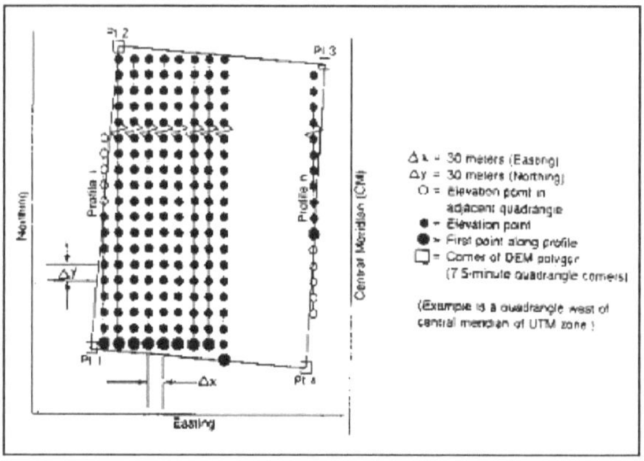

2.2 Operaciones SIG sobre MDE

Fundamentalmente van encaminadas a la obtención de:
- Análisis de errores, mediante calibrados y verificaciones.
- Parametrizaciones: selección de variables altitudinales, su procesado y sus representaciones.
- Simulaciones de procesos de origen gravimétrico y de otros que están guiados por el relieve que pueden ser de dos tipos:
  - Simulaciones estáticas: pendientes, perfiles topográficos, cuencas visuales, etc.
  - Simulaciones dinámicas: predicciones de procesos. La suma de un modelo y un algoritmo da otro modelo digital derivado. Por ejemplo, insolaciones, inundaciones, flujos de lava, incendios, etc.

2.3 Conceptos básicos en las operaciones sobre los MDE

- *Altitud*: Distancia vertical desde un punto del relieve hasta una superficie o datum vertical de referencia.
- *Pendiente*: Ángulo que forma el vector normal a la superficie en un punto y la vertical en dicho punto.
- *Orientación*: Ángulo que forma el vector que señala el Norte geográfico en un punto y la proyección sobre el plano horizontal del vector normal a la superficie en dicho punto.
- *Curvatura*: Tasa o grado de cambio en la pendiente en el entorno de un punto (derivada de segundo grado de la altitud). Interesa para calcular escorrentías, aludes, erosiones y flujos guiados por el relieve y la fuerza de la gravedad en general.

Variables de los datos obtenidos con modelos de simulación de procesos:
a) Modelos de Red de Drenaje y de Cuenca Hidrográfica:

- *Línea de flujo*: Trayecto que desde un punto sigue la escorrentía (es la línea de máxima pendiente).
- *Área subsidiaria de una celda*: Conjunto de celdas cuyas líneas de flujo convergen en dicha celda. Una Cuenca Hidrológica está formada por el área subsidiaria de unas celdas singulares que actúan como sumideros. Está constituida por los denominados en inglés «pit» (cañada, hondonada, talwegs, etc.; es decir, dónde se acumula o corre el agua).
- *Caudal máximo potencial* (CMP): Depende de variables como la extensión superficial del área subsidiaria; las precipitaciones producidas sobre ella; el tipo de rocas que forman el suelo y su grado de permeabilidad; y la pendiente. Las combinaciones de estos factores producen los flujos de agua más o menos caudalosos y rápidos.

b) Modelos de Visibilidad: Cuencas visuales. Impactos visuales:
- *Cuenca visual de un punto*: Conjuntos de puntos de un MDE con los que está conectado visualmente.
- *Estructuras e infraestructuras agresivas con el paisaje*: Carreteras, torres de telefonía móvil, tendidos eléctricos y telefónicos aéreos, torres de vigilancia de incendios forestales, etc.
- *Puntos mutuamente visibles*: Perfiles topográficos.
- *Coberturas teóricas de telefonía móvil desde un punto*. Basado en cuenca visual.

c) Modelos Climáticos –climas locales–:
- *Insolación potencial en un punto*: Tiempo máximo que puede estar sometido a la radiación solar directa en ausencia de nubosidad. Solanas y umbrías. No se tiene en cuenta la inclinación de los rayos de sol, según la exposición de ladera.
- *Irradiancia: Índices de exposición*. Mediante comparación con una superficie horizontal de referencia sin sombras. Pendientes y orientación, latitud y declinación solar. Sí tiene en cuenta la inclinación de los rayos solares.
- Asociación de las *nieblas* –inversiones térmicas– con la *altitud* y las *formas de relieve*.

d) Modelos de Probabilidad-Riesgo:
- *Probabilidad* de ocurrencia de un suceso dañino.
- *Vulnerabilidad*: Daño potencial que causaría en términos humanos.
- *Riesgo*: Combinación de Probabilidad y Vulnerabilidad.

e) Modelos de Idoneidad:
- Adecuación de una combinación de factores ambientales para una actividad o uso del suelo (por ejemplo, la introducción de una especie vegetal nueva en un territorio).
- Sobre Evaluaciones Multicriterio y Multiobjetivo con base en el relieve.
- Sobre métodos de construcción de modelos lógicos (booleanos), bayesanos, regresiones, perfiles corregidos (weights of evidence), lógica borrosa (fuzzy), etc.

3. *Ejercicios*

En la carpeta que se habrá creado con el nombre del Proyecto SIG, existirán los archivos *sierradem.rst* y *sierradem.rdc* que están incluidos en la carpeta «Using Idrisi» del tutorial de Idrisi. El archivo *«sierradem» es un Modelo Digital de Elevaciones tipo raster de la Sierra de Gredos en la Cordillera Central de España*.

✓ Abrir el programa IDRISI y desde *File -> Data Paths* seleccione como carpeta de trabajo (Project Environment) la de su nombre de proyecto.

3.1. Visualización del Modelo Digital de Elevaciones

✓ Desplegar el archivo raster «*sierradem.rst*» con *Display Launcher*.
0. ¿Cuáles son los valores máximo y mínimo? ¿Qué piensa que define el valor máximo?

✓ Muévase por la imagen con el cursor en modo pregunta (Cursor *Inquiry Mode*) y localice la mayoría de píxeles que tengan el valor mínimo:
1. ¿Qué piensa que define el valor mínimo?

3.2. Extracción de una ventana espacial para realizar un análisis topográfico

El módulo «WINDOW» *(que se encuentra dentro del menú principal* REFORMAT*) permite extraer un sector rectangular de una capa-imagen o de varias capas con los mismos datos georreferenciales para convertirlo en una nueva capa-imagen o varias capas parciales respecto a las anteriores. Así se puede seleccionar una parcela, comarca, provincia, región, etc., de las que conozcamos bien su número de filas y columnas, o bien las coordenadas que comprende el rectángulo en el que se inscriben. Obtendremos un nuevo archivo raster georreferenciado que contiene sólo el espacio deseado*:

✓ Abrir el módulo *WINDOW* y elegir como archivo de entrada «*sierradem.rst*». Seleccionar la opción «*Row/column positions*» e introducir en «Upper-left column» el valor *604*; en «Upper-left row»: *1*; en «Lower-right column»: *929*; y en «Lower-right row»: *514*. Nombre el archivo de salida «*MDE valle de Iruelas*». Pulsar «*OK*».

2. Analice los metadatos del nuevo archivo y escriba las coordenadas mínimas y máximas del nuevo MDE correspondiente a la zona en la que se encuentra el valle de Iruelas (provincia de Ávila).

✓ Repetir la operación con *WINDOW* pero seleccionando la opción «*Geographical positions*» e introduzca las coordenadas UTM del rectángulo que comprende el valle de Iruelas, según la siguiente figura:

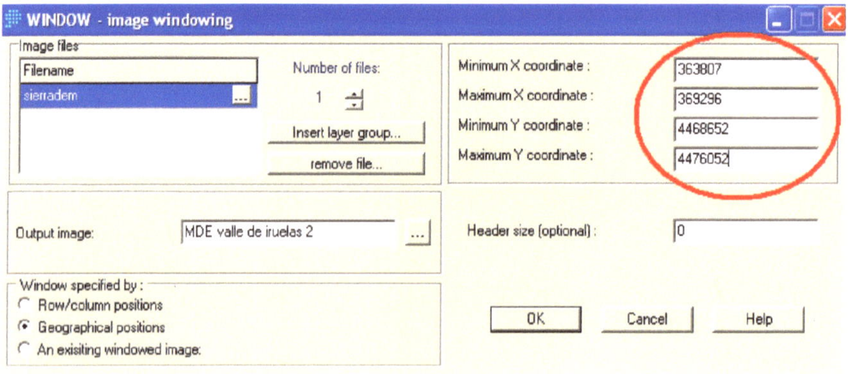

Nombre el archivo de salida «*MDE valle de Iruelas 2*».

3. Compare los dos resultados. ¿Ha cambiado algo?

3.3. Análisis del archivo raster: estadísticas, medidas y gráficos

3.3.1. Análisis del Histograma del MDE

✓ Con el módulo *Histo* obtenga el histograma de las altitudes del modelo digital de elevaciones del valle de Iruelas de Castilla y León *(«MDE valle de Iruelas.rst»)* y analícelo:

4. ¿Cuál es el valor máximo, el mínimo, la media y la desviación estándar de altitud en el modelo digital de elevaciones del valle de Iruelas en Castilla y León?

✓ Abrir el histograma de *«MDE valle de Iruelas»* con el módulo *Histo*, seleccionando su opción numérica:

5. ¿Cuál es la moda de altitud del MDE del valle de Iruelas?

6. ¿Cuántas celdas del MDE del Valle de Iruelas tiene el umbral de altitud mínima? ¿Cuántas el de altitud máxima?

3.3.2. Medidas sobre el MDE

– Superficies

Con el módulo Area *(en* «Database Query»*) se pueden medir las superficies asociadas con cada categoría de atributos o con cada umbral de la escala de la imagen del archivo raster (en nuestro caso con cada umbral de altitud según la escala de la leyenda de la imagen del MED). Este módulo facilita la salida de su cálculo como una nueva imagen de las superficies calculadas o como una tabla numérica.*

✓ Abrir el módulo *Area* y con la opción «Hectáreas» obtener la imagen de superficies isohipsas del MDE del Valle de Iruelas (*«MDE valle de Iruelas*.rst»). Como siempre, denominar la imagen de salida con un nombre evocador de la operación y de la imagen sobre la que lo hemos aplicado (por ejemplo, «MDE valle de Iruelas Area»).

✓ Volver a abrir el módulo Area, ahora con la opción «tabla» seleccionada:

7. ¿Qué altitud cubre la mayor parte de la superficie del valle de Iruelas y cuánto es ésta? Ayudándose de la tabla de distribución de superficies que ocupa cada altitud, calcular la superficie en hectáreas que cubren las isopletas entre 1.470 y 1.480 metros de altitud:

– Perímetros

Con el módulo Perim *(en* «Database Query»*) se pueden medir las longitudes que cubren cada una de las líneas con los mismos umbrales de valores (en nuestro caso de cada curva de nivel según la escala de la leyenda de la imagen del MED). Este módulo también facilita la salida de su cálculo como una nueva imagen de las longitudes calculadas o como una tabla numérica. Hay que tener en cuenta que por tratarse de cálculos de distancia sobre archivos raster se producen siempre sobredimensionamientos, puesto que las diagonales y demás líneas que no sean horizontales o verticales son escaleras de celdas. Por eso conviene indicar esta circunstancia, por ejemplo, en el título de la imagen resultante.*

✓ Abrir el módulo *Perim* y con la opción «Km» obtener la imagen de los perímetros de las líneas isohipsas del MDE del Valle de Iruelas *(«MDE valle de Iruelas.rst»)*. Como siempre, denominar a la imagen de salida con un nombre evocador de la operación y de la imagen sobre la que lo hemos aplicado (por ejemplo, «MDE valle de Iruelas PERIM»). Vuelva a abrir el módulo Perim con la opción «tabla» seleccionada:

8. Ayudándose de la tabla de distribución de perímetros que ocupa cada altitud ¿cuál es la curva de nivel de mayor longitud en el valle de Iruelas? Calcular la distancia en kilómetros que suman las isohipsas de 1.480 metros de altitud.

– Gráficos

Con el módulo Profil *(en* «Database Query»*) se pueden realizar tres tipos de perfiles:*

- Espacial*: Siguiendo trazados lineales (rectilíneos y de segmentos) de hasta 10.000 celdas, dentro de una sola imagen o archivo.*
- Temporal: *Cubriendo como máximo 15 celdas sobre hasta 700 imágenes de distinta fecha de la misma zona de la superficie terrestre.*
- Espectral*: Similar al anterior, pero cubriendo imágenes de distintas bandas de radiación en una sola fecha.*

Proceso:

1.º Con el icono digitalizar una línea *sobre la fila 173* de la imagen «*MDE valle de Iruelas.rst*» desde el lado *W* hasta el *E*, y guárdela como un archivo *vectorial* de *línea* con el nombre «*perfil w-e del valle de Iruelas*».

La utilización del módulo de digitalización exige, antes de trazar las líneas, puntos o polígonos, que se le especifique el nombre, paleta de símbolos y tipo de archivo vectorial. Y lo realiza, tras preguntar si guarda los cambios, cuando se vuelve a cerrar la imagen sobre la que se ha realizado la digitalización o al pulsar sobre el icono de la barra de herramientas. Compruebe que los metadatos de la nueva capa vectorial que ha creado coinciden con los de la capa raster sobre la que digitalizó y son de tipo «entero» («integer»). En caso de que no sea así, unifíquelos con el módulo *METADATA*.

2.º Abra el módulo *PROFIL* y obtenga el *perfil topográfico*, combinando el archivo raster «*MDE valle de Iruelas.rst*» y el vectorial «*perfil w-e del valle de Iruelas*».

9. Dibuje y comente la forma del perfil y las distintas altitudes que lo configuran.

3.4. Análisis topográfico de un MDE (archivo raster)

Este tipo de análisis suele realizarse sobre archivos raster con ayuda de módulos de programación informática que, dentro de los SIG's, son conocidos como Operadores de Contexto *o de* Vecindad *y de* Vecindad Extendida, *que también son utilizados para detectar* corredores (buffers) *y* superficies de fricción *o* coste.

El módulo SURFACE *permite, mediante 3 opciones distintas, realizar sobre MDE imágenes de* pendientes (*submódulo* SLOPE); orientaciones de las máxima pendientes (*submódulo* ASPECT); y sombreados de vertientes *según el acimut y la altura del sol sobre el horizonte* (*submódulo* ANÁLISIS HILLSHAD). *La última opción permite realizar modelos de insolación e irradiancia.*

✓ Abrir el módulo *SURFACE* (en el menú *Analysis/Context Operators*) y seleccionar la opción «Slope». Seleccionar la opción de obtener la imagen-resultado de pendientes en *grados* e introducir como DEM (MDE) de entrada el archivo raster «*MDE del valle de Iruelas*.rst». Escribir en «factor de conversión» un «*1*». Denominar como siempre a la imagen de salida con un nombre evocador de la operación y de la imagen sobre la que lo hemos aplicado (por ejemplo, «MDE del valle de Iruelas PENDIENTES). Pulsar «*OK*».

10. ¿A qué cree que obedece el mínimo grado de pendiente? ¿Cuál es la máxima pendiente existente?

✓ Abrir de nuevo el módulo *SURFACE* y esta vez seleccione la opción «Aspect». Volver a introducir como DEM (MDE) de entrada el archivo raster «*MDE del valle de Iruelas*.rst». Como siempre, denominar a la imagen de salida con un nombre evocador de la operación y de la imagen sobre la que lo hemos aplicado (por ejemplo, «MDE valle de Iruelas ORIENTACION PENDIENTES»). Pulse «*OK*».

11. Realice el histograma de la imagen resultante como tabla y diga qué orientación mayoritaria (en grados de acimut) tienen las pendientes del área.

✓ Abrir de nuevo el módulo *SURFACE* y ahora seleccionar la opción «Analytical hillshading». Volver a introducir como DEM (MDE) de entrada el archivo raster «*MDE del valle de Iruelas*.rst». Nombrar la imagen de salida de un modo evocador de la operación y de la imagen sobre la que hemos aplicado la operación (por ejemplo, «MDE valle de Iruelas SOMBREADO»), y mantener las opciones por defecto del ángulo del acimut solar (*315º* = NW) y de altura del sol sobre el horizonte *(30º)*. Pulsar «*OK*».

12. Según el sombreado producido en la imagen-resultado ¿en qué sector del valle de Iruelas es más contrastado el relieve? ¿En qué basa su respuesta?

El módulo VIEWSHED *permite realizar* cuencas visuales *o localización de los espacios visibles desde uno o varios puntos; así como, de modo inverso, localizar los espacios desde los que son visibles lugares concretos.*

Imaginar que se trata de analizar el paisaje visible desde un punto en el que se quiere montar un mirador a 2 metros de altura sobre el suelo; o, como otro ejemplo, el espacio que puede cubrir una antena de radio de 2 metros de altura para alcanzar un radio de acción de 40 km –40.000 m– (visual en el primer caso, o de longitud de alcance de la emisora en el segundo).

– *Como paso previo es necesario crear una imagen raster que contenga el píxel o celda del punto o los puntos de vista desde los que se quiere realizar la cuenca visual, siguiendo los pasos siguientes.*

Proceso:

1.º Digitalizar (con ) un punto de vista que esté centrado sobre la imagen «*MDE del valle de Iruelas*.rst». Elija para ello la opción de archivo *vectorial de punto* y nombrar dicho archivo vectorial como «*mirador del valle de Iruelas.vct*». Cerciórese de los metadatos obtenidos y, en caso necesario, unifique las coordenadas máximas y mínimas del vectorial a las del raster.

2.º Mediante el módulo *INITIAL* (existente en el menú principal *DATA ENTRY*) crear un archivo raster vacío (sin valores de atributo) al que puede dar como nombre de salida, por ejemplo, «*mirador del valle de Iruelas.rst*». Seleccionar la opción *Copy spatial parameters from another image*. En *Image to copy parameters from* incluir el archivo «*MDE del valle de Iruelas*.rst»: el nuevo archivo tomará los parámetros (filas/columnas, georreferenciaciones y sistema de proyección, etc.) de la imagen del modelo digital de elevaciones del Valle de Iruelas. Seleccionar el tipo de datos de salida «*integer*» (entero) y como valor inicial escribir *0* (cero).

3.º Convertir el archivo *vectorial* con el punto de vista (creado en el paso 1.º) a formato *raster*, actualizando el archivo raster (creado en el paso 2.º). Para ello, abrir el módulo *POINTRAS* (conversor de formato *vectorial de punto* a formato *raster*) que existe en el menú principal *Reformat*, submenú *Raster/vector Conversión*. En tipo de operación elija la opción por defecto «Change cells to record the identifiers of points». En la ventanita «Vector point file» seleccione «*mirador del valle de Iruelas.vct*» y en «Image file to be update» seleccione «*mirador del valle de Iruelas.rst*». Pulse «*OK*» y se actualizará este último archivo con el punto de vista. Si quiere visualizarlo puede utilizar, por ejemplo, la paleta «*regress*».

✓ Tras realizar la operación previa, abrir el módulo *VIEWSHED* que está localizado en el menú principal *ANALYSIS*, submenú «*Context Operators*». Como «Surface image» elija «*MDE del valle de Iruelas*.rst». Como «Viewpoint image» seleccionar «*mirador del valle de Iruelas.rst*». En «Viewer heigth» introducir *2* (2 metros de altura sobre el suelo) y en «Search distance» introducir *40000* (40 km). A la imagen de salida nómbrela «*Cuenca Visual del valle de Iruelas*.rst». Puede visualizarlo con la paleta «*qual 16*».

13. En la imagen resultante, ¿con qué color aparece el espacio que es directamente visible desde el centro de la comarca? ¿Con cuál el espacio no directamente visible? ¿Con cuál el punto de vista? *Para poder ver este último tendrá que aplicar un zoom potente*: ¿por qué ha tenido que ampliar mucho el centro de la imagen para poder visualizar el punto de vista?

3.5. Análisis de Cuencas Hidrográficas teóricas sobre MDE

El módulo WATERSHED *permite determinar las cuencas y subcuencas hidrográficas, pero hay que tener cuidado con el efecto que se conoce como «falsas vaguadas» que suele producirse en los distintos pasos que hace el programa analizando el MDE. Pueden ser regularizadas estas falsas vaguadas con el módulo PIT REMOVAL que se encuentra en Analysis/Surface/Feature Extraction.*

El cálculo de la Cuenca de Drenaje se realiza con el módulo WATERSHED *mediante un lento proceso de 10 pasos, por el que se crean 7 imágenes raster intermedias que son borradas automáticamente por el programa una vez determinadas las cuencas y subcuencas.*

Además hay que tener cuidado con el umbral elegido (número mínimo de celdas que se pretenden analizar como constituyentes de cada subcuenca). Si es demasiado pequeño y el archivo raster tiene muchas celdas o píxeles se puede desbordar el programa y dar error: Idrisi tiene capacidad para analizar 32.000 subcuencas en un archivo raster.

También se puede realizar la determinación de cuencas y subcuencas de drenaje de un modo dirigido: suministrando al módulo WATERSHED *una imagen o archivo raster de una línea seminal (por ejemplo, el trazado de un río) que sirva para preselección de la cuenca (SEED IMAGE). Todo píxel o celda que contribuya al flujo hídrico hacia los píxeles o celdas de dicha «seed image» el programa considerará que pertenece a su cuenca; al resto de celdas les asignará valor 0 (cero). La «seed image» raster puede estar constituida por* puntos *(p. e., salidas de subcuencas o nivel de base),* líneas *(por ejemplo, «talwegs» de arroyos o ríos)* o polígonos *(p. e., embalses o lagos) y se crean, tal como se indicó en el apartado de Cuencas Visuales, mediante digitalización vectorial y su posterior conversión a formato raster.*

✓ Abrir el módulo *WATERSHED* (en *Analysis/Surface Analysis/Feature Extraction*) y en «Input DEM» seleccionar el archivo «*sierradem*.rst»; nombrar el archivo de salida como «*Cuencas Automaticas de la Sierra de Gredos*». Defina *10000* celdas como «Area treshold» y seleccione la opción «Automatic».

Marque la ventanita «Exclude background value» y escriba el valor *0* (cero). Ponga como *título* a la imagen «Cuencas Hidrográficas de 10.000 celdas de la Sierra de Gredos». Pulse «*OK*».

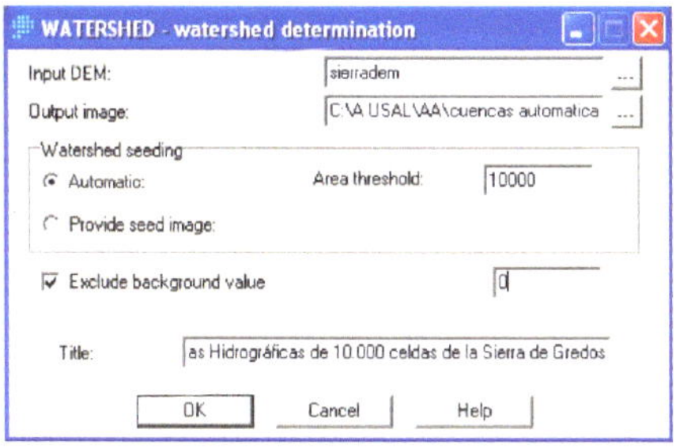

14. ¿Cuántas cuencas de drenaje se han obtenido? Vuelva a repetir el proceso con cuencas de 30.000 celdas, ¿cuántas cuencas han resultado con este umbral de área?

Trabajar con una «seed image»:

✓ Digitalizar sobre la imagen «*sierradem*.rst» el talweg del río Alberche, al Norte de la Sierra de Gredos, que alimenta al Embalse del Burguillo *(ayúdese con un mapa de la comarca para ver su recorrido si lo cree necesario)* y siga el proceso como en el apartado de *Cuenca Visual* hasta convertir el archivo *vectorial de línea* digitalizado en un *archivo raster* al que puede nombrar «*rio Alberche*.rst». Como siempre que se digitaliza, tener en cuenta la homogeneización de los metadatos.

✓ Abrir de nuevo el módulo *WATERSHED* (en *Analysis/Surface Analysis/Feature Extraction*) y en «Input DEM» seleccione el archivo «*sierradem*.rst». Nombrar el archivo de salida como «*Cuenca del rio Alberhe*.rst». Definir «Provide seed image» seleccionando «*rio Alberche*.rst». Marcar la ventanita «Exclude background value» y escribir el valor *0* (cero). Poner como título a la imagen «Subcuenca del Río Alberche». Pulse «*OK*».

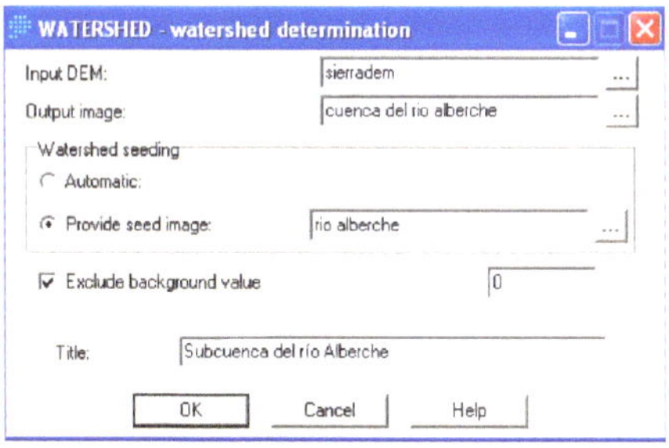

✓ Abrir la imagen «*Cuenca del rio Alberche*.rst» y en el «Componer» superponerle el archivo vectorial «*rio Alberche*.vct» con el botón «Add Layer».

15. ¿Cuántas Cuencas de Drenaje se han obtenido? ¿Con qué números de las cuencas obtenidas en la opción automática con un umbral de 30.000 celdas coincide esta que ha obtenido de un modo dirigido?

FIN DE LA PRÁCTICA

SOLUCIONES

0. *Máx: 1999; Min: 410. La cota de mayor altitud en el MDE de la Sierra de Gredos.*
1. *La cota de menor altitud de la Sierra de Gredos.*
2. *361120 mín X; 370900 máx X; 4462550 mín Y; 4477970 máx Y.*
3. *Sí. La escala del valle: MDE valle de Iruelas- 1:146.682 y MDE valle de Iruelas 2- 1:70.577*
4. *622 m; 1.943 m; media 1.128,4 m; Desviación Estándar 300,9.*
5. *721 m-730 m (8.535 celdas).*
6. *Mínimo umbral (entre 622 m y 630,9 m):152 celdas. Máximo umbral (entre 1.936 m y 1.943 m): 109 celdas.*
7. *Es la altitud correspondiente al Embalse del Burguillo (729 m de altitud) que cubre 718,2 ha. Para calcular la superficie que ocupan las altitudes comprendidas entre 1.470 y 1.480 m hay que sumar las superficies que ocupa cada altitud entre ellas: total 123,17 ha.*

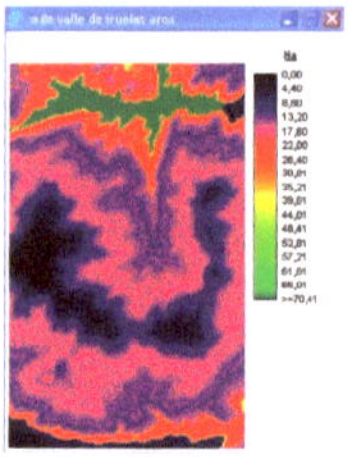

8. *La de 730 m que mide 59,7 km. Las isohipsas de 1.480 m miden 14,69 km.*

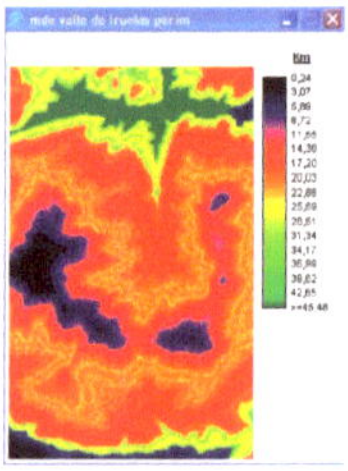

9. *El corte W-E va creciendo desde los 1.090 metros de altitud hasta alcanzar los 1.525 m. Luego desciende con una gran pendiente hasta una pequeña plataforma a 1.300 m. A partir de aquí con menor pendiente sigue hasta el fondo del valle (750 m de altitud). La vertiente oriental crece con una gran pendiente directamente hasta alcanzar su interfluvio a 1.650 m de altitud.*

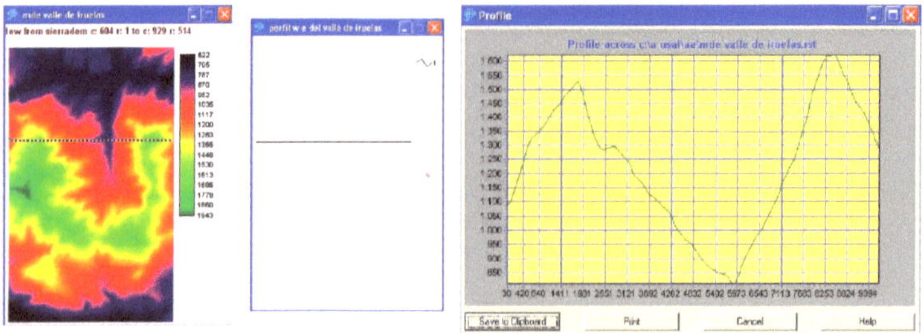

10. *La mínima pendiente es de 0 grados y la forma la lámina horizontal de agua del Embalse del Burguillo. La máxima pendiente es de 44,37 grados.*
11. *La mayoría (2.169 celdas) se orientan hacia el S-SW (198° de acimut) y en segundo lugar (2.143 celdas) hacia el E (90° de acimut).*

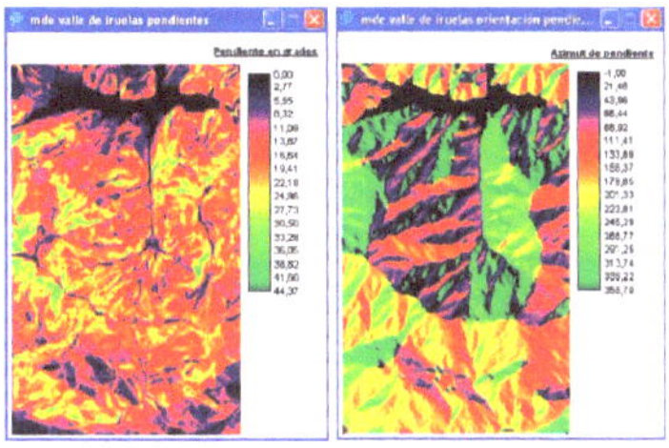

12. *Al Oeste. En las mayores variaciones del sombreado.*

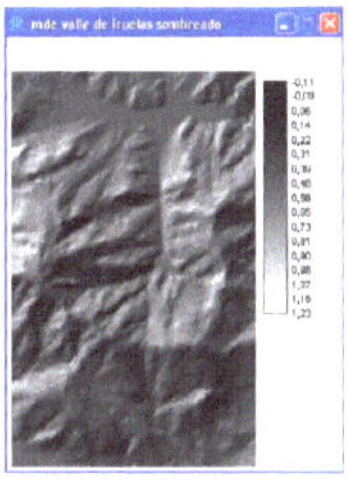

13. *Azul. Negro. Amarillo. Porque el tamaño gráfico de los píxeles en la imagen es muy pequeño.*

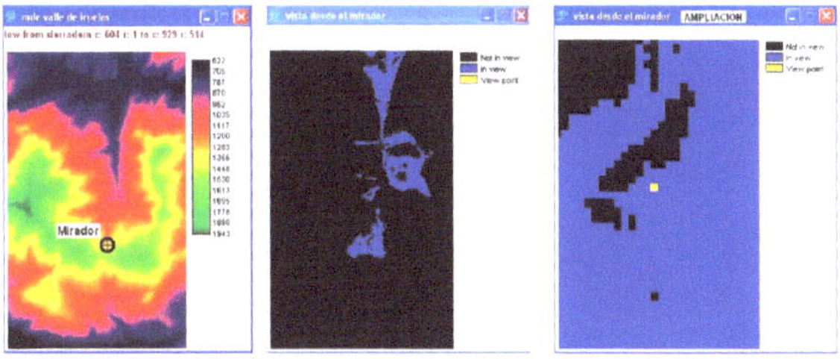

14. *23 cuencas. 5 cuencas.*

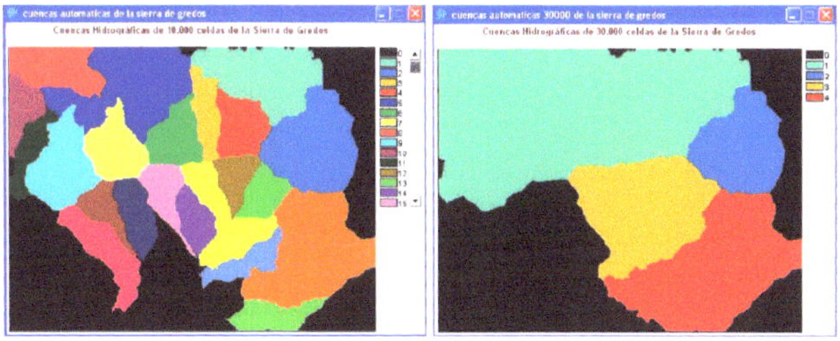

15. *Una. Con la 1+2.*

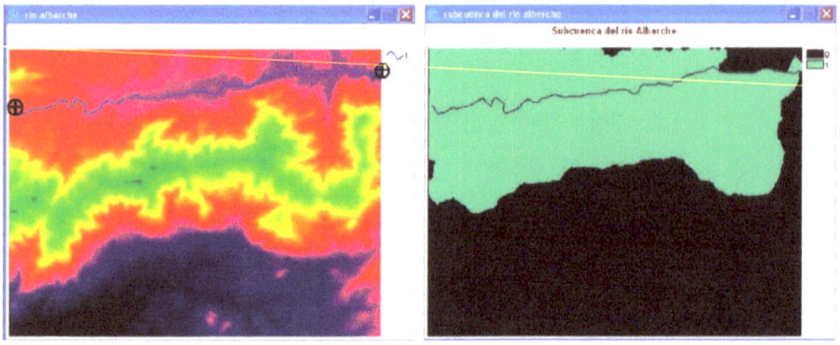

V.4.10. PRÁCTICA N.º 8 DE TELEDETECCIÓN Y SIG: CLASIFICACIÓN NO SUPERVISADA REALIZADA CON IDRISI 3.2.

1. *Objetivos*

- Aprender a extraer información de las bandas de un satélite de forma estadísticamente automática.
- Realizar mapas temáticos de usos de suelo.

2. *Fundamentos*

2.1. Concepto de clasificación no supervisada

La clasificación no supervisada es una técnica de clasificación estadística o automática de imágenes. En este tipo de clasificación, se extraen los patrones de respuesta espectral predominantes en las bandas satelitales y se identifican las clases, en el número requerido, a partir de la ayuda de fotografías, mapas o a través de trabajo de campo. Después se produce el agrupamiento de los píxeles por el parecido valor de sus niveles digitales.

Idrisi dispone de dos módulos de clasificación no supervisada: CLUSTER e ISOCLUST.

2.2. Cluster

El módulo CLUSTER («agrupador») emplea una técnica de *selección de picos del histograma*. Consiste en seleccionar los picos en el histograma de la imagen del satélite. Se entiende por «pico» un valor digital (ND) que tienen la mayoría de los píxeles o celdas de un archivo raster; es decir, en una mayor frecuencia que sus dos valores vecinos, a ambos lados del histograma. Una vez identificados los picos, los valores se asignan agrupados al pico más cercano. De este modo, las divisiones entre clases para la clasificación automática se realizan en los puntos medios entre cada pareja de picos. Puesto que esta técnica implica una precisa definición del concepto de «pico», no es necesario buscar una estimación inicial del número de picos en la imagen: el método empleado por el algoritmo del módulo se encarga de ello.

El módulo «cluster» trabaja sólo sobre imágenes de composición a color de 8 bits. Como se vio en la práctica anterior correspondiente, estas imágenes compuestas permiten que la información de tres bandas sea combinada en una única imagen del mismo tamaño (número de filas y columnas y su resolución) que las iniciales. El método analiza automáticamente un histograma tridimensional de las tres bandas (en el que los picos en vez de columnas son esferas), que constituyen la composición de color. Puede utilizarse cualquier combinación de bandas. La composición a color se emplea debido a que el procedimiento para su creación es el mismo que el de la primera etapa del algoritmo que realiza el cluster en la generación del histograma multidimensional.

Una vez los picos han sido determinados, cada píxel en la imagen se asigna al pico de valor más próximo. Cada clase es un agrupamiento (un «cluster») de valores digitales de las celdas o píxeles, y se etiqueta para su diferenciación. La tarea del analista consiste en identificar las clases de cubiertas de cada cluster, comparando la imagen así clasificada en agrupaciones de píxeles con los rasgos reales de las coberturas de la superficie terrestre que sean claramente identificables de un modo visual en otras clasificaciones de fechas anteriores, en mapas o en fotografías aéreas del lugar.

El módulo «cluster» en Idrisi es un procedimiento rápido y eficaz para detectar la estructura básica de las coberturas de una imagen o de un archivo raster en general. También puede ser utilizado como paso preliminar para un proceso de *clasificación híbrida* (no supervisada/supervisada), mediante el cual los clusters realizados se utilizan como «lugares de entrenamiento» para un segundo paso clasificatorio que utilice el clasificador de «máxima verosimilitud». Este proceso permite emplear un mayor número de bandas originales y facilitar así unas asignaciones más estrictas de los píxeles a los agrupamientos («cluster») más similares. Ésta es la lógica que constituye la base del procedimiento de ISOCLUST que se describe a continuación.

2.3. Isoclust

Este módulo de Idrisi es un clasificador autoiterativo, basado en la rutina de Isodata de Ball y Hall (1965) y en las rutinas de cluster de H–medios y K–medios. Su protocolo es el siguiente:

1.º El usuario decide el número de grupos («cluster») deseado. Para determinarlo, como se parte de una ausencia total de conocimiento previo, se empieza por seleccionar un número alto de clases para, una vez que el analista haya realizado la interpretación de la imagen clasificada, posteriormente reagruparlas. El módulo brinda la opción de estudiar el histograma, para seleccionar las clases («cluster») más significativas a partir de su análisis.
2.º De un modo arbitrario se localizan desde las bandas un conjunto de N clusters. En algunos casos estas localizaciones se realizan al azar; en otros, se localizan sistemáticamente dentro de la zona de la imagen de más altas frecuencias en el valor de los niveles digitales de las reflectancias y emisiones. El módulo utiliza el algoritmo de cluster que ubica de un modo más real el número de clases previamente seleccionado por el usuario.
3.º Los píxeles son asignados a la localización del agrupamiento («cluster») más próximo.
4.º Tras la reasignación de los píxeles o las celdas del archivo raster, el módulo realiza una reubicación de los centros de los agrupamientos («clusters»).
5.º Los pasos 3.º y 4.º se repiten de un modo reiterado hasta que no se produzcan cambios significativos en cada nuevo archivo raster de salida.

3. *Ejercicios*

Se realizará una clasificación no supervisada con el módulo CLUSTER de Idrisi.

Primero se generará una composición en falso color a partir de 3 bandas de la imagen original (se utilizarán 4 bandas Landsat-TM de la imagen original: «how87tm1», «how87tm2», «how87tm3», «how87tm4», *de las cuales deberán seleccionarse las tres que contienen más información). Sobre esta nueva imagen realizada con el módulo* COMPOSITE *haremos una clasificación no supervisada en dos niveles: una generalización gruesa* (broad) *y una generalización fina* (fine). *Después, se abrirá el histograma de esta imagen clasificada obtenida, lo que permitirá analizar la frecuencia de píxeles asociada con cada agrupamiento o clase («cluster»). Finalmente, basándonos en la imagen así reclasificada se agruparán los clusters en categorías más generales y amplias.*

✓ Ejecutar *Data Paths* desde el menú *File*, y seleccionar la carpeta de trabajo o de proyecto SIG que se había creado para las prácticas anteriores como directorio de trabajo (Environment Project). En esa carpeta habrá copiado desde *C://Idrisi32 Tutorial/Introductory IP e Introductory Gis* todos los archivos que contiene.

✓ Abrir *COMPOSIT* () desde el menú principal *Image Processing -> Image enhancement*, y seleccionar *how87tm2* para el color *azul*, *how87tm3* para el *verde* y *how87tm4* para el *rojo*. Aplicar un «stretch» (estiramiento) *lineal con puntos de saturación*. En *tipo de salida* seleccionar *Create 8-bit composite*. En *porcentaje de saturación* escribir *2*. Nombrar de un modo evocador de las imágenes originarias y del módulo aplicado a la imagen de salida (por ejemplo, *how87tm432composite8-2*).

✓ Abrir la ventana de preferencias de visualización desde *File -> User Preferences*. Activar las casillas de *verificación de título y leyenda* como opciones por defecto para la visualización. Asegurarse también de activar la casilla de *despliegue automático*, y de que la *paleta cualitativa por defecto* sea *QUAL256*.

✓ Ejecutar el módulo *CLUSTER* desde el menú principal *Image Processing -> Hard Classifiers*. Elegir la imagen creada en el paso anterior como la imagen de composición, y llamar «*GRUESO*» a la imagen de salida. En el *nivel de generalización* elija la opción «Broad» (grueso), y activar la opción que descarta los clusters menos significativos («drop less significant clusters»). La imagen resultante se desplegará con la paleta *QUAL256*.

Ésta es una imagen de las clases espectrales más anchas de la imagen original. Los niveles de generalización grueso y fino (broad y fine) *emplean diferentes reglas de decisión cuando buscan picos en el histograma. En el agrupamiento grueso* (broad clustering), *una clase debe contener una frecuencia mayor que todos sus vecinos (ver fig. 1).*

0. ¿Cuántas clases se han formado en la nueva imagen «GRUESO» con esta operación?

✓ Ejecutar el módulo *CLUSTER* de nuevo, con *how87tm432composite8-2* como imagen de composición para crear una nueva imagen que nombrará «FINO». En esta ocasión, usar el *nivel de generalización fino* para encontrar picos y también seleccionar la opción de *eliminar los grupos menos significativos*. El resultado se visualizará con la paleta *QUAL256*.

1. Como puede comprobar, la generalización fina produce un número mayor de clusters (grupos). ¿Cuántas clases se han formado en la nueva imagen «FINO» con estas nuevas opciones del módulo?

Con la generalización fina, puede ocurrir que un pico tenga vecinos con una frecuencia mayor. Esto permite la identificación de picos, que de otra forma serían ignorados. Este concepto se ilustra en el histograma de la figura 1. Los clusters gruesos se dividen únicamente en los «valles». Los clusters finos se dividen tanto en los «valles» como en otras zonas de inflexión del histograma.

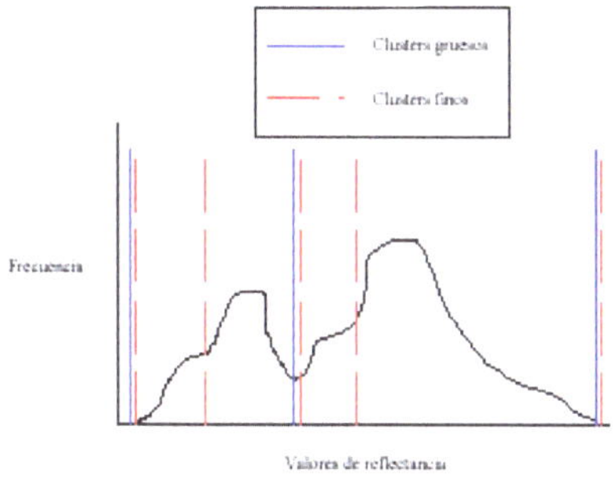

FIG. 1. *Clusters gruesos y finos.*

Los histogramas permiten observar la diferencia entre las clases en la distribución de los píxeles, dependiendo del nivel de generalización:

✓ Ejecutar HISTO (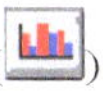) desde el menú *Display* para crear los histogramas de las imágenes creadas *(GRUESO y FINO)*.

El cluster o agrupamiento n.º 1 es siempre el de la mayor frecuencia de píxeles. Corresponde al tipo de cubierta con una mayor extensión en la distribución de todas las detectadas sobre el espacio de la imagen durante la clasificación. El siguiente cluster tiene el segundo número de píxeles y así sucesivamente. Una vez generadas las imágenes clasificadas, el problema consiste en cómo interpretar los clusters. Si la zona es conocida por el analista, los clusters anchos son fáciles de interpretar. Los clusters finos, en cambio, requieren de una interpretación más cuidadosa. Es bastante común que se requieran fotografías aéreas, mapas existentes y trabajo de campo en la zona para realizar esta tarea. Además, es frecuente que se necesite unir algunos clusters entre sí para producir el mapa final porque, por ejemplo, es posible que un cluster represente bosques de pinos en lugares con pendientes sombreadas, mientras que otro represente los bosques de pinos en lugares de pendientes iluminadas; en el mapa final, estos dos clusters deberían formar solamente uno porque son el mismo tipo de cubierta (pinos). Para reagrupar y reasignar clusters, se pueden utilizar funciones que contienen módulos como ASSIGN.

✓ Despliegue la imagen «worcwest» con la paleta del mismo nombre.

Como no es posible visitar el área de estudio para identificar clusters en las imágenes generadas («GRUESO» y «FINO»*), se utilizará esta otra imagen (*«worcwest» *generada a partir de otra clasificación no supervisada) como apoyo en la interpretación y asignación de clusters de las nuevas imágenes. Se utilizarán los mismos 14 tipos de cubiertas o clases de usos de suelo de la imagen* «worcwest».

El ejercicio consiste en determinar a cuál de estas cubiertas se deben asignar los clusters de la imagen «FINO».

✓ Una vez desplegada la imagen «worcwest», intentar determinar visualmente las asignaciones de los clusters. Con este fin, es útil crear una *colección de «layers» raster* (con worcwest y FINO) y utilizar el modo de cursor de consulta extendida (Cursor Inquiry Mode o ) para poder consultar el número de clusters en «FINO» y, simultáneamente, la categoría en «worcwest», dentro de la ventana *Feature Properties*.

✓ Cuando se haya determinado qué clusters se deben asignar a qué categorías, ejecutar EDIT desde el menú principal *Data Entry* para crear un archivo con estos valores. En este archivo, los números de cluster de *how87tm432composite8-2* se escriben en la primera columna y, tras un espacio introducido con la barra espaciadora del teclado del ordenador, en la segunda columna se escriben los números de las categorías de «worcwest» a las que se asignarán.

✓ Guardar el archivo de texto que acabamos de hacer con el editor, seleccionando el tipo de archivo *Values file*. Denomínelo «REAGRUP».

Por ejemplo, si el archivo de valores quedara del siguiente modo:
1 2
2 2
3 2
4 3
5 3
etc.
Se pueden interpretar como:
El cluster 1 será asignado a la categoría 2
El cluster 2 será asignado a la categoría 2
El cluster 3 será asignado a la categoría 2
El cluster 4 será asignado a la categoría 3
El cluster 5 será asignado a la categoría 3
etc.
(ESTO ES SÓLO UN EJEMPLO QUE NO SE CORRESPONDE EN NADA CON EL ARCHIVO DE CORRESPONDENCIA QUE HAY QUE REALIZAR EN ESTA PRÁCTICA).

✓ Ejecutar *ASSIGN* desde el menú *Data Entry*: en *Feature definition image* elija «FINO», y en *Atribute values file* escoja «REAGRUP» (el archivo creado en el paso anterior). Denomine «REGRUP1» a la imagen de salida. Despliegue esta imagen con la paleta «*worcwest*».

2. ¿Existen diferencias significativas entre las imágenes *REGRUP1* y *worcwest*?

✓ Utilizando la información de «worcwest», interpretar la imagen que se produjo con la opción de generalización *gruesa*.

Ahora, como es lógico, no se puede ampliar el número de clases de «GRUESO» (7 clases) al de «worcester» (14 clases). *Pero sí se pueden asignar sus nombres por comparación, e incluso unir nombres de clases similares; como, por ejemplo, «caducifolias en general», agrupando los tres tipos de caducifolias existentes en* «worcester»:

✓ Editar la leyenda de esta imagen para asignar un nombre de tipo de cubierta a cada número de los «cluster» o clases. Para esto, desde el menú *File* ejecute *Metadata* (). Seleccionar la imagen «GRUESO» de la lista y pulsar sobre la opción *Legend*. Allí, modificar los textos de la leyenda en la columna *Caption*. Dar los nombres apropiados a los clusters, según cada cubierta.

✓ Realizar pruebas con el módulo *ISOCLUST*. Consultar la ayuda *HELP* o el punto anterior (2.3 Isoclust), si se tienen dudas. Obtenga una imagen clasificatoria con los mismos archivos originales utilizados con el módulo CLUSTER usado antes y analice las diferencias obtenidas con ambos módulos.

3. Anote las diferencias que encuentre.

——————— FIN DE LA PRÁCTICA ———————

SOLUCIONES

0.- 7.

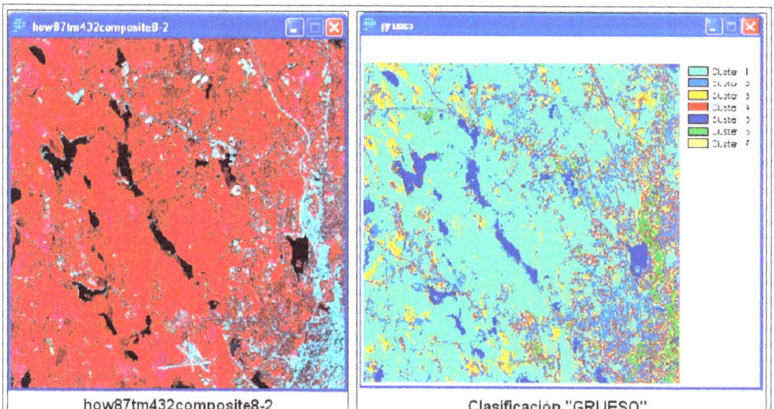

how87tm432composite8-2 | Clasificación "GRUESO"

1.- *23*

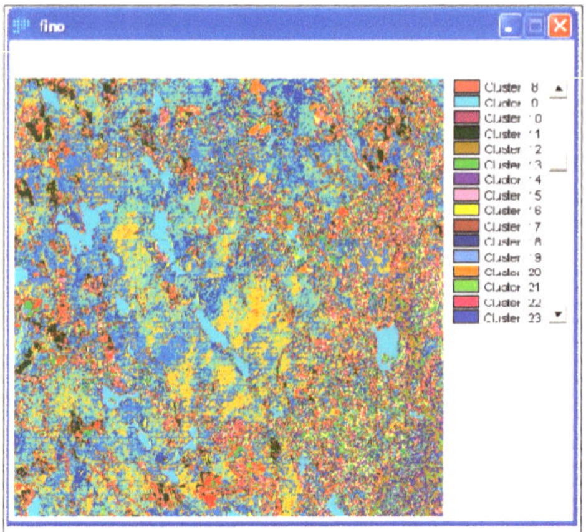

Clasificación "FINO"

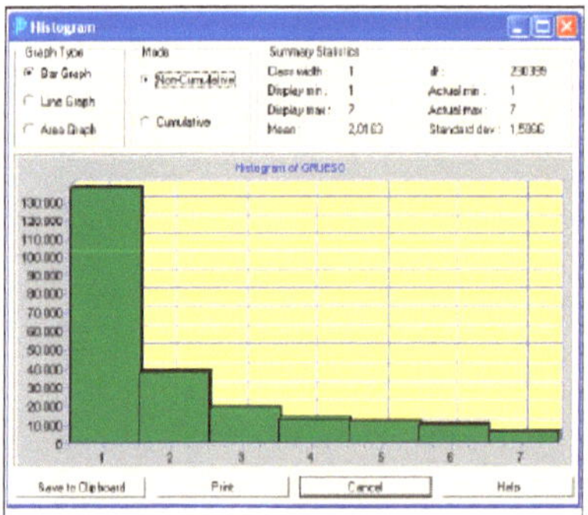

Histograma de "GRUESO"

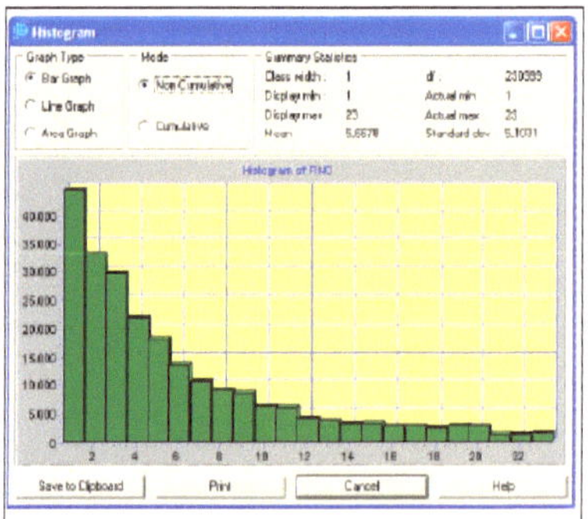

Histograma de "FINO"

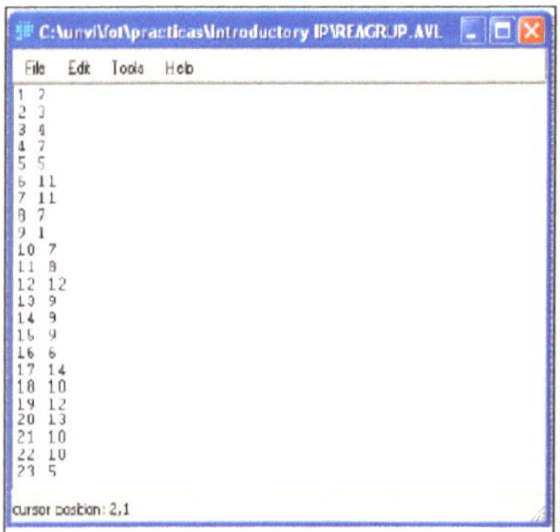

Edición de Archivo REAGRP.avl

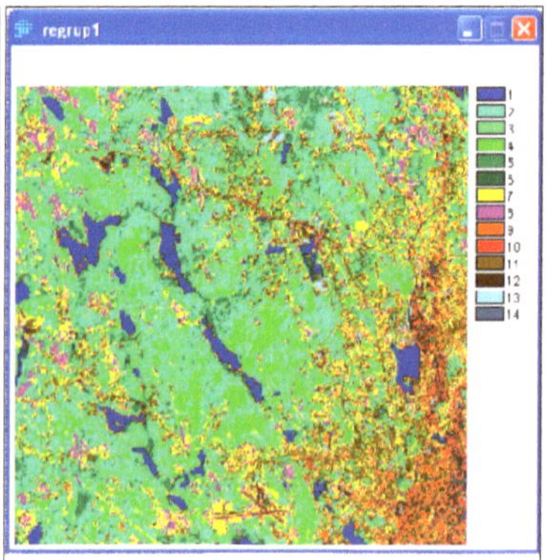

REAGRUP 1

2.- *No porque tras el reagrupamiento de FINO, ambas imágenes tienen el mismo número de clases.*

3.- *No deben existir diferencias si se ha elegido el mismo número de clusters con ISOCLUST (14) que el que tiene WORCESTER (14). Cuantos menos grupos existan la interpretación del mapa debe ser más fácil. La clasificación es distinta en cuanto a los valores entre 1 y 14 que se han asignado para identificar las zonas (como se puede ver si se analiza el histograma), por lo que si se intenta utilizar la paleta «worcwest» los mapas tendrán aspectos distintos.*

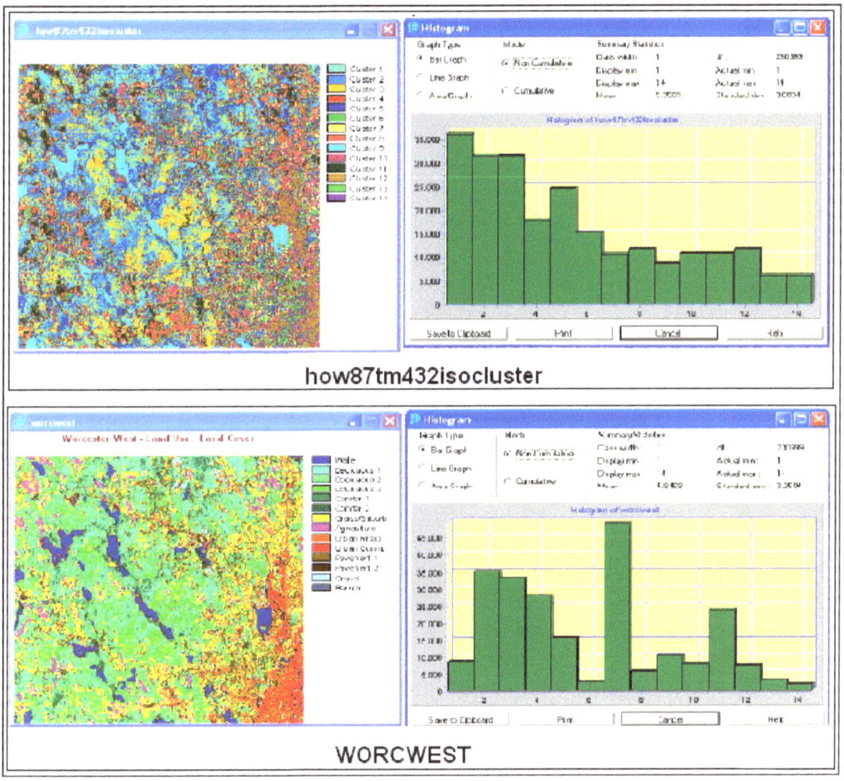

V.4.11. PRÁCTICA N.º 9A DE TELEDETECCIÓN Y SIG: CLASIFICACIÓN SUPERVISADA REALIZADA CON ER MAPPER 6.1

1. *Objetivos*

- Aprender a extraer información de las bandas de un satélite de forma estadísticamente dirigida por el analista.
- Realizar mapas temáticos de usos de suelo de zonas de la superficie terrestre parcialmente conocida o muestreada por el analista.
- Utilizar los módulos del SIG ER Mapper 6.1 y de Idrisi 3.2 en un proceso estructurado según las fases habituales en los análisis supervisados de Teledetección.

2. *Fundamentos*

2.1 Concepto de clasificación supervisada

Diversos tipos de mapas temáticos como, por ejemplo, los de uso de suelo, los batimétricos, los de temperaturas, etc., pueden ser obtenidos mediante la clasificación de imágenes obtenidas desde los sensores remotos portados por los satélites; bien con el método de la clasificación no supervisada ya visto o con el de la clasificación supervisada. En la clasificación supervisada, el analista debe determinar las firmas espectrales de categorías o cubiertas conocidas, tales como bosques, áreas urbanas, etc. Posteriormente, el software del programa SIG adecuado asignará cada píxel de la imagen a la categoría cuya signatura espectral es más similar.

Fases para la realización de una clasificación supervisada:

1.ª Localizar ejemplos representativos de cada uno de los tipos de cubierta que puedan ser identificados en la imagen. Estos ejemplos representativos se denominan «lugares de entrenamiento, de muestreo o de instrucción».

2.ª Digitalizar polígonos alrededor de cada lugar de muestreo, asignando un identificador único a cada tipo de cobertera y creando un *archivo vectorial de polígono*. La definición de los polígonos para recoger las signaturas espectrales de los tipos de píxeles que se quieren clasificar se basa en su radiancia y en el conocimiento del terreno.

3.ª Analizar los píxeles dentro de los lugares de entrenamiento y crear signaturas espectrales para cada uno de los tipos de cubierta o de usos de suelo. Comparar la separación de las firmas espectrales entre sí. Las decisiones acerca de la similitud entre las firmas espectrales se toman por parte del analista con la ayuda de algunas técnicas estadísticas.

4.ª Clasificar la imagen completa, píxel a píxel, mediante la comparación de su firma particular con cada una de las firmas conocidas. Las llamadas clasificaciones «duras» o «fuertes» resultan de asignar cada píxel al tipo de cobertera que tiene la firma espectral más similar. Las clasificaciones «suaves» o «blandas» evalúan el *grado de pertenencia* de cada píxel, respecto a todas las clases en consideración, incluyendo clases desconocidas y no especificadas.

3. *Ejercicios*

La práctica consiste en el cartografiado de seis características de uso de suelo en la ciudad de San Diego (USA), clasificadas de un modo supervisado a partir de los datos proporcionados por las bandas del satélite Landsat4 MSS, mediante el proceso antes descrito y que se concreta al utilizar el software ER Mapper 6.1:

- Valoración de las áreas de entrenamiento: *Análisis estadístico tabular general de las áreas de entrenamiento por clases, áreas y bandas de los distintos sensores del satélite.*
- Evaluación de las firmas espectrales: *Análisis gráfico (histogramas y nube de dispersión estadística de datos) de las firmas espectrales de cada área de entrenamiento o instrucción.*
- Clasificación de la imagen: *Decisión sobre el tipo de clasificación y su aplicación a los píxeles de cada clase.*
- Presentación final: *Composición del mapa final. Asignación de colores o tramas a cada clase.*

A. Definición y valoración de Áreas de Entrenamiento para el programa SIG

Se trata de crear polígonos vectoriales que comprendan áreas del terreno bien conocidas y perfectamente localizadas por el analista en la imagen del satélite. La ayuda de medidas previas con espectrómetro portátil y localizador GPS resulta bastante útil para clasificaciones de muy alta precisión.

Los archivos vectoriales de definición de cada área de entrenamiento serán almacenados en el archivo cabecera de la imagen raster.

A_1. Seleccionar las bandas del satélite.

- Abrir ER Mapper 6.1

1. En la barra general de herramientas pulsar el botón *View Algorithm for Image Window.*

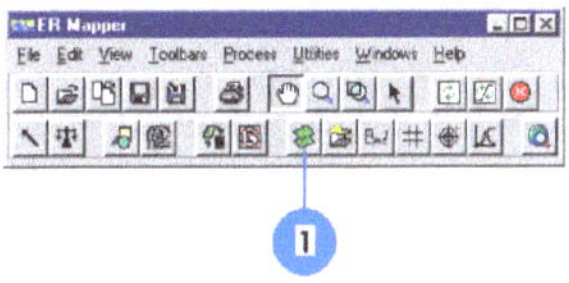

2. En la ventana *Algorithm* pulsar el botón *Load Dataset*. Desde el menú *Directories* seleccionar la imagen «*Landsat_MSS_notwarped.ers*» que se encuentra en la dirección C:\ERMapper61\examples\Shared Data. *La banda MSS1 se carga dentro de la Pseudolayer.*

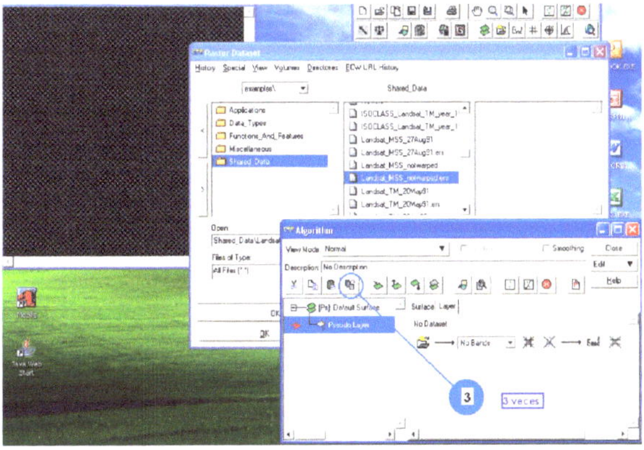

3. En la ventana *Algorithm* pulsar 3 veces el botón de duplicado. *Ahora existirán 4* pseudolayers *con la banda MSS1.*

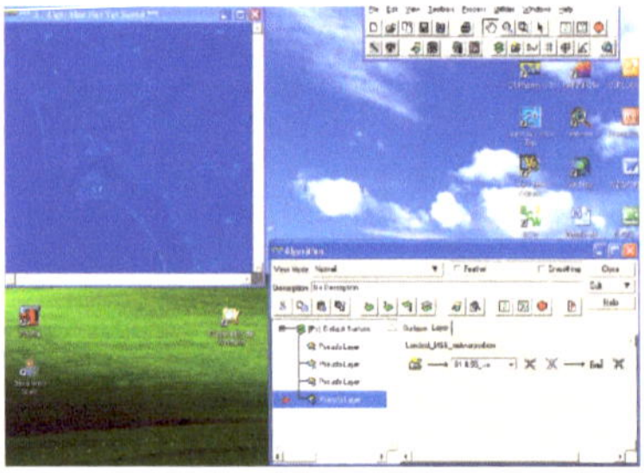

4. Abrir con la flecha el campo desplegable de *Load Dataset* y cargar *MSS1 (B1:0.55_um)* en la primera pseudolayer; *MSS2 (B2:o.65_um)* en la segunda; *MSS3 (B3:0.75_um)* en la tercera; y *MSS4 (B4:0.95_um)* en la cuarta pseudolayer.

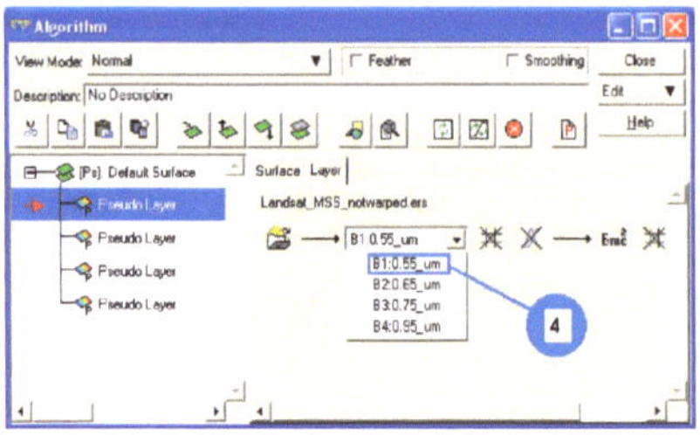

5. Editar: Marcar cada pseudolayer y cambiarles el nombre:
1.ª pseudolayer: *MSS1 (B1:0.55_um)*; 2.ª pseudolayer: *MSS2 (B1:0.65_um)*; 3.ª pseudolayer: *MSS3 (B1:0.75_um)*; 1.ª pseudolayer: *MSS4 (B1:0.95_um)*.

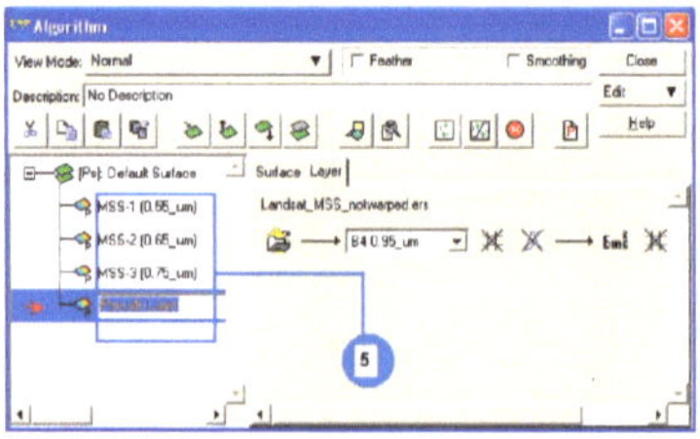

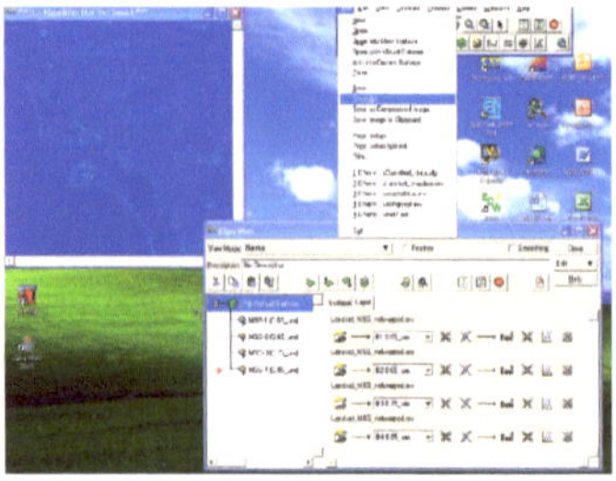

6. Desde el menú principal seleccionar *File* y abrir *Save As...*
   En *Files of Type* seleccionar «ER Mapper Raster Dataset (.ers)» y guardarlo en C:\ERMapper61\examples\Miscellaneus\Tutorial \ «*Landsat_practice.ers*».

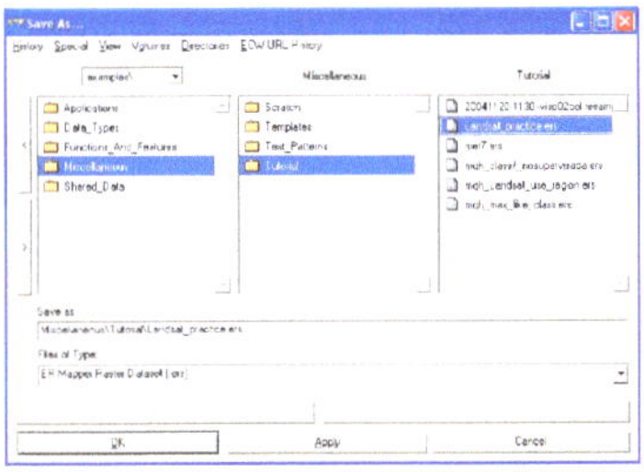

7. En la ventana que se abre *(Save As ER Mapper Dataset)* pulsar la opción *Delete output transforms. Así se mantiene el rango dinámico de valores original de cada imagen.* Pulsar «*OK*».

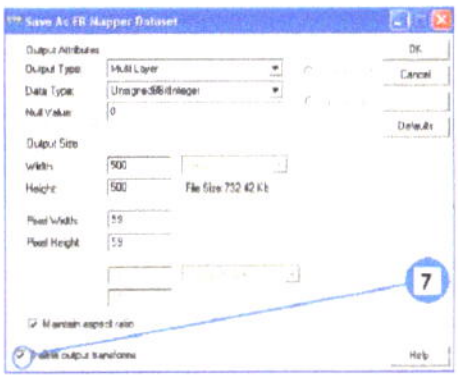

A_2. Desplegar la imagen como una composición RGB.

1. En la ventana *Algorithm* pulsar el botón *Load Dataset*. Desde el menú *Directories* seleccionar la imagen «*Landsat_practice.ers*» existente en el directorio: C:\ERMapper61\examples\Micellaneous*Tutorial*.

2. En el menú principal pulsar el botón *Image Display and Mosaicing Wizard*.

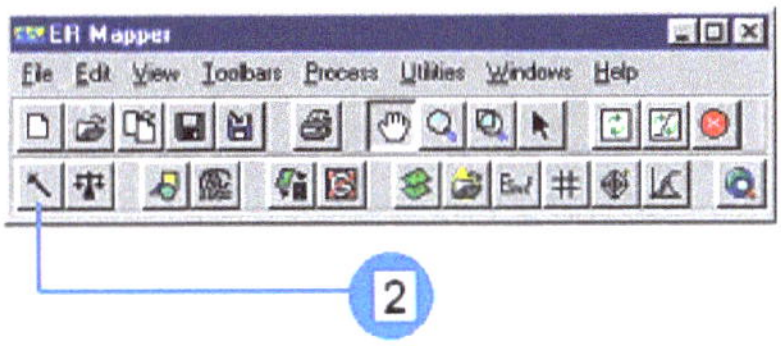

3. Marcar la opción *Change display in this window* y pulsar el botón *Next*.

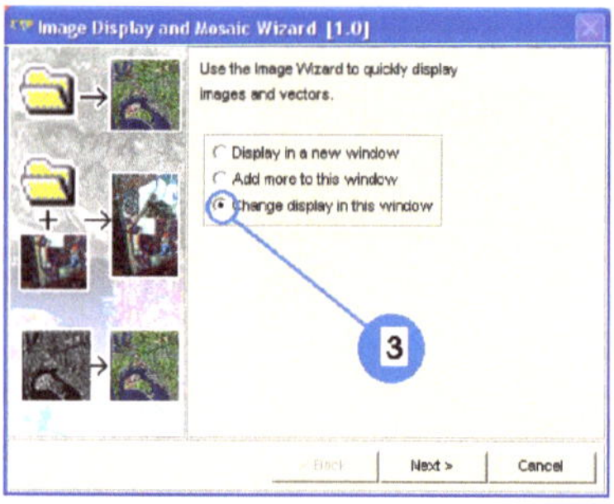

4. En la ventana *Change display in this window* marcar la opción *Red Green Blue* y pulsar el botón *Next*.

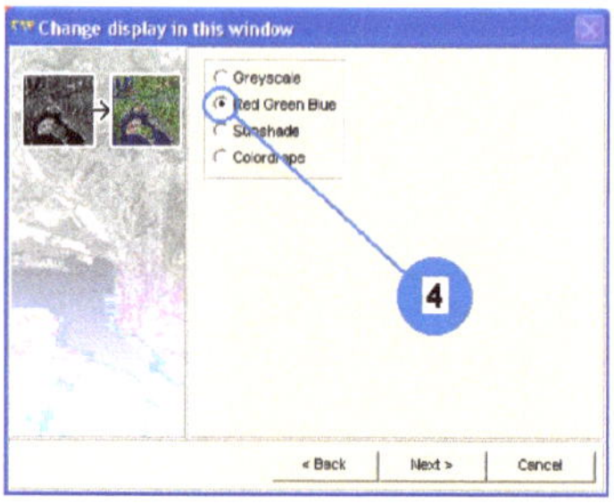

5. En la ventana *Change display in this window* pulsar el botón *Finish*.

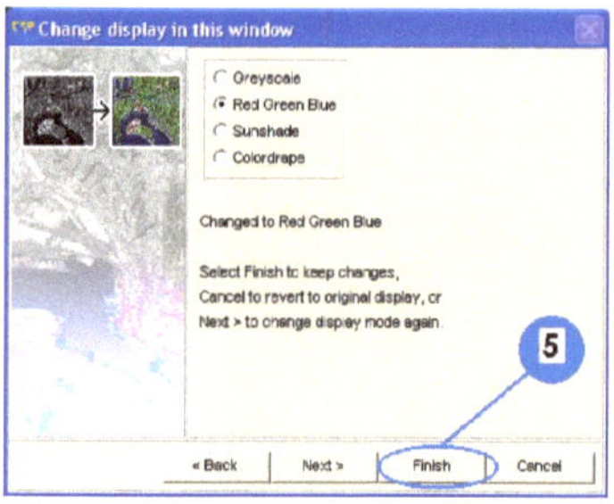

6. Pulsar sobre la esquina inferior derecha de la imagen y arrastrarla en diagonal con objeto de aumentarla aproximadamente en un 50%. Pulsar con el *pulsador derecho del ratón (PDR)* sobre la imagen y seleccionar *Zoom Dataset* desde el menú *Quick Zoom*.

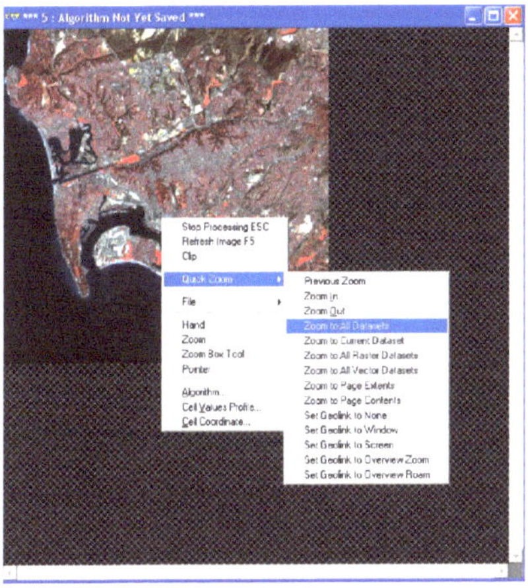

La imagen aumentará hasta cubrir todo el marco.

A_3. Construir y añadir capas vectoriales de las áreas de entrenamiento.

1. En el menú general abrir *Edit* y seleccionar *Edit/Create Regions...*
Se abre la ventana New Map Composition *en la que está seleccionada por defecto la opción* Raster Region.

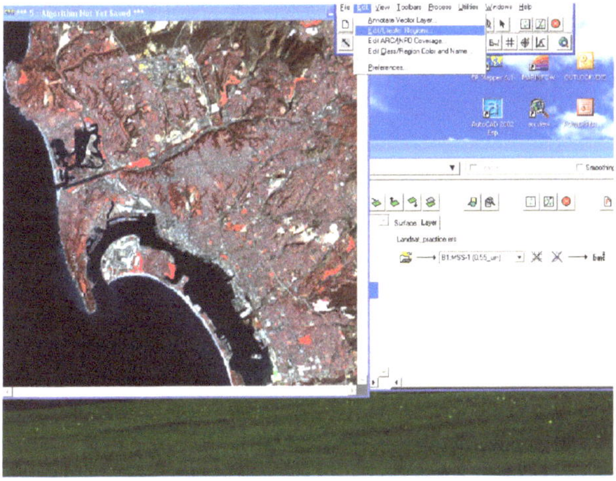

2. Pulsar «*OK*» en la ventana *New Map Composition. Se abre la ventana* Tools *que contiene las herramientas para la edición de archivos vectoriales. Además se ha añadido en la Tabla de Contenidos de la ventana* Algorithm *una nueva capa con el nombre* «Region Layer».

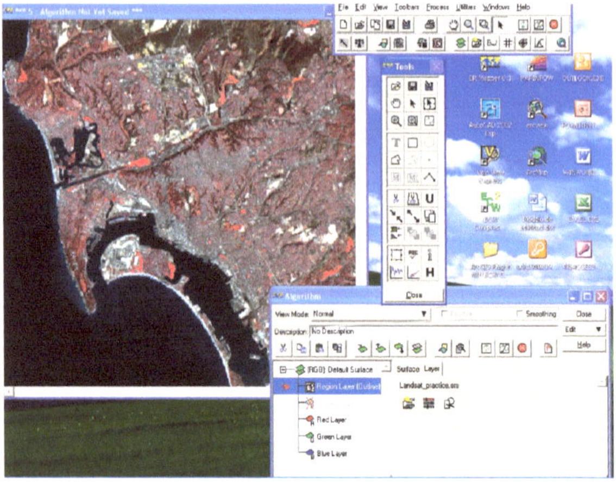

3. En el menú general abrir *File* y seleccionar *Save As*... Volver a salvar «*Lansat_practice.ers*» con el nuevo tamaño. Volver a guardarlo escribiendo en el campo de texto *Save As*..., separando cada palabra con guión bajo, las iniciales de su nombre, seguido por land_use_regions. Por ejemplo, si sus iniciales son MQH: «*MQH_land_use_regions*».

4. Pulsar «*OK*» o *Save* para salvar el algoritmo.

5. Cerrar la ventana *Algorithm* pulsando *Close*.

6. Desde el menú general abrir *View* y seleccionar *Geoposition*... *Se abre la ventana* Algorithm Geoposition Extents. Moverla a la posición inferior derecha de la pantalla.

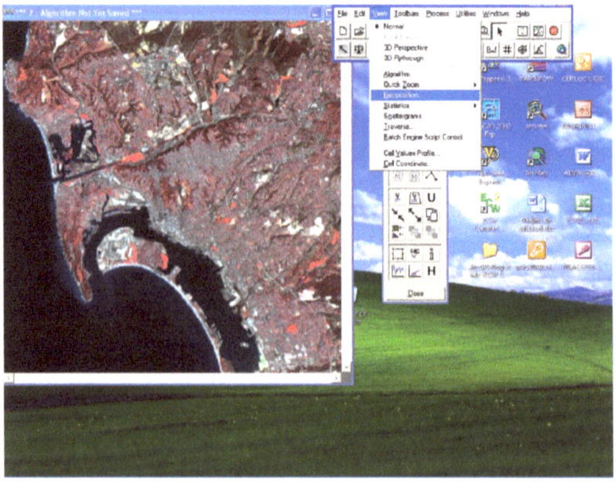

Se abre la ventana Algorithm Geoposition Extents. Moverla a la posición inferior izquierda de la pantalla para que no oculte la imagen. *Esta ventana la vamos a utilizar para recuperar el tamaño de la imagen cada vez que la hayamos aumentado con el zoom en el siguiente proceso de definición de las áreas de entrenamiento.*

En la siguiente imagen se localizan las áreas (se supone que las conocemos) sobre las que vamos a definir los polígonos vectoriales:

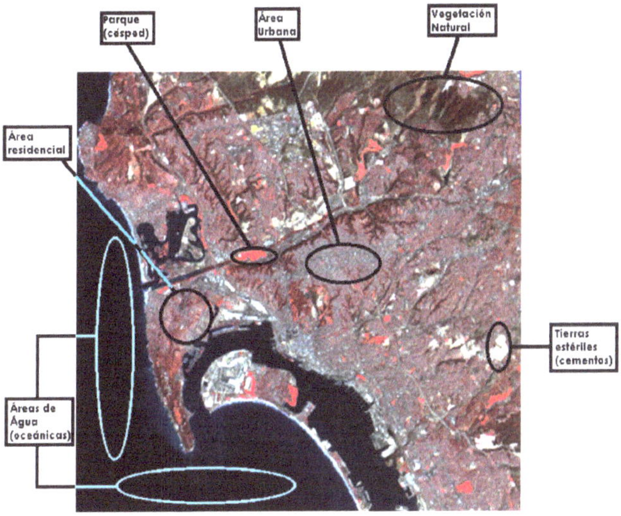

7. En la ventana *Tools* pulsar el botón *ZoomBox Tool* . Aumentar con ella la zona oceánica inferior izquierda.

8. En la misma ventana *Tools* pulsar el botón *Polygon* . Dibujar con esta herramienta un polígono en una zona claramente oceánica: pulsando una vez en cada vértice y haciendo doble pulsación para cerrar el polígono.

Conviene que los polígonos se dibujen lo más grandes que sea posible. Cada vez que se cierra un polígono puede ser identificado asignándole un color distintivo y un nombre:

9. En la ventana *Tools* hacer una doble pulsación sobre el botón *Polygon* . Se abre la ventana *Line Style*. Pulsar en ella el botón *Set Color* y seleccionar el color azul. Pulsar «*OK*» para cerrar el selector de color.

10. En la ventana *Tools* pulsar el botón *Display/Edit Object Attributes* . *Se abre la ventana* Map Composition Attribute. Escribir en el campo inferior de texto: «AGUA/OCÉANO». Pulsar sobre el botón *Apply*.
    El texto «AGUA/OCÉANO» *es el nombre asignado al polígono (su atributo de texto).*

11. En la ventana *Geoposition* pulsar el botón *All Datasets* para recuperar del zoom el tamaño anterior de la imagen.

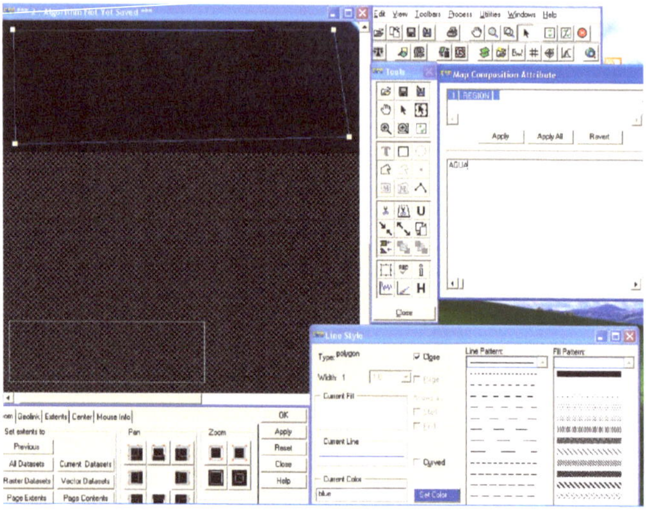

Repetir los pasos 7 a 11 sobre las otras áreas de entrenamiento dando a sus correspondientes polígonos colores significativos y nombres apropiados (residencial, parque, urbano, vegetación natural y cemento):

– VEGETACIÓN NATURAL:

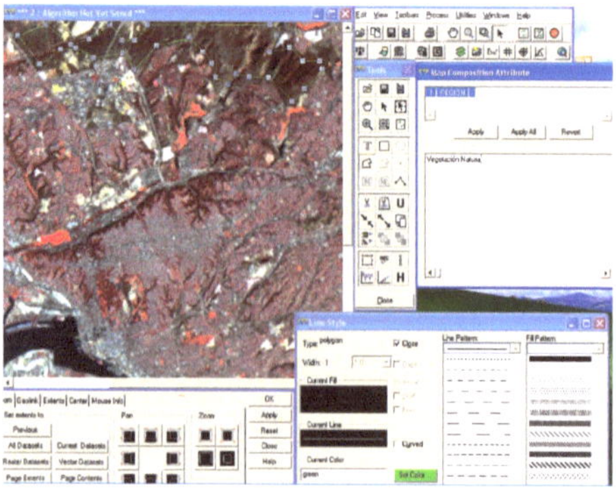

– URBANO AGLOMERADO:

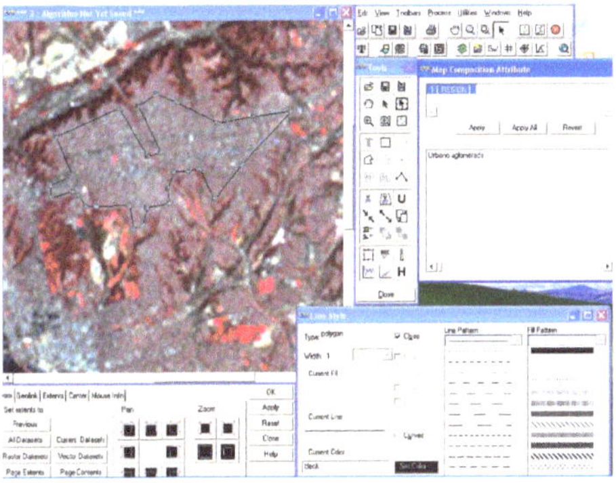

–URBANO RESIDENCIAL:

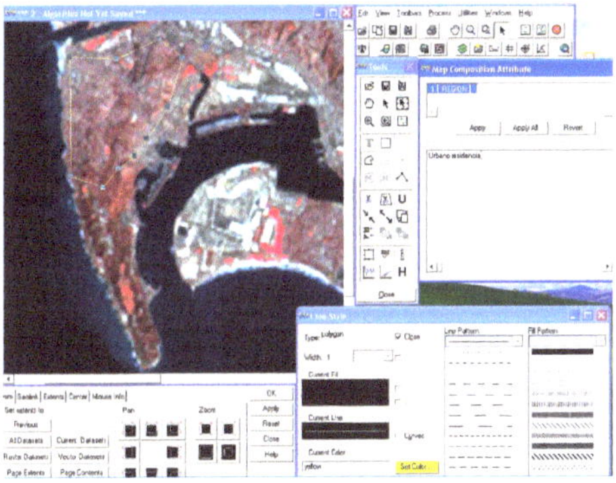

– ETC.

– *Guardar los archivos vectoriales de las áreas de entrenamiento en la cabecera de la imagen «Lansat_practice.ers»:*

1. En la ventana *Tools* pulsar el botón *Save As* . *Aparece la ventana* Map Composition Save As. Seleccionar en *Directories*: C://ERMapper 61\examples\Miscellaneous\Tutorial\ *Lansat_practice.ers*. Pulsar «*OK*».

2. Ante la pregunta que se abre, confirmar que se desea sobrescribir el archivo: pulsar «*OK*». *Aparece la ventana de* Mensaje de adición *de cada uno de los polígonos vectoriales:* pulsar *Close* en la ventana *ER Mapper Message Window*.

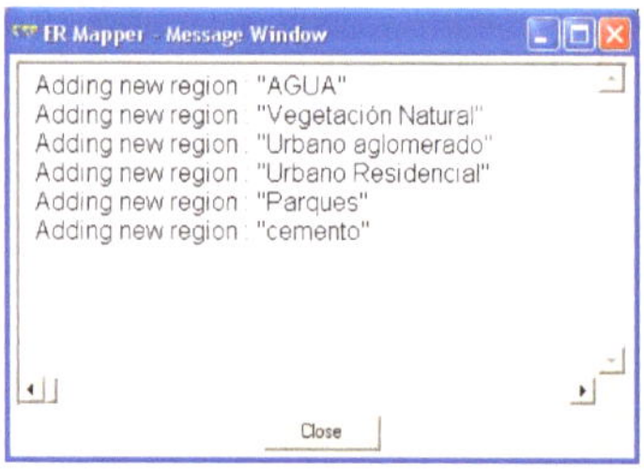

3. Pulsar *Close* en las ventanas *Tools, Geoposition y Map Composition Attribute*.

B. Estadísticas de las Áreas de Entrenamiento

B_1. Cálculos.

1. En el Menú Principal pulsar *Process* y seleccionar *Calculate Statistics. La imagen* «Landsat_practice» *estará seleccionada por defecto.* En el caso de que no fuese así, seleccionarla.

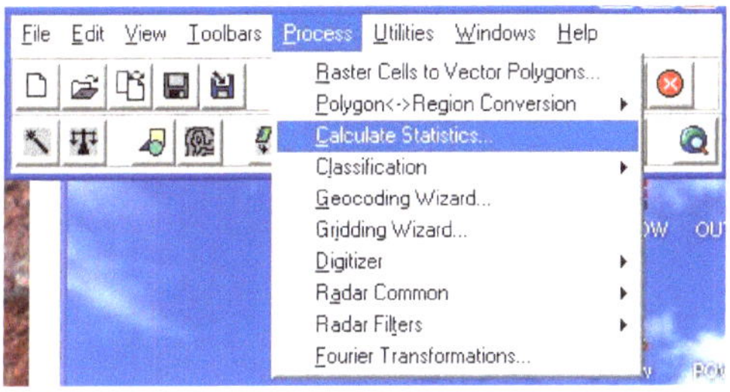

2. Dentro de la ventana *Calculate Statistics*, escribir *1 (uno)* en el campo *Subsampling Interval*.

3. Marcar la opción *Force Recalculate Stats (permite recálculos si ya se hubiesen realizado anteriormente)*.

4. Pulsar «OK». *Comienza el proceso de cálculo.*

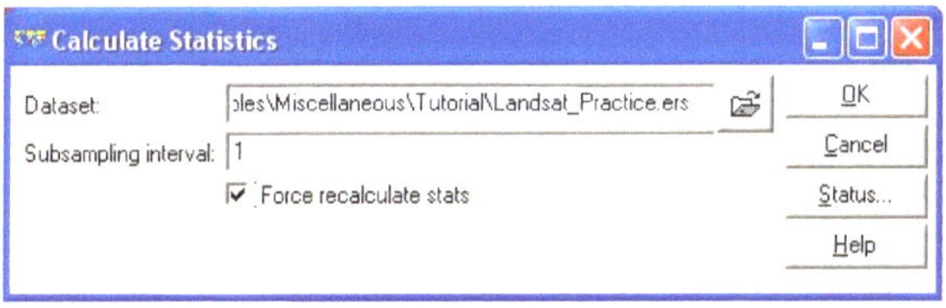

5. Pulsar «OK» en cuanto aparezca el aviso de terminación del proceso de cálculo. Pulsar *Close* o *Cancel* en las demás ventanas de cálculos estadísticos.

B_2. Ver resultados del cálculo estadístico

1. En el Menú Principal pulsar *View* y dentro de *Statistics* seleccionar *Show Statistics. La imagen* «Landsat_practice» *estará seleccionada por defecto*. En el caso de que no fuese así, seleccionarla.

2. Pulsar «OK». *Aparecen el cuadro estadístico, los índices de correlación entre datos y los estadígrafos generales de las seis áreas de entrenamiento en las cuatro bandas de la imagen Landsat 4 MSS y de la imagen al completo.*

3. Desplazarse por todo el cuadro estadístico analizando y comprobando los distintos indicadores de calidad.

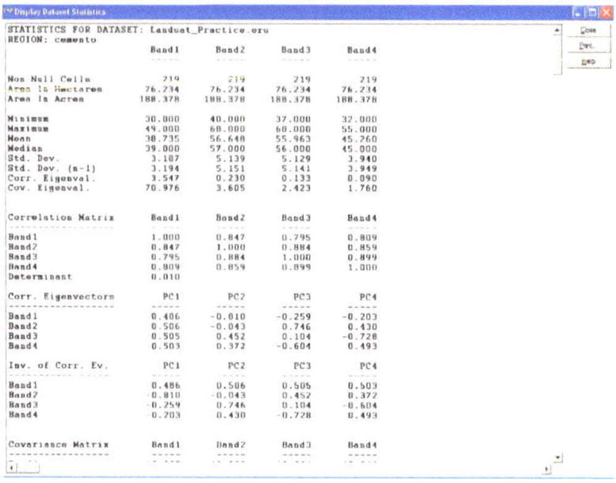
Display Dataset Statistics

STATISTICS FOR DATASET: Landsat_Practice.ers
REGION: cemento

	Band1	Band2	Band3	Band4
Non Null Cells	219	219	219	219
Area In Hectares	76.234	76.234	76.234	76.234
Area In Acres	188.378	188.378	188.378	188.378
Minimum	30.000	40.000	37.000	32.000
Maximum	49.000	68.000	68.000	55.000
Mean	38.735	56.648	55.963	45.260
Median	39.000	57.000	56.000	45.000
Std. Dev.	3.187	5.139	5.129	3.940
Std. Dev. (n-1)	3.194	5.151	5.141	3.949
Corr. Eigenval.	3.547	0.230	0.133	0.090
Cov. Eigenval.	70.976	3.605	2.423	1.760

Correlation Matrix	Band1	Band2	Band3	Band4
Band1	1.000	0.847	0.795	0.809
Band2	0.847	1.000	0.884	0.859
Band3	0.795	0.884	1.000	0.899
Band4	0.809	0.859	0.899	1.000
Determinant	0.010			

Corr. Eigenvectors	PC1	PC2	PC3	PC4
Band1	0.486	-0.810	-0.259	-0.203
Band2	0.506	-0.043	0.746	0.430
Band3	0.505	0.452	0.104	-0.728
Band4	0.503	0.372	-0.604	0.493

Inv. of Corr. Ev.	PC1	PC2	PC3	PC4
Band1	0.486	0.506	0.505	0.503
Band2	-0.810	-0.043	0.452	0.372
Band3	-0.259	0.746	0.104	-0.604
Band4	-0.203	0.430	-0.728	0.493

Covariance Matrix	Band1	Band2	Band3	Band4

4. Cuando se termine el análisis estadístico pulsar *Cancel* en la ventana *Statistics Report* para cerrar ambas ventanas.

Abrir una capa de clasificación:

1. En el menú principal pulsar el botón *View Algorithm for Image Window* para abrir la ventana *Algorithm*.

2. Seleccionar la capa «*Region Layer*» y pulsar *Delete* para borrarla. *Ya no será necesaria en este ejercicio.*

3. Abrir Edit ▼. Pulsar *Edit/Add Raster Layer* y seleccionar *Classification. Una capa* «Classification» *se añade a las capas del algoritmo.*

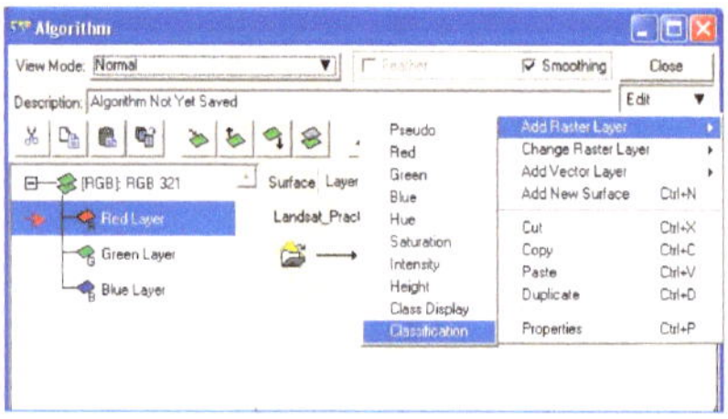

4. Seleccionar la solapa *Layer*. En la línea de proceso del algoritmo pulsar el botón *Edit Layer Color* .

5. Elegir el color *amarillo brillante* y pulsar «*OK*» para cerrar el selector de color.

6. En la línea de proceso del algoritmo pulsar el botón *Load Dataset* . Desde el menú *Directories* seleccionar: C:/ER Mapper 61\examples\Miscellaneous\Tutorial\ *Lansat_practice.ers*.

Utilizar la capa «Classification» *para destacar en amarillo cualquier área de entrenamiento sobre la imagen:*

7. Seleccionar la solapa *Surface*. En la línea de proceso del algoritmo pulsar el botón *Edit Formula* 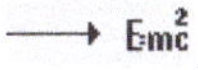. *Se abre la ventana* Formula Editor.

8. Editar en la subventana *Formula Generic*; escribir la fórmula: «if inregion (region1) then input1 else null». *Esta fórmula pide que se despliegue en amarillo el sector vectorial que seleccionaremos como* Región 1.

9. Pulsar el botón *Apply Changes. Se han activado las opciones* Inputs *y* Regions *encima de la subventana* Relations. *La banda MSS1 de la imagen aparece seleccionada por defecto en la entrada genérica* Input1.

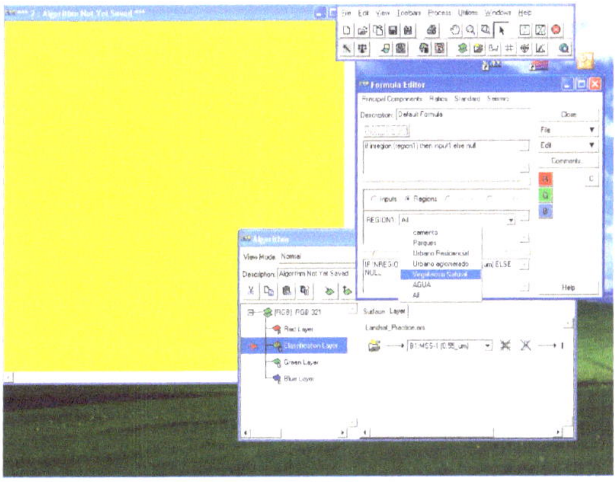

10. Pulsar la opción *Regions* y tras abrir con la flecha el campo desplegable *Region1* seleccionar de la lista, por ejemplo, «*Urbano aglomerado*». *El área de entrenamiento correspondiente se destaca en amarillo dentro de la imagen.*

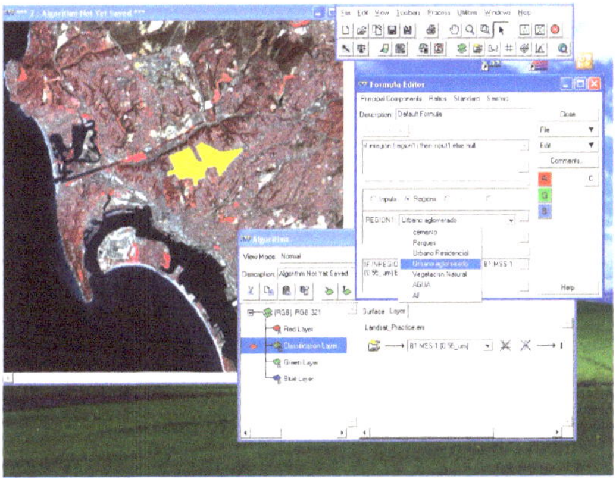

C. Evaluación de las firmas espectrales

C_1. Histogramas de las Áreas de Entrenamiento:

1. En la línea de proceso del algoritmo pulsar el botón *Edit Transform Limits* que está situado *a la derecha* del botón Formula. *Se abre la ventana* Transform. Moverla para que no se superponga con las que ya están abiertas.

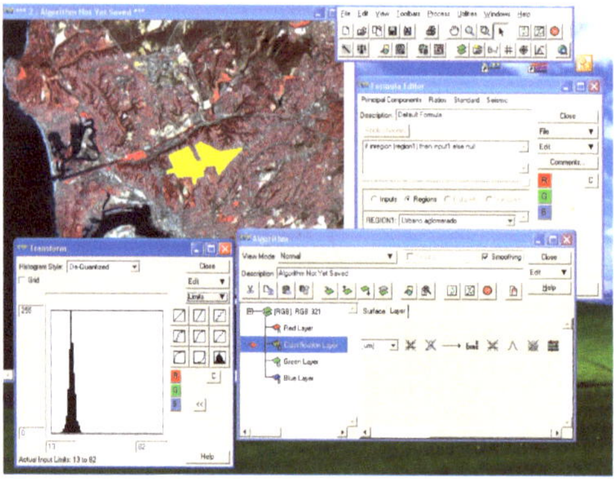

2. En la ventana *Transform* pulsar sobre el botón *Limits* Limits ▼ y seleccionar *Limits to Actual. Aparece el histograma de la banda MSS1 del área de entrenamiento* «Urbano aglomerado» *que teníamos seleccionada previamente.*

3. En la ventana *Formula* pulsar la opción *Inputs* y seleccionar en el campo desplegable *Input1: MSS·3 (B3: 0.75_um).*

4. En la ventana *Transform* pulsar sobre el botón *Limits* Limits ▼ y seleccionar *Limits to Actual. Cada vez que realicemos cambios de banda o región en la subventana* Relation *hay que hacer esta operación, porque cada una tiene unos límites o rango de valores propios.*

5. Si se desea analizar los histogramas de otras bandas y áreas de entrenamiento aplicarles los pasos 1 a 4 anteriores.

6. Cuando se termine, pulsar *Close* en las ventanas *Formula Editor* y *Algorithm* para cerrarlas.

C_2. Diagramas de dispersión entre bandas y áreas de entrenamiento:

1. En el menú principal pulsar *View* y seleccionar *Scattergrams... Se abren las ventanas* Scattergram *y* New Map Composition. *En esta última está seleccionada por defecto la ventana* Raster Region *y el nombre de la imagen con la que estamos trabajando.*

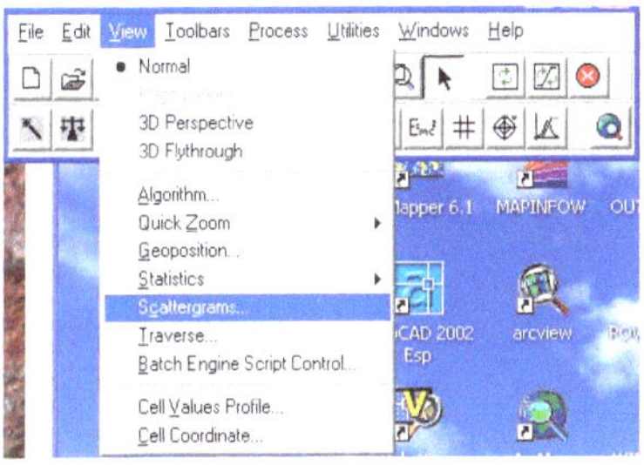

2. Pulsar «*OK*» en la ventana *New Map Composition. Se abre la ventana* Tools *y en* Scattergram *se relacionan automáticamente las bandas de la imagen activa y los polígonos de entrenamiento se muestran en la imagen con sus colores asignados.*

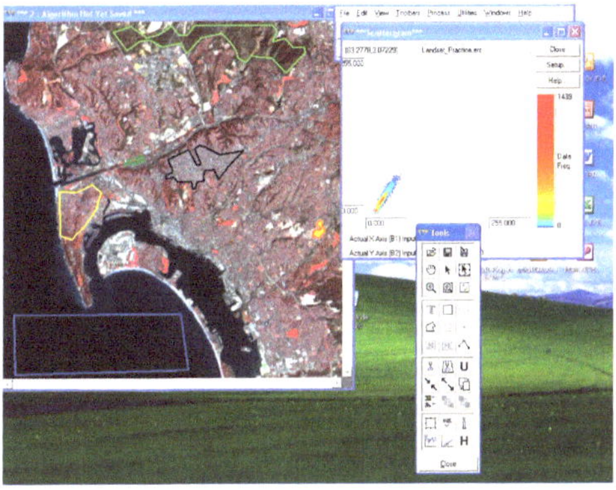

3. En la ventana *Scattergram* pulsar el botón *Setup...* 

.

4. En la ventana *Scattergram Setup* seleccionar la *banda 2* (Color Rojo) en el campo *X Axis* y la *banda 4* (infrarrojo cercano) en el campo *Y Axis*. Pulsar el botón *Limits Actual* 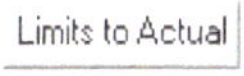

para configurar los límites del rango de cada banda. *Se ve una amplia dispersión; lo que significa que no existe una gran correlación entre ambas bandas.*

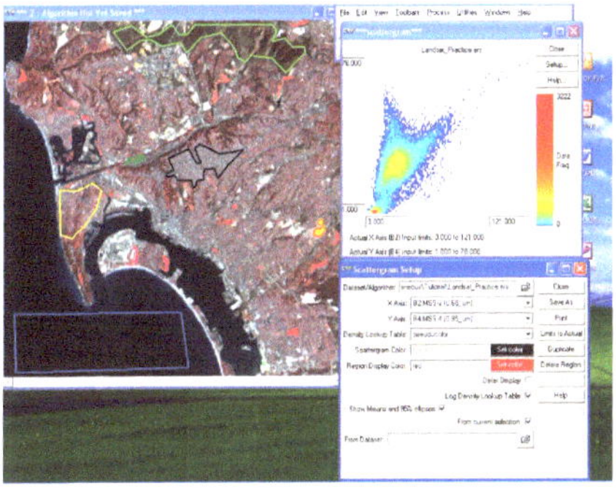

5. En la ventana *Scattergram Setup* marcar la opción *From current selection. Se aplica el valor medio y el 95% de probabilidad para el área de entrenamiento del polígono vectorial que esté seleccionado en la imagen.*

6. En la ventana *Tools* pulsar el botón *Select and Edit Points Mode* .

7. En la imagen pulsar con el cursor sobre algún sector del polígono que comprende el área de entrenamiento de «Urbano aglomerado».
Aparece una elipse del color del polígono sobre el gráfico que muestra la dispersión al 95% y el valor medio (cruz central de la elipse) para la clase «Urbano aglomerado» en las bandas 2 y 4: la elipse representa la probabilidad de que un píxel desconocido de otra zona de la imagen pertenezca a la clase «Urbano aglomerado» con un nivel de confianza del 95%.

8. En la imagen seleccionar el polígono del área de entrenamiento «Parque». *Aparece la elipse con el color del polígono sobre el gráfico de la dispersión que muestra una alta radiancia en el infrarrojo próximo (banda 4) y baja en el rojo (banda 2) del MSS.* Pulsar en el teclado la *tecla* SHIFT (flecha de mayúsculas) y simultáneamente seleccionar en la imagen el polígono que abarca el área de entrenamiento de «Vegetación Natural». *Aparecen las 2 elipses «Parque» y «Vegetación Natural» sobre el gráfico de dispersión. Se pueden comparar y valorar la separación entre las firmas espectrales.* Manteniendo SHIFT pulsada se pueden incorporar más elipses al gráfico.

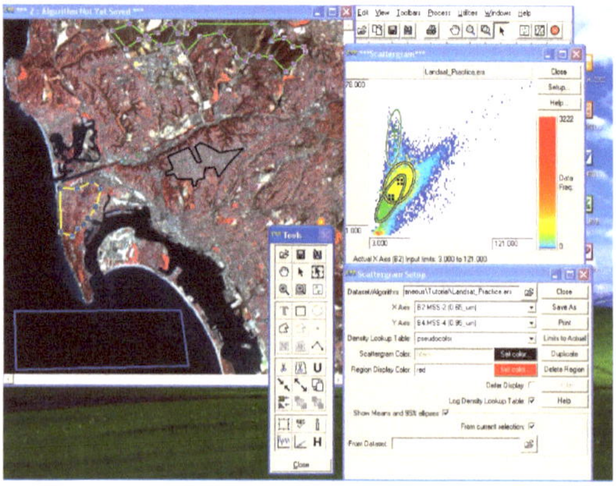

9. Pulsar *Close* en la ventana *Tools*, en la ventana *Scattergram Setup* y en la ventana *Scattergram*.

D. Clasificación de la imagen

1. En el menú principal pulsar *Process* y seleccionar, dentro de *Classification*, el módulo de clasificación supervisada *(Supervised Classification). En esta ventana, la imagen* «Landsat_practice.ers» *aparece seleccionada por defecto. Se pueden elegir las bandas de la imagen que se quieran utilizar y el tipo de clasificación.*

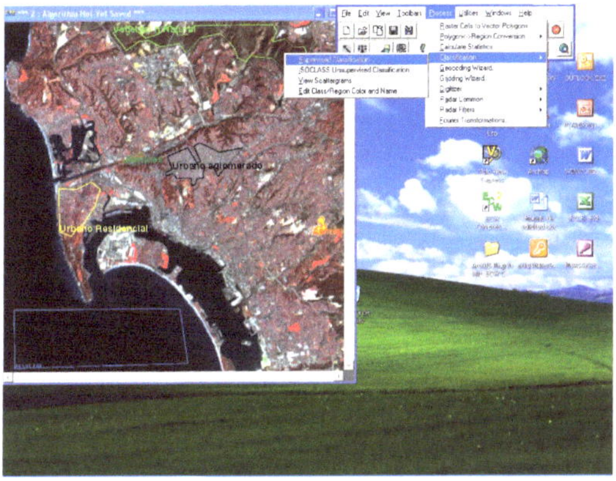

2. En la ventana *Supervised Classification* pulsar el botón *Output Dataset* y abrir desde *Directories* la ruta C:\examples\Miscellaneous\Tutorial\. En el campo *Save As* escribir el nombre del archivo de clasificación, utilizando al comienzo sus propias iniciales y las palabras separadas por guión bajo. Por ejemplo, si sus iniciales son MQH escribir «MQH_max_like_class». Pulsar después «*OK*» o *Save* para validar el nombre y cerrar esta segunda ventana selectora de archivos.

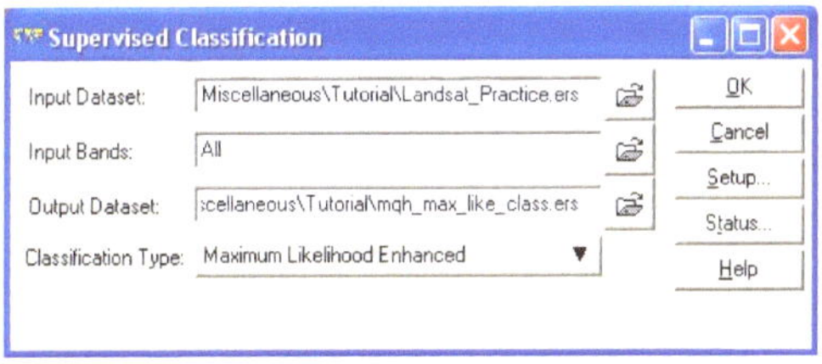

3. En la ventana *Supervised Classification* pulsar la flecha desplegable de *Classification Type* (*Maximum Likehood Enhanced*) y seleccionar *Maximum Likehood Standard* (máxima probabilidad estándar). Pulsar el botón *Setup* Setup... . *Se abre la ventana* Supervised Classification Setup *en la que se pueden configurar las opciones de la clasificación; las áreas de entrenamiento a utilizar (tanto de ésta como de otras imágenes); asignar la probabilidad de cada clase; etc. Por defecto, aparecen todas las áreas de entrenamiento que hemos definido.*

4. Pulsar el botón *Close* para cerrar la ventana *Supervised Classification Setup*.

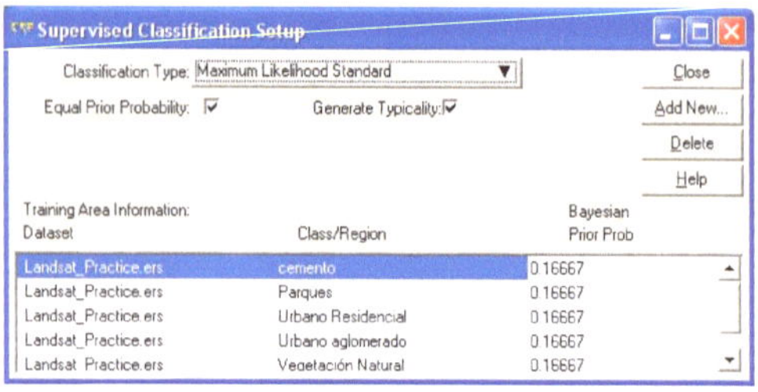

5. Pulsar el botón «*OK*» para que comience el proceso de clasificación. Cuando confirme el éxito del proceso pulsar «*OK*». Cerrar las otras dos ventanas pulsando *Close* y *Cancel*.

Abrir una segunda ventana de imagen y un algoritmo modelo preexistente:

6. En el menú general pulsar el botón New Image Window . *Desplazar esta nueva ventana por debajo de la de la imagen Landsat que teníamos abierta*.

7. En el menú general pulsar el botón *Open Algorithm into Image Window* . Desde el menú *Directories* seleccionar la ruta: C:/ER Mapper 61\examples\Miscellaneous\Templates \Common y cargar el algoritmo pre-existente «*Classified_data.alg*». *Se abre una imagen clasificada de San Diego con un algoritmo modelo.*

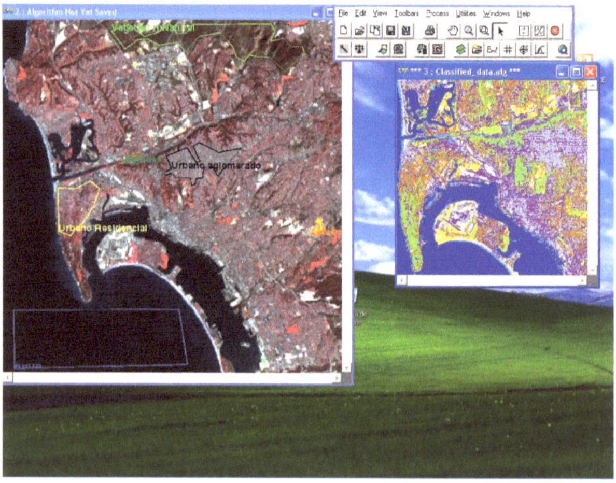

8. En el menú general pulsar el botón *View Algorithm for Imge Window* . *Aparece una capa de tipo* «Class Display» *diseñada en ER Mapper para desplegar imágenes creadas con cualquiera de las funciones de clasificación*.

9. En la línea de proceso de la ventana *Algorithm* pulsar el botón *Load Dataset* . Desde el menú Directories cargar la imagen «*MQH_max_like_class*». *Aparece la imagen clasificada de San Diego en la que cada píxel ha sido asignado a una de las 6 clases y colores que se definieron en las áreas de entrenamiento*

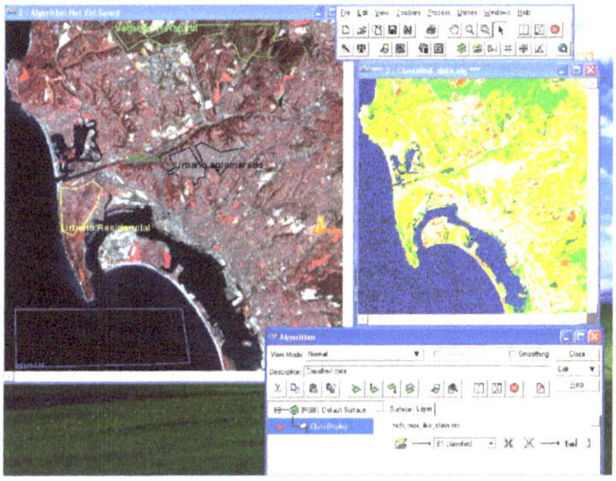

10. En el menú principal abrir *Edit* y seleccionar *Edit Class/Region Color and Name. Se abre la ventana* Edit Class/Region Details *mostrando nombre y color asignado a cada clase en su momento. Pueden ser cambiados ahora si se quiere.*

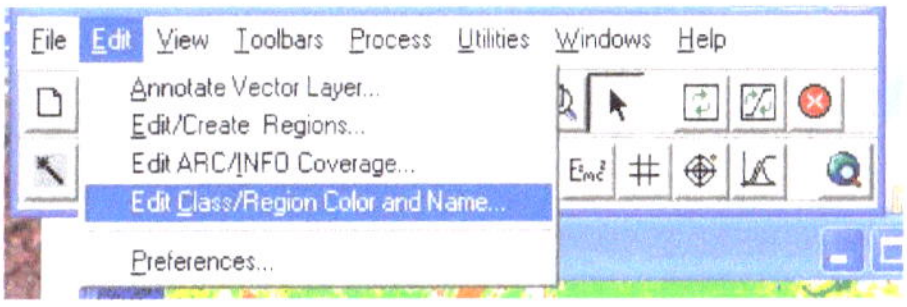

11. Pulsar *Cancel* en la ventana *Edit Class/Region Details* para cerrarla. *Aparece la imagen de San Diego clasificada de un modo supervisado con las 6 clases y colores que elegimos:*

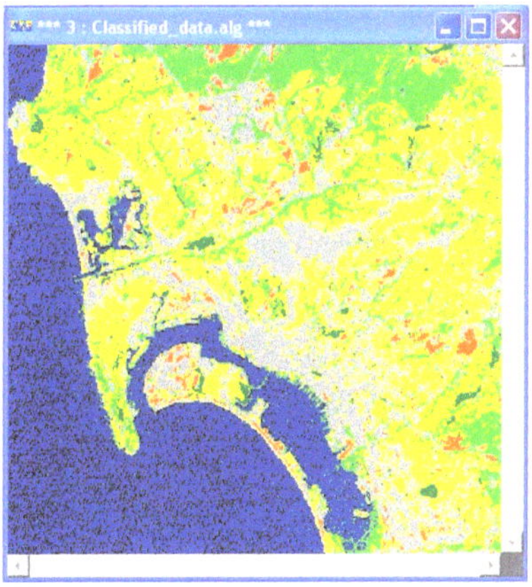

V.4.12. PRÁCTICA N.º 9B DE TELEDETECCIÓN Y SIG: CLASIFICACIÓN SUPERVISADA REALIZADA CON IDRISI 3.2

3. *Ejercicios*

Estos ejercicios ilustran algunas técnicas «fuertes» de clasificación supervisada. Para ello se utilizarán 7 bandas de una imagen Landsat TM (h87tm1, h87tm2, h87tm3, h87tm4, h87tm5, h87tm6 y h87tm7).

El primer paso será crear los lugares de entrenamiento o áreas representativas de cada uno de los tipos de cubierta en los que se desea clasificar la imagen. La imagen se clasificará en 11 tipos de coberteras conocidas.

✓ Copiar todos los archivos existentes en las carpetas *C:/Idrisi32 Tutorial/Introductory IP* y *C:/Idrisi32 Tutorial/Introductory GIS* en la carpeta existente con su nombre de proyecto SIG.

✓ Escoja su carpeta como directorio de trabajo desde el menú *File -> Data Paths.*

✓ Desplegar la imagen llamada «*landuse*».

ANTES DE REALIZAR CUALQUIER COLECCIÓN DE IMÁGENES Y/O ARCHIVOS, O SUPERPOSICIÓN DE SUS CAPAS, HAY QUE HOMOGENEIZAR SUS METADATOS. Esta comprobación conviene hacerla siempre que se vayan a realizar operaciones combinatorias de varias imágenes o archivos de un mismo lugar: si no se hiciera así no podrían superponerse nunca porque estarían situados en lugares distintos sobre la superficie terrestre:

✓ Comparar el *sistema de proyección*, sus *coordenadas máximas y mínimas*, así como el *número de filas y columnas* del archivo «*landuse*» con las de cualquier imagen Landsat TM 7 con la que se va a realizar la clasificación *(h87tm-1* a *7)*. En caso necesario, modifique con el módulo «Metadata» los metadatos del archivo «*landuse*» para unificarlo con los de las imágenes Landsat del lugar *(h87tm-1* a *7)*; o al revés, cambiando los metadatos de las 7 bandas para igualarlos a los del archivo raster «*landuse*».

✓ Escribir una lista con todos los tipos de cubierta identificados en la imagen anterior y asígnarle a cada uno un número identificador *(ID)* único. *Aunque los lugares de muestreo pueden ser digitalizados en cualquier orden, no se debe saltar ningún número en la serie; de modo que si se tienen once clases diferentes de tipos de cobertera, los identificadores* (ID) *deben ir del 1 al 11*:

Un orden posible:

1 Aguas profundas (reservoirs)
2 Aguas superficiales (lakes)
3 Tierras encharcadas (for. Wetland)
4 Urbano lineal (other urban)
5 Urbano residencial (residential)
6 Infraestructuras de transporte (transport)
7 Agricultura –campos de cultivo y prados– (crops & pastures)
8 Agricultura –huertas– (orchards)
9 Bosques caducifolios (deciduous forest)
10 Bosques de coníferas (coniferous forest)
11 Bosques mixtos (transitional)

✓ Desplegar la imagen «*landuse*» usando la paleta «*grey16*».

✓ Utilizar la opción de *digitalización en pantalla* () para digitalizar polígonos alrededor de los lugares de entrenamiento:

- Hacer una ampliación –zoom– ( ) alrededor de algunos de los lagos de aguas profundas que se encuentran al Este de la imagen.
- Pulsar sobre el icono de la herramienta de *digitalización en pantalla* ( ).
- Asignar un nombre evocador al archivo vectorial que se creará (por ejemplo, «*digitlanduse*»). Elegir la opción *polygon* y escribir el identificador que se eligió para el tipo «Aguas profundas» (*2* en este caso). Pulsar «*OK*».
  Ahora, el cursor tendrá la forma del icono de digitalización en pantalla: .
- Mover el cursor a un punto inicial en el lugar de entrenamiento del lago ampliado y pulsar el botón izquierdo del ratón. Mover el cursor al siguiente punto y pulsar de nuevo. *El polígono del lugar de entrenamiento debe encerrar un área homogénea del tipo de cobertera: no deben incluirse píxeles de los bordes de cada zona (por ejemplo, hay que evitar incluir la línea periférica de la playa en este polígono de agua profunda).*
- Continuar digitalizando hasta que se haya terminado el perímetro del polígono y entonces presionar el *botón derecho* del ratón. *Comprobar que se cierra en sí mismo el polígono creado.* Volver al tamaño inicial y después hacer un nuevo aumento del siguiente lugar de entrenamiento.
- Volver a pulsar sobre el icono . *Se abrirá una nueva segunda ventana titulada «Digitize»*: seleccionar la opción *«Add features to the currently active vector layer» porque vamos a seguir añadiendo otros polígonos de entrenamiento al archivo vectorial «digitlanduse» que estamos creando.* Pulsar «*OK*». *Comprobar que se vuelve a abrir la primera ventana «Digitize», pero no da opción a escribir otro nombre de archivo vectorial ni elegir otro archivo de símbolo.* Si el nuevo polígono va a ser realizado sobre el mismo tipo de cubierta que el anterior (aguas profundas sobre otro lago) se le asignará en la ventanita «*ID or value*» el mismo número identificador (un 2 en este caso). *Se puede crear cualquier número de lugares de entrenamiento o polígonos con el mismo* ID, *para cada tipo de cubierta. Sin embargo, debe haber una muestra adecuada de píxeles de cada tipo de cubierta. Un criterio general que se debe seguir es que el* número de píxeles en cada grupo de lugares de entrenamiento *no debe ser menor que* 10 veces el número de bandas. *Por lo tanto, en este ejercicio, donde se usarán 6 bandas, no debería haber menos de 60 píxeles en cada grupo de lugares de entrenamiento.*
  Si el nuevo polígono que se vaya a añadir al archivo vectorial se va a dibujar sobre otro tipo de cubierta, habrá que asignarle su *ID* correspondiente (por ejemplo, 6 para Infraestructuras de transporte).
- Continuar con el mismo proceso hasta que se hayan digitalizado lugares de entrenamiento para cada uno de los 11 tipos de cubiertas.
- Al finalizar el proceso que complete todos los lugares de entrenamiento, presionar el botón para guardar el archivo vectorial «*digitlanduse*» con todos los cambios introducidos en el proceso de digitalización.
- *Si se hubiese cometido algún error en la digitalización, no se deben guardar los polígonos erróneos*: abrir con *Display Launcher* el archivo vectorial correspondiente y presionar el botón ; luego pulsar con el cursor sobre el polígono que se quiera eliminar para seleccionarlo y una vez seleccionado borrar con la tecla «*Del*» o «*Supr*» del *teclado* del ordenador. Guardar el cambio realizado. Comprobar que los metadatos de coordenadas, sistema de referencia, etc., del archivo vectorial poligonal «*digitlanduse*» son los mismos que los de las imágenes de las 7 bandas. En caso de que no sea así modificar los metadatos del archivo vectorial (salvo los de tipo de datos y de archivo, claro) hasta igualarlos a los de las bandas.

Una vez que se ha creado el archivo vectorial de los lugares de entrenamiento, pasamos a la siguiente fase del proceso: crear los «archivos de firma» (signature files). *Los archivos de firma contienen información estadística acerca de los valores digitales de reflexión y/o emisión de los píxeles de cada uno de los grupos de los lugares de entrenamiento.*

✓ Abrir el módulo *MAKESIG* (Hacer signaturas espectrales) desde el menú *Image Processing -> Signature Development.*

– Seleccionar «Vector» como el tipo de archivo de los lugares de entrenamiento y elegir el archivo «*digitalanduse*» como archivo de los lugares de entrenamiento.

– En la ventana «Enter Signature File Names» introducir los nombres de los archivos que se van a crear (uno para cada uno de los 11 tipos de cobertura identificados), en orden ascendente de acuerdo con los identificadores que les asignó. Pulsar «*OK*».

– Indicar que se usarán 7 bandas para el procesamiento. Elegir los archivos de las bandas que serán analizadas: *h87tm1* (azul), *h87tm2* (verde), *h87tm3* (rojo), *h87tm4* (infrarrojo próximo), *h87tm5* (infrarrojo medio), *h87tm6* (infrarrojo térmico) y *h87tm7* (otro infrarrojo medio).

– Pulsar «*OK*».

✓ Cuando se haya terminado el proceso, ejecutar *Idrisi File Explorer* desde el menú *File*, y de la lista de tipos de archivos elegir el tipo «Signature (sig + spf)» para comprobar los archivos de firma y verificar que todos hayan sido creados.

Antes de continuar con el ejercicio, se agruparán los 11 archivos de firma en un archivo de grupo de firmas espectrales. El objetivo de crear un archivo de grupo es agilizar la introducción de los datos de entrada en las ventanas de Idrisi. Un archivo de grupo de firmas espectrales *es similar a una* colección de «layers» raster.

✓ Para crear el archivo de grupo, abrir el *Editor de Colecciones.*

– Desde el menú *File* escoger *New*. En «archivos de tipo», elegir «*Signature Group File*». Nombrar al archivo «*grupo de firmas landuse*» y pulsar sobre «*Abrir*».

– Con el botón *insert after* agregar los 11 archivos de firmas que conformarán la colección.

– Guardar el Archivo de grupo desde *File -> Save* y cerrar el editor de colecciones.

Para comparar los archivos de firma espectral entre sí, se pueden dibujar sus gráficas:

✓ Ejecutar *SIGCOMP* (comparar signaturas) desde el menú principal *Image Processing -> Signature Development.*

– Presionar «Insert Signature Group» y elegir el archivo «*grupo de firmas landuse*» *(observe que los nombres de los archivos de firma incluidos en el grupo aparecen en la lista de la izquierda).*

– Elegir la opción «*Mean*» para obtener una gráfica de los valores promedios de cada archivo de firma en cada banda.

– Pulsar «*OK*».

0. ¿De las siete bandas, cuáles diferencian mejor las cubiertas de vegetación?

✓ Ejecutar *SIGCOMP* de nuevo, pero esta vez elegir ver sólo 2 archivos y seleccionar los archivos de firma espectral que corresponden a bosque de coníferas y cubierta urbana lineal.

1. Indique qué piensa que significan en la gráfica los valores máximo y mínimo, así como la media.

✓ Pulsar «*OK*» *(observe que los valores de reflectancia y emisividad de los archivos de firma espectral se superponen en grado diferente a través de todas las bandas).*

2. ¿Cuál de los dos archivos de firma espectral tiene la mayor variación en los valores de reflectancia en todas las bandas?

El siguiente paso del proceso es clasificar las imágenes basándose en los archivos de firma espectral. Cada píxel tiene un valor en cada una de las 7 bandas de la imagen (h87tm1-7). *Estos valores forman una firma espectral única que es comparada con cada uno de los archivos de firma espectral creados. Cada píxel es asignado a la categoría o clase que tiene la firma espectral más parecida. Existen varias técnicas estadísticas que pueden utilizarse para evaluar el grado de similitud de las firmas espectrales entre sí. Estas técnicas estadísticas son denominadas «clasificadores»* (classifiers). *Durante esta práctica se crearán imágenes mediante tres clasificadores rígidos o duros* (hard classifiers) *de los que facilita el SIG Idrisi32.*

Para visualizar la selección de los lugares de entrenamiento de una forma gráfica en un sistema de coordenadas cartesiano se utiliza el módulo SCATTER.

Este módulo de Idrisi utiliza dos bandas de la imagen como ejes de coordenadas X e Y para definir gráficamente las posiciones relativas de cada píxel a partir de sus valores en las dos bandas. Además, crea una zona fronteriza rectangular alrededor de la media de los lugares de entrenamiento de cada banda con una anchura y altura equivalentes a dos desviaciones estándar medidas desde la media. *Al ejecutar este módulo, se obtiene como resultado la imagen de la distribución de los píxeles y un archivo vectorial con los recuadros alrededor de la media de cada archivo de firma espectral* (fig. 1).

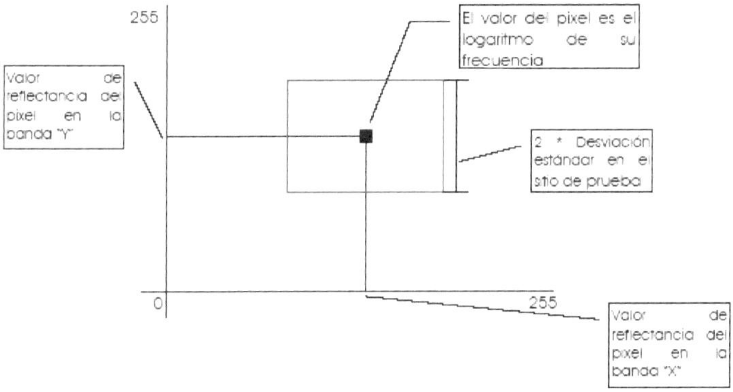

FIG. V.4.1. *Estructura de un gráfico de SCATTER.*

✓ Ejecutar *SCATTER* desde el menú principal *Image Processing -> Signature Development*. Seleccionar la imagen *h87tm3* (la banda roja) como el eje *Y* del gráfico y *h87tm4* (la banda del infrarrojo próximo) como eje *X*. En 'Plot Type' elegir *«Ln of pixel counts» (valor del logaritmo del píxel).*

– Activar la opción *«Create signature plot file»* y escribir el nombre del archivo de grupo de firmas *(«grupo de firmas landuse»).* Llamar *«scath87tm34»* a la imagen de salida. *Cuando el proceso termine, agregar la capa vectorial de los recuadros creados sobre la imagen-nube de los píxeles (si es necesario cambiar la paleta para visualizarlos mejor).*

– Activar la capa raster y mover el cursor sobre la imagen. Notar que las coordenadas X e Y que se muestran en la barra de estado (la de la parte inferior de la pantalla) son las coordenadas X e Y en el gráfico. Los ejes X e Y van desde 0 hasta 255. Hacer un «zoom» en la parte inferior izquierda del gráfico para observarlo con mayor detalle. *Para mostrar la frecuencia de aparición de un píxel en las dos bandas,* SCATTER *usa colores brillantes para poder diferenciar visualmente las densidades mayores de píxeles, y colores más oscuros para las densidades menores (el valor de píxel que se observa al utilizar el* «Inquiry cursor» *es el logaritmo de la frecuencia real del píxel en las dos bandas).*

Estos gráficos son de gran utilidad para verificar la calidad de los lugares de entrenamiento elegidos. Si los recuadros dibujados alrededor de los lugares de entrenamiento se superponen entre sí, esto puede indicar que no se han elegido correctamente. Sin embargo, tales superposiciones pueden ocurrir porque ciertos objetos realmente poseen patrones de reflectancia y emitancia comunes (fig. 2).

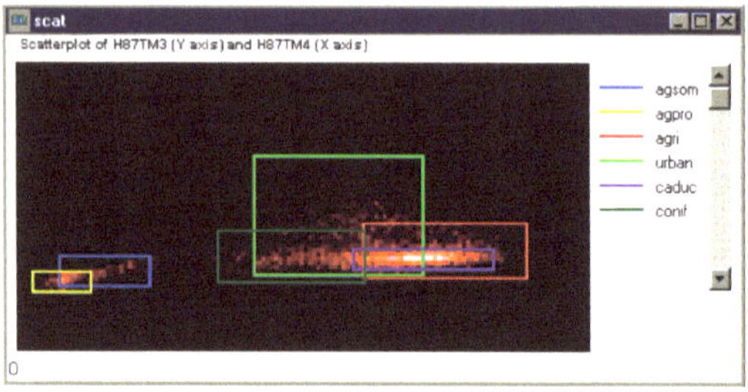

FIG. V.4.2. *Ejemplo de un gráfico producido con SCATTER.*

Técnicas estadísticas: los CLASIFICADORES

– *El módulo* MINDIST *(mínima distancia) es un clasificador que utiliza como criterio la distancia (diferencia) mínima a las medias estadísticas. Este clasificador calcula la distancia-diferencia de los valores de reflectancia de cada píxel a la media de cada archivo de firma espectral y asigna el píxel a la categoría con la media más cercana. Hay dos formas de calcular la distancia con este clasificador:*

- *La primera es calcular la* distancia euclidiana *(raw distance) desde los valores de reflectancia de cada píxel hasta la media de los archivos de firma espectral.*
- *El segundo método es el de* distancia normalizada: *en este caso, el clasificador evalúa las desviaciones estándar de los valores de reflectancia con respecto a la media, creando contornos de desviaciones estándar. Después asigna un píxel dado a la categoría más cercana considerando la desviación estándar.*

✓ Ejecutar *MINDIST*, desde el menú principal *Image Processing -> Hard Classifiers*. Indicar que se usará un archivo de grupo de firmas espectrales: hacer una doble pulsación sobre la ventanita de selección (Pick) y elegir el archivo «*grupo de firmas landuse*» de la lista. *Los nombres de las categorías aparecerán en el lugar correspondiente.* Elegir la opción de «distancia euclidiana» (raw). Nombrar el archivo de salida como «*mindisrawfirmaslanduse*». Pulsar sobre «*OK*» para hacer la reclasificación.

– Hacer una nueva clasificación con *MINDIST* pero esta vez elegir la opción de «distancias normalizadas» (Normalized –Z-scores–). Llamar «*mindisnormfirmaslanduse*» a la imagen de salida.

3. Visualice el resultado y compárelo con el anterior. Describa las diferencias:

– *El módulo* MAXLIKE *es un clasificador de máxima probabilidad (maximun likehood). En este caso, la distribución de los valores de reflectancia y emitancia en un lugar de entrenamiento se describe mediante una función de densidad de probabilidad, desarrollada a partir de las técnicas estadísticas de Bayes. Este clasificador evalúa la probabilidad de que un determinado píxel pertenezca a una categoría y luego lo clasifica en la categoría o clase con la más alta probabilidad de pertenencia.*

✓ Ejecutar *MAXLIKE*, desde el menú *Image Processing -> Hard Classifiers*. Indicar que se usará un archivo de grupo de firmas espectrales: hacer una doble pulsación sobre la ventanita de selección

(Pick) y elegir el archivo «*grupo de firmas landuse*» de la lista. Los nombres de las categorías aparecerán en el lugar correspondiente. Elegir la opción de clasificar todos los píxeles, asignando el mismo peso a todas las clases (la misma probabilidad) «*Use equal prior probabilities for each signature*». Llamar «*maxequfirmaslanduse*» a la imagen de salida-resultado. Pulsar «Continue» (Next>) para reclasificar (manteniendo todas las bandas). *Esta técnica de máxima similitud es la más lenta de todas, pero si los lugares de entrenamiento son buenos es la más precisa.*

– *El último módulo clasificador es el del* PARALELEPÍPEDO. *Este clasificador crea «cajas» usando unidades de desviación estándar, o valores de reflectancia máximos y mínimos dentro de los sitios de prueba.*

Si un píxel determinado tiene un valor digital de radiación que cae dentro de la «caja» de una de las firmas espectrales, es asignado a dicha categoría. Éste es el más rápido de los clasificadores. La opción con máximos y mínimos se ha utilizado mucho como un clasificador de «previsualización» cuando la velocidad de procesamiento de los ordenadores era muy baja. Este método, sin embargo, puede producir clasificaciones erróneas. Debido a la correlación de la información entre las bandas, los píxeles tienden a agruparse en «nubes» con forma de huso.

✓ Ejecutar *PIPED*, desde el menú *Analisys -> Image Processing -> Hard Classifiers*. Indicar que se usará un archivo de grupo de firmas espectrales; haga doble click y elíjalo de la lista *(«grupo de firmas landuse»). Los nombres de las categorías aparecerán en el lugar correspondiente.* Elegir la opción de «máximo y mínimo». Llamar «*PAMINMAX*» al resultado. Presionar «Continue» (Next>) para reclasificar (manteniendo todas las bandas).

Observe que la imagen de salida contiene algunos valores 0 *(cero). Estos píxeles no se ajustaron dentro del rango mín-máx de ninguno de los sitios de prueba y por lo tanto fueron asignadas a una nueva categoría (0).*

– Ejecutar *PIPED* de nuevo, pero esta vez utilizar la opción «z-scores» (la opción por defecto). Leer en la ayuda *(Help)* que significa esta opción. Llamar «*PAZSCO*» a la imagen de salida.

✓ Comparar todas las clasificaciones que se han generado. Para esto, desplegarlas todas con la paleta *QUAL256*. Utilizar un factor de expansión menor al valor por defecto, para poder acomodar todas las imágenes en la pantalla.

4. Explique cuál de ellas ofrece el mejor resultado y por qué. Use la imagen original «*clasuper*» para responder.

Finalmente, conviene tener en cuenta que si los lugares o sitios de prueba y entrenamiento son muy buenos y homogéneos, el clasificador de Máxima Similitud *producirá el mejor resultado. Sin embargo, cuando los sitios de prueba no están muy bien definidos, el resultado puede ser muy pobre. En tales casos, el clasificador de* distancia mínima con distancias normalizadas *produce mejores resultados. Como opción más rápida de todas y con un grado aceptable de eficiencia puede utilizarse el clasificador de* paralelepípedo *con la* opción de desviación estándar*; aunque su utilización sólo es aconsejable si se tienen buenos sitios de prueba y entrenamiento. De todos los clasificadores es el más rápido en su procesado.*

——— FIN DE LA PRÁCTICA ———

SOLUCIONES

0. *En la Banda 4 (infrarrojo próximo) y algo en la Banda 5 (infrarrojo medio).*

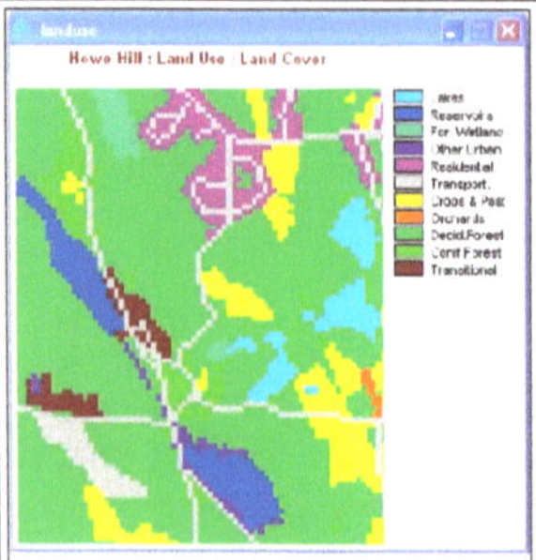

landuse

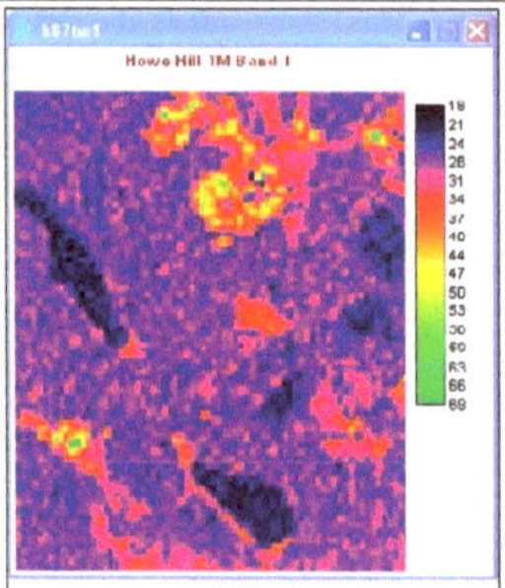

h87tm1

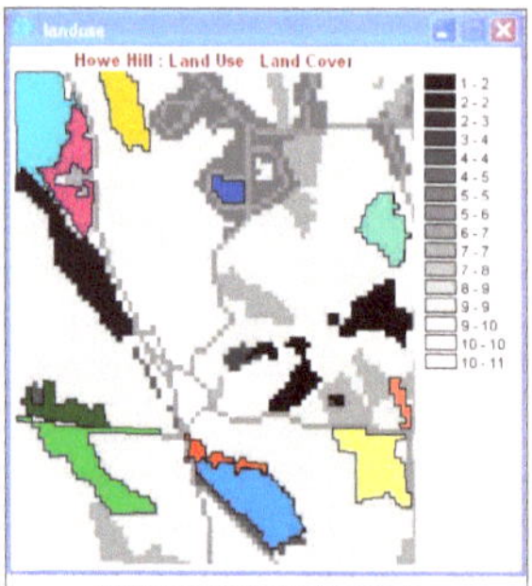

Polígonos de áreas de entrenamiento

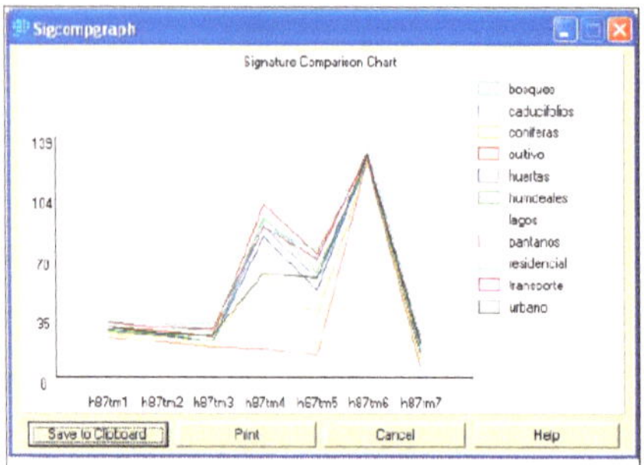

Signaturas espectrales de las distintas cubiertas

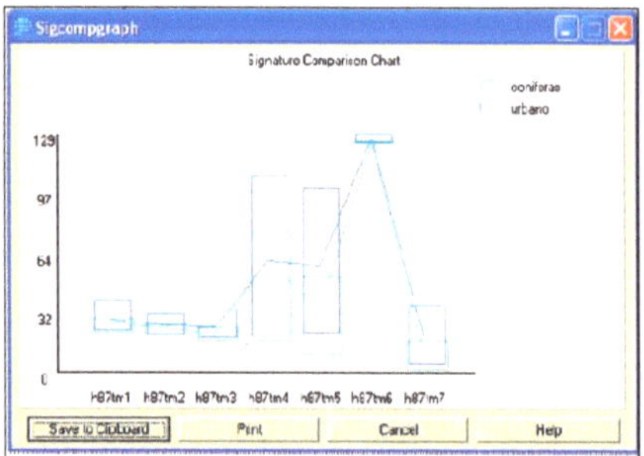

Máximos y Mínimos Niveles Digitales de Coníferas y Urbano

1. *Para una cubierta dada, en una imagen se miden los valores de la radiación reflejada recogidos en distintos sensores sensibles a determinados intervalos del espectro electromagnético. Se utilizaron 7 sensores con intervalos desde el azul hasta el infrarrojo térmico. En la imagen de cada sensor o banda se extiende la «zona de entrenamiento» del programa para que pueda localizar luego las áreas equivalentes en toda la imagen. Dentro de cada zona de entrenamiento se observan y extraen los valores de radiación máxima, los mínimos y los medios.*

2. *La zona residencial y los de bosque de coníferas, con valores mínimos en las bandas 3 y 7, y máximos en las bandas 6 y 4. Las cubiertas que menos variación tienen son las de aguas profundas (embalses) y someras (lagos).*

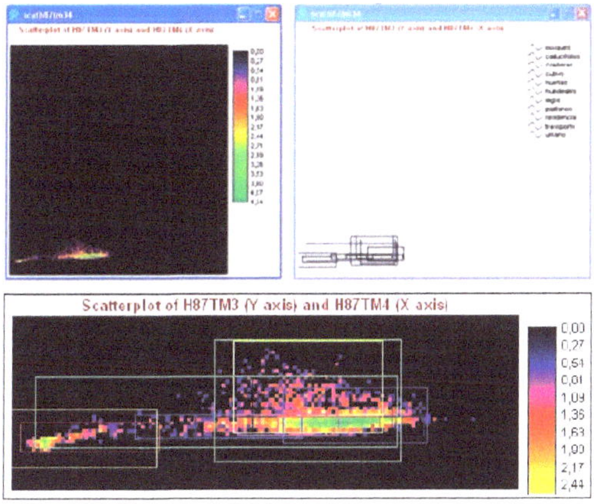

3. *Es más fiel a la original (landuse) la realizada con la opción «raw» (distancia euclidiana). Si se utiliza la diferencia-distancia normalizada (desviación estándar) las asignaciones son peores: por ejemplo, zonas de bosque caducifolio han sido asignadas a zonas encharcadas.*

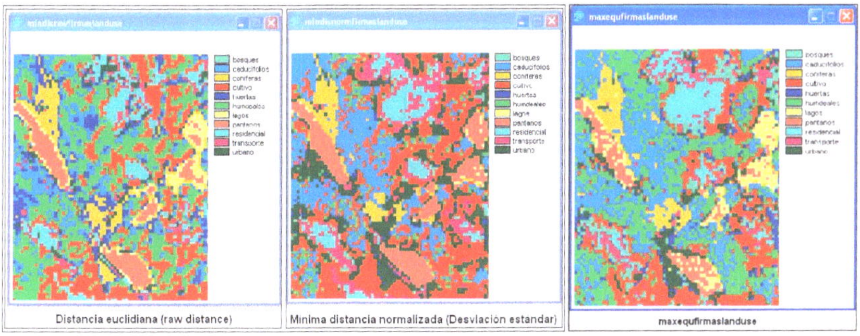

4. *El mejor es MAX porque es la clasificación menos agregada de los valores de los Niveles Digitales y la de más fácil interpretación visual. La Clasificación Normalizada es la más difícil de interpretar porque ofrece mucha variación espacial y demasiados umbrales o matizaciones en la clasificación.*

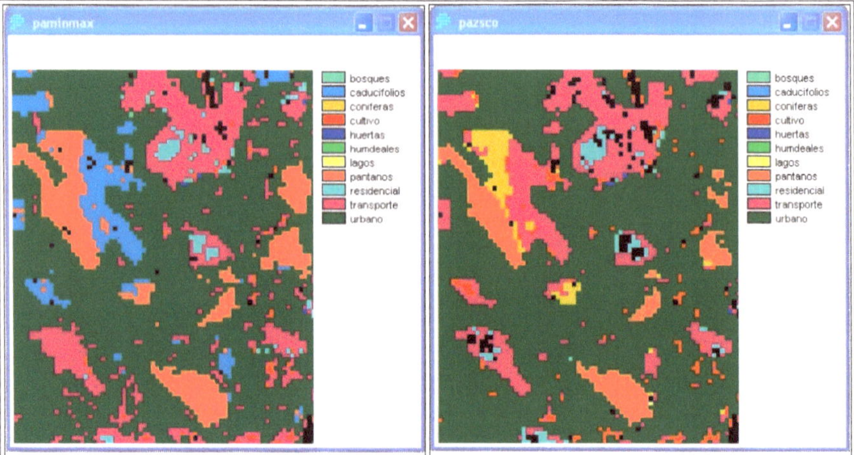

paminmax | pazsco

V.4.13. Práctica n.º 10 de SIG: Métodos de interpolación. Comparación de resultados aplicando distintos módulos de la extensión «Geostatistical Analyst» de ArcGis 9.3

1. *Objetivos*

- Aprender a diferenciar los distintos tipos existentes de interpolación de datos muestrales puntuales para generalizar su cartografiado a toda la superficie de la zona terrestre de la que proceden.
- Aprender el manejo de lo módulos de interpolación de la extensión «Geostatistical Analyst» del programa SIG ArcGis 9.3. y comparar los resultados de los distintos métodos de interpolación que utilizan.

2. *Fundamentos*

Existen varios tipos de métodos de interpolación y extrapolación para realizar estimaciones, simulaciones y generalizaciones. Pueden ser agrupados en dos grandes grupos: métodos *determinísticos*; y métodos *aleatorios* o *estocásticos*. Los segundos son los más puramente geoestadísticos.

- Métodos determinísticos:
  - *Promedio ponderado del inverso de la distancia* (IDWA: inverse distance weighted average); *Inverso ponderado de la distancia* (IDW: Inverse Distance Weighting) e *Inverso óptimo de la distancia* (ODA: optime distance average). En ellos los valores más próximos tienen más peso que los más alejados del punto del que se quiere estimar su valor. Se trata de interpoladores de los denominados *exactos*, en los que cada punto muestral tiene en la generalización su valor real.
  - *Análisis de la tendencia superficial* (TSA: trend surface análisis). En éstos suelen utilizarse las coordenadas geográficas como variables. No suelen dar resultados muy reales, pero sirven para dar una idea clara de las grandes tendencias generales de la distribución espacial de los datos. Producen muchas distorsiones en los bordes de los espacios analizados.
  - *Sistema de cuñas, tiras o sectores suavizados* (splining); también conocido como *métodos de funciones básicas radiales* (RBF: radial basis functions). Asemeja a una superficie elástica que se hace pasar por todos los puntos muestrales, forzando a que cada uno de ellos tenga su valor real, por lo que se trata también de un método *exacto*. Es el único de los métodos determinísticos que permite realizar extrapolaciones, consiguiendo valores estimados por encima y por debajo de los valores muestrales máximo y mínimo. Este método da buenos resultados cuando se aplica a espacios geográficos que han sido muestreados según una red densa y regular de puntos muestrales, tipo malla.
  - *Método del gradiente* (LRM: lapse rate method). Consiste en multiplicar la diferencia de altitudes entre los puntos por el gradiente constante de la variable que se ha calculado para toda la zona terrestre a la que pertenece el área bajo estudio. Por ejemplo, el valor de un meteoro en el observatorio meteorológico más próximo a cada punto a estimar y la diferencia de altitud entre ambos puntos.
  - *Método de regresión polinomial* o *de interpolación polinómica global*. Este método es de los considerados *inexactos*, en los que cada punto geográfico muestral no acaba teniendo su valor real en el mapa simulado resultante. Siendo de los métodos determinísticos de cálculo más simple, es de los que realiza los ajustes más precisos y las simulaciones más próximas a la realidad. Es el mejor de ellos cuando las correlaciones entre las distintas variables utilizadas superan el 70% y los cambios de los valores en el espacio muestral son graduales y no

demasiado bruscos. En todo caso, conviene utilizar muestras lo más representativas posible de la región investigada porque suaviza mucho los resultados y no permite predecir los errores que se producirán en el cartografiado final de la estimación de datos.

- *Método de interpolación polinómica local.* Es similar al anterior pero más flexible. Supone un proceso de cálculos estadísticos reiterativo que se ajusta más a la realidad porque reduce mucho las áreas de aplicación. Sus resultados son algo similares al método del *krigeo*, pero no permite investigar la autocorrelación espacial como éste.

– Métodos aleatorios o estocásticos:

- *Método del krigeo ordinario* (Ordinary kriging). Es un método de estimación lineal insesgado, es decir, que la diferencia entre el valor real y el estimado en el mismo punto es cero, y utiliza una combinación lineal de pesos o ponderaciones de los puntos muestrales. Estos pesos varían de acuerdo a la *distancia* (como en los demás métodos), pero también a la *disposición espacial* o topología de las muestras. Permite extrapolaciones. Es el más eficaz si sólo se dispone de la variable en estudio (por ejempl,o temperaturas) y, por tanto, no se dispone de variables auxiliares independientes (por ejemplo, la altitud, la orientación de pendientes, etc.). También es muy eficaz si los datos son estacionarios (tienen una continuidad espacial en toda el área de estudio), y además tienen una distribución estadística normal o gaussiana. Conviene subdividir sectores espaciales para la aplicación del método.
- *Método de krigeo simple.* Esta variedad utiliza un valor de variable constante (media aritmética estacionaria) que es determinado por el analista y no por la vecindad local de las muestras.
- *Método de krigeo universal.* Se usa cuando se producen fuertes anisotropías espaciales en la variación de los datos. En esos casos se utilizan ecuaciones de regresión de tales superficies de tendencia superficial.
- *Método de simulación gaussiana.* Esta variedad de *krigeo* utiliza esperanzas probabilísticas derivadas de simulaciones; tanto *condicionadas*, en las que la estimación de los valores en los puntos muestrales ha de coincidir con sus datos reales, como *no condicionadas*, en las que se utiliza una variable ciega en lugar de datos muestrales.
- *Método de co-krigeo* (Co-kriging). Es también un estimador lineal *no sesgado* en el que por tanto las diferencias entre los valores reales y los estimados en los puntos muestrales han de ser igual a cero. Este método emplea una información o variable secundaria (por ejemplo, la variable principal puede ser la temperatura y la secundaria la altitud) que mejora la estimación cuando se dispone de pocos datos principales o están poco correlacionados espacialmente. Utiliza una combinación lineal de los datos obtenidos en distintos lugares para las variables primarias y secundarias, mediante la aplicación de sus respectivos variogramas en lo que se conoce como *variogramas cruzados*.

3. *Ejercicios*

El supuesto es el cartografiado, espacialmente continuo, de la concentración media de ozono troposférico en el Estado de California (EE.UU.), a partir de los datos de su red discontinua de estaciones de medida.

Se realizarán 6 ejercicios utilizando los módulos de la extensión Geostatistical Analyst *del SIG ArcGIS 9. 3, con algunos de los distintos métodos de interpolación geoestadísticos*: Inverso ponderado de la distancia; Interpolación polinomial global; Interpolación polinomial local; Interpolación de funciones de base radial; Krigeo ordinario; y Co-Krigeo.

0. Abrir el programa ArcGis.

1. En el menú «VIEW» seleccionar el modo «Data View»

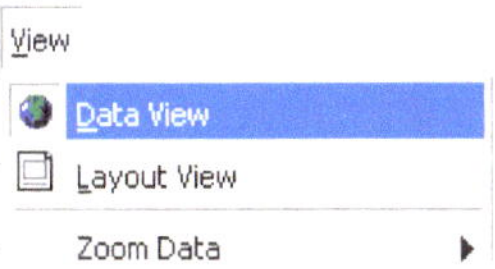

2. Pulsar con el *pulsador izquierdo del ratón (PIR)* sobre el botón Add Data () de la barra estándar.

3. Buscar la carpeta C:\ArcGis\Arc Tutor\Geostatistics y ayudados con la tecla de Control *(Ctrl)* del ordenador seleccionar y destacar los *datasets*: «ca_ozone_pts», «ca_outline» y «ca_hilshade». *Se incorporan a la Tabla de Contenidos y se visualizarán en la ventana de Display.*

4. Abrir la ventana de diálogo de *Symbol Selector* (pequeño rectángulo inferior a «ca_outline» en la Tabla de Contenidos): pulsar con el *pulsador derecho del ratón (PDR)* sobre dicho rectángulo inferior o ventanita de leyenda de «ca_outline» en la Tabla de Contenidos. *Se abre la ventana de paleta de colores.*

5. En la parte superior, pulsar con el *pulsador izquierdo del ratón (PIR)* sobre No Color. *Esto permitirá visualizar sólo las líneas exteriores de los límites del estado de California.*

6. En la ventana de la Tabla de Contenidos pulsar con el *pulsador derecho del ratón (PDR)* sobre todo el conjunto de *Layers* (carpeta de todas las capas: ) y en *Properties*, solapa *Data Frame*, marcar la opción *Enable* de *Clip to Shape* y pulsar con el botón izquierdo del ratón sobre *Specify Shape* para que se abra la ventana *Data Frame Clipping*. En ésta, seleccionar la opción *Outline of Features* y, pulsando sobre la flecha en el desplegable *Layers*, seleccionar la capa «ca_outline». Pulsar sobre «*OK*». Pulsar sobre *Aplicar*, luego sobre *Aceptar* y por último «*OK*».
Se recortarán todas las capas con los límites administrativos del estado de California:

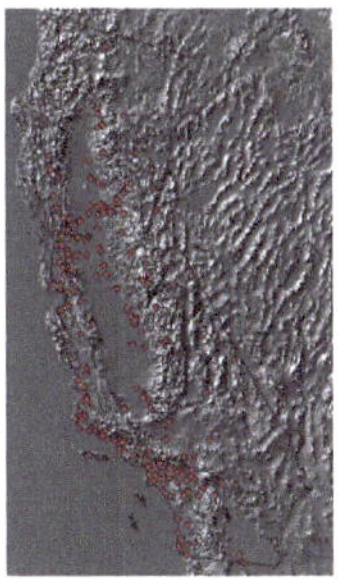

A partir de aquí, se trata de dibujar la superficie de concentración de ozono, utilizando las distintas opciones de métodos de interpolación en los módulos que incorpora Geostatistical Analyst, desde la base de datos de las muestras medidas en los observatorios de California (ca_ozone_pts).

Ejercicio n.º 1: Creación de una superficie de estimación de ozono en California con el método de interpolación del inverso ponderado de la distancia (Inverse Distance Weighting –IDW–).

0. Pulsar sobre el menú «Tools» y seleccionar «Extensions». Habilitar *Geostatistical Analyst.*

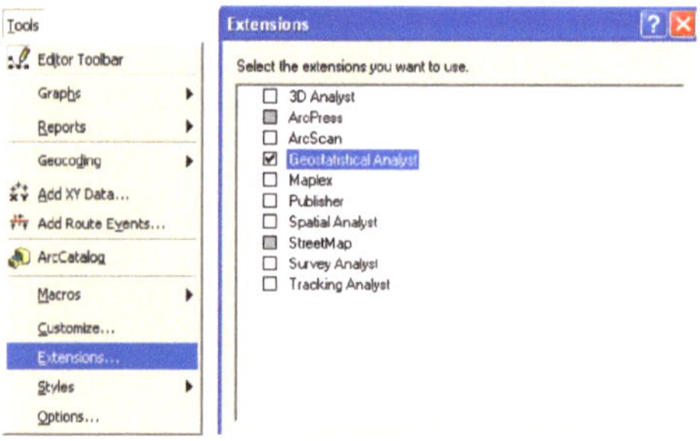

Después pulsar sobre el menú «View» y en «Toolbars» habilitar «Geostatistical Analyst».

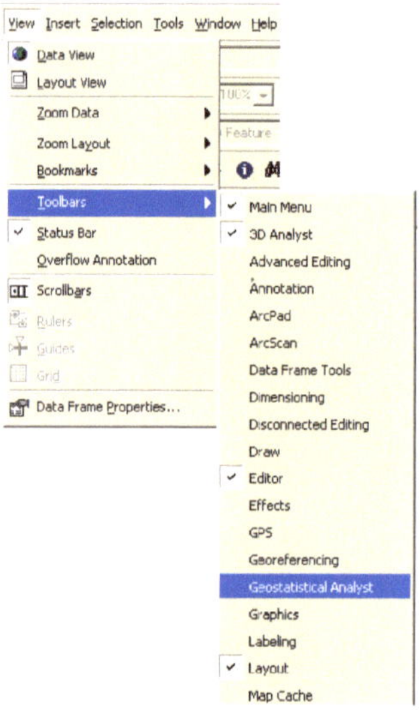

Aparecerá en la pantalla esta barra: 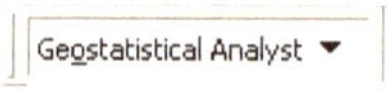

1. Pulsar sobre la flecha de despliegue de la barra *Geostatistical Analyst* y seleccionar *Geostatistical Wizard.*

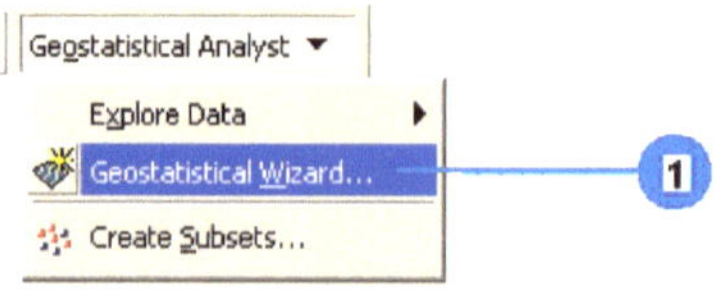

Se abre la ventana «Geotatistical Wizard: Choose Input Data and Method»

2. Pulsar sobre la flecha de *Input Data* y seleccionar «ca_ozone_pts».
3. Pulsar sobre la flecha de *Attribute* y seleccionar el atributo *OZONE*.
4. Seleccionar *Inverse Distance Weighting* en la caja de *Methods*.
5. Pulsar *Next*. (*Si hubiésemos pulsado* Finish *se habría realizado ya el mapa, pero seguiremos viendo a continuación los pasos, uno a uno*).
6. *Se abre la ventana* Set Parameters (paso 1 de 2). Pulsar *(PIR)* sobre el botón *Optimize Power Value* para que el programa calcule el factor de ponderación que mejor va a la serie estadística y dejar los demás parámetros por defecto (nº de vecinos, etc.). Pulsar *Next* en esta ventana.
7. De la ventana *Cross Validation* (paso 2 de 2) anotar en papel aparte los valores de error medio –0,001353– y cuadrático medio –0,01342– (Mean y Root-Mean-Square) que aparecen en la subventana «Prediction errors».
8. Pulsar sobre *Finish*. *Aparece una ventana informativa de las características de la nueva capa que va a incorporarse a la tabla de contenidos y a superponerse visualmente en la ventana de display*. Pulsar (PIR) sobre «*OK*».

Aparecerá una nueva capa con la simulación de ozono para todo el estado realizada con la técnica determinística Inverse Distance Weighting:

Ejercicio n.º 2: Creación de una superficie de estimación de ozono en California con el método de interpolación polinomial global (Global Polynomial Interpolation).

1. Pulsar sobre la barra *Geostatistical Analyst* y seleccionar *Geostatistical Wizard*.
2. Pulsar sobre la flecha de *Input Data* y seleccionar «ca_ozone_pts».
3. Pulsar sobre la flecha de *Attribute* y seleccionar el atributo *OZONE*.
4. Seleccionar *Global Polynomial Interpolation* en la caja de *Methods*.
5. Pulsar *Next*. (*Si hubiésemos pulsado* Finish *se habría realizado ya el mapa, pero seguiremos viendo los pasos, uno a uno*).
6. Dentro de la ventana que se abre *Set Parameters* (paso 1 de 2), en la ventanita *Power* escribir (o seleccionar con la flecha) el factor de ponderación *2* y pulsar *Next*.
7. De la ventana que se abre *Cross Validation* (paso 2 de 2) anotar en papel aparte los valores de error medio –0,00003684– y cuadrático medio –0,01679– (Mean y Root-Mean-Square) que aparecen en la subventana «Prediction errors». Compararlos con los valores de error obtenidos en el ejercicio anterior.

Pulsar sobre *Finish*. *Aparece una ventana informativa de las características de la nueva capa que va a incorporarse a la tabla de contenidos y a superponerse visualmente en la ventana de display.* Pulsar (PIR) sobre «OK».

Aparecerá una nueva capa con la simulación de ozono para todo el estado realizada con la técnica determinística Global Polynomial Interpolation:

Ejercicio n.º 3: Creación de una superficie de estimación de ozono en California con el método de interpolación polinomial local (Local Polynomial Interpolation).

1. Pulsar sobre la barra *Geostatistical Analyst* y seleccionar *Geostatistical Wizard*.
2. Pulsar sobre la flecha de *Input Data* y seleccionar «ca_ozone_pts».
3. Pulsar sobre la flecha de *Attribute* y seleccionar el atributo *OZONE*.
4. Seleccionar *Local Polynomial Interpolation* en la caja de *Methods*.
5. Pulsar *Next*. (*Si hubiésemos pulsado* Finish *se habría realizado ya el mapa, pero seguiremos como en las anteriores ocasiones viendo los pasos, uno a uno*).
6. En la ventana que se abre *Set Parameters* (paso 1 de 2), dentro de la ventanita *Power* escribir (o seleccionar con la flecha) el factor de ponderación *2* y pulsar *Next*.
7. De la ventana que se abre *Cross Validation* (paso 2 de 2) anotar en papel aparte los valores de error medio –0,0002154– y cuadrático medio –0,01401– (Mean y Root-Mean-Square) que aparecen en la subventana «Prediction errors». Compararlos con los valores de error obtenidos en los dos ejercicios anteriores.

Pulsar sobre *Finish*. *Aparece una ventana informativa de las características de la nueva capa que va a incorporarse a la tabla de contenidos y a superponerse visualmente en la ventana de display.* Pulsar (PIR) sobre «OK».

Aparecerá una nueva capa con la simulación de ozono para todo el estado realizada con la técnica determinística Local Polynomial Interpolation:

Ejercicio n.º 4: Creación de una superficie de estimación de ozono en California con el método de interpolación de funciones de base radial (Radial Basis Functions –RBF–), dentro de la teoría de redes artificiales neuronales.

1. Pulsar sobre la barra *Geostatistical Analyst* y seleccionar *Geostatistical Wizard*.
2. Pulsar sobre la flecha de *Input Data* y seleccionar «ca_ozone_pts».
3. Pulsar sobre la flecha de *Attribute* y seleccionar el atributo *OZONE*.
4. Seleccionar *Radial Basis Functions* en la caja de *Methods*.
5. Pulsar *Next*. (*Si hubiésemos pulsado* Finish *se habría realizado ya el mapa, pero seguiremos viendo los pasos, uno a uno*).
6. *Se habrá abierto la ventana* Set Parameters (paso 1 de 2). *Dentro de este método de tiras o sectores suavizados se pueden seleccionar varias opciones que introducen más o menos error en el aplanamiento y producen un menor o un mayor número de «ojos de pájaro»: (a) Tiras completamente regularizadas –Completely Regularized Spline–; (b) Funciones cuadráticas inversas –Inverse Multiquadratic–; (c) Multiquadratic; (d) Sectores con tensión –Spline with tension–; y (e) Sectores de lámina fina –Thin Plate Spline–.*

Seleccionar *Completely Regularized Spline* y pulsar *Next*.

Conviene realizar el mapa simulado con las otras opciones (b - e) y comparar los resultados.

7. *De la ventana que se abrirá*, Cross Validation (paso 2 de 2), anotar en papel aparte los valores de error medio –0,0011084– y cuadrático medio –0,01277– (Mean y Root-Mean-Square) que aparecen en la subventana «Prediction errors». Compararlos con los valores de error obtenidos en los tres ejercicios anteriores.

Pulsar sobre *Finish*. *Aparece una ventana informativa de las características de la nueva capa que va a incorporarse a la tabla de contenidos y a superponerse visualmente en la ventana de display.* Pulsar (PIR) sobre «OK».

Aparecerá una nueva capa con la simulación de ozono para todo el estado realizada con la técnica determinística Radial Basis Functions:

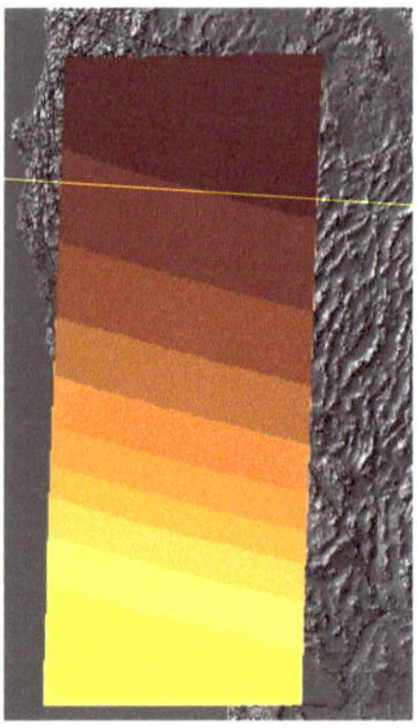

Ejercicio n.º 5: Creación de una superficie de estimación de ozono en California con el método de interpolación de Krigeo (Ordinary Kriging) dentro de la teoría puramente geoestadística.

1. Pulsar sobre la barra *Geostatistical Analyst* y seleccionar *Geostatistical Wizard.*
2. Pulsar sobre la flecha de *Input Data* y seleccionar «ca_ozone_pts».
3. Pulsar sobre la flecha de *Attribute* y seleccionar el atributo *OZONE.*
4. Seleccionar *Kriging* en la caja de *Methods.*
5. Pulsar *Next.* (*Si hubiésemos pulsado* Finish *se habría realizado ya el mapa con los parámetros por defecto del programa, pero seguiremos viendo los pasos, uno a uno).*
6. *Se abre la ventana* Geostatistical Method Selection (paso 1 de 4).

Dentro de *Ordinary Kriging* seleccionar *Prediction Map* y pulsar *Next.*

Conviene realizar el mapa de simulación con las otras opciones de método de krigeo y comparar los resultados.

7. *Se abre la ventana* Semivariogram/Covariance Modeling (paso 2 de 4). Pulsar *Next.*
8. *Se abre la ventana* Searching Neighborhood (paso 3 de 4). Pulsar *Next.*
8. *Se abre la ventana* Cross Validation (paso 4 de 4). Anotad en papel aparte los valores de error medio –0,0003322– y cuadrático medio –0,01377– (Mean y Root-Mean-Square) que aparecen en la subventana «Prediction errors». Compararlos con los valores de error obtenidos en los cuatro ejercicios anteriores.

Pulsar sobre *Finish. Aparece una ventana informativa de las características de la nueva capa que va a incorporarse a la tabla de contenidos y a superponerse visualmente en la ventana de display.* Pulsar (PIR) sobre «OK».

Aparecerá una nueva capa con una simulación de ozono para toda California más realista, realizada con la técnica geoestadística OrdinaryKriging*:*

Ejercicio n.º 6: Creación de una superficie de estimación de ozono en California con el método de interpolación de Co-Krigeo (CoKriging) dentro de la teoría puramente geoestadística.

1. Pulsar sobre la barra *Geostatistical Analyst* y seleccionar *Geostatistical Wizard*.
2. Seleccionar *CoKriging* en la caja de *Methods*.
3. Pulsar sobre la flecha de *Input Data* del *DataSet-1* y seleccionar «ca_ozone_pts».
4. Pulsar sobre la flecha de *Attribute* del *DataSet-1* y seleccionar el atributo *OZONE*.
5. Pulsar sobre la flecha de *Input Data* del *DataSet-2* y seleccionar «ca_ozone_pts».
6. Pulsar sobre la flecha de *Attribute* del *DataSet-2* y seleccionar el atributo *ELEVATION* para trabajar con el modelo digital de elevaciones de California y su variable de altitudes.
7. Pulsar *Next*. (*Si hubiésemos pulsado* Finish *se habría realizado ya el mapa, pero seguiremos viendo los pasos, uno a uno*).
8. *Se abre la ventana* Geostatistical Method Selection (paso 1 de 4).

Seleccionar, dentro de *Ordinary Cokriging*, la opción *Prediction Map* y pulsar *Next*.

Conviene realizar el mapa simulado con las otras opciones de método de Co-Krigeo y comparar los resultados.

9. *Se abre la ventana* Semivariogram/Covariance Modeling (paso 2 de 4). Pulsar *Next*.
10. *Se abre la ventana* Searching Neighborhood (paso 3 de 4). Pulsar *Next*.
11. *Se abre la ventana* Cross Validation (paso 4 de 4). Anotad en papel aparte los valores de error medio –0,0005245– y cuadrático medio –0,01308– (Mean y Root-Mean-Square) que aparecen en la subventana «Prediction errors». Compararlos con los valores de error obtenidos en los demás ejercicios anteriores.

Pulsar sobre Finish. *Aparece una ventana informativa de las características de la nueva capa que va a incorporarse a la tabla de contenidos y a superponerse visualmente en la ventana de display*. Pulsar (PIR) sobre «OK».

Aparecerá una nueva capa con la simulación de ozono para todo el estado realizada con la técnica geoestadística Ordinary CoKriging*:*

En un proyecto SIG real se trabajará valorando el número y distribución de las muestras de que se dispone, los errores que haya arrojado cada método que hemos utilizado en la comparación y, sobre todo, en función de la experiencia y el conocimiento que tenga el analista de la región y del fenómeno analizado. Con todas estas condiciones se decidirá el método de interpolación y cartografiado más correcto.

V.4.14. PRÁCTICA N.º 11 DE SIG: MÉTODOS DE KRIGEO. APLICACIÓN DE LOS MÓDULOS DE LA EXTENSIÓN «GEOSTATISTICAL ANALYST» DE ARCGIS 9.3

1. *Objetivos*

- Aprender a trabajar desarrollando todo el proceso habitual de un estudio geoestadístico.
- Valorar la relación espacial de los datos entre sí con la ayuda de su Variograma o del Semivariograma.
- Aprender a crear modelos de ajuste entre el Variograma experimental y el teórico.
- Aprender el manejo de los módulos de Krigeo de la extensión «Geostatistical Analyst» del programa SIG ArcGis 9.3.

2. *Fundamentos*

Según la teoría de las variables regionalizadas de Matheron los datos presentan, además de una distribución espacial, una correlación espacial; es decir, son una variable regionalizada.

Una variable regionalizada cumple una función matemática que adopta un valor interrelacionado en cada una de las coordenadas x-y-z del espacio. Pero los datos están *estructurados* en el espacio, por un lado, y a la vez son *erráticos*, *aleatorios* y *locales*.

Por eso, el presupuesto básico de la Geoestadística considera que el valor observado en un punto del espacio es resultado de un proceso aleatorio con una distribución concreta.

En la Geoestadística juega un papel fundamental el conocimiento previo del investigador del ámbito geográfico, acerca de las *zonas de influencia*, *anisotropías*, *escalas*, *particularidades* y *periodicidades* del fenómeno que se quiere estudiar y generalizar desde los puntos de obtención de los datos.

Las fases típicas de un estudio geoestadístico son:

1ª. Análisis exploratorio previo de los datos.
2ª. Análisis de la estructura espacial de los datos.
3ª. Generalización mediante modelizaciones de Estimación o Simulación.
4ª. Comprobación de la calidad de la estimación o la simulación.

La medida del grado de dependencia espacial entre las muestras o datos se consigue con el *variograma experimental* γ (h) y su variedad el *semivariograma experimental*:

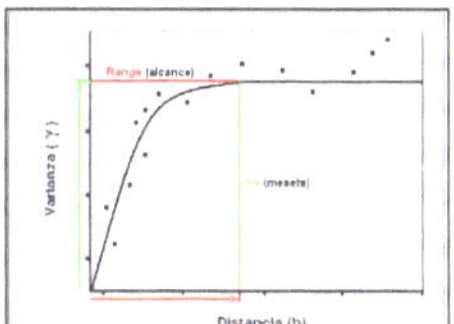

$$\gamma(h) = \frac{1}{2N(h)} \sum_{i=1}^{N(h)} \{Z(x_i) - Z(x_i + h)\}^2$$

$Z(x_i)$ =valores muestrales en los puntos x_i.
$Z(x_i+h)$ =valores muestrales en los puntos x_i+h.
N(h) =n.º de pares de datos separados por una distancia h.

Pero como el *variograma experimental* no suele dar una gráfica geométrica estandarizada, siempre hay que ajustarla a una forma geométrica pura o una combinación de formas geométricas que posean una función matemática estándar (esfera, parábola, curva en forma de campana de Gauss, etc.) para conseguir un modelo de *variograma teórico*:

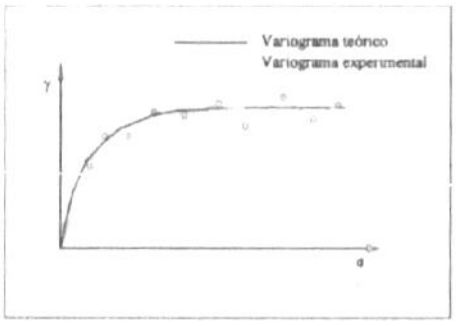

Como son métodos no sesgados la calidad del modelo elegido se determina con el cálculo del *error cuadrático medio*:

$$ECM = \frac{\sum_{i=1}^{N}(Z_{Ri} - Z_{Ei})^2}{N-1}$$

N= n.º total de puntos estimados.
ZRi = Valor real en cada punto.
ZEi = Valor estimado en cada punto.

3. *Ejercicios*

Para comparar con los métodos de la práctica anterior se proseguirá con el supuesto del cartografiado espacialmente continuo de la concentración media de ozono troposférico *en el estado de California (EE.UU.), a partir de los datos de su red discontinua de estaciones de medida.*

Se realizarán 6 ejercicios utilizando los módulos de la extensión Geostatistical Analyst *del SIG* ArcGIS 9.3, *en un proceso estructurado según las fases habituales en los estudios geoestadísticos de* Krigeo:

– Representación de los datos.	Ejercicio n.º 1: *Creación de una superficie con parámetros por defecto.*
– Exploración de los datos.	Ejercicio n.º 2: *Análisis exploratorio previo de las muestras.*
– Ajuste del modelo y precisión.	Ejercicio n.º 3: *Cartografiado de la concentración media de ozono troposférico.*
– Comparación de modelos.	Ejercicio n.º 4: *Comparación de modelos de ajuste.*
– Superación de umbrales.	Ejercicio n.º 5: *Cartografiado de la probabilidad de superación de umbrales críticos de concentración.*
– Presentación final.	Ejercicio n.º 6: *Composición del mapa final.*

A. Operaciones previas:
–Abrir *Arc Map*

0. Pulsar sobre el menú «Tools» y seleccionar «Extensions». En caso de que no lo esté, habilitar *Geostatistical Analyst.*
En la ventana *View* pulsar la barra de herramientas *(Toolbars)* y, dentro de éstas, activar *Geostatistical Analyst* para que aparezca su barra en la pantalla del ordenador.
Añadir capas de datos en la *Tabla de Contenidos* y cambiar, si fuese necesario, sus propiedades (colores, símbolos, etc.):

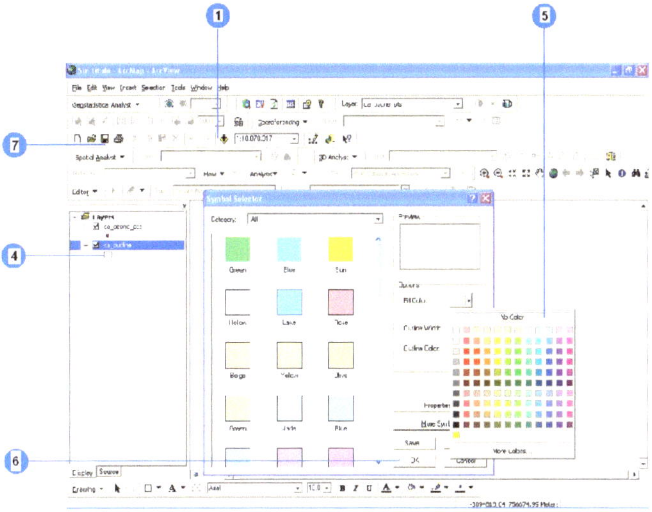

1. Pulsar con el *pulsador izquierdo del ratón (PIR)* sobre el botón *Add Data* de la barra estándar.
2. Buscar la carpeta C:\ArcGis\Arc Tutor\Geostatistics y ayudados con la tecla de Control (Ctrl) seleccionar y destacar los *datasets*: «ca_ozone_pts» y «ca_outline».
3. Pulsar *Add*.
4. Abrir la ventana de diálogo de *Symbol Selector* (rectángulo inferior a «ca_outline» en la Tabla de Contenidos): pulsar la ventanita de leyenda de «ca_outline» en la Tabla de Contenidos.
5. Pulsar la flecha de *Fill Color* y seleccionar *No Color*.
6. Pulsar «*OK*» en la ventana de *Symbol Selector*.

Esto permitirá visualizar sólo las líneas exteriores de los límites del Estado de California

7. Salvar el Mapa con el nombre «*Mapa de Estimación de Ozono. mxd*»

B. Ejercicio n.º 1: Creación de una superficie con parámetros por defecto.

Se trata de dibujar la superficie de concentración de ozono, utilizando la opción de los parámetros por defecto que incorpora Geostatistical Analyst, mediante la técnica del krigeo ordinario, interpolando desde la base de datos de las muestras medidas en los observatorios («ca_ozone_pts»).

1. Pulsar sobre la barra *Geostatistical Analyst* y seleccionar *Geostatistical Wizard*.

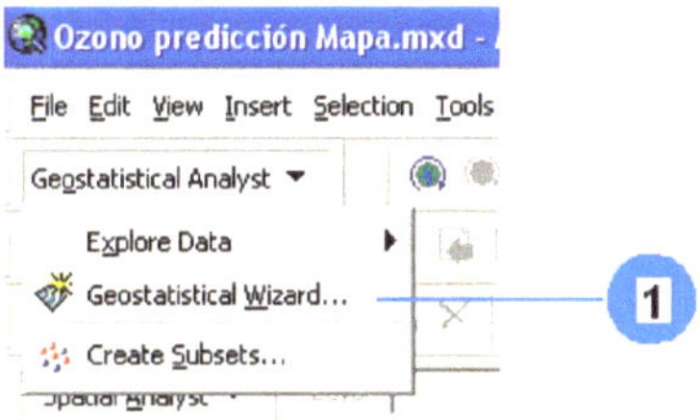

2. Pulsar sobre la flecha de *Input Data* y seleccionar «ca_ozone_pts».
3. Pulsar sobre la flecha de *Attribute* y seleccionar el atributo *OZONE*.
4. Seleccionar *Kriging* en la caja de *Methods* (Prediction Map o Mapa de Simulación).
5. Pulsar *Next*. (*Por defecto se selecciona* Ordinary Kriging *y, dentro de éste,* Prediction Map).

Si hubiésemos pulsado Finish *se habría realizado ya el mapa, pero seguiremos viendo los pasos, uno a uno:*

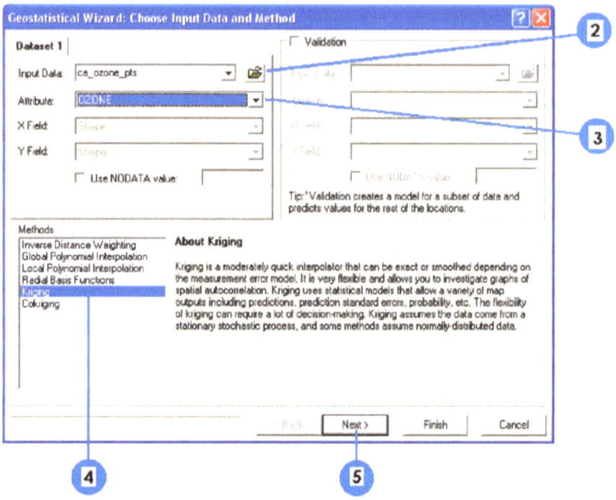

6. Pulsar *Next* en la ventana de *Geostatistical Method Selection*.

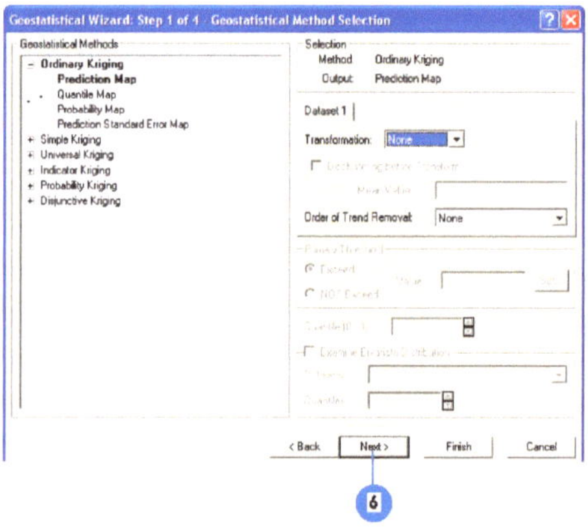

El paso Semivariogram/Covariance Modeling *permite analizar las relaciones entre los puntos muestrales, comprobando que cuanto más juntos están en el espacio más se parecen sus valores. El proceso de ajustar un modelo teórico al variograma empírico real y superficial se conoce como* Variografía.

7. Pulsar *Next* en la ventana de *Semivariogram/Covariance Modeling*.

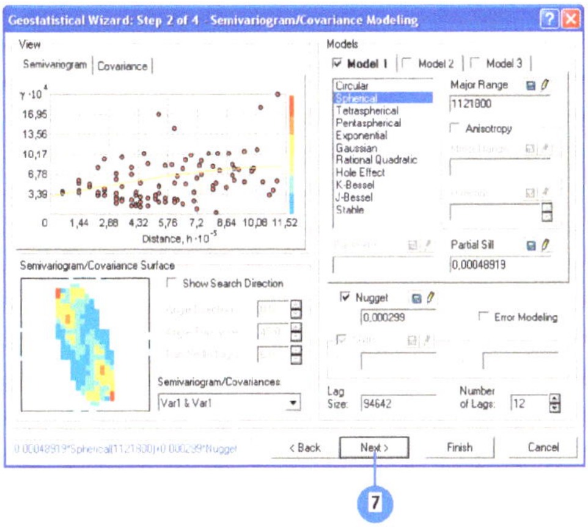

El punto dónde se cruzan las líneas en la siguiente ventana (Searching Neighborhood) *es una localización de la que se desconoce su valor por no existir observatorio. Para estimar su valor se utilizan los valores de las muestras (cuanto más próximas al punto serán más semejantes). Los puntos próximos tendrán un peso distinto en función de su distancia.*

El peso de los vecinos y los valores que aparecen están en función del modelo de Variograma Teórico (circular, esférico, exponencial, etc.) que se eligió en la ventana anterior (Semivariogram/Covariance Modeling). *La ventana* Searching Neighborhood *es informativa, salvo en la decisión del número de muestras vecinas que intervienen en el cálculo del valor en cada punto sin muestra.*

Jugar con los distintos tipos de Shape Type *(tipos de forma de vecindad, el número de vecinos que intervengan en el cálculo y su número mínimo) y observar los cambios que se producen en la distribución del porcentaje de puntos que intervienen en el cálculo del valor de cada punto no muestral.*

8. Pulsar *Next* en la ventana de *Searching Neighborhood*.

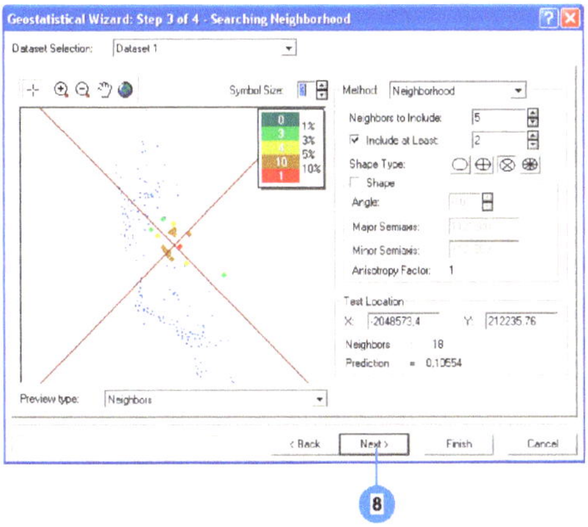

El paso de Cross Validation *nos da una idea de la calidad del modelo para estimar los valores en los puntos no muestreados (se verá en el Ejercicio 4).*

9. Pulsar *Finish* en la ventana de *Cross Validation*.

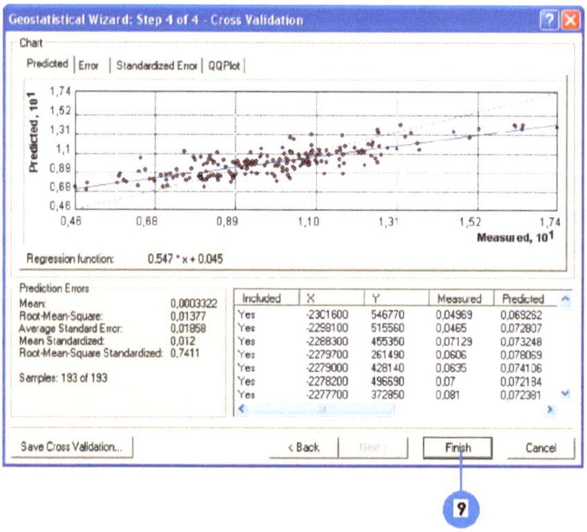

La ventana que se abre (Output Layer Information) *da confirmación e información acerca del método y de los parámetros que hemos seleccionado, y utilizará el programa para crear la superficie de salida.*

10. Pulsar «*OK*» en la ventana *Output Layer Information*.

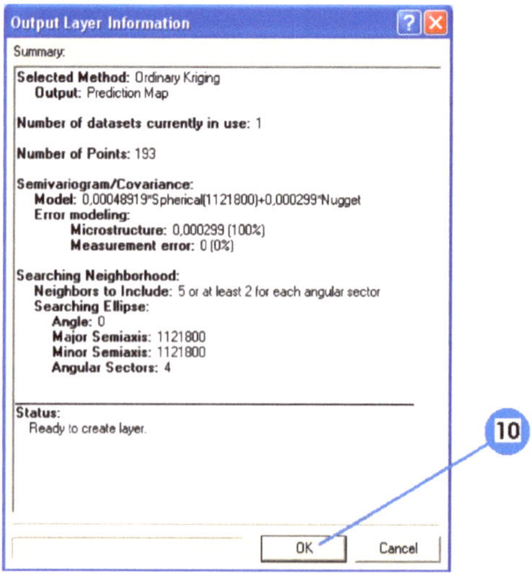

El mapa de estimación de ozono aparece como capa superior en la Tabla de Contenidos.

11. Seleccionar la nueva capa («Ordinary Kriging») en la *Tabla de Contenidos* y pulsar sobre ella para cambiar su nombre por «Default». *Este nombre nos permitirá distinguir esta capa de la que realizaremos en el Ejercicio 4.*

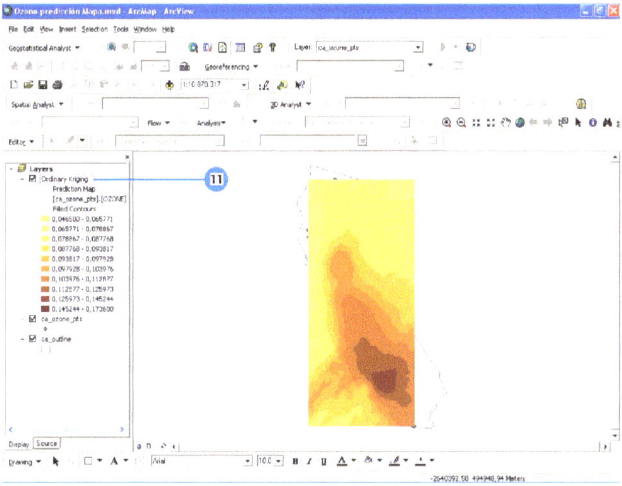

12. Salvar con el icono de la Barra de Herramientas Estándar de *ArcMap*.

La superficie de interpolación supera en algunas zonas los límites del estado de California y en otras no llegan a ellos. Esto se aprenderá a resolverlo en el ejercicio n.º 6.

C. Ejercicio n.º 2: Exploración previa de la estructura espacial de los datos (autocorrelaciones, distribución, tendencias y direcciones de las influencias).

– Abrir –en caso de haberlo cerrado– el archivo «Mapa de Estimación de Ozono. mxd».

C_1. Examen de la distribución de los datos

– HISTOGRAMA de FRECUENCIA.

Los mejores resultados de las interpolaciones se obtienen cuando los datos están distribuidos normalmente (distribución gaussiana); por eso si la distribución está sesgada (curva descentrada) puede ser transformada a una normal.

1. Pulsar sobre la capa «ca_ozone_pts» y arrastrarla hasta la parte superior de la Tabla de Contenidos, luego arrastrar también la capa «ca_outline» justo debajo de ella.

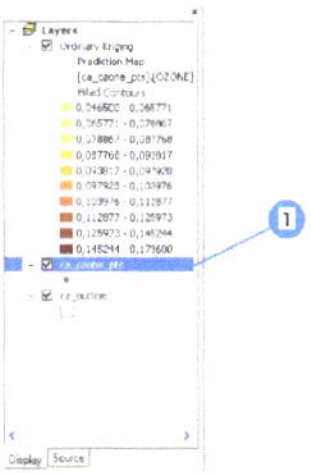

2. Dentro de la barra de herramientas *Geostatistical Analyst* pulsar sobre la opción *Explore Data* y dentro de ella seleccionar *Histogram*.

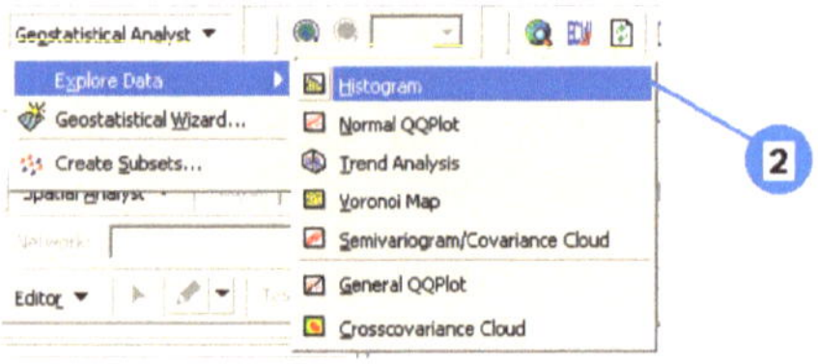

3. En la ventanita *Layer* pulsar la flecha y seleccionar «ca_ozone_pts».
4. En la ventanita *Attribute* pulsar la flecha y seleccionar *OZONE*.
   Aparece un histograma de 10 clases de valores o columnas, cuyas alturas vienen determinadas por la densidad de muestras en cada clase de valor, con un solo modo o «chepa» bastante centrado y una forma de la distribución bastante simétrica.
5. Dentro del histograma pulsar dentro de la columna con los valores más altos de concentración –los comprendidos entre 1.162 y 1.175 ppm–.
   Los puntos muestrales que registraron dicho rango de valores aparecen ahora destacados en el mapa con el mismo color que el de la columna del histograma seleccionada. Se puede pulsar sobre cualquier otra columna del histograma y comprobar la situación en el mapa de las muestras estadísticas que comprende.
6. Pulsar en el cierre de la ventana *Histogram*.

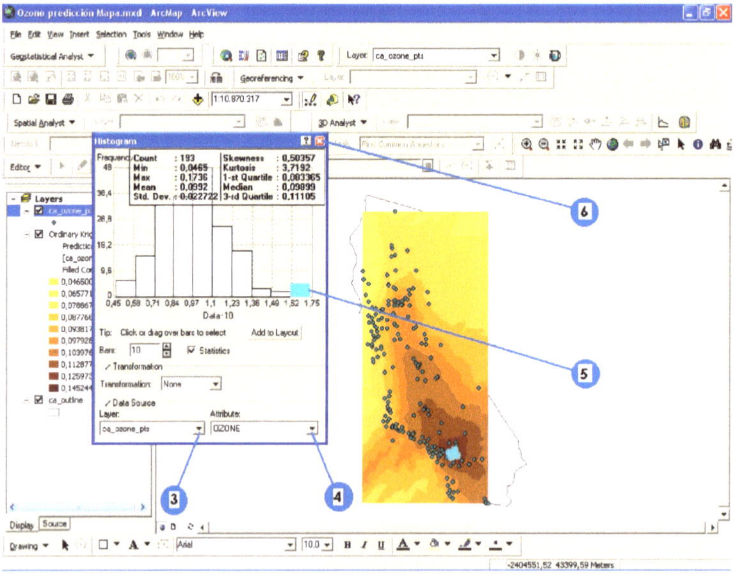

– DIAGRAMA Normal QQPlot

Permite comparar la distribución estadística real de los datos respecto a una distribución gaussiana estándar. La línea continua pertenece a ésta y la discontinua a aquélla. Realmente compara los cuartiles de los datos con los de una distribución normal estándar. Si se dejaron destacados los mayores valores en la ventana Histogram *aparecerán también destacados en la de* Normal QQPlot. *En este diagrama se puede tomar nota de los «outliers» o valores exagerados para su posible eliminación. Si en la distribución los valores (línea discontinua) se apartan mucho en general de la línea continua (Normal QQPlot) es posible que convenga normalizar la distribución para poder luego aplicar cualquier proceso de krigeo.*

1. Pulsar sobre la barra *Geostatistical Analyst* y en *Explore Data* seleccionar *Normal QQPlot*.

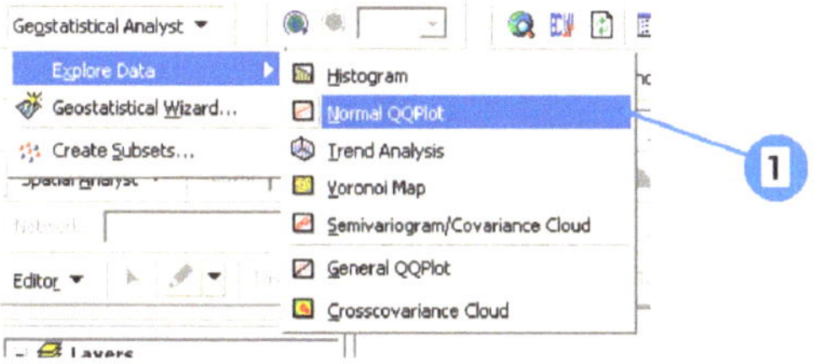

2. En la ventanita *Layer* pulsar la flecha y seleccionar «ca_ozone_pts».
3. En la ventanita *Attribute* pulsar la flecha y seleccionar *OZONE*.

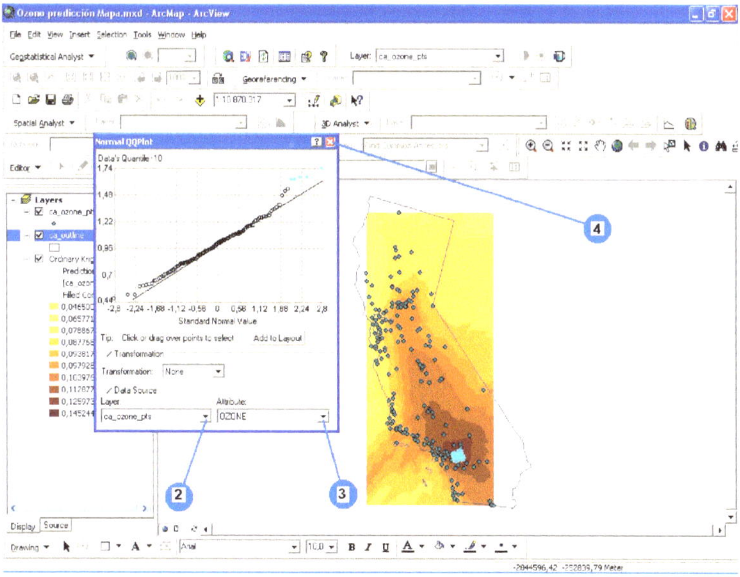

4. Pulsar en el cierre de la ventana *Normal QQPlot*.

C_2. Identificación de las tendencias generales de los datos

(Como la realidad es compleja, si la superficie de tendencia no se cartografía bien se puede modelar mediante «residuos» en vez de utilizar los datos directamente).

1. Pulsar sobre la barra *Geostatistical Analyst* y en *Explore Data* seleccionar *Trend Analysis*.

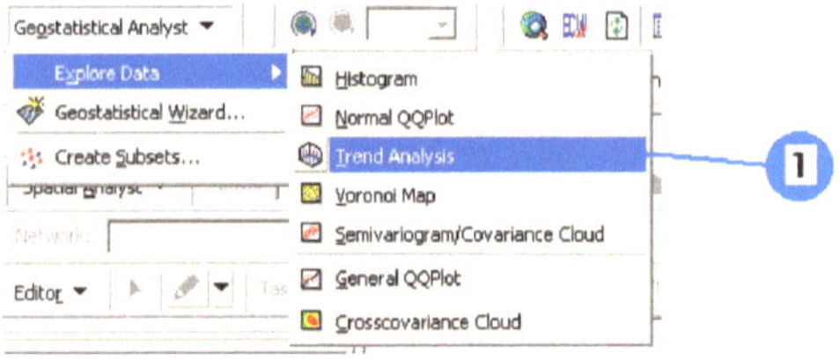

2. En la ventanita *Layer* pulsar la flecha y seleccionar «ca_ozone_pts».
3. En la ventanita *Attribute* pulsar la flecha y seleccionar *OZONE*.

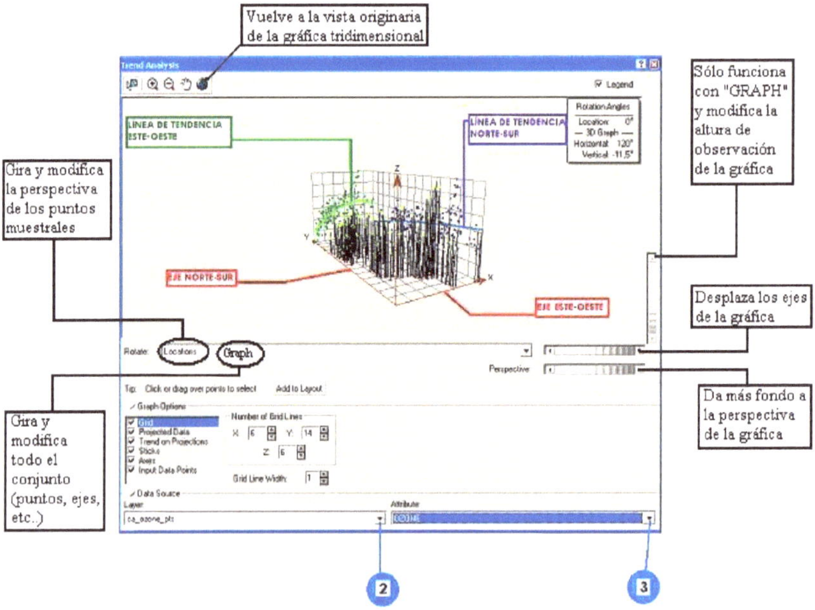

Cada línea vertical representa la localización y el valor (altura de cada línea) de cada muestra. Las líneas de tendencia se marcan en direcciones específicas a través de los puntos proyectados en los planos X (Este) e Y (Norte) con dos líneas: azul (tendencia N-S) y verde (tendencia E-W). Si la tendencia toma forma curva en el plano de proyección conviene utilizar un polinomio de segundo grado para la determinación de la tendencia general.

Se puede jugar con la Selección de Puntos ( ), *el* Zoom in ( ), *el* Zoom out ( ), *el* Pan ( ) *y para volver a la situación originaria el* Full extent ( ). *En la ventana inferior* Graph Options *se pueden activar o desactivar los distintos elementos gráficos y seleccionar las opciones de cada uno de ellos.*
Desactivar todas las opciones gráficas e ir activándolas, una a una, de arriba hacia abajo, comprobando como van apareciendo en la gráfica superior y van saliendo en la ventana de *Graph Options* las opciones de cada elemento. Jugar, variando cada opción, y comprobar visualmente cómo varían en la gráfica.

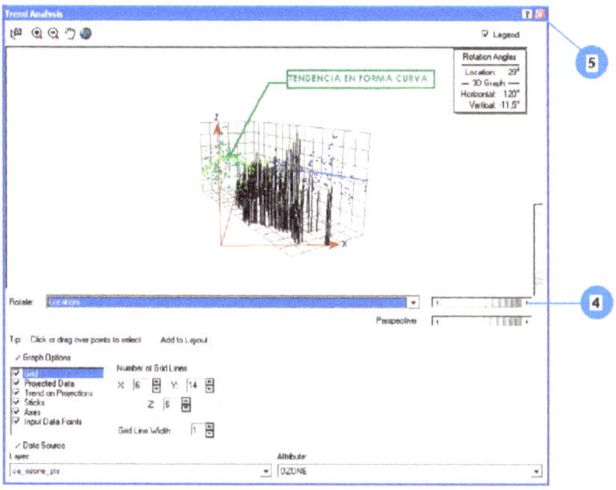

4. Pulsar la flecha de la barra desplazadora (scroll) para rotar la proyección hasta alcanzar un giro de 30°.

La rotación permite ver mejor la forma curva de la tendencia Este-Oeste que de otro modo no se aprecia tanto. Esto nos decidirá a utilizar un polinomio de segundo grado para el proceso. El giro permite precisar que la mayor tendencia se produce en la dirección NE-SW (en función de la forma del relieve montañoso, de la influencia de las brisas marinas, de la disposición de la red urbana y del tamaño de sus núcleos).

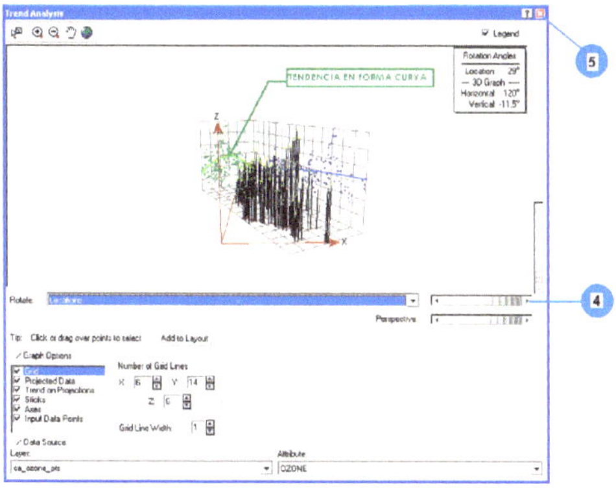

5. Pulsar en el cierre de la ventana *Trend Analysis.*

C_3. Detección de la autocorrelación espacial y de las influencias direccionales:

1. Pulsar sobre la barra *Geostatistical Analyst* y en *Explore Data* seleccionar *Semivariogram/Covariance Cloud.*

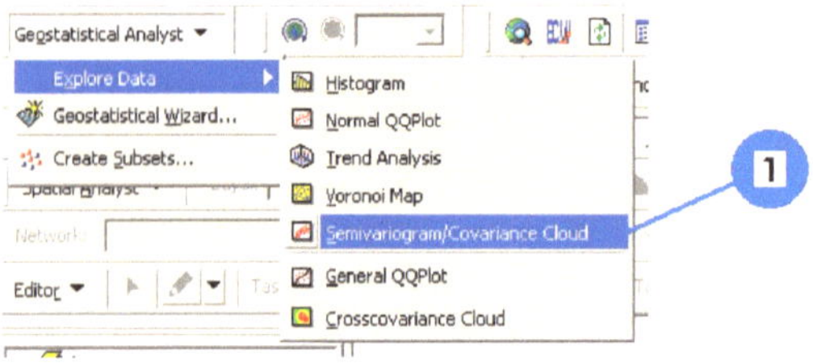

2. En la ventanita *Layer* pulsar la flecha y seleccionar «ca_ozone_pts».
3. En la ventanita Attribute pulsar la flecha y seleccionar *OZONE.*

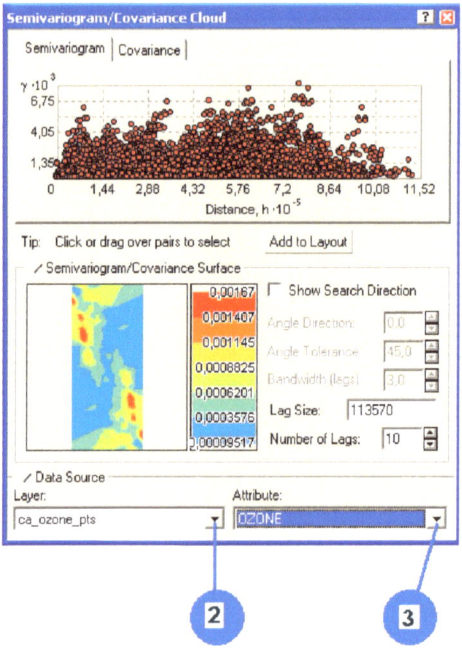

La nube permite captar la autocorrelación espacial entre los puntos muestrales. Los valores del semivariograma/covarianza aparecen en el eje Y. Cada punto de la nube representa el cuadrado de la diferencia entre los valores de cada par de puntos muestrales. Los umbrales de distancia entre las parejas de puntos muestrales constituyen el eje X. Se asume que cuanto más próximos estén los puntos muestrales más semejantes serán sus valores y menor

la variación entre ellos. A partir de cierta distancia entre las muestras se pierde esta semejanza.
Algunos valores del semivariograma *son más altos de lo razonable. Es decir, las diferencias entre los valores muestrales son excesivas para lo que cabía esperar por encontrarse espacialmente próximos entre sí –cerca del origen en el eje Y de la gráfica–: son los «outliers» (valores anómalos) y habría que investigar por qué escapan a la autocorrelación espacial; si es porque constituyen medidas erróneas o constituyen anomalías reales.*

4. Pulsar y arrastrar el puntero, delimitando un sector rectangular, sobre los valores anómalos del semivariograma («outliers») para seleccionarlos: *aparecerán por parejas, destacados en el mapa y unidos por líneas.*

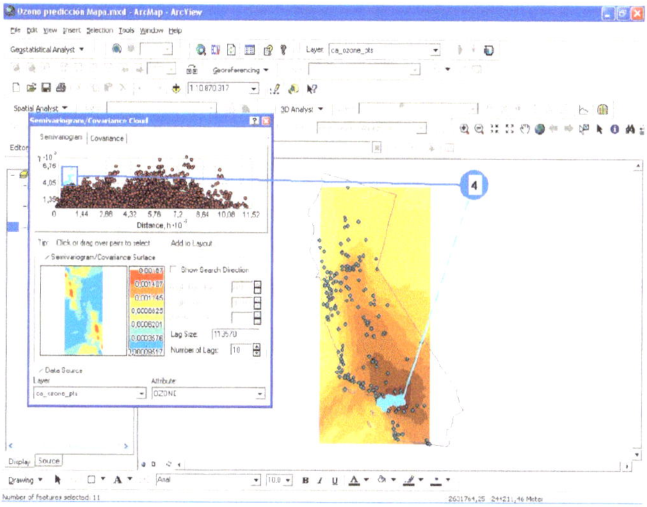

Las tendencias direccionales o locales deben ser detectadas, tanto si conocemos o no sus causas, porque distorsionaran la tendencia general y afectarán a la precisión del mapa final:

5. Pulsar la opción *Show Search Direction.*
6. Pulsar y mover el puntero direccional hacia algún ángulo (0º-360º), así como los bordes de tolerancia angular (0º-90º) y anchura (0,5-9,5 umbrales de distancia).
   Si encontrásemos en el juego con los ángulos direcciones muy claras, utilizaríamos los puntos de dichas direcciones y eliminaríamos los demás para hacer el cartografiado:
7. Pulsar y arrastrar el puntero de selección sobre los valores de *semivariograma* más altos para seleccionarlos: *aparecerán destacados en el mapa unidos por parejas bastante alejadas entre sí.*

– *Se puede analizar cada muestra abriendo y consultando la Base de Datos:* pulsar con el pulsador derecho del ratón *(PDR)* sobre «ca_ozone_pts» en la Tabla de Contenidos y seleccionar el submenú *Open Attribute_Table.* Luego pulsar sobre parejas de puntos en la Base de Datos que se abre, seleccionándolos teniendo pulsada la tecla *«Ctrl»* del teclado; podemos localizar cada pareja porque se iluminan –unidos por una línea– tanto en el mapa: «Default» + «ca_outline» + «ca_ozone_pts», como en la gráfica en la que se puede localizar su valor de variograma.

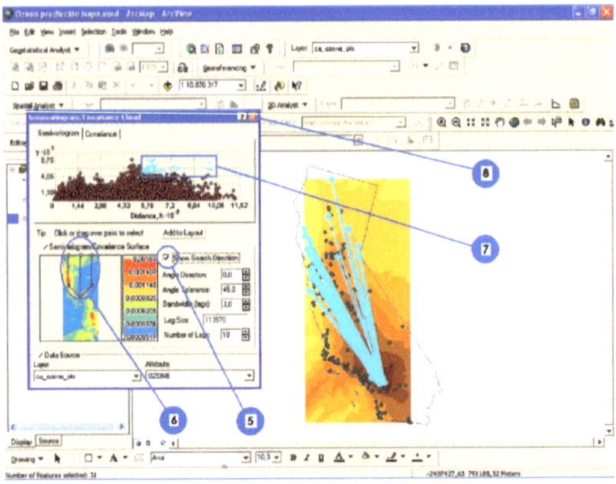

8. Pulsar en el cierre de la ventana *Semivariogram/covariance Cloud*.
9. Pulsar *Selection* en la barra general de menús y seleccionar el submenú *Clear Selected Features* para quitar el carácter destacado en el mapa a las muestras que hemos analizado en el punto 7.

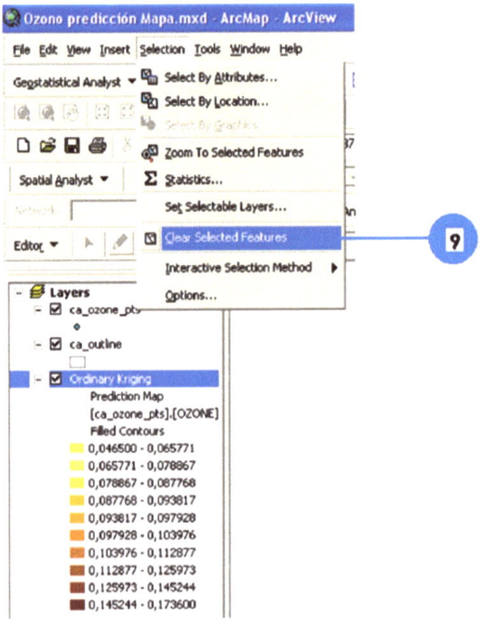

D. Ejercicio n.º 3: Ajuste del modelo.

D_1. Cartografiado de la concentración de ozono.

En el ejercicio anterior se han detectado conjuntos de muestras que presentan tendencias espaciales que incorporaremos en este ejercicio al proceso de interpolación de datos, con objeto de mejorar el mapa de concentración de ozono creado en el ejercicio 1.

1. Pulsar sobre la barra *Geostatistical Analyst* y seleccionar *Geostatistical Wizard.*

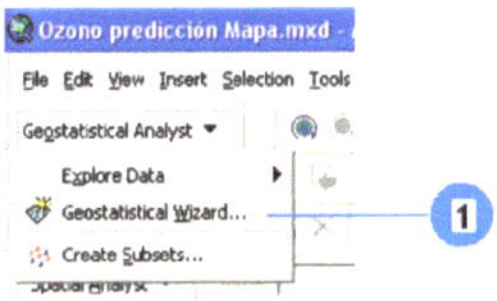

2. Pulsar sobre la flecha de *Input Data* y seleccionar «ca_ozone_pts».
3. Pulsar sobre la flecha de *Attribute* y seleccionar el atributo *OZONE.*
4. Seleccionar *Kriging* en la caja de *Methods.*
5. Pulsar *Next. (Por defecto en la ventana siguiente se selecciona* Ordinary Kriging *y, dentro de éste,* Prediction Map*).*

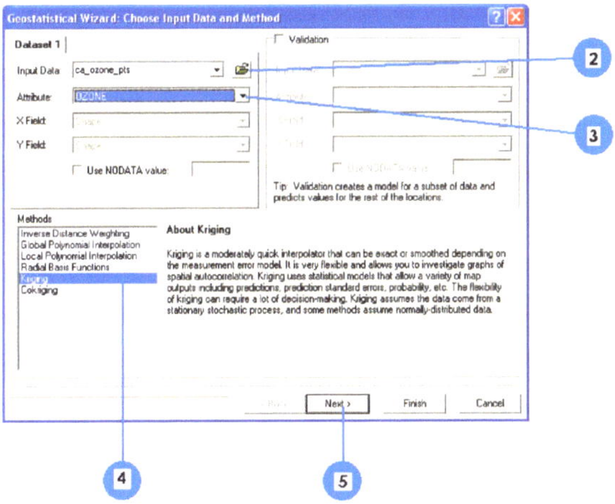

En el ejercicio anterior se detectó que la tendencia tenía una orientación SE-NW y por su forma curva respondía a un polinomio de segundo grado. Esta tendencia será eliminada y el proceso se basará en las muestras restantes que tienen un componente de variación espacial menor. Así el análisis no se verá influenciado por la tendencia y luego podrá ser otra vez añadida ésta para asegurar una mayor precisión al mapa.

6. En el paso *Geostatistical Method Selection* pulsar en la ventana despegable *Order of Trend Removal* y seleccionar *Second.*

Se ajustarán los datos con tendencia curva SW-NE a un modelo polinómico de segundo grado.

7. Pulsar *Next* en la ventana de *Geostatistical Method Selection.*

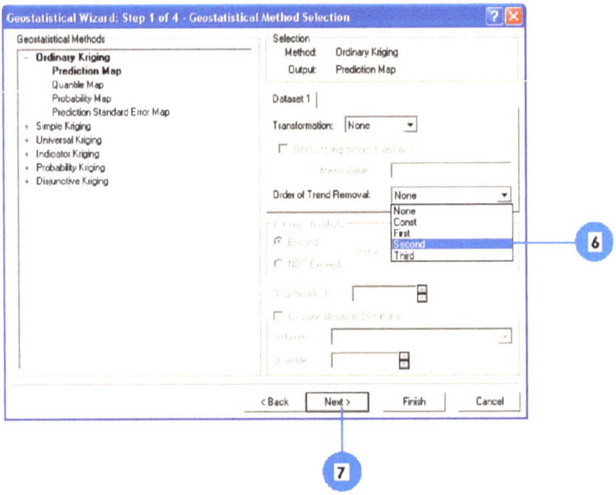

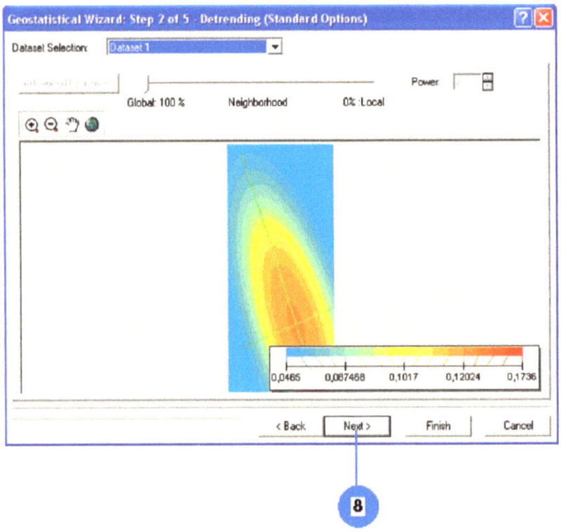

8. Pulsar *Next* en la ventana *Detrending (Standard Options)* –eliminar tendencia–.

– *Modelado del Semivariograma/Covarianza:*

Es un proceso que se denomina compartimentación (binning). *Con objeto de poner de relieve las correlaciones espaciales con mayor detalle, lo primero que determina* Geostatistical Analyst *es el tamaño de los intervalos de distancias* (lag) *entre muestras para agruparlas, así como el número de dichos intervalos. Obsérvese que el número de parejas de muestras se ha reducido bastante respecto a los del ejercicio 2. Por defecto selecciona el ajuste a un modelo esférico porque es el idóneo para todas las direcciones con sus mejores parámetros pepita, alcance* (range) *y umbral* (sill). *Reduciendo el tamaño del intervalo de distancia entre los puntos muestrales* (lag) *se puede observar que el* semivariograma ajustado *(línea amarilla) disminuye su pendiente notablemente.*

9. En la ventanita *Lag Size* escribir *12000*.
10. En la ventanita *Number of lags* escribir *10*.

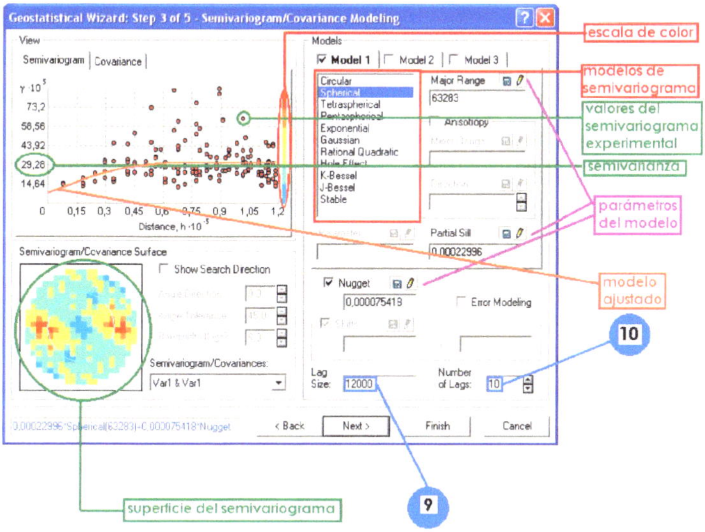

– *Semivariogramas direccionales:*

Las muestras tienen valores más semejantes entre sí en unas direcciones que en otras (anisotropías).

11. Marcar la opción *Show Search Direction*.
12. Pulsar sobre la línea de dirección y girarla (0º-360º).

En el Variograma gráfico sólo aparecerán los puntos existentes dentro del sector delimitado sobre la superficie del Variograma en la dirección de búsqueda. Se puede apreciar cómo varía la gráfica de puntos del Variograma al mover la línea de dirección.

13. Marcar la opción *Anisotropy*.

Aparece una elipse azul sobre la superficie del variograma.

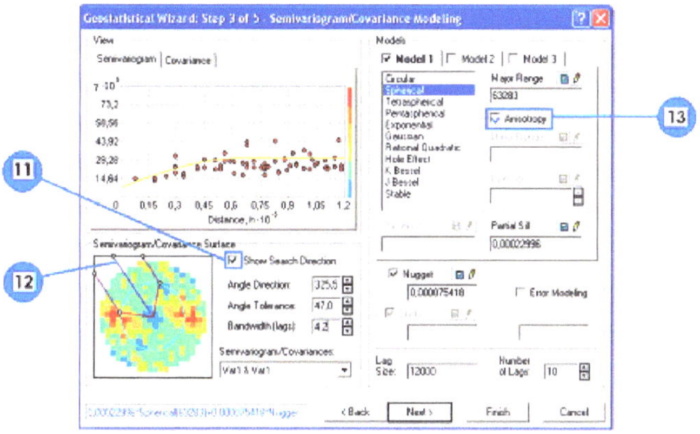

14. Escribir los siguientes parámetros de dirección de búsqueda para que coincida con el eje menor de la elipse anisótropa:

Angle Direction: *236.0*
Angle Tolerance: *45.0*
Bandwidth (lags): *3.0*

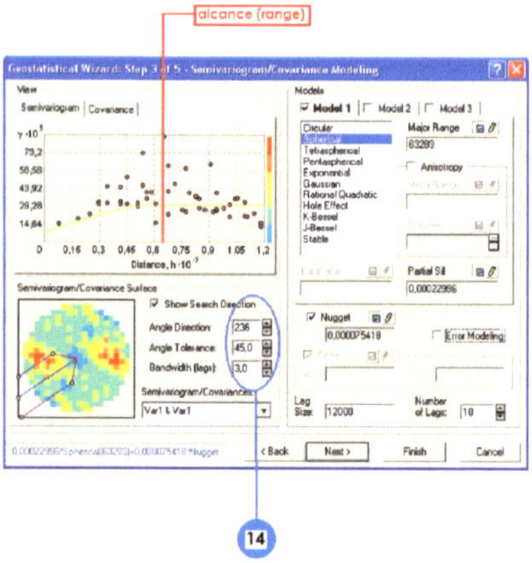

15. Escribir los siguientes parámetros de dirección de búsqueda para que coincida con el eje mayor de la elipse anisótropa:

Angle Direction: *340.0*
Angle Tolerance: *45.0*
Bandwidth (lags): *3.0*

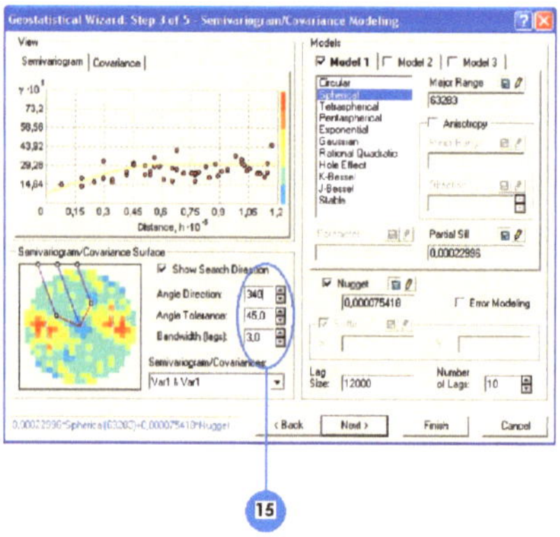

El valor límite de covarianza (umbral o sill) que se alcanza en ambos casos es el mismo. Las muestras separadas por distancias superiores al «lag» (intervalo de distancia entre las muestras de ozono) no están correlacionadas espacialmente.

16. Pulsar *Next*.

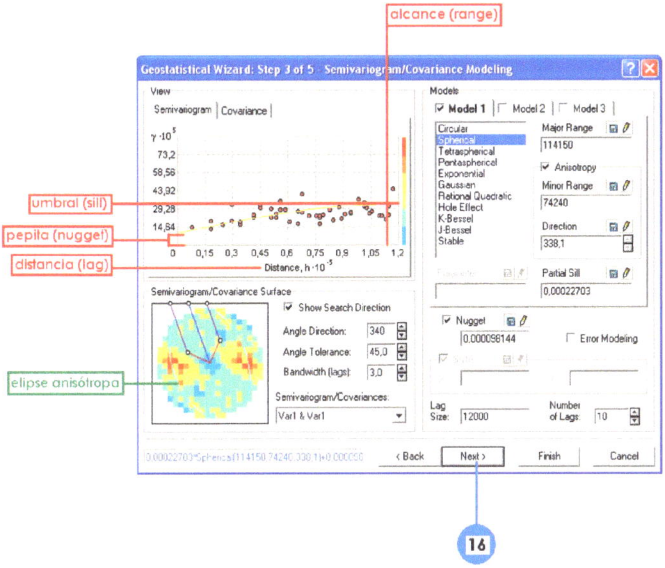

(«Range» = Distancia desde el origen a la que el semivariograma alcanza el máximo valor constante o «sill»).

Se obtiene así un modelo ajustado que describe la autocorrelación espacial.

– *Búsqueda de vecindad*:

En torno al punto espacial del que se quiere hacer una estimación de su valor, se suele delimitar un círculo o elipse, dividido en sectores con el mismo número de puntos muestrales. Para ello se utilizarán las muestras (hasta un máximo de 200) que están comprendidas dentro del espacio acotado, dando a cada una de ellas un peso distinto.

17. Señalar y pulsar con el puntero sobre el punto que se quiera estimar (donde se crucen los ejes de los sectores). *Observar la selección de muestras en torno a él y sus distintos pesos por el color que adquieren.*

La alternativa a esta utilización del puntero es facilitar al programa las coordenadas del punto que se pretende estimar:

18. En las ventanitas de *Test Location* escribir las siguientes coordenadas: X = *-2044968* Y = *208630,37*
19. Marcar la opción *Shape* y escribir «*90*» en la ventanita Angle. *Observar como cambia la forma*. Pero para seguir el ejercicio volver al ángulo anterior: volver a escribir «*338.1*» en la ventanita *Angle*.

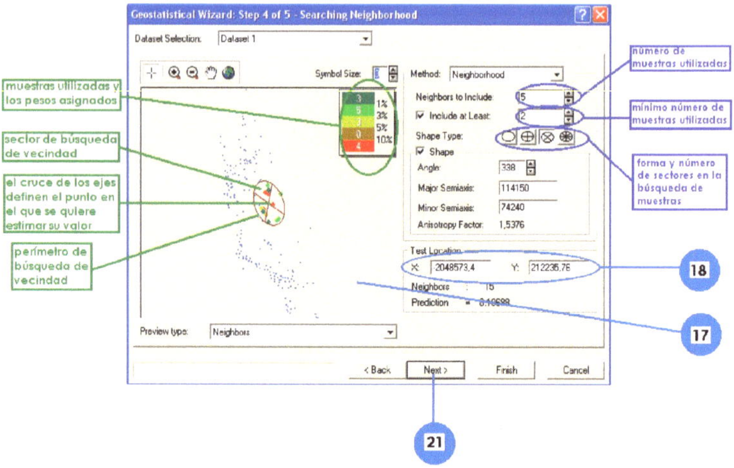

20. Desmarcar la opción *Shape*. Geostatistical Analyst *utilizará los valores por defecto calculados en el paso anterior en este ejercicio.*
21. Pulsar *Next* en la ventana *Searching Neighborhood.*

– Diagnóstico de incertidumbre y medida de precisión:

La Validación Cruzada

Antes de crear el mapa hay que realizar el diagnóstico de la calidad de las estimaciones: De un modo secuencial se van eliminando, una a una, todas las muestras y calculándolas con el resto de los valores mediante el proceso ya visto: la diferencia estadística de los valores así estimados con los reales de las muestras determinará la bondad del ajuste. El error medio, su raíz cuadrada, el error proporcional estándar y la media estandarizada deben tener valores próximos a cero. La raíz cuadrada media estandarizada debe ser lo más próxima a 1.

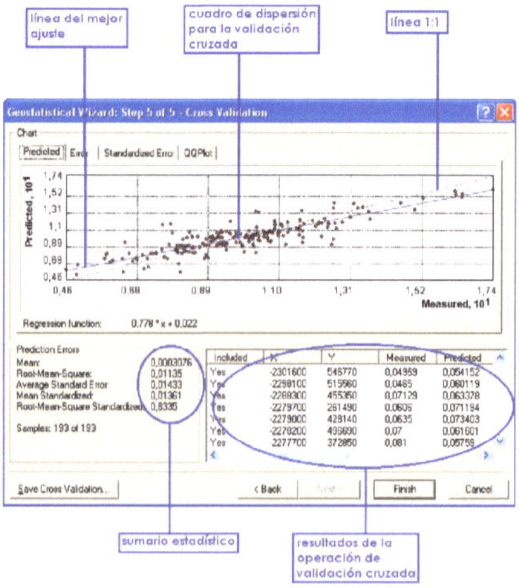

22. Marcar la solapa *QQPlot*.

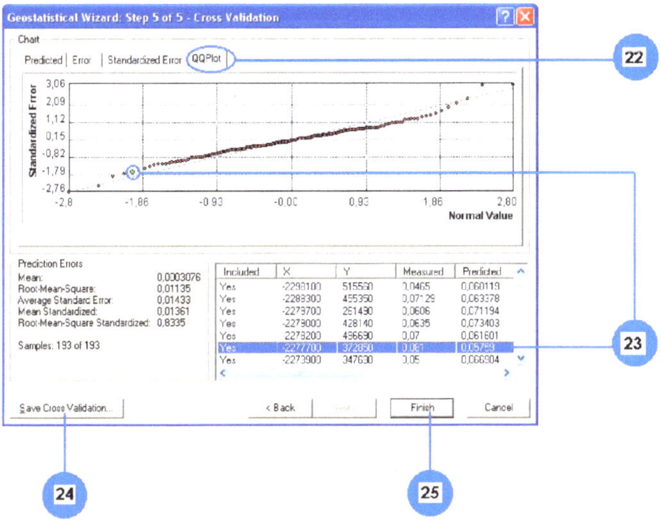

Observar que los puntos se distribuyen muy próximos a la línea azul discontinua, indicando que los errores tienen una distribución normal (gaussiana).

23. Marcar una fila en la tabla de muestras. *El punto correspondiente en la gráfica cambia del color rojo general a verde.*
24. Opcionalmente pulsar sobre *Save Cross Validation* y guardar la tabla si se la quiere analizar con más detalle en otro momento posterior.
25. Pulsar *Finish. Aparece un cuadro de información* (Output Layer Information) *de la capa de salida sobre el modelo que va a ser utilizado para crear la superficie de interpolación.*

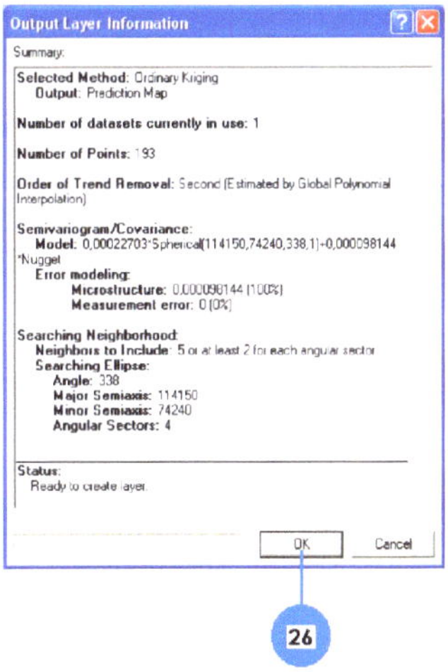

26. Pulsar «*OK*».

Aparece el mapa de estimación de ozono como la primera capa en la Tabla de Contenidos de Arc Map con el nombre por defecto del método usado «Ordinary Kriging».

27. Marcar sobre el nombre de la capa «Ordinary Kriging» y cambiarlo por el de «Tendencia eliminada».

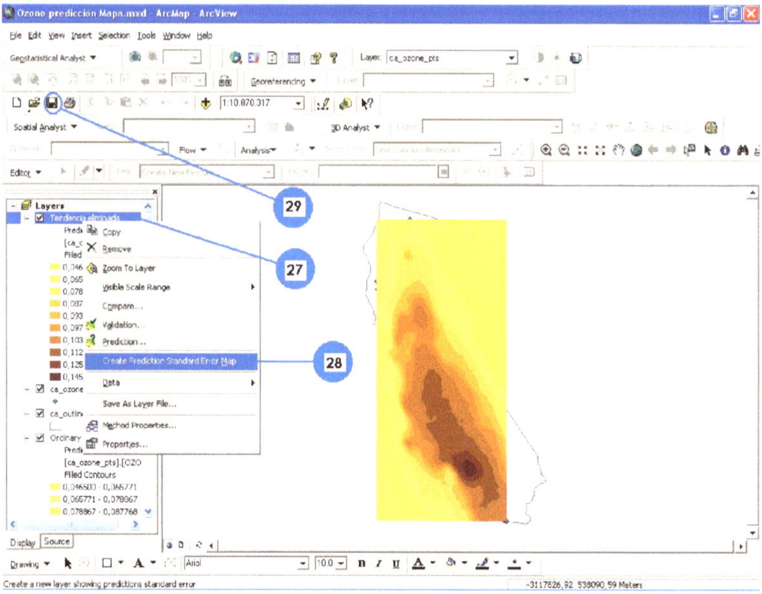

Se puede crear una superficie de error estándar de la estimación para examinar la variación de su calidad en el espacio:

28. Marcar con el *pulsador* derecho *del ratón (PDR)* sobre la capa que hemos creado («Tendencia eliminada») y con el *pulsador izquierdo del ratón (PIR)* seleccionar *Create Prediction Standard Error Map*.

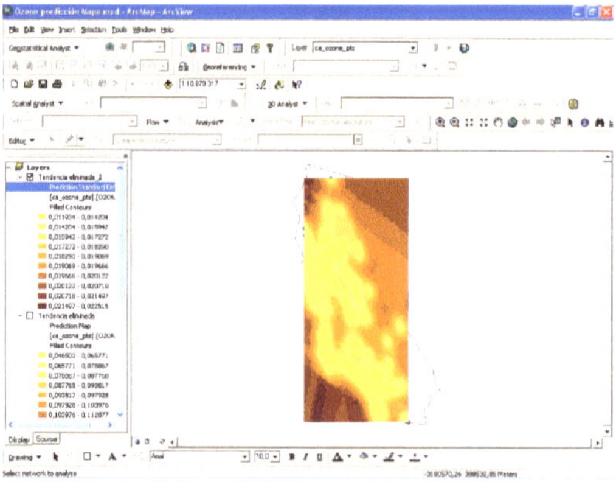

Prediction Standard Error *cuantifica la incertidumbre para cada localización en la superficie creada.*

29. Salvar con el icono de la barra de herramientas estándar de ArcMap ( ).

E. Ejercicio n.º 4: Comparación de modelos.

Mediante la validación cruzada, la extensión Geostatistical Analyst *permite comparar los resultados de dos superficies creadas de modo distinto y tomar la decisión más acertada, basándose en la mayor precisión de alguna de ellas:*

1. Marcar con el *pulsador derecho del ratón (PDR)* sobre la capa «Tendencia eliminada» y con el *pulsador izquierdo del ratón (PIR)* seleccionar Compare. *Vamos a comparar esta capa con la creada anteriormente en el ejercicio 2* («Default»).

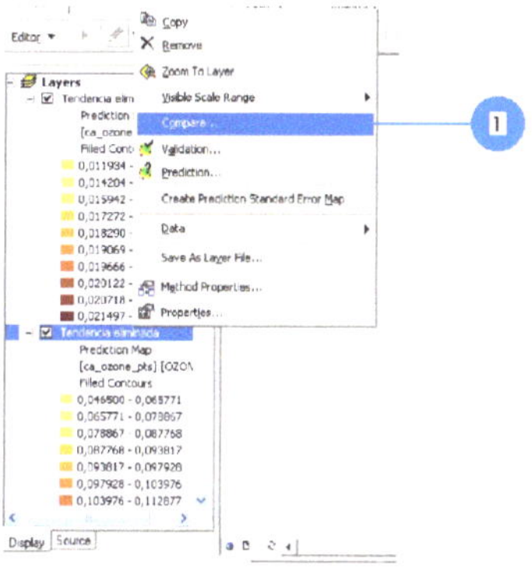

Puede comprobarse que las estadísticas de error son mejores en la capa de la que hemos eliminado la tendencia que en la creada con los parámetros por defecto. Así, puede eliminarse la capa con peores resultados:

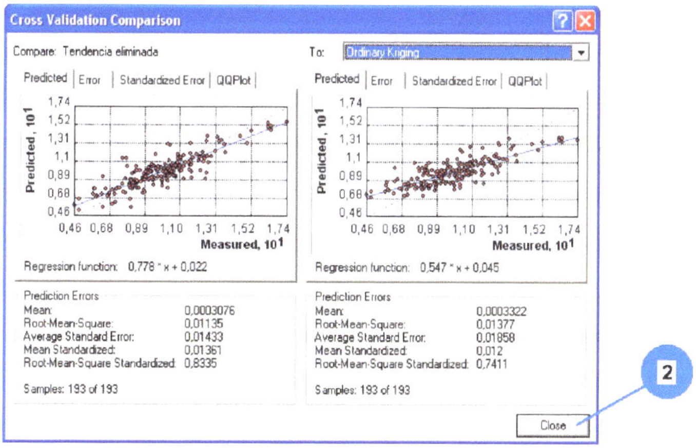

2. Pulsar sobre *Close* en la ventana *Cross Validation Comparison*.
3. Marcar con el *pulsador* derecho *del ratón (PDR)* sobre la capa «Default» y con el *pulsador izquierdo del ratón (PIR)* seleccionar *Remove*.

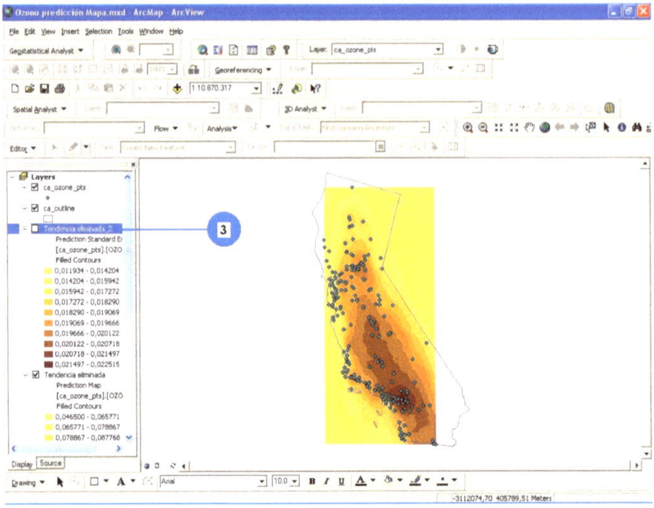

3. Marcar con el *pulsador izquierdo del ratón (PIR)* sobre la capa «Tendencia eliminada» y arrastrarla en la Tabla de Contenidos hasta debajo de «ca_outline».
4. Salvar con el icono correspondiente de la Barra Estándar de Herramientas de *Arc Map*.

Hemos conseguido el mejor mapa de estimación de la concentración de ozono.

F. Ejercicio n.º 5: Cartografiado de la probabilidad de superación de un umbral de concentración de ozono.

Se pretende saber qué áreas superan el umbral de 12 ppm, *facilitado como umbral crítico para la salud por los servicios sanitarios. Se utilizará la técnica geoestadística del* Krigeo por Indicadores *que asigna valor* cero (0) *a todos los puntos que están por debajo del umbral y valor* uno (1) *a los que están por encima, y después realiza el krigeo.*

1. En la extensión Geostatistical Analyst seleccionar *Geostatistical Wizard*.
2. En la ventanita *Layer* pulsar la flecha y seleccionar «ca_ozone_pts».
3. En la ventanita *Attribute* pulsar la flecha y seleccionar *OZONE*.
4. Seleccionar *Kriging* en la caja de métodos.
5. Pulsar *Next* en la ventana *Choose Input Data and Method*.
6. Marcar *Indicator Kriging*. *Se puede apreciar que automáticamente es seleccionado* Probability Map.

7-8. En la ventanita *Value* de la sección *Primary Threshold* escribir «*0.12*» y marcar el botón *Exceed*.

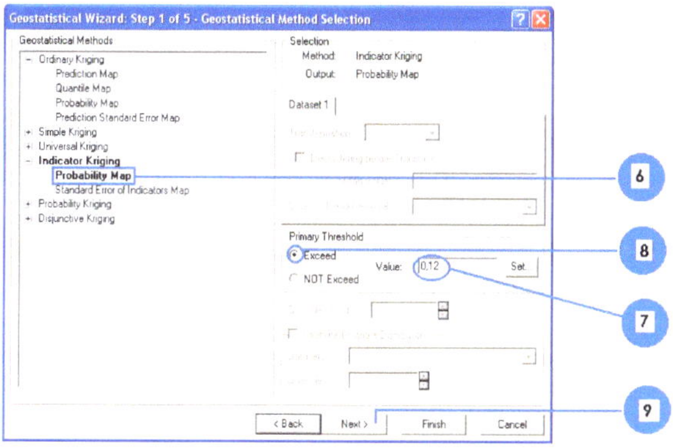

9. Pulsar *Next* en la ventana *Geostatistical Method Selection*.
10. Pulsar *Next* en la ventana *Additional Cutoffs Selection* (paso 2 de 5).
11. Marcar el botón *Anisotropy* para tener en cuenta la naturaleza direccional de los datos.

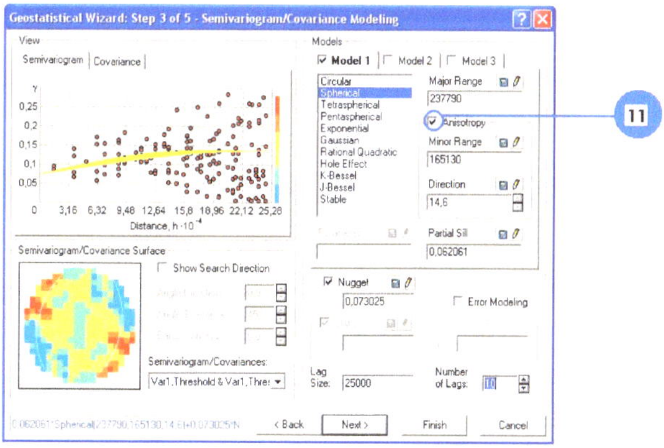

12. Escribir «*25000*» en la ventanita de *lag size* y «*10*» en la de *number lags*.
13. Pulsar *Next* en la ventana *Semivariogram/Covariance Modeling*.
14. Pulsar *Next* en la ventana *Searching Neighborhood*.

La línea vertical azul señala el valor del umbral (0,12 ppm). A los puntos de la izquierda el programa asignará valor cero y a los de la derecha valor uno.

15. Marcar y desplazar hacia la derecha la barra de la *Tabla* hasta que sean visibles las columnas *Measured*, *Indicator* e *Indicator Prediction*.
16. Marcar una fila en la *Tabla* con un valor de *Indicator* cero *(0)*.

Este punto será destacado en la gráfica con un color verde. Los valores de la columna Indicator Prediction *pueden ser interpretados como la probabilidad de superación del umbral por cada punto; son calculados utilizando el semivariograma modelado con los datos binarios (0,1). La Tabla puede ser ordenada por cualquiera de las columnas, pulsando el título de la deseada.*

17. Marcar *Finish* en la ventana *Cross Validation*.

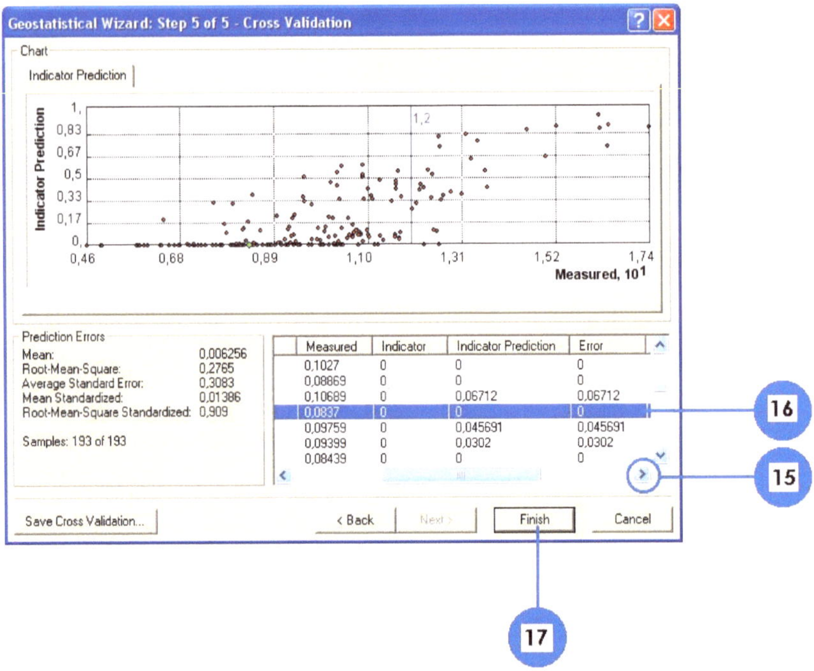

18. Pulsar «*OK*» en la ventana *Output Layer Information. Aparece el mapa de probabilidad de superación del umbral.*

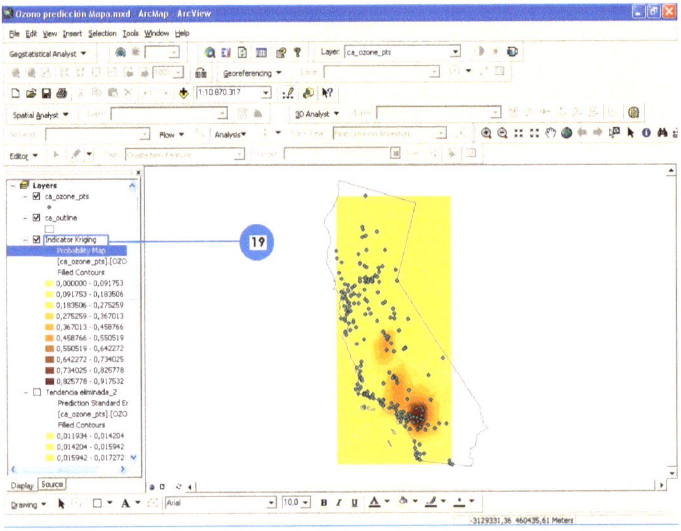

19. En la Tabla de Contenidos marcar y arrastrar la capa «Indicator Kriging» hasta situarla entre «ca_outline» y la capa «Tendencia eliminada».

G. Ejercicio n.º 6: Composición del mapa final.

Este ejercicio no corresponde a la extensión Geostatistical Analyst. *Se realiza con los módulos generales de* ArcMap. *Se incluye porque el resultado final de cualquier análisis con los SIG debe terminar en un mapa completamente elaborado.*

G_1. Dibujo de isopletas:

1. Pulsar con el *pulsador* derecho *del ratón (PDR)* sobre la capa «Indicator Kriging» y seleccionar *Properties*.

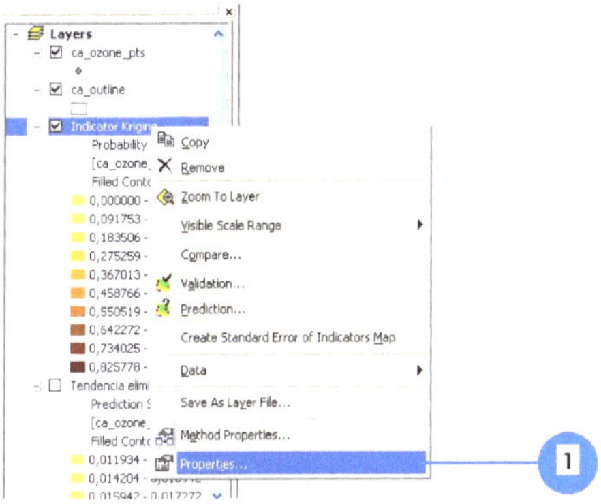

2. Pulsar sobre la solapa *Symbology*.
3. Desmarcar la selección *Filled Contours* y marcar *Contours*.
4. Pulsar sobre la flecha de la ventanita desplegable *Color Ramp* y elegir una de las alternativas de escalas graduales de colores existentes.

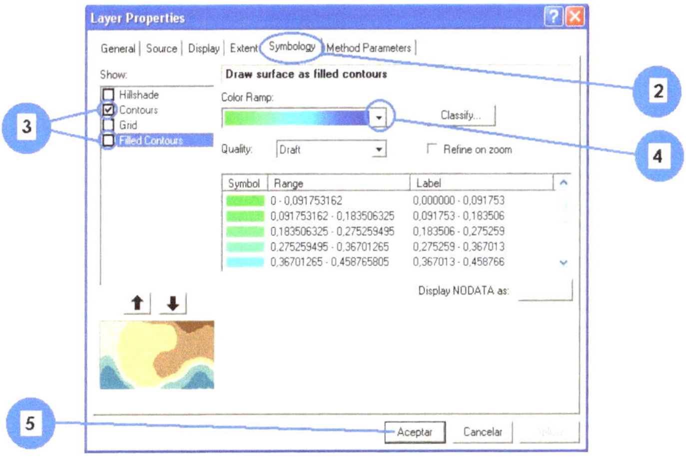

5. Pulsar sobre «*OK*».

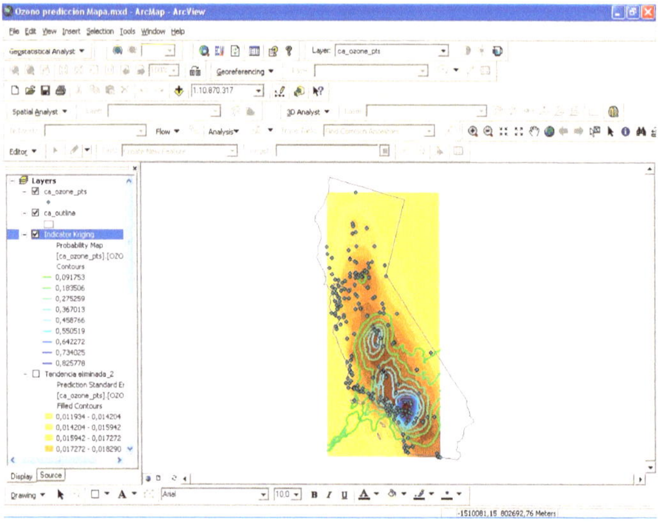

G$_2$. Extrapolación de los valores de ozono:

Geostatistical Analyst *interpoló por defecto los valores del rectángulo geográfico en el que se localizaban las muestras que no cubría a todo el Estado de California* («ca_outline»). *Para superar este problema se extrapolan los valores a un rectángulo geográfico que sobrepase los límites territoriales.*

1a. Pulsar con el *pulsador* derecho *del ratón (PDR)* sobre la capa «Indicator Kriging» existente en la Tabla de Contenidos y seleccionar *Properties*. Abrir la solapa *Extent*. En la ventanita desplegable *Set the extent to* seleccionar «a custom extent entered below». Escribir en las ventanitas de *Visible Extent* los siguientes valores:

– Left: «*-2400000*» - Right: «*-1600000*»

– Top: «*860000*» - Bottom: «*-400000*»

1b. Repetir el punto 1a, sobre la capa «Tendencia eliminada».

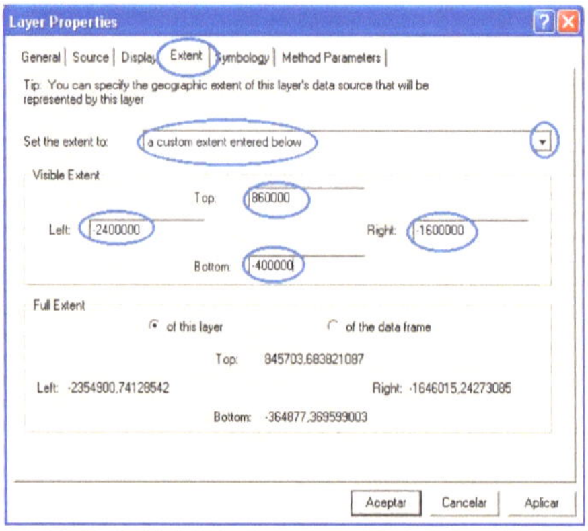

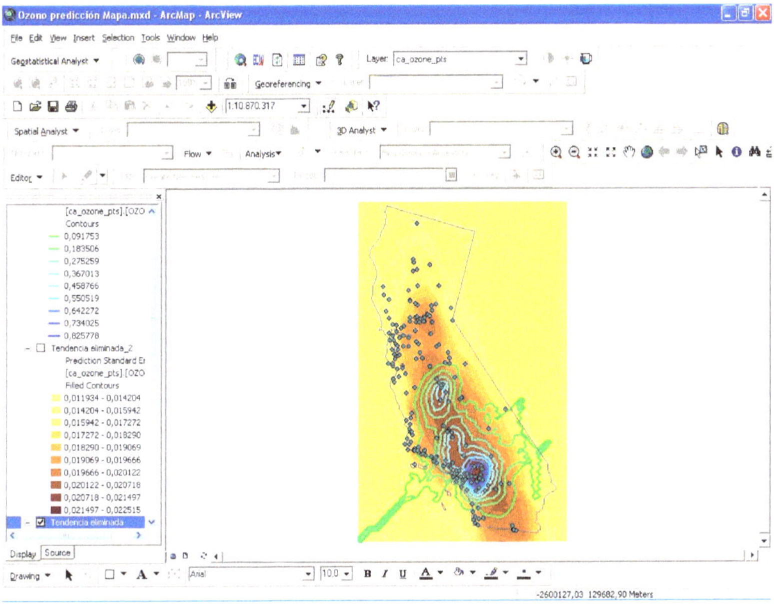

G$_3$. Recorte y ajuste de las capas a los límites geográficos y sus formas:

1. Pulsar con el *pulsador* derecho *del ratón (PDR)* sobre todo el conjunto de capas –Carpeta «Layers»– y seleccionar *Properties*.

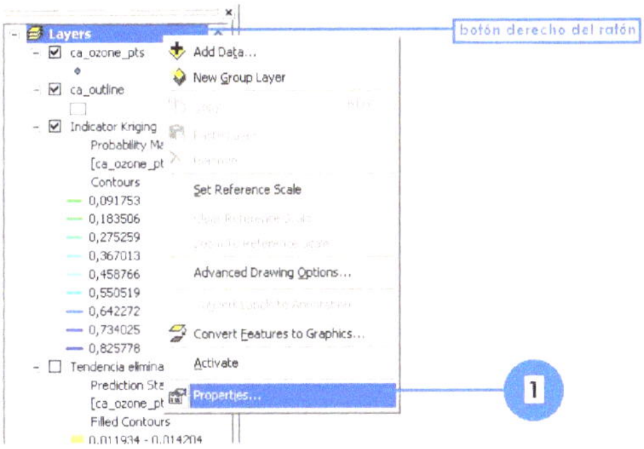

2. Abrir la solapa *Data Frame*.
3. En *Clip to Shape* marcar la opción *Enable*.
4. En *Clip to Shape* pulsar sobre *Specify Shape* para que se abra la ventana *Data Frame Clipping*.

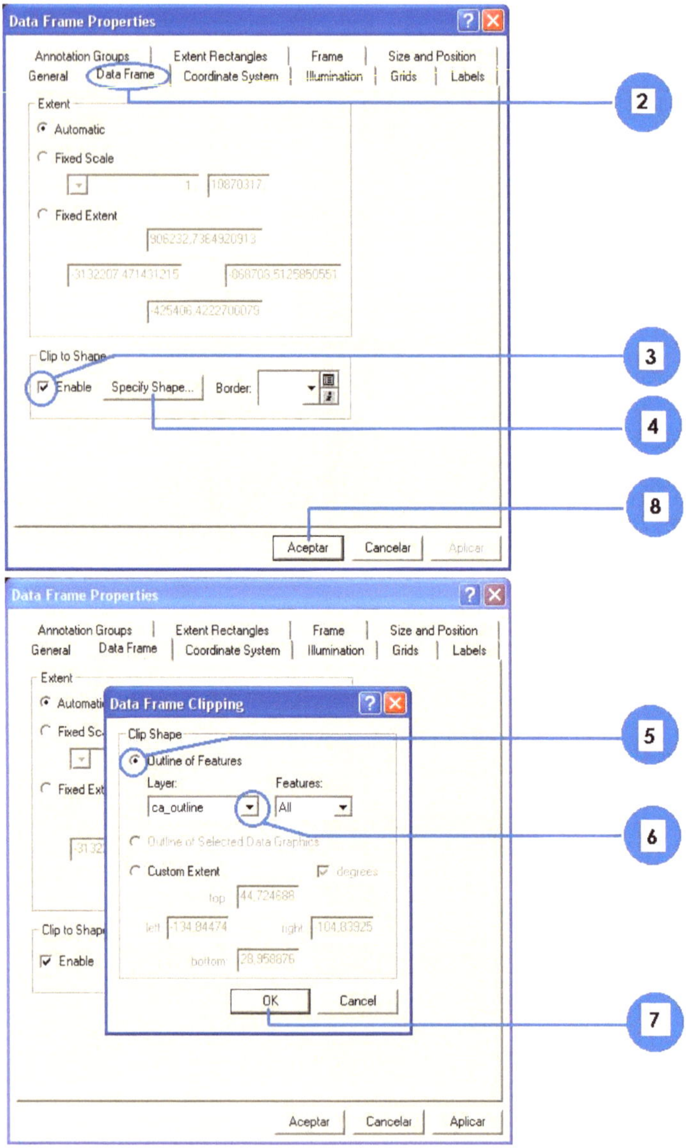

5. Seleccionar la opción *Outline of Features*.
6. Pulsar la flecha en el desplegable *Layer* y seleccionar la capa «ca_outline».
7. Pulsar sobre «*OK*».
8. Cerrar la ventana *Data Frame Properties* pulsando «*OK*», luego *Aplicar* y *Aceptar*.
Se despliega el mapa con sus límites recortados por la forma del estado de California.

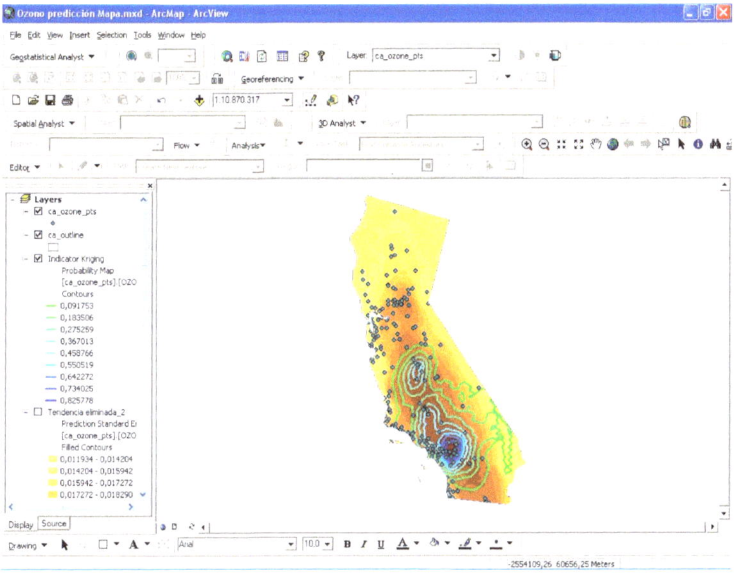

G$_4$. Localizar la ciudad de Los Ángeles:

1. Pulsar el botón *Add Data* () en la barra de herramientas general de *Arc Map*.
2. Seleccionar «ca_cities.shp» en C:\ArcGis\ArcTutor\Geostatistics.
3. Pulsar *Add. Se incorpora al mapa una nueva capa («ca_cities») con las ciudades de California*.

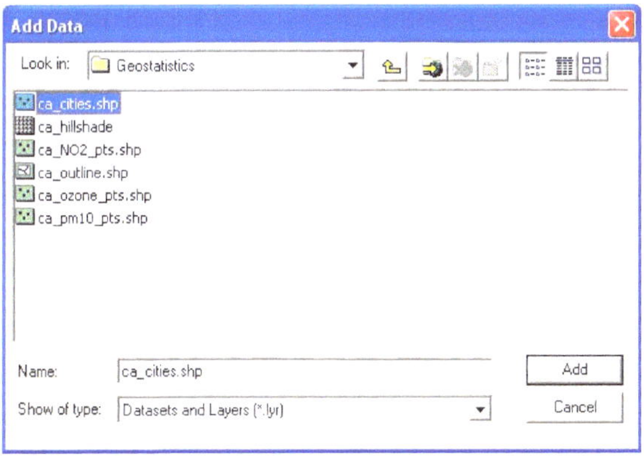

4. Pulsar con el *pulsador* derecho *del ratón (PDR)* sobre la capa «ca_cities» y seleccionar *Open Atributte Table*.

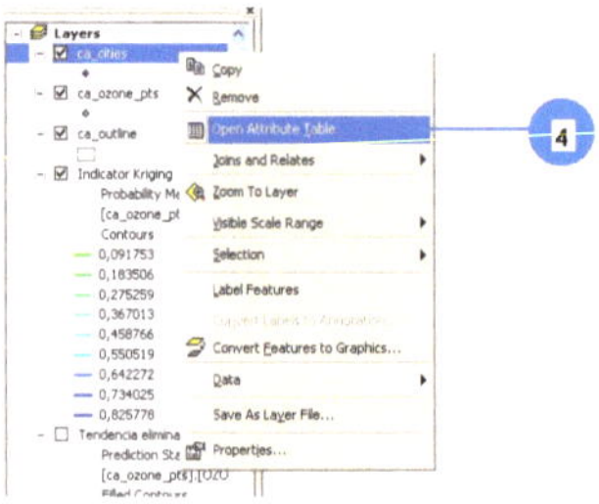

5. Recorrer la *Tabla* hasta localizar en la columna *AreaName* «Los Ángeles». Marcar su fila. *Se destaca en el Mapa el punto correspondiente a la ciudad de Los Ángeles.*

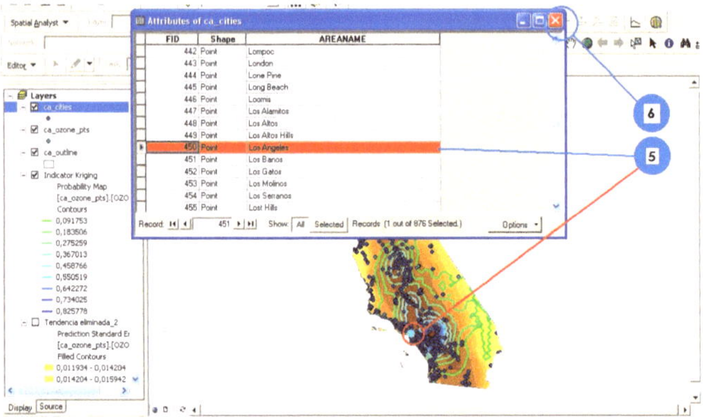

6. Cerrar la Tabla de Atributos.
7. Realizar un *Zoom* sobre Los Ángeles. *Como se puede comprobar la mayor concentración de ozono se localiza al Este de la ciudad.*

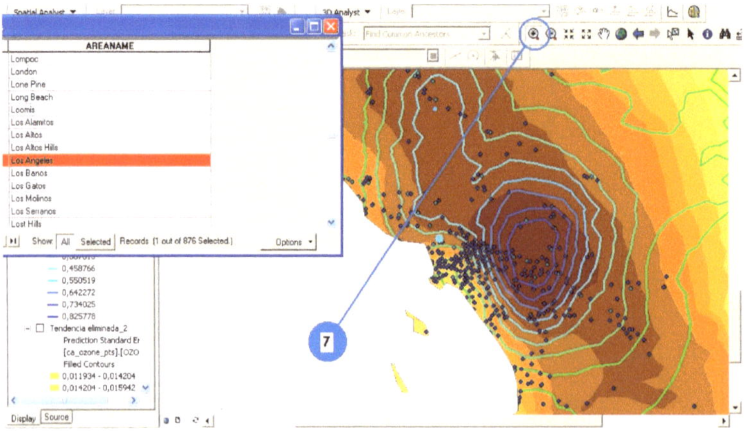

G_5. Realizar una composición (Layout):

1. Pulsar sobre *View* en el menú principal de *ArcMap* y seleccionar *Layout View*.
2. Pulsar sobre el mapa ampliado para seleccionarlo.
3. Pulsar y arrastrar la esquina inferior izquierda para reducir su tamaño.

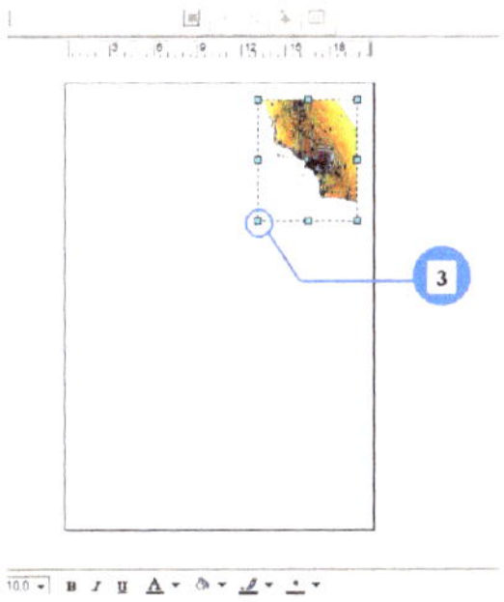

4. Pulsar sobre *Insert* en el menú principal de *ArcMap* y seleccionar *Data Frame*.

Una nueva caja (marco de datos) se incorpora a la vista. En ella se puede insertar el mapa general de distribución de ozono de toda California.

5. Pulsar con el *pulsador* derecho *del ratón (PDR)* sobre la capa «Tendencia eliminada» y seleccionar *Copy*.

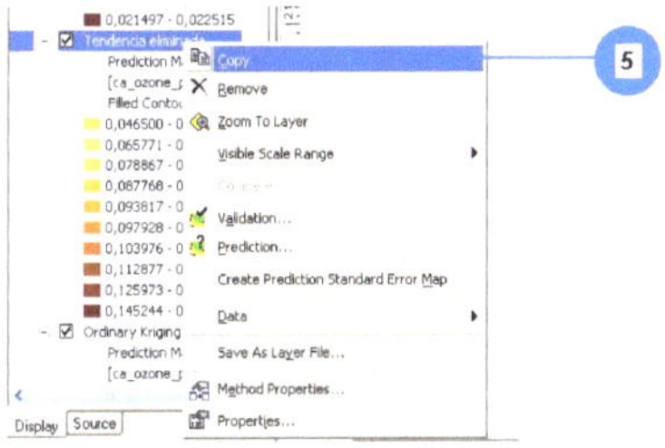

6. Pulsar con el *pulsador* derecho *del ratón (PDR)* sobre la capa «New Data Frame» y seleccionar *Paste Layer(s)*.

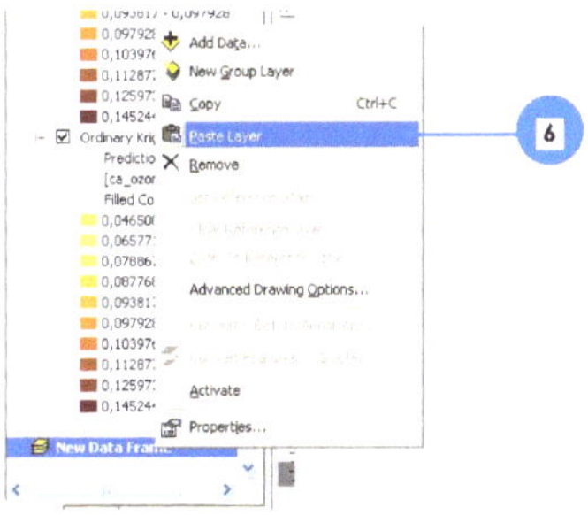

REPETIR LOS PASOS 5 Y 6 PARA TODAS LAS OTRAS CAPAS

7. Pulsar y arrastrar «New Data Frame» hasta cubrir el máximo de la página.

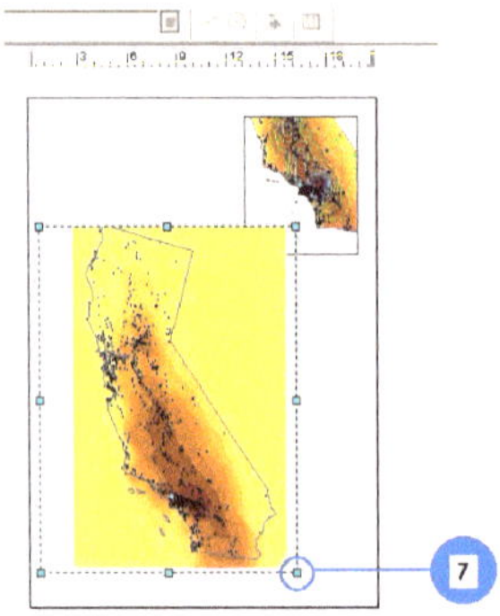

8. En la barra de herramientas pulsar el botón *Full Extent* para que el mapa cubra toda la nueva caja.

9. En la Tabla de Contenidos pulsar con el *pulsador derecho del ratón (PDR)* sobre la capa «New Data Frame» y seleccionar *Properties*.
10. Pulsar sobre la solapa *Data Frame* y en *Clip to Shape* marcar la opción *Enable* y en *Specify Shape* seleccionar la capa «ca_outline» como recortadora. Pulsar «*OK*». *Aplicar* y *Aceptar*.

G_6. Añadir relieve sombreado y transparencia:

1. En la Tabla de Contenidos pulsar con el *pulsador* derecho *del ratón (PDR)* sobre la capa «New Data Frame» y seleccionar *Add Data*.
2. En C:\ArcGis\ArcTutor\Geostatistics seleccionar «ca_hillshade».
3. Pulsar *Add. Se despliega la capa del relieve de California*.
4. En la Tabla de Contenidos seleccionar la capa «ca_hillshade» y arrastrarla a la parte inferior.
5. Pulsar con el *pulsador* derecho *del ratón (PDR)* sobre la capa «Tendencia Eliminada» y seleccionar *Properties*.
6. Seleccionar la solapa *Display*.
7. Escribir «*30*» en la ventanita de porcentaje de *Transparency*.
8. Pulsar sobre «*OK*». *Aparece el relieve de California bajo la capa de la* «Tendencia eliminada».

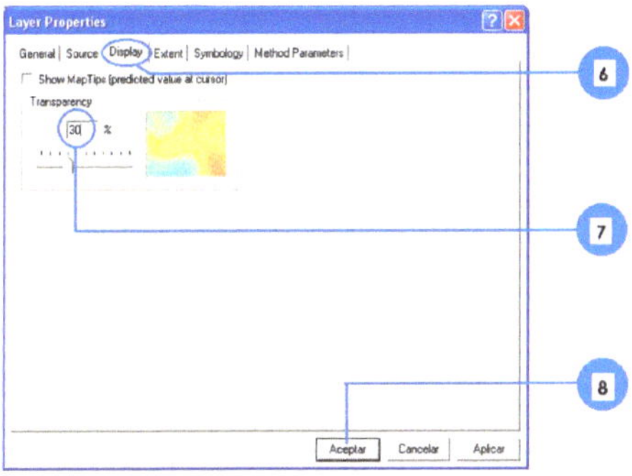

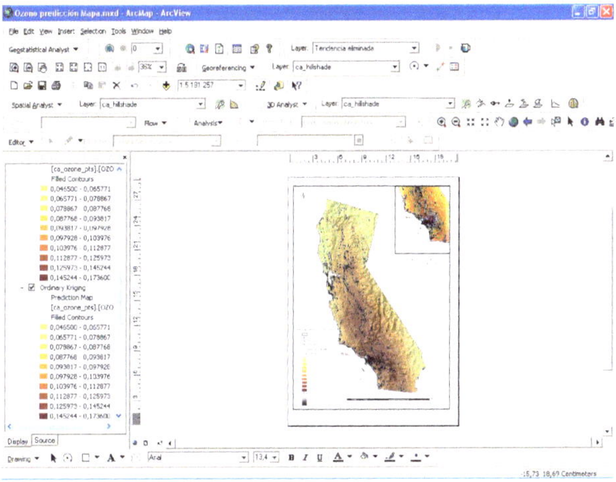

G$_7$. Añadir elementos cartográficos al mapa:

1. En el Menú Principal pulsar *Insert* y seleccionar *Legend.*
2. Mover la Leyenda al rincón inferior izquierdo de la composición.
3. Del mismo modo, en *Insert* seleccionar y añadir un título *(Title)*; una flecha de orientación *(North arrow)*; una barra de escala gráfica *(Scale bar)*; y un texto *(Text)*. Colocarlos del modo habitual y que resulte más visible.

Así tenemos la Composición del Mapa de la concentración de ozono troposférico sobre California:

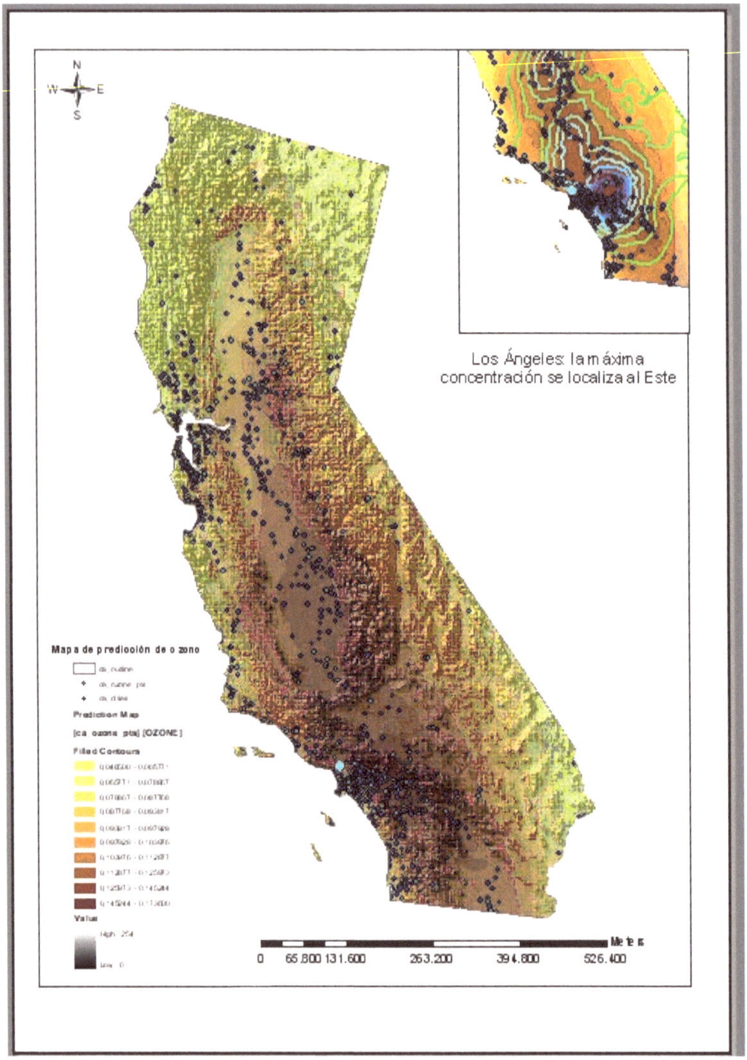

FIN DE TODOS LOS EJERCICIOS Y PRÁCTICAS

www.ingramcontent.com/pod-product-compliance
Lightning Source LLC
Chambersburg PA
CBHW041305210326
41598CB00011B/849
9788490128008